SILENT KILLERS

SUBMARINES AND UNDERWATER WARFARE

世界海洋军事史之四

潜艇图文史

从16世纪到21世纪，用图片和文字描绘水下舰艇演进轨迹

无声杀手和水下战争

[美] 詹姆斯·德尔加多（James P. Delgado）◎著

傅建一◎译

金城出版社
GOLD WALL PRESS
·北京·

图书在版编目（CIP）数据

潜艇图文史：无声杀手和水下战争：彩色精装典藏版 /（美）詹姆斯 · 德尔加多 (James P. Delgado) 著；傅建一译 . —北京：金城出版社，2019.5
（世界海洋军事史系列 / 朱策英主编）
书名原文：Silent Killers: Submarines and Underwater Warfare
ISBN 978-7-5155-1805-3

I. ①潜… II. ①詹…②傅… III. ①潜艇－发展史－世界 IV. ① E925.66

中国版本图书馆 CIP 数据核字 (2019) 第 003993 号

潜艇图文史
QIANTING TUWENSHI

作　　者	[美] 詹姆斯 · 德尔加多
译　　者	傅建一
责任编辑	朱策英
开　　本	710 毫米 × 1000 毫米　1/16
印　　张	32.5
字　　数	437 千字
版　　次	2019 年 5 月第 1 版
印　　次	2019 年 5 月第 1 次印刷
印　　刷	三河市腾飞印务有限公司
书　　号	ISBN 978-7-5155-1805-3
定　　价	168.00 元

出版发行	**金城出版社**　北京市朝阳区利泽东二路 3 号　邮编：100102
发 行 部	(010) 84254364
编 辑 部	(010) 64271423
投稿邮箱	gwpbooks@yahoo.com
总 编 室	(010) 64228516
网　　址	http://www.jccb.com.cn
电子邮箱	jinchengchuban@163.com
法律顾问	北京市安理律师事务所　(电话)18911105819

推荐序

自史载以来，地球上的居民就深深着迷于江河湖海中的未知事物。不仅如此，他们还对这片陌生的世界恐惧不已，极少有人愿意潜入其中一探究竟。在不算太遥远的过去，他们对此存有一种病态的畏怯，为自己可能发现的事物而心惊胆战。在古时的水手中，仅有 3% 的人会游泳，因为他们对水并无好感。

不过，潜艇的概念以及用潜艇保护水下人员免受深海生物侵害的理念，还是开始浮出水面，并自此得到设计和建造。起初，成功者寥寥无几——人们带着自己的造物潜向水底，一去不返。但随着潜艇的发展，海战发生了彻底的变革。在茫茫波涛下，潜艇掀起了残酷的战斗，使数十万人过早地失去了生命。

詹姆斯·德尔加多是海洋史领域的杰出先锋，也是位高产的作家，已有 20 余本关于舰船和海洋的著作。作为全球顶尖的海洋考古学家之一，他将带领我们穿越引人入胜的潜艇史——从 1776 年，戴维·布什内尔（David Bushnell）的“海龟”号（Turtle）首开水下作战之先河，到美国内战时期，邦联潜艇“汉利”号（Hunley）首创潜艇击沉战舰之先例，到声名狼藉的德国U型潜艇战，再到庞然巨兽般的核动力潜艇和探索深渊的深海潜水器。

本书以扣人心弦的翔实笔触，围绕着水下载具的奇妙世界，刻画了一部令人神往的编年史。

克莱夫·卡斯勒[1]

注释

[1] 克莱夫·卡斯勒（Clive Cussler，1931— ），美国惊险小说名家，出版作品数十部，包括《印加宝藏》《夜海钩沉》《倒转地极》等，多与航海、沉船等题材相关。他本人还是一位水下探险家，曾探索过60余处沉船遗址。

作者序

海洋深处是地球的最后边陲，而作为抵达深海的一种手段，数百年来，潜艇的假设与前景，一直吸引着公众的目光。20世纪期间，潜艇作为战争工具的潜力日益凸显，受到了军方人士的关注。从手摇动力、蒸汽动力、电池动力、柴油动力到核动力，从手动安装式炸药到核导弹，潜艇及其装备的武器，使之成为世界终极海军武器。最初的木制潜艇，逐渐演变为了现代化、高航速、大潜深、钛合金、可隐形的“无声杀手”，哪里有深水，哪里就能发动攻击——即使水面覆盖着厚厚的北极坚冰。

作为一名考古学家，我对技术的社会塑造作用怀有兴趣，因此，我长期着迷于潜艇的发展。在与潜艇相关的美妙工作经历和机会中，我的兴趣得到了历练。这些经历和机会包括：对20世纪三四十年代的日本“甲标的甲型”袖珍潜艇，展开考古与历史研究；对弗吉尼亚州纽波特纽斯海员博物馆中的一艘身份有误的日本潜艇，进行详细分析——此艇据说是艘海绵采集艇，但它实为日本袖珍潜艇部队的战前原型艇，曾属绝对机密。

经历了早年的这些项目后，我又有幸领导了对于“水下探险者”号潜艇（1865 年）的记录与研究工作。这艘潜艇的残骸此前在巴拿马的太平洋沿岸被发现，但其身份当时已不为人知。担任温哥华海事博物馆馆长期间，我还得以带领团队重新装配和修复了雅克·皮卡尔著名的“PX-15”号潜艇（即“本·富兰克林”号潜艇）——无论是我本人，还是博物馆的职员和志愿者，都付出了大量体力劳动。我们要拆解、拴接和装配由吊车吊起的重型机械，这意味着我们会真正地开始了解这艘潜艇。我参与的其他潜艇考古活动和项目还包括：在 1946 年海军核试的试验场——比基尼环礁，潜水考察受到原子弹轰击的“引水鱼”号潜艇；参与国家地理频道拍摄项目，潜水考察、拍摄在北海沉没的“U-21”号潜艇和在北大西洋罗伯茨滩沉没的“U-215”号潜艇，并通过考古活动辨明在新斯科舍沿岸沉没的英国潜艇“L-26”号的身份。

供职于美国国家公园管理局期间，我负责领导美国政府发起的国家历史海事保护计划，因而有机会进一步深入研究美国历史上的潜艇。我们对一艘西村式原型袖珍潜艇进行了多番仔细考察，此外还考察了“HA-19”号、“U-505”号、“弓鳍鱼”号、“竹荚鱼”号[1]、“鲳鲹”号、“狮子鱼”号、“长鳍金枪鱼”号、“大梭鱼”号、“蓝鹦鹉鱼”号、“海鲰”号、“黄花鱼”号、“石首鱼”号、“北大西洋鳕”号、“鲛鲨”号、“鹦鹉螺”号和“银汉鱼”号潜艇。凭此经历，我个人还开展了“美国国家历史地标”相关研究，研究对象为“HA-19”号和“蓝鹦鹉鱼”号潜艇。由于曾在政府部门任职，我对潜艇的兴趣，也拓展到了其他陈列于美国及国外博物馆的潜艇。我曾造访过的潜艇（有时，我会十分荣幸地获得进入内部参观的机会）包括：位于澳大利亚堪培拉和悉尼的“HA-14”号、“HA-21”号以及“昂斯洛”号潜艇；位于英国戈斯波特的“联盟”号和“霍兰 1”号潜艇；位于芬兰赫尔辛基的“水貂”号潜艇；位于西班牙卡塔赫纳的“佩拉尔”号潜艇；分别位于新泽西州帕特森和西格特的“芬尼亚撞角”号和“智慧鲸”号潜艇；位于俄勒冈州波特兰的“蓝背鲑”号潜艇；位于华盛顿州基波特的“深探”号深潜救生艇和“的里雅斯特 II”号潜艇。此外，我还造访了位于法国土伦法国海洋开发研究院（IFREMER）的“鹦鹉螺”号潜水器，搭乘“和平 2”号潜水器下潜 2.5 英里（4 千米），抵达大西洋底部，参加了水下“飞行”学校的课程，驾驶新型带翼潜水器“超级飞行员”号在水下“飞翔”；这都是相当棒的经历。很显然，潜艇不仅仅关乎兴趣——它们更是一种热情。作为一名考古学家、历史学家和作家，通过上述经历以及档案研究，我亲身体会了潜艇是如何改变战争，改变人类抵达地球各处的能力的。

多年以来，许多同事和机构为我提供了信息、建议、评论与支持。我要感谢已故的 Russ Booth，他对“鲳鲹”号潜艇充满了富有感染力的热情，也是我的挚友。同时，我还要对以下诸位表示感谢：Clive Cussler，Warren F. Lasch，Pete Capelotti，Mark K. Ragan，Michael “Mack” McCarthy，前美国海军上校 Alfred S. McLaren 博士，P. H. Nargeolet，David Jenkins，David Baumer，前回天特攻队（Kaiten Corps）成员 Toshiharu Konada（已故），Mike Mair, Gene Carl Feldman，Donald Kazimir，Selçuk Kolay，Oguz Aydemir, Savas Karakas，Jacques Piccard（已故），Daniel Lenihan, Larry Murphy，Kevin Foster，Dave Conlin，Hank Silka，Bob Mealings，Eugene B. Canfield，Rich Wills，Lisa Bower，Clyde Paul Smith，John B. Davis，Mike Fletcher，Warren Fletcher，Bob Neyland，Chris Amer，Maria Jacobsen，Paul Mardikian，John McKee，Bob Schwemmer，Doug DeVine，Carlos Velasquez，Todd Croteau，John Wagner，Joe Hoyt，以及 John McKay。

我还得到了下列组织机构的鼎力相助：Australian National Maritime Museum（悉尼），Estonian Maritime Museum（塔林），Rahmi M. Koç

Museum（伊斯坦布尔），Museo Naval（西班牙卡塔赫纳），Royal Navy Submarine Museum（戈斯波特），Imperial War Museum（伦敦），Chicago Museum of Science and Industry（伊利诺伊州芝加哥），Baltimore Maritime Museum（马里兰州巴尔的摩），Warren F. Lasch Conservation Center（南卡罗来纳州查尔斯顿），The Friends of the Hunley（南卡罗来纳州查尔斯顿），Buffalo Naval & Military Park（纽约州布法罗［水牛城］），Battleship Memorial Park（亚拉巴马州莫比尔），Battleship Cove Museum（马萨诸塞州福尔里弗），Paterson Museum（新泽西州帕特森），Independence Seaport Museum（宾夕法尼亚州费城），Naval & Maritime Museum（密歇根州马斯基根），Oregon Museum of Science and Industry（俄勒冈州波特兰），Vallejo Naval and Historical Museum（加利福尼亚州瓦列霍），USS Bowfin Museum and Park（夏威夷州火奴鲁鲁［檀香山］），Connecticut River Museum（康涅狄格州埃塞克斯），Vancouver Maritime Museum（加拿大），Patriots Point Maritime Museum（南卡罗来纳州芒特普莱森特），Wisconsin Maritime Museum（威斯康星州马尼托沃克），US Navy Submarine Force Library & Museum（康涅狄格州格罗顿），Naval Undersea Museum（华盛顿州基波特），Mariners' Museum（弗吉尼亚州纽波特纽斯），National Museum of the Pacific War（得克萨斯州弗雷德里克斯堡），National Maritime Museum（旧金山），National Guard Militia Museum（西格特），Military Branch and Still Pictures Branch（US National Archive，华盛顿哥伦比亚特区），US Naval History and Heritage Command（华盛顿哥伦比亚特区），Library of Congress（华盛顿哥伦比亚特区），以及 US Naval Institute（马里兰州安纳波利斯）。

我的助手 Kathy Smith 所做的审校与编辑工作，让我的写作任务再度变得轻松。与以往一样，我对她感激不尽。同时，我还想感谢出版团队，特别是 Kate Moore 和 Emily Holmes。最后，同样重要的是，我要感谢我的妻子 Ann，感谢她恒久以来的支持与爱。

詹姆斯·德尔加多（James P. Delgado）

注释

[1] 译注："竹荚鱼"号潜艇（USS Cavalla，舷号 SS-244），又译"卡瓦拉马鲛"号潜艇，由通用动力电船公司建造于 1943 年，属于猫鲨级柴电潜艇。"竹荚鱼"号于 1944 年 2 月服役，在首次巡逻中就击沉了日本的"翔鹤"号航母。

目录

CONTENTS

第三章

蛮野斗士　/075

第四章

失落的环节　/113

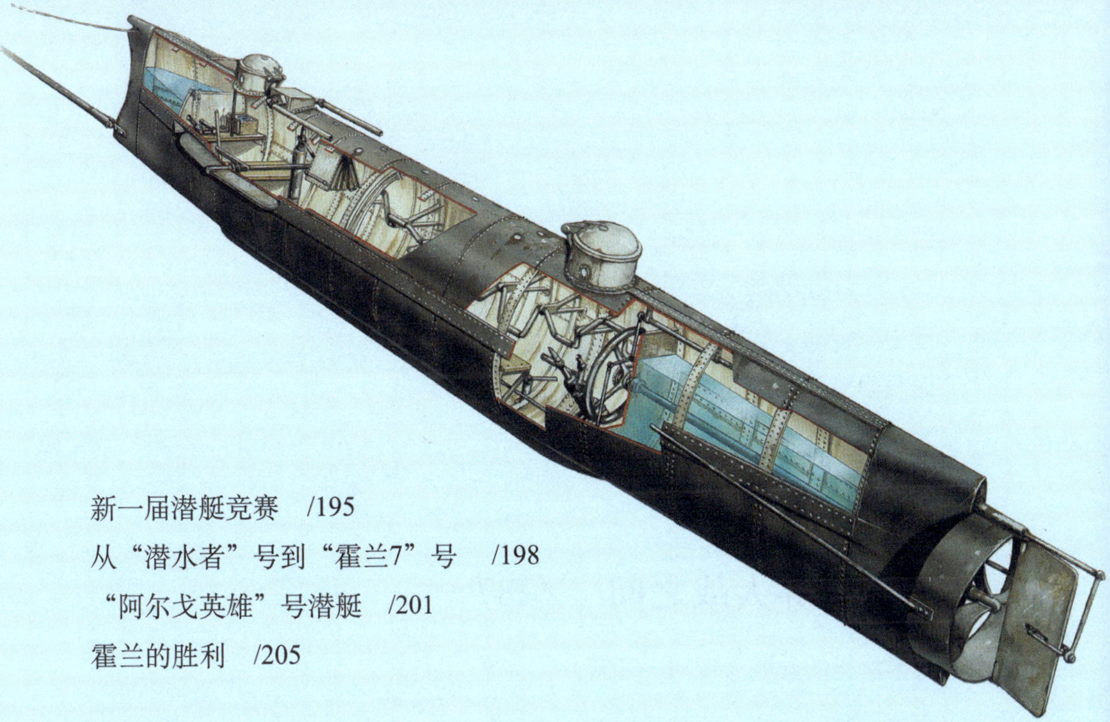

第七章

20世纪早期的潜艇 /211

第八章

第一次世界大战 /247

第十一章

战后新星：核动力的崛起 /369

第十二章

终极威慑：潜艇的现代角色 /401

第十三章

为了逝去的纪念 /427

潜水钟的技术可追溯至数百年前。这幅 1785 年的法国画作，以剖面图的形式描绘了潜水钟。空气的耗减，窒息的危险，寒冷以及黑暗，都是当时在水下作业的潜水先驱所面临的实际挑战。（图源：吉罗东艺术图库 [Giraudon]，布里奇曼艺术库 [The Bridgeman Art Library]）

前言：潜向深海

21 世纪来临时，作为数千年海上较量的结果，海洋已不幸成为人类最大的战场。海底遍布着在历代海战中陨没的舰船，其中包括成百上千艘潜艇，6.5 万名长眠水下的艇员，以及在过去短短百年间被潜艇击沉的数千艘其他舰船——这些“无声杀手”常常毫无征兆地发起突袭，将受袭船只和船员送向海底。

经过数世纪的试验，偶发的悲剧，以及发明家的坚持不懈乃至顽固不化后，潜艇迎来了全盛之日。这一路上，技术的限制，政府的冷漠态度，以及海军机构偶尔的不妥协，都构成了种种阻碍。但最主要的阻碍，则在于海洋的本质。虽然海洋覆盖了三分之二的地球表面，处处洋溢着勃勃生机，但却并不适合人类生存。

有志于探索深海的勇士面临着两个基本问题：一是在水下环境中，人类无法在缺乏辅助装置的情况下维持呼吸，需要不断补充空气；二是潜得越深，水压的累积效应就越大。在密闭空间中，若无相应的技术能力来消除不断累积的二氧化碳、补充氧气，空气便会很快成为“毒气”。水深每增加 33 英尺（10.1 米），水压便会增加 1 个单位，即 1 个大气压。1 个大气压的压强为 14.7 磅力每平方英寸（101.4 千帕），水下 103 英尺（31.4 米）的恒定压强为 46 磅力每平方英寸（317.2 千帕）。早期的科学家们并未意识到这些问题。要解决它们，还需经历数世纪的反复试验。

随着技术的发展，潜艇的航行问题也变得愈发复杂。1880 年，在现代潜艇的成功研发万事俱备、只欠东风之际，人们将“潜艇的必要限定条件”归纳如下：

1. 它应当具有足够的排水量来携带必要的推进装置，装载执行各种行动所需的人员和物资。

2. 它应当具有适当的外形，易于推进和操纵。

3. 它应当具备充足的内部空间，供艇组成员工作。

4. 它应当有能力携带足量的纯净空气，支持艇组成员呼吸一定时间；或者应当有办法净化艇内空气，排出废气。

5. 无论是处于静止还是运动中，它都应当能够随意上升或下沉至所需深度。

6. 它应当配置得当，使艇员有办法在无须外部协助的情况下离艇。

7. 它应当携带足够的照明装置，用于操纵潜艇，开展各种行动。

8. 它应当具有足够的强度，杜绝任何在工作潜深极限被压垮的可能。[1]

在上述限定条件成文后的 25 年内，潜艇发明家们一一将之化为现实。1 个多世纪后，潜艇的发展已将这些限定条件甩在了身后，远远超越了 19 世纪末叶潜艇工程师最狂野的梦想，其发展程度只有当时的小说作家才可想见。

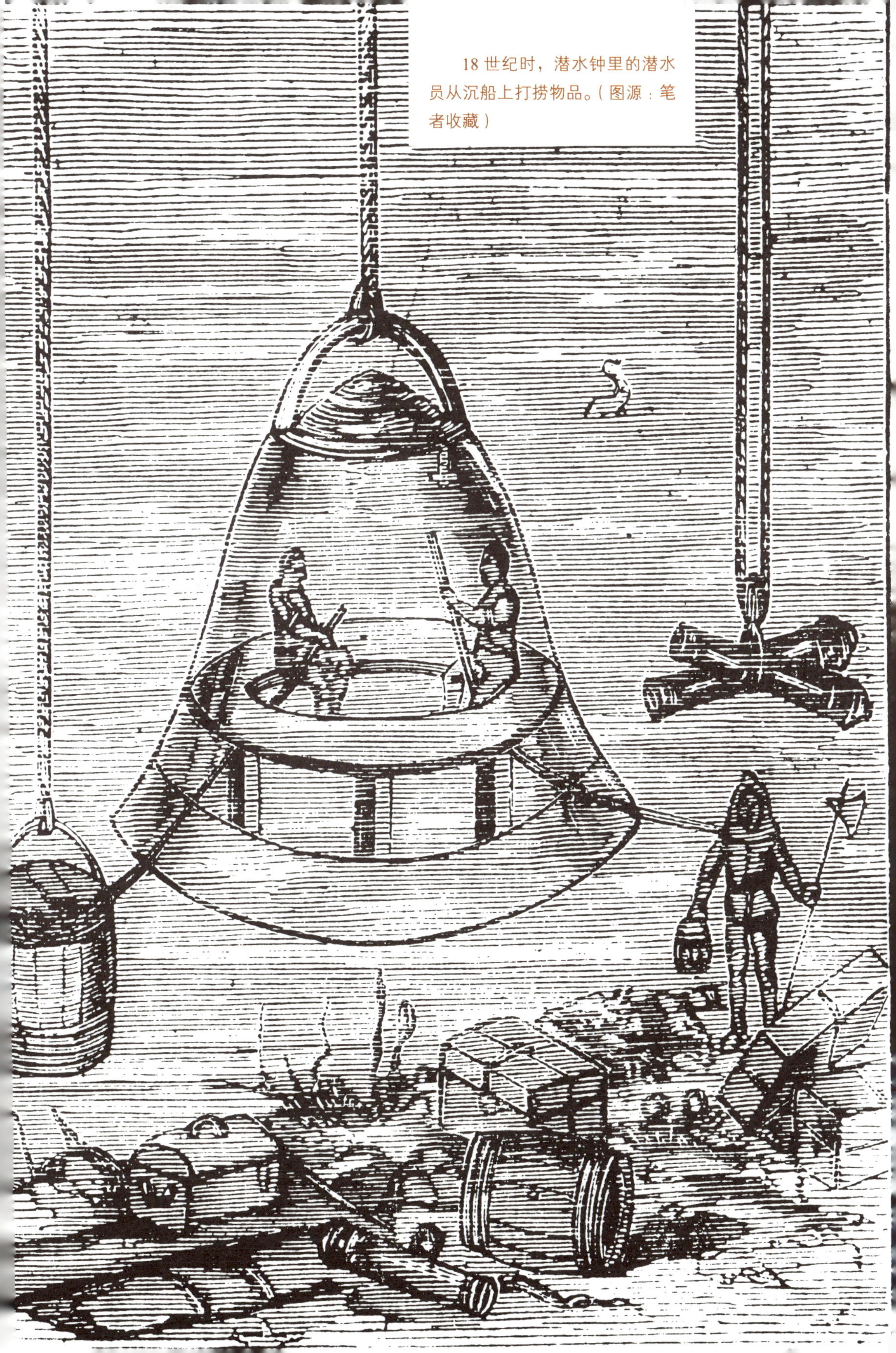

18 世纪时，潜水钟里的潜水员从沉船上打捞物品。（图源：笔者收藏）

在波涛下作战的概念，可溯至古代。在尼姆鲁德（位于伊拉克北部）的阿舒尔纳西尔帕二世[2]宫殿遗址中，19 世纪的考古学家们发现了一些来自公元前 9 世纪的浮雕文物（现藏于大英博物馆），其上刻画了人们用充气皮囊游泳的场景。这些充气皮囊有可能是呼吸囊，能让战士们在不被察觉的情况下渡河。3 个世纪后，一则希腊铭文自豪但却并不准确地将水下战的发明归功于一位名叫司苦里亚斯（Scyllias）的人——“当薛西斯[3]的庞大舰队侵入所有希腊城邦时……他潜入涅柔斯[4]的隐秘浅水，割断了抛锚舰只的锚索”。[5]直到古典时代晚期，包括希罗多德、修昔底德、阿里安[6]和狄奥·卡西乌斯[7]在内的其他古代作者，都曾对潜水和水下战进行过描述。在所有此类描述中，作者都详述了一些善于屏气的裸体潜水者的功绩。这些潜水者偶尔还会使用裁自芦苇的呼吸管，或充有空气的兽皮囊。

潜水钟是一种自船上悬吊而下的水下工作平台，内部留有空气。潜水钟的出现虽让潜水者有更多机会到达海底，但后者能做的也仅限于打捞和回收沉没的物品。从全潜或半潜处对舰船发动攻击的机动战艇的概念，在 16 世纪期间首次出现。列奥纳多·达·芬奇曾秘密草绘了一张简单的潜水艇设计图，此艇能携带一名战士潜入海下。不过，达·芬奇指出，他不会追寻这样一种发明，“因为人类的邪恶本性会使之在海底发动暗杀，破坏舰船下部，使它们与其中的人员一同沉没”。[8]

自称“可怜炮手”[9]的威廉·伯恩（William Bourne，约 1535—1582），曾在 1578 年写下了自己的方案，建造一艘“可以潜入水底，并可随意浮出水面的船或艇”。[10]这是关于潜艇最早的完整方案。在该方案中，伯恩提出了一种木制壳体潜艇，借助艇身内衬的皮革层来调节潜艇的下潜和上浮能力，并通过一根空心桅杆向艇员输送新鲜的空气。按照伯恩的设想，通过旋紧和旋松大螺丝来放松和挤压皮革层，潜艇便可进水和排水，实现调节潜艇浮力的目的。

伯恩从未将此构想化为实物。不过，数十年后的 17 世纪 20 年代早期，旅居伦敦的荷兰发明家科内利斯·德雷贝尔（Cornelis Drebbel，1572—1633）遵循伯恩方案的基本原理，造出了一艘潜艇。在同时代人的描述中，德雷贝尔既是发明家、化学家、工程师、博物学家和数学家，又是男巫、炼金术士、骗子、吹牛者、蠢货和“怪物”。德雷贝尔运用伯恩的浮力原理，建造了一艘由多支木桨驱动的尖头艇，木桨从水密垫圈中伸出。[11]1662 年，物理学家、发明家、化学家罗伯特·波义耳（Robert Boyle）在书中写道，“不少可靠人士”证明，德雷贝尔确已建造了“一艘能潜入水下的船，此船在泰晤士河进行了试航，取得了令人钦佩的成功；除乘客外，船上还搭载了 12 名桨手”。[12]

德雷贝尔的一位友人指出，“这一大胆发明”可携带一根“撞槌”，“对敌军舰船发起暗中突袭，猝不及防地将其击沉”。[13] 根据历史学家亚历克斯·罗兰（Alex Roland）的说法，德雷贝尔及其女婿亚伯拉罕·库夫勒（Abraham Kuffler）制造了“水力机”（water engine），用于 1627 年末在拉罗谢尔 [14] 对法军发起的行动。这艘潜艇或许是德雷贝尔潜艇的复制品，但未能取得任何战果。[15]

在此之后，又出现了其他半潜式潜艇方案（部分得到了实际建造），包括意大利科学家乔瓦尼－巴蒂斯塔·博雷利（Giovanni-Batista Borelli，1608—1679）根据伯恩方案的原理提出的另一种艇型。博雷利在身后出版的著作《论动物的运动》（*De Motu Animalium*，1680）中，讨论了一种通过皮革压舱囊实现上浮和下潜的潜艇。1695 年，德尼·帕潘（Denis Papin，1647—1712）记述自己在德国马尔堡（Marburg）建造了两艘小潜艇。德尼·帕潘是物理学家、天文学家克里斯蒂安·惠更斯 [16] 的门徒，而克里斯蒂安·惠更斯的父亲名叫康斯坦丁·惠更斯 [17]，是德雷贝尔的友人。帕潘的潜艇构思精巧，通过水面供气，配有气泵、水泵和数量不等的压舱物，并具有数个孔洞，使操作者能以“多种方式接触和破坏敌船”。[18] 尽管帕潘的潜艇未被其赞助人黑森－卡塞尔伯爵查尔斯（Landgrave Charles of Hesse-Cassel）采纳，但他的设计很可能启发了后来的一位发明家戴维·布什内尔。[19]

18 世纪中叶，发明家们重温了潜艇设计的早期理念。[20]1747 年 12 月，《绅士杂志》刊文记述了帕潘的潜艇，并辅以图示。2 年后，该杂志又讨论了博雷利在潜艇中采用的折叠式皮囊装置，配以图示，并进一步指出，纳撒尼尔·西蒙斯（Nathaniel Symons）建造的一艘潜艇也采用了此法，显然是借鉴了伯恩和博雷利的想法，但却未声明出处。作为一名“普通的木匠”，西蒙斯曾将他的潜艇带至“达特河[21] 中央，孤身一人进入艇中，在成百上千名旁观者眼前，独自操作潜艇沉入水下，在

水底逗留了 3 刻钟；然后……他在没有任何协助的情况下，让潜艇再度浮出水面”。[22]

下一位发明者就没有西蒙斯这么幸运了。他名叫约翰·戴（John Day，约 1740—1774），是个船舶木匠。1774 年，约翰·戴将 50 吨重、31 英尺（9.4 米）长的单桅帆船“玛利亚”号改造为潜艇。根据历史学家理查德·康普顿 – 霍尔（Richard Compton-Hall）的描述，约翰·戴“古怪而孤僻，沉迷于幽暗的深水”，也沉迷于赌博。[23] 而他用“玛利亚”号展开的冒险，将会成为一次致命的赌博。康普顿 – 霍尔认为，

阿舒尔纳西尔帕宫殿中的石板，来自公元前 9 世纪。石板上雕绘了在幼发拉底河中泅游或潜游的战士。（图源：大英博物馆）

1620 年左右，科内利斯·德雷贝尔的水下划艇。据说，此艇能在水下 12—15 英尺（3.7—4.6 米）深处待上数小时。艇内可容纳 12 名桨手。（图源：乌尔施泰因图像 [Ullstein Bild]，akg 图像 [akg-images]）

戴先是在一条“杂货小船”中造了个小水密舱，然后让船搁浅在沙滩上，把自己关进水密舱，任高涨的海潮淹没船体。在此之后，这名野心勃勃的木匠向克里斯托弗·布莱克先生（Mr Christopher Blake）写了封信，寻求资助，以便打造一艘更大的潜水船，潜入水下 100 码（91 米）深处，待上 24 小时。[24] 人们将赌注压在了戴能在水下待多久上。若能赢下赌注，不仅此次冒险的花费将一笔勾销，布莱克和戴还将大赚一笔。

布莱克同意了。不过，由于担心戴会在这件事上走得太远，布莱克将条款中的潜水时间改为了 12 小时，潜水深度不超过 20 英寻（37

帕潘的潜艇。刊于 1747 年的《绅士杂志：历史风物志》。（图源：笔者收藏）

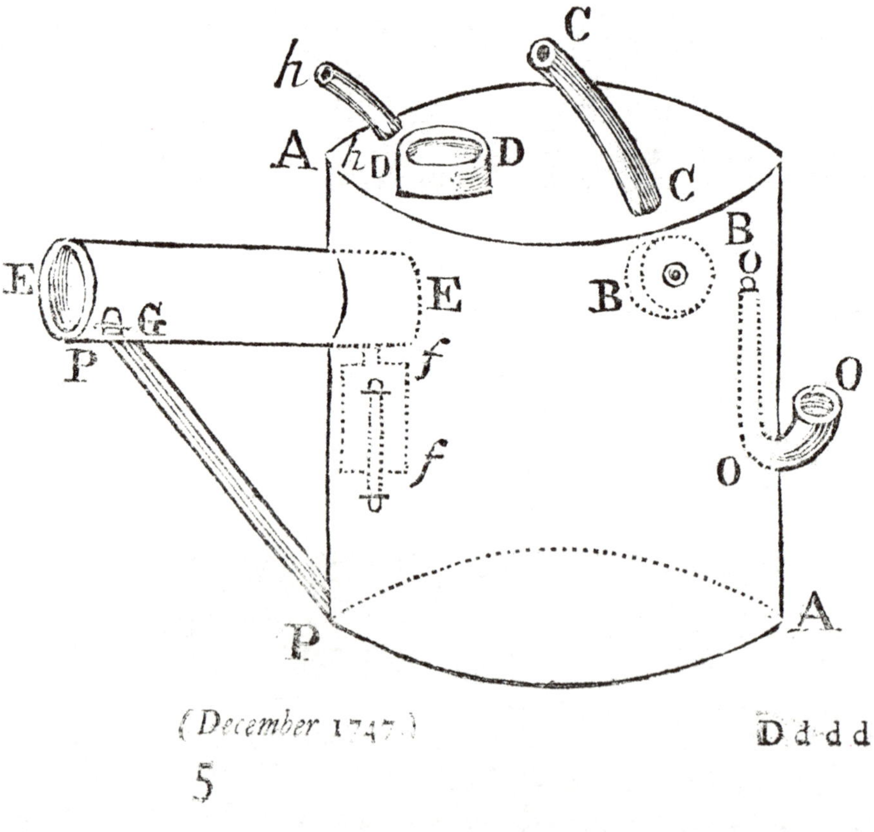

米），并敦促戴“不计任何代价加固舱室……抵挡水体的重量”。戴同意了这些条款，花费 340 英镑购入了“玛利亚”号，并于 1774 年 3 月在普利茅斯改造这艘单桅帆船，建造了一个凸出主甲板的木制潜水舱，潜水舱长 12 英尺（3.7 米），宽 9 英尺（2.7 米），吃水 8 英尺（2.4 米）。船体龙骨旁的壳体上有 2 个堵孔，下潜时，孔塞拔出，使海水灌入“玛利亚”号；上浮时，约翰·戴可以在舱内转动铁杆，抛下 20 吨重的石块，石块装在船壳底部的吊网中。戴还可释放彩色信号浮标，向水面上的人报告自己的状况，级别从“非常好”至“非常糟”不等。[25]

1774 年 6 月 20 日，约翰·戴和“玛利亚”号在普利茅斯湾（Plymouth Sound）内的德雷克岛（Drake's Island）准备下潜，此处水深 22 英寻（40 米）。戴先拔出孔塞，让海水灌入“玛利亚”号，等到甲板也没入水中时，戴封闭了舱口。此时，帆船开始下潜，船尾先沉。在附近的驳船上，布莱克注视着这一切，他“面色凝重，心中似乎有种不祥的预感，在这可惊可畏的景象前，一阵肃穆的寂静笼罩了所有旁观者”。[26]

大约 15 分钟后，水面“突然躁动起来，如沸腾了一般”。[27] 加固后的舱室在 58 磅力每平方英寸（400 千帕）的水压下被压垮了，戴不仅输掉了这场赌博，还赔上了自己的性命。尽管打捞行动持续了一段时间，但“玛利亚”号依旧无法浮出水面。2 个多世纪后，约翰·戴和“玛利亚”号仍然静静地躺在普利茅斯湾的海床上。不过，这场由不明智的赌博所引发的船沉命丧的悲剧，并未让下一位发明家却步。仅仅 1 年后，戴维·布什内尔就建造了自己的潜艇。身为美国人，布什内尔建造世上下一艘潜艇的动力并非金钱，而是战争时期的爱国精神——而他也将活着来讲述这段故事。

《战争新闻画报》（*The Illustrated War News*）上刊载的潜艇演变历程（截至 1886 年）。（图源：斯泰普尔顿收藏 [Stapleton Collection]，布里奇曼艺术库）

1. 布什内尔的“海龟”号潜艇（1776）
2. 罗伯特·富尔顿的“鹦鹉螺”号潜艇（1800—1801）
3. 鲍尔的潜艇（1 号）（1850）
4. 布尔古瓦上校的“潜水员”号潜艇（1863）

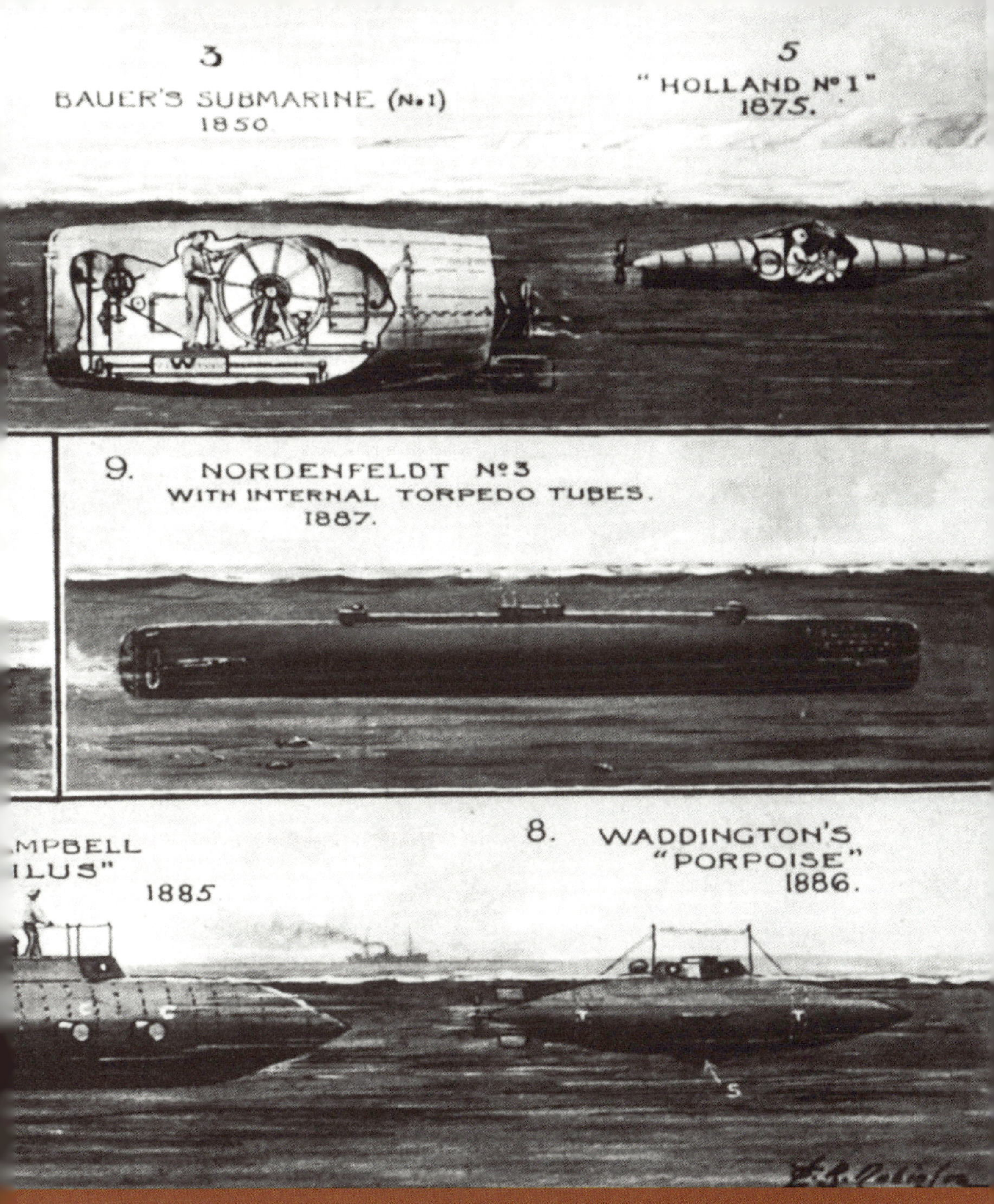

5. “霍兰 1”号潜艇（1875）

6. 加勒特的第二艘潜艇“重生”号（1879—1880）

7. 阿什和坎贝尔的“鹦鹉螺”号潜艇（1885）

8. 沃丁顿的“鼠海豚”号潜艇（1886）

9. 努登费尔特的 3 号潜艇，具有内置鱼雷发射管（1887）

注释

[1] 原注：引自 Sleeman, *Torpedoes and Torpedo Warfare*, p.184。（参考文献的作者、名称、页码等外文信息，详见书末参考文献。后文同。——译者）

[2] 译注：阿舒尔纳西尔帕二世（Ashurnasirpal II），又译亚述纳西拔二世，是公元前 883 至公元前 859 年的亚述国王，其名“Ashur-nasir-pal”意为“阿舒尔是此继承人的守卫者”（阿舒尔是古代亚述人崇奉的主神和战神）。在位期间，他将尼姆鲁德选为王室驻地和军事首府。

[3] 译注：薛西斯（Xerxes），此处指薛西斯一世，古波斯帝国国王（约前 518—前 465）。他曾率大军入侵希腊。

[4] 译注：涅柔斯（Nereus）是希腊神话中的一个海神，为蓬托斯（Pontus，象征大海）和盖娅（Gaia，象征大地）的长子。

[5] 原注：公元 1 世纪，阿波罗尼德斯（Apollonides）的一句隽语（epigram）。引自 Paton (trans), *The Greek Anthology*, Vol. III, Book 9, No. 296。

[6] 译注：阿里安（Arrian，约 89—160），罗马统治时期的希腊历史学家，代表作为《亚历山大远征记》。

[7] 译注：狄奥·卡西乌斯（Dio Cassius，约 155—235），希腊裔古罗马政治家与历史学家。

[8] 原注：语出达·芬奇，引自 MacCurdy, *The Notebooks of Leonardo da Vinci*, Vol. 1, p.109。

[9] 译注：威廉·伯恩曾在英国皇家海军担任炮手。

[10] 原注：引自 Bourne, *Inuentions or Deuices*, p.1。

[11] 原注：引自 Roland, *Underwater Warfare in the Age of Sail*, p.19。

[12] 原注：出自罗伯特·波义耳所著“New Experiments Physico-mechanical, Touching the Spring of the Air”，引自 Compton-Hall, *The Submarine Pioneers*, p.14。

[13] 原注：德雷贝尔的友人康斯坦丁·惠更斯在自传中如此评述。引自 Tierie,

Cornelis Drebbel, 1572–1633, p.61。

[14] 译注：拉罗谢尔（La Rochelle），法国西部城市，自古为天然良港，史上曾于1572年和1627年两度被围。

[15] 原注：引自 Roland, *Underwater Warfare in the Age of Sail*, pp.26–27。

[16] 译注：克里斯蒂安·惠更斯（Christiaan Huygens，1629—1695），荷兰人，世界著名物理学家、天文学家、数学家，土卫六的发现者。

[17] 译注：康斯坦丁·惠更斯（Constanyn Huygens，1596—1687），荷兰外交家、诗人和作曲家，是数学家笛卡尔的朋友。

[18] 原注：在 *Recueil de diverses, Pieces touchant quelques nouvelles machines et autre subjects Philosophiques* 中，帕潘公布了其潜艇的图纸和说明。

[19] 原注：引自 Roland, *Underwater Warfare in the Age of Sail*, p.57。

[20] 原注：引自 Roland, *Underwater Warfare in the Age of Sail*, pp.59–60，其中引用了1747年12月和1749年6月及7月的《绅士杂志：历史风物志》（*Gentleman's Magazine and Historical Chronicle*）。

[21] 译注：达特河（River Dart），此处指英国德文郡的一条河流。

[22] 原注：引自 *Gentleman's Magazine and Historical Chronicle*, Vol. 19, July 1749, p.312。

[23] 原注：引自 Compton-Hall, *The Submarine Pioneers*, p.24。

[24] 原注：同上，p.25。

[25] 原注：同上。

[26] 原注：康普顿–霍尔总结的这些细节，引自 Beer, *Day's Diving Disaster on Plymouth Sound*, and contemporary newspaper accounts, pp.25–26。若无比尔的研究成果（可惜已绝版），约翰·戴的事故细节便无从确知。

[27] 原注：同上，p.26。

与布什内尔一样，罗伯特·富尔顿（Robert Fulton，1765—1815）也对潜艇充满热情。（图源：布里奇曼艺术库）

第一章

BEGINNINGS

起点

戴维·布什内尔（1740—1824）来自美国康涅狄格州韦斯特布鲁克（Westbrook）。他是位革新者，不仅建造了潜艇，还涉足了未来潜艇的作战武器——“鱼雷”。1775 年，他与亲兄弟埃兹拉（Ezra）以及一小帮工匠共同协作，建造了一艘单人小潜艇，用于在美国革命[1]之初对英舰作战。布什内尔的潜艇建造之路始于 1775 年春，也就是他入读耶鲁大学的头一个学期[2]。在耶鲁大学中，他是名大龄学生（31 岁）。布什内尔原本向康涅狄格殖民地（Connecticut Colony）寻求支持，但遭到拒绝，理由是所需资金“甚巨”。于是，他决定“自担风险”将项目继续下去。[3]同年夏天，布什内尔和埃兹拉建造了一艘木壳小潜艇，将它送到了塞布鲁克（Saybrook）的菲尼亚斯·普拉特（Phineas Pratt）手中，锻造必要的铁制部件。另外，纽黑文[4]的一位机械师、钟表匠艾萨克·杜立特尔（Isaac Doolittle），也为潜艇打造了一台压力泵，使之能在下潜后浮出水面。布什内尔显然让这两名工匠带着风险开展工作，期待最终能盼来政府的赞助或奖励。

“海龟”号的诞生

根据 1775 年 8 月的描述，这艘潜艇“酷似两片海龟背壳合起来的样子”，因而得名“海龟”号，“艇首到艇舵上部的距离不超过 7.5 英尺（2.3 米），艇高不超过 6 英尺（1.8 米）”。[5]椭圆的木制壳体上覆有焦油，并以铁箍加固。艇内还有一根横梁，防止壳体在压力下崩垮。布什内尔还锻造或铸造了一个带有玻璃舷窗的小指挥塔，将它装在艇体顶端。“驾驶者从顶部进入潜艇之中。潜艇有个黄铜顶盖，当驾驶者坐下时，头部刚好可容于其中。”[6]

“海龟”号以铅为压舱物，通过手摇曲柄控制的舵和桨来驱动艇体、操纵方向。下潜时，“海龟”号内的脚踏阀能将水引入壳体底部。杜立特尔制造的压力泵则能将水排出壳体，使潜艇重回水面。布什内尔在潜艇中压载了 900 磅（408 千克）的铅，其中 200 磅装在潜艇外部的基底处，一旦需要紧急上浮，便可抛放。此外，潜艇的基本配置还包括：可关闭的空气阀，通风装置或通气管，导航罗盘，以及“水位表或气压计”。历史学家亚历克斯·罗兰发现，从基本构造和功能来看，“海龟”号与德尼·帕潘造于 1695 年的第二艘木制潜艇存有关联。二者均采用了内有支撑、外有加固的木制壳体，顶部的单一舱口，以及可将水引入壳体的下潜系统；二者的尺寸也基本相同，能容纳单名操作员攻击和击沉舰船。[7]

为了发挥“海龟”号的毁伤能力，布什内尔安装了一个可卸式“大炸药匣”，并设计了一个从潜艇顶部伸出的“木螺丝”（螺钻），辅助安放炸药。一旦潜艇潜入目标敌舰下方，操作员便会手动旋转螺丝，将螺钻钻入上方敌舰的木制舰体。然后，操作员会将螺钻和炸药匣一同卸下，慢慢退远。螺钻末端的孔眼上系着根绳子，与炸药匣相连。潜艇退远后，绳子便会绷紧，把炸药留在敌舰舰体上，并启动发条引信。起爆时间一到，炸药匣内的燧发装置便会击打并引爆炸药，炸沉敌舰。[8]

根据多份记述，早在 1775 年 11 月，布什内尔或许就已经对“海龟”号进行了测试，后又于 1776 年初秋将其送往战场。潜艇的操作员原本由布什内尔的兄弟担任，但他抱病在身，无法前往。代他出战的是一名志愿者——来自大陆军[9]的埃兹拉·李（Ezra Lee）中士。在一封 1815 年的信中，李回忆道：

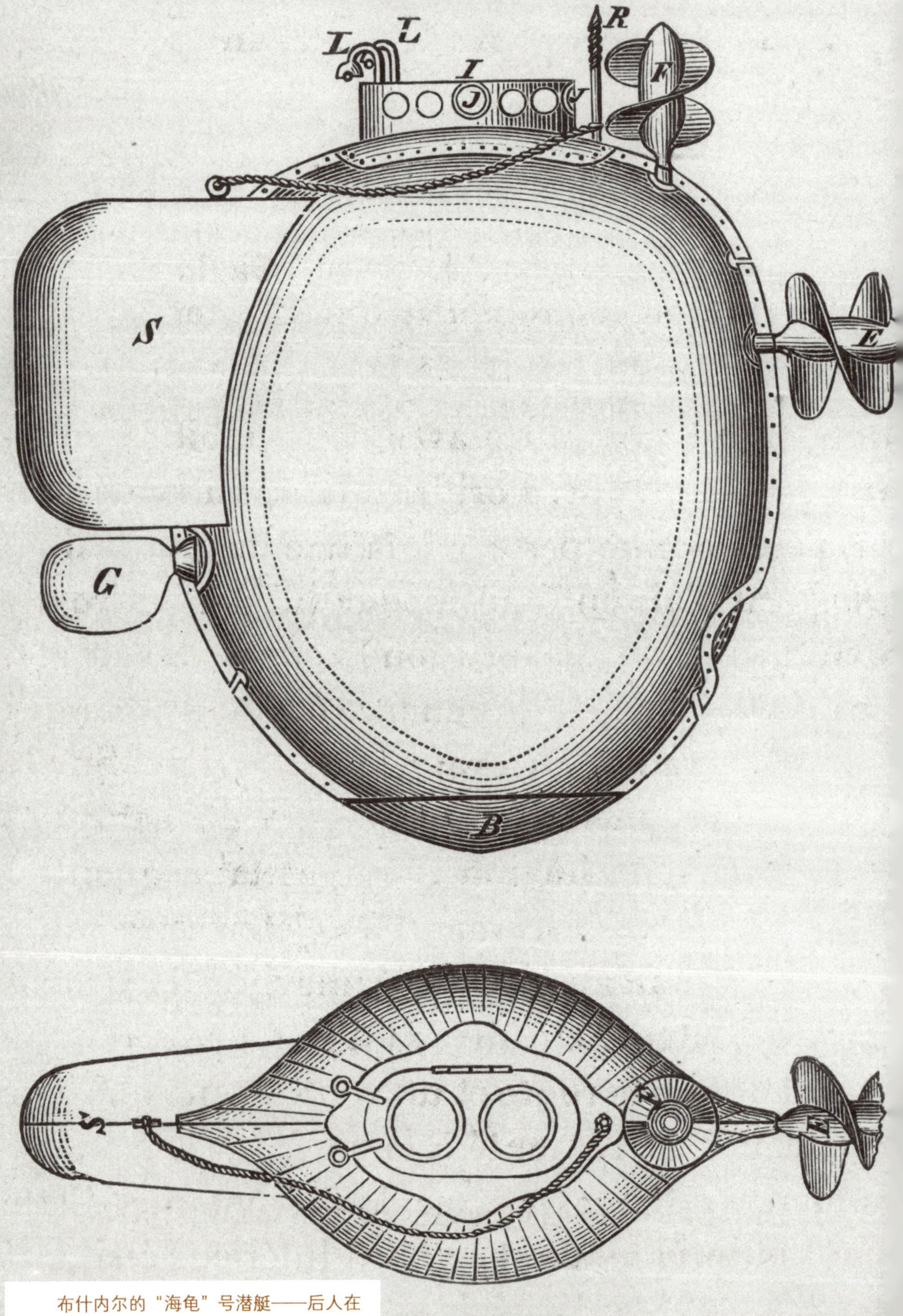

布什内尔的“海龟”号潜艇——后人在19世纪复原的原理图。（图源：玛丽·埃文斯图库 [Mary Evans Picture Library]）

布什内尔设计的鱼雷潜艇原理图。

各部分名称：

I　潜艇出入口

O　压载水舱

N　进水阀

P/Q　抽水泵

E　推进螺旋桨

F　升降螺旋桨

G　方向舵

C/D　测深度的水压计

L/L　通风管

M　风扇

S　鱼雷

T　用于定时爆炸的燧发装置

R　在敌舰舰壳钻孔固定鱼雷的螺钉

B　压载物

潜艇的高度足以容人站立，如有机会，也可坐下。潜艇顶部由不同的材料组合而成，通过铰链与艇体相连，其上嵌有6块玻璃，并经过水密处理。每块玻璃的大小均与一枚半美元硬币相当，用于采光。天晴时，艇内人员在水下3英寻（5.5米）处也能看书。潜艇由一个舵柄弯曲的艇舵操纵方向，舵柄通过水密接头连接至驾驶者身边。驾驶者需要坐在座位上，一手划桨，一手掌舵……甚是辛苦。此艇能在短时间内以3节[10]的航速推进。[11]

1776年9月6日，在埃兹拉·李的驾驶下，“海龟”号动身前去炸沉英国皇家海军“鹰”号（HMS[12] Eagle）战舰。这艘英舰也是理查德·何奥勋爵[13]的旗舰，当时正停泊在纽约外。李后来描述道，几艘捕鲸小艇将他拉到了近得不敢再近处，然后留下他独自等待潮水。破晓前1小时，李驾着“海龟”号到达“鹰”号的舰首下方，开始下潜，潜至舰底下方。然而，就在他旋转螺钻，试图将其钻入敌舰的木壳时，他发现“螺钻钻不进去。我想换一处继续尝试，但潜艇向一侧偏了点，并立刻急速上浮，在敌舰的阴影和晨光之间跃出水面约2—3英尺（0.6—0.9米），然后又像只鼠海豚般没入水中”。[14]

李短暂思索了一番，决定不再尝试，打道回府。回程长达4英里（6.4千米），而且暴露在日光下。李驾驶潜艇在水面曲曲折折地航行，很快引起了岸上英军部队的注意。当后者放出一只小船前来拦截时，李抛放了炸药匣，这样一来，如果潜艇被俘，炸药匣便会爆炸，“我们就会同归于尽”。[15]拦截船上的士兵见到随意漂流的炸药匣，便撤了回去，使李得以顺利逃脱，而炸药匣最终也爆炸了，“掀起了高高的巨浪”。[16]

埃兹拉·李和“海龟”号后来又做了次尝试，这次的任务是炸沉布卢明代尔[17]沿岸、哈得孙河上的一艘护卫舰。不过，就在李试图将炸药安放在敌舰的吃水线附近时，他被发现了。由于潜得过深，他没能碰到敌舰外壳便撤走了。在英军护卫舰的追击下，负责运送“海龟”号潜艇的美方单桅桨帆船及其船员未能逃脱。在美方人员弃船弃艇后，英军护卫舰将它们悉数击沉。[18] 布什内尔从此再未涉足过潜艇战，他后来谈道：“在我看到成功的希望之前，这艘潜艇的操作员应当掌握更多的操作技巧。”不过，他无论如何都无法将这一事业继续下去了，因为他“没法养活自己”。[19] 他将自己的发明天才转向了漂浮式“诡雷装置”(infernal device)，也就是水雷。

一些历史学家对埃兹拉·李中士和戴维·布什内尔的叙述持怀疑态度，其中就包括潜艇专家理查德·康普顿–霍尔。康普顿–霍尔指出，无论是“鹰”号战舰的航海日志，还是周边舰船的航海日志，都未提到那个夜晚或那个早晨发生了什么不寻常的事件，比如一次爆炸。对于李的描述，康普顿–霍尔也表示不予考虑，因为他认为其中存在许多物理上的不可能和矛盾之处。就他们所能获得的工具和材料而言，康普顿–霍尔写道：“戴维和埃兹拉根本不可能完成那项任务。”他甚至不确定“海龟”号是否曾经造出来过。[20]

为了佐证自己的观点，康普顿–霍尔指出，在托马斯·杰弗逊和乔治·华盛顿写于 1785 年的信件中，杰弗逊曾请求华盛顿：

> 若您能回忆起上一场战争期间，布什内尔在水下航行方面的试验，或您认为他的方法有无成功摧毁战舰的能力，还请劳烦与我知会。我们实际上尚未将他的发明用于此目的，但我们又特别需要这种发明，这似乎证明了它并无成功的保证。[21]

华盛顿答复道，他记不起太多，但记得布什内尔“是位有着出色机械能力的人，善于发明，长于执行”。他还回忆道，布什内尔曾在 1776

不少美国组织和机构都致力于复现布什内尔的“海龟”号潜艇，汉兹豪斯工作室（Handshouse Studio）便在其中。两张配图分别为“海龟”号复原品的侧视图和俯视图。（图源：延龄草工作室 [Trillium Studios]，汉兹豪斯工作室）

年同他接洽，他也给了布什内尔“金钱和其他帮助”。在这些支持下，布什内尔造了艘潜艇，但“他忙活了一阵，收效甚微；尽管支持者们依然对他的计划乐观以待，但他其实从未成功过”。[22]

最终，康普顿－霍尔得出结论：“海龟”号的传奇只是个爱国骗局，真实情形可能不过是造了个“潜艇的雏形（也许是将一只小船扣在另一只上）”，假如埃兹拉·李确曾英勇出击，那么他所乘坐的也只是“某种配备蒙布短桨的小划艇”，他的螺钻、炸药匣和引爆绳则藏在防水油布下。[23] 其他历史学家，尤其是亚历克斯·罗兰，则反对这种观点。

验证“海龟”号

为了区分传说与现实、幻想与事实，考古学家所采用的方法之一是实验考古学[24]。通过实验考古学，考古学家将过去的文献、物证、技术和事件兼收并蓄，并予以重现，探寻真相的所在。汉兹豪斯工作室是个致力于深入研究历史物件的实践中心，该工作室由里克·布朗（Rick Brown）和劳拉·布朗（Laura Brown）运营，二人同时也是麻省艺术学院的教授。2002 年，里克·布朗和劳拉·布朗运用与“海龟”号同时代的材料、工具和技术，开始重建“海龟”号。两人对 18 世纪的美国技术有着详尽的了解，并查阅了档案资料，借鉴了布什内尔和李的描述，还邀请了一支包括美国海军学院学员在内的专业团队，与他们共同设计建造一艘能够实际使用的“海龟”号复制品。[25]

为了制造潜艇的左右两部分，建造团队劈开并掏空了一根巨大的原木，用于制造潜艇壳体（团队还借鉴了本地原住民佩科特人[26]的一种传统造船技术，作为最合逻辑的抗水压结构支撑手段）。他们铸造和钎焊了青铜部件，锻造了铁制部件，吹制了玻璃部件，打造了铜制部件。[27]10 日内，潜艇便告完工，并于 2003 年 1 月 9 日至 1 月 10 日在马萨诸塞州达克斯伯里（Duxbury）的斯纳格港（Snug Harbor）进行了试潜。试潜中，人们发现，艇内进水量达到齐膝深时，潜艇便会下潜，同时又能保持其水密完整性。2003 年 3 月，后续测试在马里兰州安纳波利斯的美国海军学院进行，测试评估了“海龟”号复制品的水密性和水动力性能。

在美国海军学院卢·努乔斯（Lew Nuchols）教授进行的水箱测试中，“尽管有困难”，但努乔斯还是再现了埃兹拉·李的行动，成功将螺钻钻入了复制的木船壳体，并顺利挂上了一枚假炸弹。在达克斯伯里进行的最终测试中，该团队还演示了“海龟”号是如何在 1776 年借助传统的马拉式下水法下水的。[28] 另一个“海龟”号复制项目，则由康涅狄格州的老塞布鲁克高中（Old Saybrook High School）和美国海

2003 年 1 月，汉兹豪斯工作室在河面上测试“海龟”号复制品。（图源：延龄草工作室，汉兹豪斯工作室）

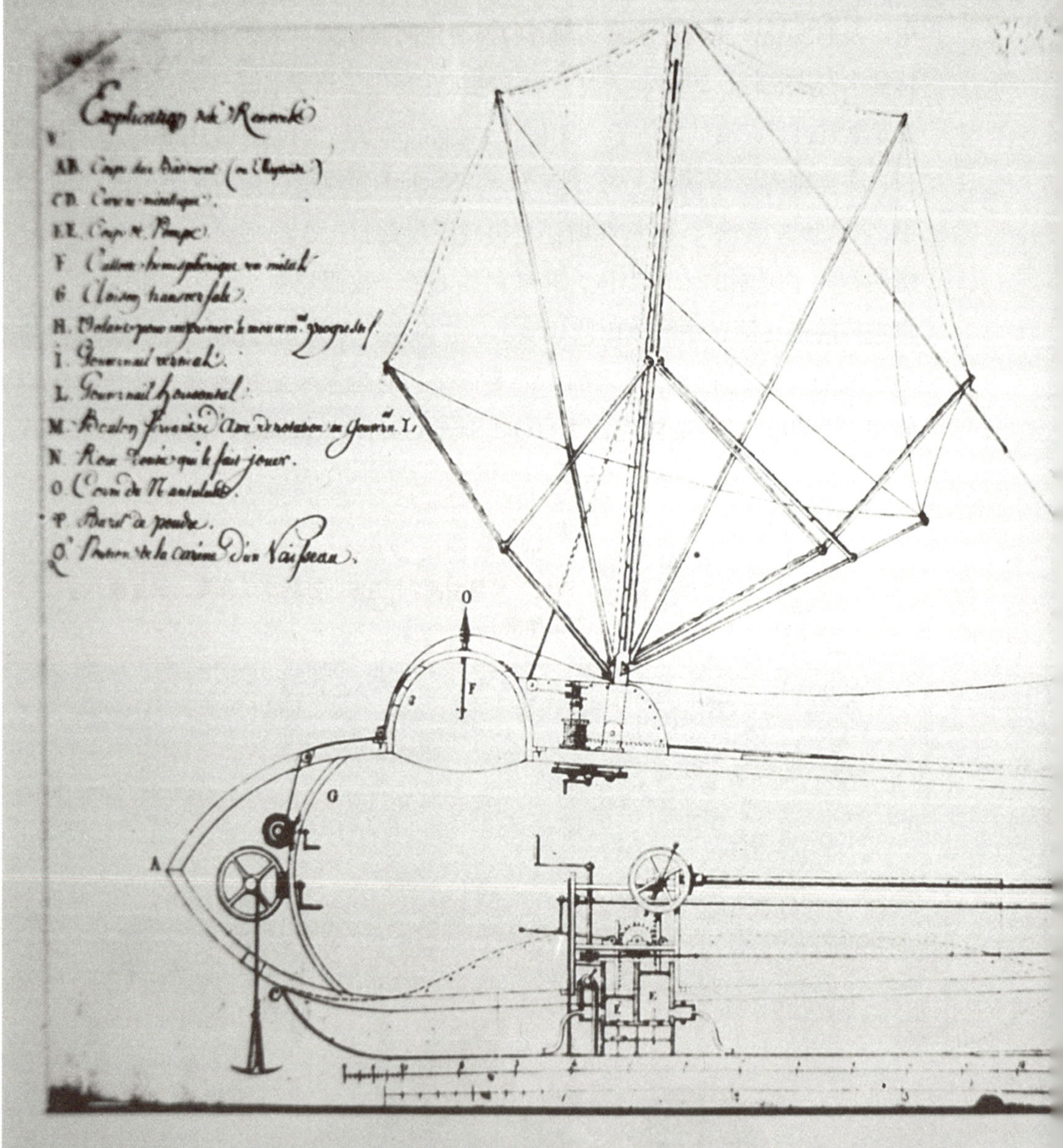

LONGITUDINAL SECTION OF FULTON'S SUBMARINE BOAT

(From the original drawing in the Archives Nationales, Par

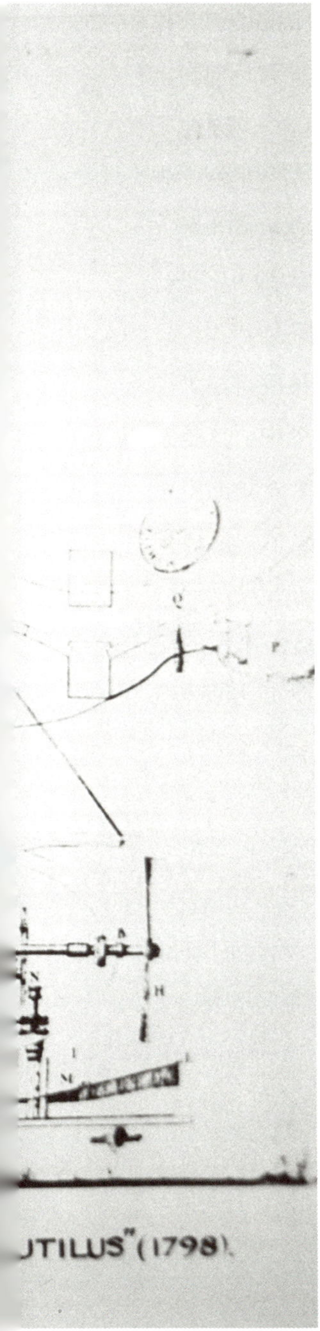

军水下作战中心（US Naval Undersea Warfare Center）共同承担。该项目同样造得了一艘“海龟”号复制品，并于2003至2007年间在康涅狄格河进行了测试。[29] 上述两个独特的项目清晰地表明，与文件记载一样，“海龟”号潜艇的设计原理无懈可击，所需工具和技术在当时也均可获得。因此，布什内尔和李说的可能都是实话。[30]

富尔顿与“鹦鹉螺”号

布什内尔对潜艇和炸药（或者说是“鱼雷”）的兴趣，在另一名美国人那里得到了传续。后者名叫罗伯特·富尔顿（1765—1815），与布什内尔一样，是土生土长的康涅狄格人。富尔顿为人和蔼可亲，是个才华横溢的发明天才。1797年，他远赴法国，为自己的运河航行改进方案寻求支持。美国革命后，布什内尔居于法国，因此有人提出，在1790年的一次造访中，富尔顿可能见过布什内尔，并怀着满腔热情获知了潜艇和鱼雷的消息。不过，一个更有可能的消息和灵感来源，则是当时住在巴黎的美国政治家、外交官乔尔·巴洛（Joel Barlow）。在布什内尔就读于耶鲁大学期间，巴洛也进入了该校，而且巴洛的连襟也是布什内尔的密友。[31]

抵达巴黎6个月后，富尔顿向法国政府呈递了一

富尔顿“鹦鹉螺”号潜艇的纵剖面图图解（1798年）。（彼得·纽瓦克历史图片 [Peter Newark Historical Pictures]，布里奇曼艺术库）

份提案，建议法国建造一种“机械鹦鹉螺”（mechanical Nautulus），作为水下武器对抗英国。[32] 身为自由贸易的倡导者，富尔顿向来反对海上强权，视其为邪恶势力。富尔顿提议法国人以“鹦鹉螺”和“一场全水下远征”（un toute expedition sous-marine）为工具和手段，打破其宿敌的海上强权。[33] 由于法国革命政府人事变动频繁，人们对富尔顿提案的兴趣也随之时起时落。不过，1798 年 9 月，一个七人专委会对富尔顿的种种方案进行了评估，并给予了热切的支持，称其为“天才之人的一流构想”。[34]

此时，富尔顿所提议建造的这艘“鹦鹉螺”潜艇已被正确拼写为了“Nautilus”（而非先前的“Nautulus”）。在富尔顿绘制的图纸中，这是一艘有着金属壳体的长椭圆形潜艇，能够搭载 3 名以上艇员。密封的中空铁龙骨可由一台水泵进行注、排水，提供下潜所需的压舱重量。艇体顶部有个半球形小塔，或者说是指挥塔。潜艇由手摇曲柄装置驱动单螺旋桨提供动力，通过垂直舵和水平舵 [35] 操控方向。不过，这艘潜艇的主要动力，却是来自一套可折叠的桅帆和索具。这套装置使艇员能够扬帆驶向预定地点，然后再潜入水下，发动攻击。潜艇的武器是一枚漂浮式鱼雷，用一根绳子拖曳在潜艇后方。法国委员们形容道，富尔顿提议建造的这艘“鹦鹉螺”号潜艇是“一种可怕的毁灭手段，因为它在无声无息中行动，几乎无从躲避”。[36]

在富尔顿和法国委员看来，这种新式潜艇能够成为弱势国家的武器，用于打击乃至击败更强的国家——即英国。“它特别适合于法国……与对手相比，法国的海军较为弱小……”[37] 英国官员很快做出了回应，对富尔顿冷嘲热讽。为了回应英国人对自己方案的诟病，富尔顿表示，海上强权的覆灭，将会终结暴政，保卫公海上的自由航行权，并保护他的家园和故土。“这一理念虽然仍是个婴孩，但我想我从中看到了一个幼年赫拉克勒斯 [38] 所拥有的一切神经与肌肉。只消一握，他便能扼杀毒害和撼动美国宪法的大蛇。”[39]

尽管富尔顿的潜艇收获了“幼年赫拉克勒斯”的美名和法国委员的赞誉，但却迟迟未能获得法国海军的正式认可。直到1799年底，这种情形才得以改变。当时，拿破仑·波拿巴发动的政变使P. A. L. 福尔费（P.A.L. Forfait）得以就任法国海军部长，而福尔费正是1798年七人专委会中的一员。富尔顿继续在巴黎的佩里耶兄弟（Perrier Frères）造船厂中建造潜艇，用铁螺栓将铜皮固定在铁制骨架上。这艘潜艇拥有多个名字，有时被称为“鹦鹉螺”，有时被称作“小渔船”（Bateaux Poisson）。1800年6月13日，这艘长21英尺3英寸（6.5米）、宽6英尺4英寸（1.9米）的潜艇悄悄滑入塞纳河。在写给拿破仑的一封信中，福尔费报告了首次试潜的情况：“此艇能轻而易举地下潜和上浮。操纵人员在其中待了45分钟，并将新鲜空气引入艇内。他们浮出水面后，面色如故。”[40] 此次试潜历时45分钟，在荣军院[41]前进行，3名艇组成员（包括富尔顿在内）没有出现任何不良状况。此次试潜过后，进一步的测试也开始列入计划，因为塞纳河水流过急、水深过浅，不适合测试“鹦鹉螺”号的机动性和抗压性能。

“鹦鹉螺”号的第二次测试，在塞纳河下游的鲁昂进行。富尔顿在鲁昂为潜艇加装了木甲板，这样一来，当潜艇位于水面时，艇员便可站在甲板上。7月24日，“鹦鹉螺”号再度下水。当月29日，富尔顿进行了第二次下潜测试。“鹦鹉螺”号两度潜至25英尺（8米）深处，证明了壳体的抗压性能，不过，由于水流的原因，富尔顿没能对潜艇的操纵性进行适当测试。海试的时机已经成熟。8月24日，首次海试在勒阿弗尔[42]进行。测试中，富尔顿潜至15英尺（5米）深处，待了1个多小时。富尔顿的艇员们还用手摇曲柄驱动潜艇，与一艘划艇比了场赛。通过比赛，富尔顿估测了这艘潜艇的水面航速。随后，他又测试了此艇的纵倾[43]，水面供气式皮革空气软管及浮子（一种原始的水下通气管），和罗盘的导航性能。富尔顿还测试了一种被他称作“空壳”（carcass）的漂浮式炸弹，即装在铜罐里的30磅（13.6千克）黑火药。

测试期间，炸弹拖曳在潜艇后方，并撞向了一个木桶；富尔顿的“空壳”炸弹借鉴了布什内尔早期研制的“鱼雷”及其燧发装置，一经碰撞便成功引爆。[44] 9 月 12 日，富尔顿及其艇员动身前往拉乌格[45]，在外海环境下测试潜艇。波涛汹涌的大海令此次行程颠簸不已，但在被迫靠岸前，“鹦鹉螺”号完成了历时 6 个小时的水下测试，证明了自己的适航性。

“鹦鹉螺”号的成功表现至关重要，因为富尔顿不仅在寻求法国对其潜艇的支持，还希望获得法国的委任，前去击沉英国舰船，每击毁一艘，都要获得奖金。当富尔顿于 1797 年首次向法国政府做此提议时，他提出自行负担潜艇的建造费用。作为交换，他每击沉一艘英国舰船，法方都需支付赏金。同时，他还要求自己及艇员能获得委任，以免被俘后被当作海盗处决。随着“鹦鹉螺”号的测试继续进行，富尔顿又重申了关于委任和奖金的请求。在法国友人的帮助下，富尔顿得以于 1800 年底与拿破仑会面，但此次简要汇报并未带来拿破仑的个人干预，而是又被转荐回了富尔顿正在与之打交道的官僚机构。不过，正式的批准不久后便会到来。1801 年 2 月，富尔顿收到了一份数额 1 万法郎的奖励通知，用于开展更多测试，并收到了一份协议，同意在“鹦鹉螺”号击沉英国舰船时支付赏金。

富尔顿在布雷斯特[46]修复了“鹦鹉螺”号的锈蚀损伤，在指挥塔内安装了 1 面玻璃舷窗，改善潜艇内部的采光，并采用了一种压缩空气“便携罐”。从布雷斯特开始，在 1801 年 7 至 8 月间，富尔顿又开展了更多测试。其中一回，“鹦鹉螺”号潜入了 25 英尺（8 米）深处。在另一次测试中，“鹦鹉螺”号及其乘员在水下待了 4 小时 20 分钟。[47] 富尔顿的大考，则是用拖曳在“鹦鹉螺”号后方的炸弹击沉一艘船。不过，测试中的这枚炸弹究竟是拖曳在潜艇后方，还是拖曳在水面上的轻型帆船后头，则不完全清楚。富尔顿的传记作者华莱士·哈琴（Wallace Hutcheon）认同后一种说法。

罗伯特·富尔顿的“入水舟”[48]潜艇没入海涛下的样子。（图源：美国国会图书馆 [Library of Congress]）

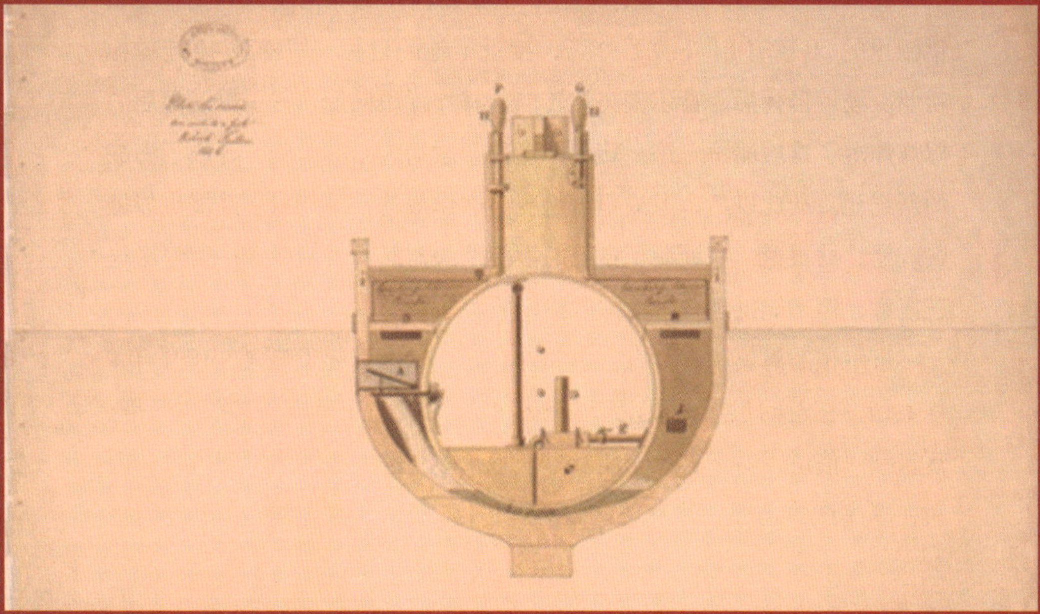

富尔顿“入水舟”潜艇的横剖面图。（图源：美国国会图书馆）

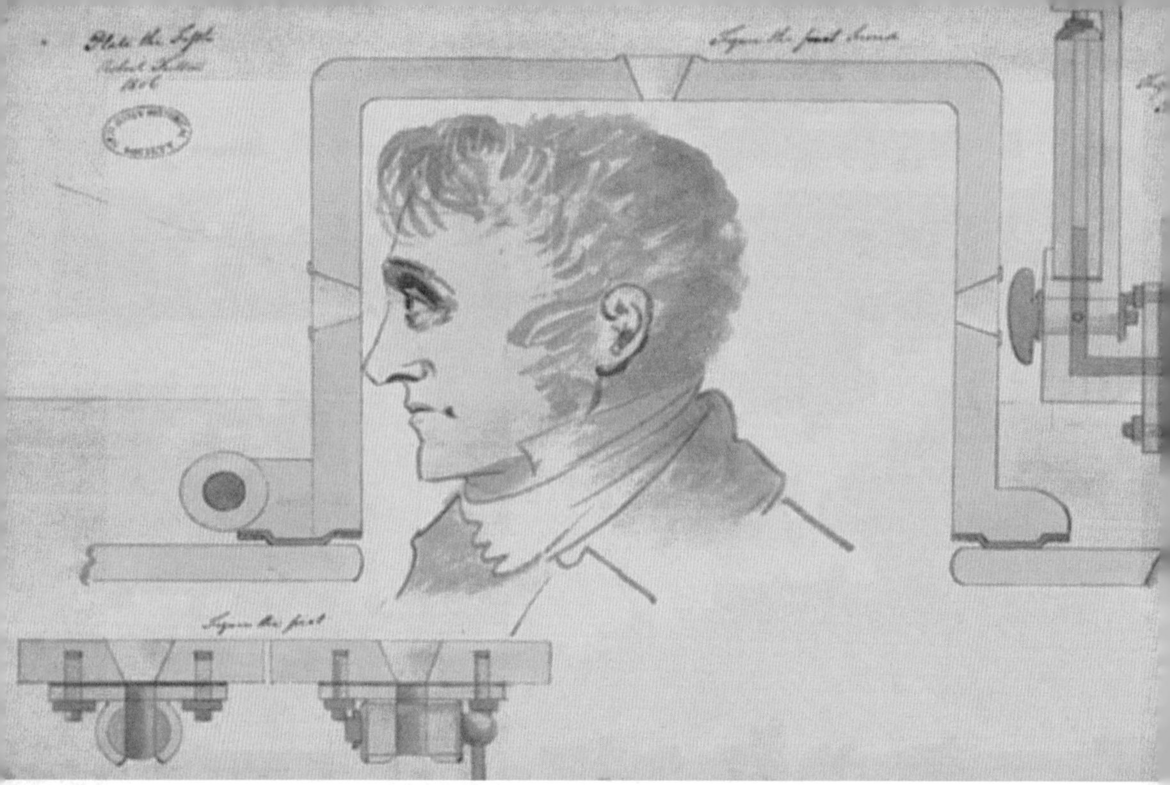

图为富尔顿为潜艇配备的瞄准装置，从中向外觇视者正是富尔顿。他亲手绘制了这些图纸。（图源：美国国会图书馆）

1801年8月12日，富尔顿在布雷斯特沿岸驾着潜艇，拖曳着装在铜罐里的20磅（9.1千克）炸药，接近了他的目标——一艘40吨单桅帆船。驶近目标后，富尔顿突然转向，将炸弹甩向船体并引爆。随后的爆炸炸沉了这艘船——这一转瞬即逝但却激动人心的时刻，开启了海战的新纪元。从此以后，海战不再是舰对舰作战的天下，水下武器也能摧毁舰船。据报道，在证明了自己的潜艇及武器后，富尔顿曾沿着海岸巡逻搜索，但未能抵近攻击英国舰船。

富尔顿的潜艇和它具有的革命性，在报刊上引起了热议。1801年9月上旬，在返回巴黎途中，富尔顿得知：拿破仑想看看“鹦鹉螺”号。富尔顿回信道，对于自己未能及早获悉拿破仑的愿望，他感到抱歉，因为在多次试验之后，他发现这艘潜艇不仅“漏水”，还是“一具不完美的机器”，所以把它拆掉了，“这样一来，这艘潜艇的组成构造便无迹可寻”。富尔顿继续写道：

> ……我拒绝展示自己的图纸……个中原因有二：其一是不将它置于任何人之手，让他们有机会阐明其原理或运行方式，以免信息逐一外传，直至为敌人所获；其二在于，我认为此项发明是我的私有财产……（这）应当使我保有充分的自主性。[49]

这份回复事实上终止了富尔顿与法国政府的关系。富尔顿在法国待到了 1804 年，期间一边绘画，一边与朋友旅游，并逐渐研制出了一项新发明，使蒸汽船臻于完善。他同样向法国政府和拿破仑展示了此项发明，但未获成功。最终，在 1804 年 4 月，富尔顿假借化名离开法国，前往英格兰——在英国特工的引诱下，他来到了这个曾经的敌国境内，继续试验他的发明。

鱼雷问世

富尔顿面见了一些英国官员，开始为新潜艇拟订方案。其中一艘是被他称为“信使”号（Messenger）的单人潜艇，长 9 英尺（2.7 米）。在此之后，他还设计了一艘更大的潜艇，该潜艇也被一些历史学家称为第二艘“鹦鹉螺”号。此艇看起来就像是艘传统的单桅帆船，与第一艘“鹦鹉螺”号一样，它也具备水密耐压艇体、指挥塔以及指挥塔后的单根桅杆，桅杆能在下潜前用铰链放下。潜艇的舵柄和艇舵既能在甲板上操纵，也能在下方的艇员舱段中操作。潜艇潜入水下后，由手摇式螺旋桨提供动力。当潜艇在水面航行时，手摇式螺旋桨可分离并向上收起，使潜艇更具流线型，航行性能更佳。该潜艇长 30 英尺（9.1 米）、宽 10

英尺（3 米），可容纳 6 名乘员，能在海里逗留 20 天，并具有 1 个装在艇身内部中央的泪滴形锚，锚索穿过一个水密压盖，使潜艇能泊于水下，等待受害者自投罗网。[50]

不过，虽然富尔顿的潜艇提案被交由一个英国专委会讨论，但却未曾获得认可，因为在专委会看来，这些提案“在实战中行不通”。[51] 不知疲倦的富尔顿将自己和雇主的注意力转向了“空壳”，也即潜艇炸弹。他越来越多地开始沿用戴维·布什内尔最先用过的一个术语，将这种炸弹称作“鱼雷”。“鱼雷”（torpedo）一词得名于大西洋鳐鱼（即地中海电鳐 [Torpedo nobiliana]），这种鳐鱼能放出最高 200 伏的强电压。[52]

凭借 1804 年 7 月签订的一纸合约，富尔顿继续制造和测试鱼雷。他不仅在英国海域对鱼雷进行了测试，还于 1804 年 9 月用鱼雷袭击了布洛涅 [53] 的法军舰队，并于 1805 年初再次发动袭击。这两次行动均未能成功，因此，富尔顿安排了一项测试——用一枚鱼雷冲撞一艘锚泊的丹麦双桅横帆船（brig），即此前专门买来充当靶船的“多萝西娅”号（Dorothea）。“多萝西娅”号锚泊在英格兰城镇迪尔（Deal）沿岸，从时任英国首相小威廉·皮特爵士的乡村庄园——沃尔默城堡（Walmer Castle）中，也能看到这艘船。富尔顿如此选址，是希望英国政府和海军要员们能目睹“多萝西娅”号被炸毁的场面。1805 年 10 月 15 日，两条小船拖曳着重达 180 磅（81.6 千克）的鱼雷，成功发起了一次攻击，将“多萝西娅”号炸为两截，沉入海中。海军部对此印象深刻，富尔顿也收到了允诺的现金奖励。他本想取得更大的荣誉，但在 10 月 21 日的特拉法尔加海战后，他的梦想却化为泡影。此次海战中，纳尔逊率英国舰队大获全胜，粉碎了法国的海上力量。相关试验就此停止，再无下文，富尔顿则花费了数月时间索取赔偿。1806 年 8 月，他收到了一笔小钱，作为对其贡献的最终奖励，因为英军已不再需要他的效劳。同年 11 月，富尔顿启程返回美国。

在鱼雷上，富尔顿不仅要面对英国官方的无动于衷，还得承受英国海军军官的批评责难。英国海军上将乔治·伯克利（George Berkeley）就曾毫不客气地指出："这类作战方式既卑劣又懦弱"；另一名级别较低的军官，也将鱼雷的使用形容为"不爷们，要我说和暗杀差不多"。[54]富尔顿的回应也不含糊，他在1810年写道："有的人未曾深思熟虑，有的人对既有而常见的专制暴政存有依恋，但正是这些人惊呼道，将一艘船连同所有船员一起炸沉，是种野蛮行径。这一点我承认，但在叹息之余，我认为这么做实属必要；一切战争都是野蛮的，尤其是进攻性战争……"富尔顿认为，通过研发和使用鱼雷，这种武器本身所具有的巨大破坏力将会"阻止此类暴行，该发明必定是人道的"。[55]

返美后，富尔顿开始为祖国效力。1807年7月20日，他在纽约港进行了一次鱼雷测试。经过两次失败的尝试，在第三次测试中，富尔顿的鱼雷炸沉了一艘200吨双桅横帆船。当时，美国和英国间的紧张局势不断加剧，富尔顿的回国以及他开展的测试，自然也未被时任美国总统托马斯·杰弗逊所忽视。杰弗逊不仅询问了富尔顿所制鱼雷的情况，还打听了他的"潜艇"。虽然关于潜艇的询问再无下文，但富尔顿的鱼雷试验得到了政府的认可和资助，直至1810年。不过，似曾相识的一幕再次发生。一个政府专委会得出结论，认为富尔顿未能"证明政府应当依赖他的装置作为一种国防手段"。[56]1812年战争[57]中，富尔顿的一些鱼雷曾被发现用于对抗英舰，但未能成功。1814年，另一名发明家的半潜式"海龟艇"也参与了行动，不过同样徒劳无功。在海战中，潜艇或鱼雷的时机尚未到来。不过，对于富尔顿工作的种种报道，以及对于他的潜艇的种种讨论，均得到了广泛的传播和译介。在潜艇历史学家诺曼·弗里德曼（Norman Friedman）看来，这种传播和译介，特别是将潜艇与"鱼雷"相结合的想法，对其他发明家的工作产生了实质性影响。[58]虽然在19世纪头四分之三的时间中，相关试验仍会反复继续，但直到20世纪，富尔顿的种种想法才会成功融为一体，催生出致命的破坏力。届时，潜艇将能顺利地将水下爆炸物送向目标。

注释

[1] 译注：美国革命（American Revolution），泛指北美13块英属殖民地脱离大英帝国，并创建美利坚合众国的一系列事件和思潮，美国独立战争（1775—1783）是其中的一部分。

[2] 译注：原文如此。按布什内尔的出生年份推算，他应于1771年进入耶鲁大学，故1775年春更有可能是他的最后一个学期，而非第一个学期。

[3] 原注：出自本杰明·盖尔（Benjamin Gale）于1775年8月7日写给本杰明·富兰克林的信，引自Roland, *Underwater Warfare in the Age of Sail*, p.76。

[4] 译注：纽黑文（New Haven），又称纽海文，是美国康涅狄格州第二大城市，也是耶鲁大学的所在地。

[5] 原注：引自Abbot, *The Beginning of Submarine Warfare under Captain Lieutenant David Bushnell*, pp.14–15。

[6] 原注：同上。

[7] 原注：引自Roland, *Underwater Warfare in the Age of Sail*, pp.71–72。

[8] 原注：同上，p.73。

[9] 译注：大陆军（Continental Army）是美国独立战争中的英属北美殖民地军事力量，于1775年6月14日根据第二次大陆会议的一项决议成立，旨在联合13个殖民地的武装力量，推翻英国统治。

[10] 译注：节（knot），海船（包括军舰）的速度单位。1节等于每小时1海里，也就是每小时行驶1.852千米。3节航速相当于时速5.6千米。

[11] 原注：收录于Johnston, “Sergeant Lee’s Experience with Bushnell’s Submarine Torpedo in 1776,” p.542。

[12] 译注：此处的HMS为“Her/His Majesty’s Ship”的缩写，意为“女王（或国

王）陛下之舰船”。HMS 是一些君主制国家的海军舰船前缀，如英国皇家海军舰船和瑞典皇家海军舰船（有时也采用 HSwMS）。

[13]　译注：理查德·何奥勋爵（Lord Richard Howe），即第一代何奥伯爵理查德·何奥，英国海军军官及政治家，美国独立战争期间曾任北美及西印度舰队总司令。

[14]　原注：同注 [11]。

[15]　原注：同注 [11]。

[16]　原注：同注 [11]。

[17]　译注：布卢明代尔（Bloomingdale）是曼哈顿谷（Manhattan Valley）的旧称，大约位于如今的纽约曼哈顿 96 街、110 街、中央公园和百老汇之间，邻近哈得孙河（Hudson River）。

[18]　原注：同注 [11]，p.543。

[19]　原注：1787 年，在一封写给托马斯·杰弗逊的信中，布什内尔如是说。引自 Roland, *Underwater Warfare in the Age of Sail*, p.81。

[20]　原注：引自 Compton-Hall, *The Submarine Pioneers*, pp.33–36。

[21]　原注：引自 Abbot, *The Beginnings of Submarine Warfare Under Captain Lieutenant David Bushnell*, pp.30–31。

[22]　原注：同上。

[23]　原注：引自 Compton-Hall, *The Submarine Pioneers*, p.40。

[24]　译注：实验考古学（experimental archaeology）是考古学的一个分支，旨在运用实验手段复制或复原文物（或遗址），以便提出或检验考古假说。

[25]　原注：美国海军学院详细记述了项目参与情况，详见：www.usna.edu/naoe/new/turtle.pdf

[26]　译注：佩科特人（Pequot），北美印第安人中的一支，生活在如今的美国康涅狄格州。

[27]　原注：引自 Oeland, “A Revolutionary Craft”，以及汉兹豪斯工作室网站：www.handshouse.org/Turtle.html

[28] 原注：同上。

[29] 原注：引自 Manstan and Frese, *Turtle: David Bushnell's Revolutionary Vessel*。

[30] 原注：大多数历史学家也持此观点，例如 Barber 在 1875 年的叙述，Abbot 在 1881 的叙述，以及 Wagner 在 1963 年撰写的 *Submarine Fighter of the American Revolution: The Story of David Bushnell* 一书。“海龟”号的另一件复制品建造于 1976 年，用于纪念美国革命爆发 200 周年；该复制品现珍藏于康涅狄格州埃塞克斯的康涅狄格河博物馆（Connecticut River Museum）。还有一件“复制品”在 2007 年 8 月 3 日成了头条新闻，当时，行为艺术家 Philip “Duke” Riley 等三人被捕，原因是他们在距“Queen Mary 2”号班轮数百码内驾驶这艘复制品；当时，这艘班轮正锚泊在布鲁克林的 Red Hook 游轮码头。详见报道：“An Artist and His Sub Surrender in Brooklyn,” *New York Times*, August 4, 2007。

[31] 原注：在 *Robert Fulton* 一书中，华莱士·哈琴讨论了富尔顿可能的灵感来源，见此书 pp.28–31。

[32] 原注：引自 Hutcheon, *Robert Fulton*, p.36。

[33] 原注：同上。

[34] 原注：同上。

[35] 译注：潜艇的水平舵又称升降舵，用于在水下航行时保持或改变艇的航行深度和纵倾。

[36] 原注：同注 [32]。

[37] 原注：同注 [32]。

[38] 译注：赫拉克勒斯（Hercules），古希腊神话中的大力神，幼时曾在摇篮中扼死了被赫拉（Hera）派来杀害自己的毒蛇。

[39] 原注：引自 Sutcliffe, “Robert Fulton in France,” p.935。

[40] 原注：福尔费的这封信收录于 Furber, “Fulton and Napoleon in 1800,” p.492。

[41] 译注：荣军院（Hôtel des Invalides），位于法国巴黎第七区，是一家用来接待和治疗退伍及伤残军人的医院，也是巴黎的一处重要古迹，巴黎军事博物馆和拿破仑·波拿巴的陵墓均坐落于此。

[42] 译注：勒阿弗尔（Le Havre），法国北部海滨城市，位于塞纳河入海口北侧，濒临英吉利海峡。

[43] 译注：纵倾（trim），舰艇自正浮位置向尾部或首部方向倾斜的一种浮态。舰艇向尾部方向倾斜时，纵倾角（trim angle）取负值；向首部方向倾斜时，纵倾角取正值。

[44] 原注：引自 Hutcheon, *Robert Fulton*, p.44。

[45] 译注：拉乌格（La Hougue），即圣瓦斯特－拉乌格（Saint-Vaast-la-Hougue），法国西北部市镇，位于诺曼底。

[46] 译注：布雷斯特（Brest），法国布列塔尼半岛西端的海港城市，也是重要的军港。

[47] 原注：同注 [44]，pp.47–48。

[48] 译注：此处的"入水舟"（Plunging Boat）即"鹦鹉螺"号潜艇，下同。

[49] 原注：引自 Sutcliffe, "Robert Fulton in France," pp.939–40。

[50] 原注：引自 Hutcheon, *Robert Fulton*, pp.68–69，以及从该潜艇的图纸（现存于美国国会图书馆）上得到的信息。

[51] 原注：引自 Hutcheon, *Robert Fulton*, p.70。

[52] 原注：引自 Dickinson, *Robert Fulton: Engineer and Artist*, pp.73, 82–123 passim。另见 Compton-Hall, *The Submarine Pioneers*, pp.41–49。

[53] 译注：布洛涅（Boulogne），位于法国北部、英吉利海峡沿岸的一座滨海城市，介于加莱和诺曼底之间。

[54] 原注：引自 Hutcheon, *Robert Fulton*, p.88。

[55] 原注：引自 Fulton, *Torpedo War, and Submarine Explosions*, p.44。

[56] 原注：引自 Hutcheon, *Robert Fulton*, p.114。

[57] 译注：1812 年战争（War of 1812），又称第二次独立战争，指 1812 至 1815 年美英两国间发生的战争。

[58] 原注：引自 Friedman, *U.S. Submarines through 1945: An illustrated Design History*, pp.11–12。

1869年，儒勒·凡尔纳写下了著名的《海底两万里》。图为书中的主人公尼摩船长用六分仪测定“鹦鹉螺”号的方位。(图源：akg图像)

第二章

“SUB MARINE EXPLORERS”: WOULD-BE WARRIORS

“水下探索者”

勇闯深渊

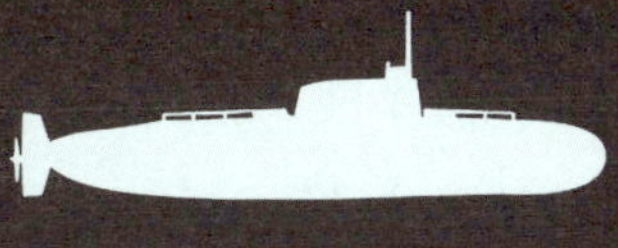

19 世纪期间，前所未有的科技进步纷纷涌现，有力推动了 19 世纪下半叶的第二次工业革命。这一时期中，职业科学家取代了天才的业余发明家，而同时期诞生的新发明，也将在下一个世纪改变世界，其中包括：工业钢铁、塑料和硫化橡胶产品的研发，原子特性的发现，装配流水线的普遍应用，机床的使用，照片、机械计算设备和长途通信的问世，以及石油燃料加工技术的出现。也正是在这一世纪中，现代潜艇逐渐成形。

罗伯特·富尔顿在世纪之交进行的潜艇和鱼雷试验，引起了公众乃至军界和政治界的广泛关注。1806 年 12 月，当富尔顿返美时，一份知名报纸将富尔顿的回归奉为“我国的一大收获……我们只能期待他的水下航行装置能与我国的炮艇有力地结合起来，形成最廉价、最可靠的防御力量，保卫我们的港口和海岸”。[1]19 世纪上半叶，约翰斯顿上校（Captain Johnston）在英国进行了一次著名试验。据报道，此人发明了一艘长 100 英尺（30.5 米）的潜艇，用于解救当时流放于圣赫勒拿岛的拿破仑。除这个例子外，虽然富尔顿已经返美，但在 19 世纪上半叶中期，潜艇领域的领头人当属法国发明家。1809 年，科埃桑（Coessin）两兄弟设计了一艘长 12 英尺（3.7 米）、宽 9 英尺（2.7 米）的潜艇，但他们的付出并未迎来收获。海军舰长雅克－菲利普·梅里贡·德·蒙热里（Jacques-Phillipe Mérigon de Montgéry，1781—1839）沿着他们的道路继续前行。蒙热里是法国海军工程委员会（Conseil des Travaux de la Marine）的成员，是位眼光敏锐的观察家，研究和提倡了一系列“新

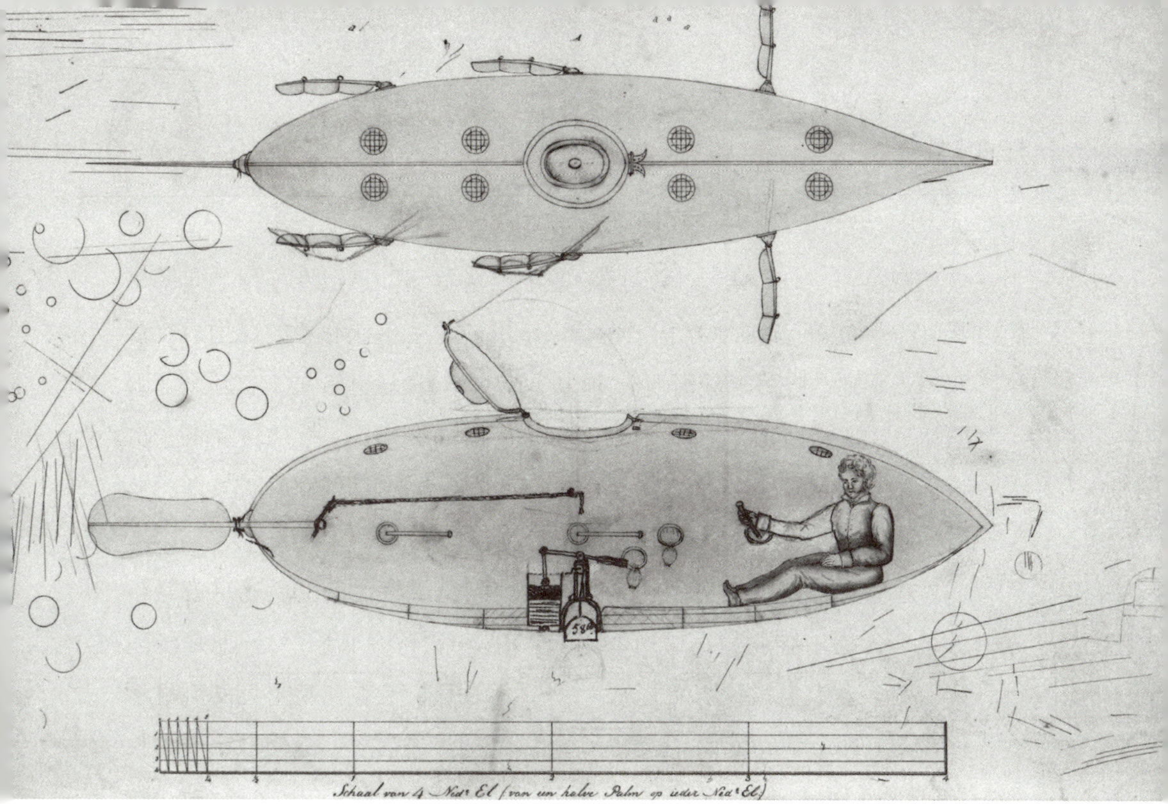

安东·利普肯斯 1835 年的“Duikboot”（意为潜艇）设计图。它效仿了维勒鲁瓦的首艘潜艇。（图源：阿姆斯特丹国家博物馆 [Rijksmuseum]）

式”武器和军事技术。他曾就富尔顿及其潜艇撰写过数篇论文，并在 1823 年设计了一艘全铁制潜艇，命名为“隐形”号（L’Invisible），但未实际建造。[2] 铁的强度，决定了它是更为优越的潜艇材料；蒙热里认为，如能拥有一群“隐形”号潜艇，便能接近敌舰，用潜艇上的哥伦比亚炮 [3] 一举将之摧毁。不到百年内，蒙热里的设想就会成真，但在 1823 年时，他却超前于自己的时代。

法国先驱维勒鲁瓦

同一时期内，有两艘试验潜艇给它们的发明者带来了灭顶之灾。其中一艘是木制球形潜艇，直径据说为 5 英尺 2 英寸（1.6 米），装有 1 个玻璃观察窗。1827 年，该潜艇建造于巴塞罗那，建造者是位名叫塞尔沃（Cervo）的法国地方官。在首次试潜中，塞尔沃和他的球型潜艇双双一去不返。[4] 另一艘潜艇长 13 英尺（4 米），设计者是来自法国亚眠的让－巴普蒂斯特·珀蒂（Jean-Baptiste Petit）博士。在 1834 年的一次试潜中，该潜艇未能从索姆河中浮出水面，于次日低潮时被发现。彼时，这艘潜艇的发明者已在艇内因窒息身亡。[5]

还有一位法国潜艇发明家则成功地测试了自己的潜艇，这就是布吕蒂斯·德·维勒鲁瓦（Brutus de Villeroi，1794—1874）。他是法国南特的一名数学教授兼工程师。1832 年 8 月，他在南特附近的努瓦尔穆捷岛（Noirmoutiers）上建造了一艘小型 3 人潜艇。这艘铁制潜艇长 10 英尺 6 英寸（3.2 米），宽 3 英尺 6 英寸（1.1 米），排水量约 6 吨，由 3 个“鸭掌”形短桨驱动。一份同时期的报纸记录了该潜艇的首次试潜，并评论道，发明者赋予了其潜艇以“大自然赋予鱼类的形状和推进力”：

> 3 人即可操作此艇，并在其中舒适地待上 1 小时左右……这艘潜艇先是在水面航行了约半小时，然后潜入水下 15 至 18 英尺（4.6 至 5.5 米）深处，从海床上采集岩石和海贝。在此次试潜中，潜艇还向不同的方向潜航，规避一些在测试之初便围绕于四周的船。随后，维勒鲁瓦先生在一定距离外重新浮出水面，在水面上朝不同方向持续航行约 5 小时零 1 刻钟。航行结束后，他打开舱盖，在众人面前现身，受到了热烈欢呼。自此次试潜后，维勒鲁瓦似乎证明了一点：无论是在底层还是在中层水域的广阔空间中，人们都能乘坐这种潜水机器自在遨游，航速可与任何常规舰船相媲美。[6]

兰伯特·亚历山大在纽约建造的一艘潜艇。此艇复制了佩耶纳早期建造的潜水钟潜艇（带有调压式水下出入舱）。（图源：笔者收藏）

这份报纸的撰稿人继续热情地写道：

通过计算水体密度和压强的比值，人们便能在特定的水深处航行，不为敌人所知地潜入海港或舰队中，在舰体之下发起攻击，摧毁舰船；也可割断锚索，把舰队化为海底的一片残骸；借助这些方法，人们还可从海底打捞物品，采集珊瑚、珍珠贝以及其他各种贝类。[7]

德·维勒鲁瓦的发明和试潜的消息传向了国际，许多观察家都对这艘古怪而新奇的小潜艇有所记录。一份1835年的记录中提到，海军上将西德尼·史密斯（Sidney Smith）爵士“受路易·菲利普[8]委任，加入一个专委会，负责调查这种古怪的装置”。史密斯久居巴黎，被视为“归化的法国人”。[9]

1836年，两名荷兰海军军官安东·利普肯斯（Anton Lipkens）和奥尔克·乌伦贝克（Olke Uhlenbeck）造访了德·维勒鲁瓦，并乘着潜艇出去兜了一圈。他们将这艘潜艇记录在了报告里，并绘制了图纸。这些文件虽在荷兰得到了仔细的归档保存，但它们既未为德·维勒鲁瓦带来一纸合约，也未造就荷兰版的维勒鲁瓦潜艇。利普肯斯自行设计了一艘潜艇，但未能得到荷兰海军的建造。即便是在自己的祖国，德·维勒鲁瓦也从未收到过建造潜艇的委托。不过，一些历史学家提出，德·维勒鲁瓦的潜艇和相关试验很可能启发了儒勒·凡尔纳的灵感。当时，凡尔纳是南特附近的一名学童。后来，他笔下的尼摩船长与“鹦鹉螺”号潜艇，将会激发人们的热切想象，并将为同世纪晚些时候的发明家带来灵感。德·维勒鲁瓦最终于1856年移居美国，在那里成功建造了一艘潜艇，售予联邦海军。

备受推崇的佩耶纳博士

下一位成功造得潜艇的法国发明家，是科学家安托万–普罗斯珀·佩耶纳（Antoine-Prosper Payerne，1806—1886）博士。佩耶纳早期进行的试验均为化学性质，目的在于恢复狭小密闭空间中的氧气含量。他想建造不依赖于水面供气和压缩气舱的潜艇。在1842年的一个打捞项目期间，佩耶纳在潜水钟里测试了他研制的化合物，用于补充空气。该项目中，潜水员身穿早期的“潜水盔甲”，打捞沉没的英国战舰“皇家乔治”号（Royal George）上的物品。由于对典型潜水钟内的空气容量不甚满意，佩耶纳随后又设计和建造了一艘长 35 英尺（10.7 米）、直径 10 英尺（3 米）的铆接铁制潜艇，称之为“bateau-cloche”（钟形船）。1844 年 4 月 20 日，佩耶纳在奥赛宫（Palais d’Orsay）对面的塞纳河上公开展示了自己的潜艇，载着 11 名乘客进行了一次为期 3 小时的潜航，所有乘客均未出现任何不良状况。“潜入水下后，这艘潜艇唯有依靠艇员撑起长篙方可移动”。不过，1846 年，佩耶纳又设计了一艘由螺旋桨驱动的潜艇，取名“贝勒多讷”号（Belledonne）。[10] 这艘新潜艇的设计用途是将工作人员载入深水：

> 艇内由凸面舱壁一分为二：前部用于储存空气，后部舱室则用于以手动曲柄驱动螺旋桨。此艇由垂直舵和水平舵操纵方向，潜水员通过“气匣室”（air-lock）离开潜艇进入水中——气匣室是一种小舱室，其中的空气会得到压缩，待外舱盖开启时，其内的气压将足以阻挡海水涌入。[11]

“贝勒多讷”号取得了一系列成果，其中包括一份瑟堡 [12] 海港的清理合约。根据合约，“贝勒多讷”号潜艇将载着工人潜入水下，清理阻塞海港入口的岩石。由此，“贝勒多讷”号开启了一段繁忙的工作时期，为其发明者赢得了国际声誉。佩耶纳频频出现在新闻中，与他一同见诸报端的，还有他在 1852 年提出的一项主张，即修建连接英法两国的海底隧道。

作为同时代的一名积极观察家，查尔斯·狄更斯对佩耶纳的发明推崇备至——在此之前，他曾于 1852 年 9 月参观过佩耶纳的潜艇。据他记述，这艘潜艇被漆成了亮红色，“像只煮熟的龙虾”，形状好似两只扣在一块的龙虾脑袋 [13]。“它通体铁制，部件之间的接合，环绕艇体的铁箍，都使之与龙虾愈发相像……处处是英寸厚的小圆玻璃……另外，在艇底近中央处，还有个矩形小洞（活板门）……”[14] 全艇长 42 英尺

6 英寸（13 米），内有 1 间长 16 英尺（4.9 米）的舱室，即潜艇的工作舱。潜艇的余下部分，也就是“潜艇两端”，分别为“压缩空气库和静水压平衡调节器”。[15] 狄更斯解释道，潜艇的底板由活板门分隔开来，能在压力下开启。

在与佩耶纳及 9 名艇员（狄更斯说，12 名艇员也可成行，但会较为拥挤）进行了一次下潜后，狄更斯描述了潜艇是如何通过将海水泵入压载水舱下潜的，“一旦潜至海底，便可将底板中的活板门打开，让压缩空气的压力将海水排开，然后你会发现自己真真切切地站在了海床上……”[16]

在狄更斯的全面描述中，他谈到了艇员是如何利用 1 桶生石灰、碳酸钾和 1 个风箱来净化空气、消除下潜期间积累的“碳酸”的。不过，这艘潜艇最多只可潜至水下 75 英尺（23 米），并且无法产生足够的气压将此深度的水体阻隔于外，使得相关工作既困难，又令人不适。佩耶纳确信，通过使用蒸汽能，潜艇便可产生足够的气压，下潜至 150 英尺（46 米）深处开展工作。佩耶纳告诉狄更斯，他正在筹集必要的资金来建造此艇，用之打捞“贵重货物”，并执行其他水下任务。[17]

佩耶纳建造了他的蒸汽潜艇，称其为“毕利多斯塔”(Pyrhydrostat)。这艘潜艇长 60 英尺（18.3 米），比佩耶纳的首艘潜艇要大，又称“贝勒多讷 II”号。佩耶纳原本打算扩张业务，但财务上的挫折令他的计划化为泡影。到 1863 年时，佩耶纳已破产，回归了他在医药领域的老本行。[18] 从一桩美国专利侵权案中，我们不仅可以一窥佩耶纳所付出的艰辛努力，还能更详细地了解他的潜艇是如何运行的。

从 1851 年末到 1852 年，《纽约时报》和《科学美国人》杂志均报道了一艘当时正在布鲁克林海军造船厂接受测试的蛋形潜艇。这艘潜艇的客户是水下探索公司（Submarine Exploring Company），建造地点位于“同一城市中的皮斯与墨菲先生（Messrs. Pease & Murphy）机器制造厂”。[19] 该潜艇的排水量为 10 吨，长 30 英尺（9.1 米），直径 10 英尺（3 米），由 1 个手摇式螺旋桨驱动。在潜艇内水泵和气泵的分别作用下，海水灌入压载水舱，调整潜艇浮力，并将艇内钢瓶中的压缩空气送入工作舱，提升气压，使底部舱口盖得以开启。有了这种“人孔”[20]，潜水员便可将手臂向下伸入海水中工作。[21]

为了补充更多的空气，这艘潜艇还以一条配有铜制浮子的空气软管与水面相连。内部空气净化装置可将水喷过苛性碱液，“分离二氧化碳，得到纯氧”。在最高 2.5 个大气压下，3 至 7 名艇员最多可在潜艇内工作 7 小时，而且“不会疲倦”。[22] 在紧急情况下，铰接在潜艇外部的压舱铸铁支座可以打开，抛下松散堆叠于其上的压舱铁块。在 1851 年的一期《科学美国人》杂志中，这艘潜艇被称作是一项“十分精妙的发明”；文中还提到，“有这样一艘潜艇在手，没有一支敌方舰队能安然无恙地待在我国海岸边”。[23]1852 年 3 月，《纽约时报》记述了该潜艇的一次下潜经历，将它誉为“我们所见过的最完美的潜艇”。[24]

这艘潜艇的发明者，也就是“M. 亚历山大”先生，实际上名叫兰伯特・亚历山大（Lambert Alexandre）。他是个来自法国的潜水打捞员，一度是佩耶纳博士的合伙人。《科学美国人》杂志中曾提到，该潜艇发明于法国，曾受雇于“瑟堡的港口……，其中一艘这样的机器长 40 英尺（12.2 米），每天的任务是移除一些阻塞内港入口的水下石块”。[25] 亚历山大究竟是自主行事，还是代表佩耶纳行事，尚不得而知。不过，他宣称自己是潜艇发明者和所有者的做法，指向了前一种可能性，而这是对佩耶纳专利权的侵犯；因为倘若他是以佩耶纳的代理人身份行事，他便会做此说明，在关于这艘潜艇的诸多文章中，佩耶纳也会被提及。尽管这艘潜艇在技术上有所进步，但在 1854 年，一名报社记者写道，亚历山大的潜艇“如今正躺在第 10 街和东河 [26] 脚下，已弃置于此逾 1 年之久”。[27]

H
H
A
B
E
B
G
F

普罗斯珀·佩耶纳博士的“毕利多斯塔”号潜艇，又名“贝勒多讷II”号。（图源：玛丽·埃文斯图库）

德国发明家鲍尔

另一位与佩耶纳同时代的发明家也不会被遗忘，尽管他的潜艇并未取得多大成就，他发明的第一艘潜艇还沉了，差点要了他的命。他在去世后才声名鹊起——一方面是因为人们重新发现了他那沉没已久的潜艇处女作，另一方面是因为，当德国潜艇在战争中取得空前成功之际，这位德国发明家的名字被巧妙地写入了 U 艇的发展历程之中。[28] 他就是威廉·鲍尔（Wilhelm Bauer，1822—1875），曾在第一次石勒苏益格战争中服役于普鲁士军队。第一次石勒苏益格战争发生于 1848—1851 年，在德语中被称作“石勒苏益格－荷尔斯泰因战争”（Schleswig-

德国 U 艇先驱、“烈火潜水员”号潜艇发明者威廉·鲍尔肖像。（盖蒂图片社 [Getty Images]）

Holsteinischer Krieg)，在丹麦语中被称作“三年战争”(Treårskrigen)，交战双方分别为丹麦和德意志邦联。虽然鲍尔当时只是名低阶军人，但他有着非凡的眼光。为了寻求支持建造潜艇，打破丹麦海军对德国波罗的海沿岸的封锁，他坚持不懈地奔走游说。

在获取了足够的支持后，鲍尔制造了一艘长 2 英尺（61 厘米）、宽 7 英寸（17.8 厘米）宽、吃水 11 英寸（27.9 厘米）的测试模型。经过种种测试，鲍尔证明了拟建潜艇的基本外形和设计方案可行，并通过政府拨款和民间捐款获得了足够的资金，着手建造一艘全尺寸潜艇。这艘 35 吨的铁制潜艇长 26 英尺（7.9 米），最宽处宽 6 英尺 6 英寸（2 米），吃水 8 英尺 6 英寸（2.6 米），由位于基尔[29]的施韦费尔－霍瓦尔德（Schweffel und Howald）公司建造。鲍尔将该潜艇命名为“Brandtaucher”(大意为海洋潜水员[30])。

由于资金有限，鲍尔省去了艇内的压舱物和空气舱，改为安装水泵，在下潜时将海水泵入开放式潜艇底舱，在上浮时将水排出。为了节约资金，他还削减了潜艇壳体的厚度。根据最初的设计规格，该潜艇可潜至水下 98 英尺（30 米），但由于采用了更薄的壳体，鲍尔对他的赞助人警告道，“烈火潜水员”号的下潜深度不可超过 30 英尺（9 米）。

此艇由 1 个双人操作的手摇式飞轮提供推进动力，驱动潜艇的单螺旋桨旋转，最大航速为 3 节，由尾部的小舵操纵方向。透过玻璃舷窗向外观察，艇长便可将潜艇机动至敌舰下方，然后借助外装式古塔胶（天然橡胶）手套和用于贯穿舰体的配件，将 1 枚重 500 磅（226.8 千克）、带有引信的鱼雷固定在敌舰上，将其炸沉。1850 年底，“烈火潜水员”号建造完工。随后，它在浅水水域进行了几次试航，同时，鲍尔也在对它进行小修小补，提升性能。在军方的压力下，鲍尔和 2 名志愿者于 1851 年 2 月 1 日进入基尔港，进行一次公开演示，但他们即将驶向一场灾难。

威廉·鲍尔的第二艘潜艇“鲛鳈”号于1855年造于圣彼得堡。测试证明，这艘潜艇比鲍尔的首艘潜艇更加成功。（图源：akg 图像）

海水灌入潜艇后，潜艇开始下潜，但鲍尔无法使艇身保持水平姿态，潜艇尾部向下倾斜。由于无法保持纵倾平衡，潜艇从尾部开始下沉。艇体内载有铸铁块，用作辅助压舱物，并帮助潜艇保持纵倾平衡。而当这些铸铁块向艇尾翻滚而去时，潜艇也越沉越快。当“烈火潜水员”号的下沉深度超过 30 英尺（9 米）时，其壳体在水压下发生屈曲变形，铆钉破裂，飞轮也脱离了底座，撞向艇尾。下沉之势已无法阻挡，而一旦“烈火潜水员”号沉到基尔港底部，便再无回头路。这艘潜艇撞向海床，在海泥里停了下来，距水面 52 英尺（16 米）。令人惊奇的是，鲍尔和他的同伴仍然活着，并且毫发无伤。鲍尔说服同伴继续等待 6 小时，直到有足够多的海水进入潜艇，使潜艇内外压力平衡。就在空气所剩无几时，他们打开了舱门，浮回水面。这是有史以来，潜艇沉没事件的受害者首次自海底逃出生天。[31]

鲍尔开始计划建造一艘改进型潜艇，不过，虽然他付出了不懈努力，但他的提案在德国还是无人问津。离开石勒苏益格－荷尔斯泰因后，鲍尔又游说了英国、法国、奥匈帝国和俄国。鲍尔最终在俄国找到了意向客户，其中的一个重要原因是：克里米亚战争[32]期间，俄国在黑海遭遇了耻辱性失利，被迫退出黑海；而在俄国最后的战略边疆——波罗的海，俄国海军的力量也已大不如前。1855 年，鲍尔与俄国签订合约，设计了一艘更长更重的潜艇，由圣彼得堡的洛伊希滕贝格工厂（Luechtemberg Works）于当年 5 月建造。

新潜艇由铁制成，长 51 英尺（15.5 米），宽 12 英尺 6 英寸（3.8 米），吃水 11 英尺（3.4 米），由 4 个踏车驱动 1 个螺旋桨。鲍尔将其命名为“鮟鱇”（德语：Seeteufel，英语：Sea Devil[海魔鬼]）号，可搭载 15 名艇组成员。或许是出于对早先事故的警醒，同时也为了能够部署潜水员执行水下作战任务，鲍尔在艇内安装了 1 个独立的潜水员水下出入口舱。

1856 年 5 月，“鲛鳒”号潜艇被运往喀琅施塔得[33]接受测试，共完成了 134 次下潜。在第 134 次下潜中，事故再次发生。由于撞上了水下障碍物（有的说是海洋附生物，有的说是沙洲），“鲛鳒”号被困在了海底，一同受困的还有鲍尔和他的艇员。最终，他们利用潜水员舱逃回水面，但灌满了海水的潜艇则滞留在了海床上，直到一支打捞队伍使之再次浮出水面。俄罗斯帝国海军对“鲛鳒”号进行了修复，但鲍尔的雇主对这名巴伐利亚发明家正日益失去耐心。他们逐渐停止了对鲍尔的支持，还威胁要把他流放到西伯利亚。面对这种情形，鲍尔打道回国。后来，为了获取支持、筹措资金，建造另一艘潜艇，鲍尔继续努力奔走，但没能得偿所愿。1875 年，他在慕尼黑去世。

天才菲利普斯

就在佩耶纳和鲍尔各自开展潜艇设计和测试之时，美国也出现了一名天才的业余科学家、发明家——洛德纳·菲利普斯（Lodner D. Phillips，1825—1869）。他接连建造了 3 艘潜艇，其中最后一艘精妙绝伦，既是独立设计的结晶，又反映了佩耶纳潜艇的某些特质。在成为工程师之前，洛德纳·菲利普斯是印第安纳州密歇根城（Michigan City）的一名鞋匠。1845 年，年方二十的菲利普斯建造了自己的第一艘潜艇。

菲利普斯的第一艘潜艇不大，形状像条鱼，木制框架上覆着铜皮。潜艇载有压舱铸铁，借助一个小圆柱体实现下潜——菲利普斯用一个柱塞对小圆柱体进行注水和排水。潜艇由一支穿过水密垫圈的长篙提供动力，使菲利普斯得以推动自己在密歇根湖湖底前行，就像一名水下的贡多拉[34]船夫。据说，这艘潜艇在完工后不久就沉入了 10 英尺（3 米）深的水下，菲利普斯也放弃了该潜艇，转而开始打造体型更大的第二艘潜艇。[35]

美国发明家洛德纳·菲利普斯建造了一艘精巧的木制潜艇——“海洋雪茄”号（Marine Cigar）。从 1851 到 1855 年，这艘潜艇在美国五大湖区进行了成功的下潜活动。如今，它可能仍然躺在伊利湖湖底。（图源：科比斯图片社 [Corbis]）

第二艘潜艇的特点和确切的历史不大为人所知，因而伴随着大量的猜测、困惑以及偶尔的夸张。这艘潜艇长约 40 英尺（12 米），最宽处宽约 4 英尺（1.2 米），两头呈圆锥形，逐渐变尖，通过压缩气舱和压载水舱下潜。据说，该潜艇也是由一支或数支穿过水密垫圈的长篙推动。这艘无名潜艇的建造时间介于 1845 至 1850 年间，曾在芝加哥河进行过测试，但最终沉于水底。[36]

菲利普斯的第三艘潜艇可谓杰作。这艘木制潜艇建于 1850 至 1851 年间，艇身细长；全艇长 60 英尺（18.3 米），宽 7 英尺 6 英寸（2.3 米），重 8 吨，两头呈锥形。菲利普斯恰如其分地将之命名为“海洋雪茄”号。潜艇具有 4 根外梁，构成纵向龙骨，起加固作用。菲利普斯的天才之处，在于他对“海洋雪茄”号的圆柱形壳体所采用的压载和驱动方法，其中包括将压载水舱与压缩气舱相连——据目前所知，“海洋雪茄”号是第一艘采用这种方法的潜艇，而到如今，这种能使潜艇稳定下潜和上浮的方法已十分常见。1875 年，菲利普斯的系统被描述如下：

> 水舱一直排列至艇体圆柱部分首尾，分布在艇身中部通道两侧和下方。这些水舱的容量足以让潜艇实现下潜或上浮。水舱部分注水，潜艇便可下潜；如果排空水舱，即使艇内余下空间被水淹没，潜艇也可上浮。每个水舱均通过一个旋塞与外部水体相通。除了中央的一个旋塞外，所有旋塞均由一根旋塞杆操作。此外，每个水舱顶部也配有一个旋塞，用于排出空气，使之进入潜艇的储气空间。一根带有旋塞的管道将水舱与压缩空气筒相连，后者均沿着潜艇壳体排布，位置就在水舱上方。[37]

“海洋雪茄”号的中央压载水舱可以自动设定潜深，此外，该潜艇还具备一套自我调节机制，能将空气或水交替引入不同的气舱或水舱，使潜艇保持纵倾平衡。这艘潜艇还具有 1 个伸缩式指挥塔（即穹顶舱 [cupola]）、1 个 4 英尺（1.2 米）长的伸缩式水下通气管、2 只锚（首尾各一，可让潜艇稳稳悬停在海床上方）。“海洋雪茄”号由 1 个 2 人操作的手摇式双叶螺旋桨驱动，航速据说可达 4.5 节。[38]1852 年 11 月的一份专利证书表明，菲利普斯还使用了万向接头[39]来控制螺旋桨，操纵潜艇。[40]为了净化空气，他还研制了一套空气净化系统，使空气循环通过压载水舱中的水。然后，当空气“化为气泡浮向水面”时，便可：

> “洗”去碳酸……发明者发现，采用这种处理方法，潜艇内的空气足以供 3 至 4 名乘员呼吸 10 小时……一旦水舱中的旧水失去净化能力，便会在压缩空气的作用下排放出去，由新水取而代之。[41]

菲利普斯设计“海洋雪茄”号的目的，是为了将它打造为五大湖区的一艘打捞艇。为了更好地实现这种功能，“潜艇首部配有铰链，可随意拆装”：

> “假艇首”后方有面舱壁，舱壁中央装有一个球窝接头[42]，球窝接头的球形轴头（ball）上装有套筒；借助构造得当的套筒，艇员可随意操作锯子、凿子、螺钻等工具……艇首的万向接头（球窝接头）周围装有多个辅助工作的舷窗。[43]

菲利普斯还发明了一种穿过球窝接头的潜艇炮；“炮口紧密穿过球形轴头，开火后再收回艇内，同时，一个滑阀从炮眼的横截方向穿过球形轴头，关闭炮眼”。[44]1864 年，菲利普斯致信美国海军，希望为其效力。信中，菲利普斯写道，他曾于 1850 至 1855 年间使用过自己的潜艇，并谈道：“在水线上使用火箭弹，在水线下发射加农炮，与潜艇的使用并行不悖……此艇曾不止一次地击沉废旧船只，或是将它们炸为碎片。”[45]

1851 年，在“海洋雪茄”号行将完工之际，菲利普斯向美国海军寄出了第一封信，信中他告知对方，“海洋雪茄”号能够潜至水下 100 英尺（31 米），并能以 4—5 节的速度在水下潜航；另外，复制这艘潜艇所需的花费，也比兰伯特·亚历山大在纽约建造的那艘潜艇要少；菲利普斯写道，后者的费用高达 9000 美元，而他的潜艇仅需 800 美元。对此，美国海军部的威廉·格雷厄姆（William H. Graham）给予了否定答复——“就本局[46]所知，没有部门计划购买潜艇。美国海军所用船艇均在水上航行，而非水下。”[47]

据报道，菲利普斯的“海洋雪茄”号潜艇于 1855 年在伊利湖沉没。当时，这艘潜艇正在参与对“大西洋”号汽船的打捞行动——1852 年 8 月，在朗波因特半岛[48]外的大雾中，“大西洋”号与另一艘汽船相撞，沉没于水下 165 英尺（50 米）。当“海洋雪茄”号潜至水下 100 英尺（31 米）时，艇体开始出现渗漏。菲利普斯操纵潜艇浮回水面，加以维修，然后将它系在绳索上，增加压载，再次送回水下，进行无人试潜。据报道，“海洋雪茄”号撞上了沉船的索具，然后被水压压垮，就此沉没。从那以后，这艘潜艇再未浮出过水面。

虽然根据一些传言和报道，菲利普斯已在“大西洋”号打捞期间命丧伊利湖，但记录显示，他在 1856 年获得了一项常压潜水服的发明专利，这项发明再次吸收了他在万向接头上的经验。[49]在潜艇方面，菲利普斯也继续开展工作。他于 1864 年再次致信美国海军，与一位名叫佩克（Peck）的商业伙伴联名推荐一种装甲式蒸汽动力潜

在这幅 19 世纪的假想图中，蒙图里奥尔的“伊克迪纽”[51]号潜艇正在巴塞罗那沿岸探索水下世界。（图源：akg 图像）

艇。[50] 当菲利普斯于 1869 年去世后，他的方案被移交到了美国海军上尉 F. M. 巴伯（F. M. Barber）手中。巴伯上尉曾在 1875 年不无钦佩地描述过菲利普斯的工作，但即使是当时，巴伯也误以为菲利普斯遭遇了事故，命丧于自己那“被深水摧垮”的潜艇之中。[52]1916 年，威廉·迪诺（William Deneau）重新发现了菲利普斯那最终失事的第二艘潜艇。该潜艇被称为“傻瓜杀手”（Foolkiller），它的发现，不外乎强化了人们的一种看法：菲利普斯和他那精巧的潜艇均属失败。直到现代学术研究恢复了菲利普斯在潜艇发展史中的应有地位，这种固有观点才被打破。[53]

富有远见的蒙图里奥尔

19 世纪 50 年代，还活跃着另一名富有远见的潜艇发明家，他就是纳西斯·蒙图里奥尔·埃斯塔里奥（Narcís Monturiol i Estarriol，1819—1885）。他曾经目睹一人在潜水采集珊瑚时溺水身亡。在此之后，作为一名激进的思想家、工程师和艺术家，他将关注的目光投向了潜艇研制，为劳动者创造安全的海下工作条件。1857 年秋，正在巴塞罗那外展开工作的蒙图里奥尔成立了一个商业协会，为潜艇建造工作筹集资金。他认为，“探索海之深渊”的时代已经来临，并出版了一本小册子，将他的潜艇形容为是一艘“伊克迪纽”，即“鱼形船”；“伊克迪纽”（Ictíneo）一词源自希腊语中的“icthus”（意为鱼）和“naus”（意为船）：“它的形状与鱼类似，而且和鱼一样，由尾部提供动力，由‘鳍’控制方向，并具有‘浮鳔’和压舱物，能在潜入水下时保持平衡。”[54]

蒙图里奥尔的传记作者马修·斯图尔特（Matthew Stewart）令人信服地指出，这位西班牙发明家的动机并非建造军用潜艇，而是建造一艘能够在深海持久（如果不是永久的话）活动的探险和商用潜艇。[55] 为了追寻梦想，从 1858 到 1859 年，蒙图里奥尔在巴塞罗那的新武尔卡诺（Nuevo Vulcano）造船厂中设计建造了一艘椭球型木壳潜艇。他的革命性理念为潜艇建造开辟了一条新路子。蒙图里奥尔的“伊克迪纽”号潜艇共有 2 层壳体：一层为内壳，即筒状的耐压艇员舱；另一层为椭球形的水动力学外壳，更适于航行。艇员舱段长 13.1 英尺（4 米），宽度从最宽处的 6.5 英尺（2 米）逐渐过渡到 3.3 英尺（1 米），由橄榄木制造，内有木制支撑件或内箍，并包有铜制护皮。潜艇的外层木制壳体长 23 英尺（7 米），宽 8 英尺 2 英寸（2.5 米），吃水 11 英尺（3.4 米），将工作舱和 4 个压载海水舱围封起来。

气泵、水泵和艇尾螺旋桨的手摇曲柄，以及 2 个位于潜艇顶部、辅助潜艇下潜的螺旋桨，均置于潜艇内部。除此之外，蒙图里奥尔还安装了1台氢氧化钙过滤器，用于滤除潜航中产生的二氧化碳。为了增加艇内的能见度，“伊克迪纽”号还安装了玻璃舷窗。艇首装有1个套筒，使潜水员能够使用工具采集珊瑚或执行其他任务。

1859年6月28日，“伊克迪纽”号潜艇在巴塞罗那下水，但在滑行过程中撞上了近旁的桩柱，致使艇体受损。经过小修小补后，蒙图里奥尔顺利驾驶潜艇展开了一系列下潜，逐渐将潜深增至65英尺（20米），并测试了潜艇的各项性能。蒙图里奥尔对这艘潜艇颇为满意，他写道：

> 我的首艘“伊克迪纽”号不过是一艘试验原型，在进行了多次成功测试之后……可以毫不夸张地断言，从今往后，人类将能完全主宰地球的固态地壳，因为人类已握有将自己送往洋面之下任意深处的手段。[56]

“伊克迪纽”号的研制耗资甚巨，在接下来数年间，蒙图里奥尔尝试筹措资金，建造更多同型潜艇。尽管“伊克迪纽”号收获了普遍赞誉，但这艘潜艇和它的发明者却难以吸引到所需资金。作为一名和平主义者，蒙图里奥尔甚至还试过将自己的潜艇和创意出售给西班牙海军。1860年12月，他提出建造一艘长达118英尺（36米）的大型蒸汽动力潜艇——“战争伊克迪纽”号（Ictíneo de la Guerra）。何塞·西弗雷·唐宁（José Xifré i Downing）是一名有影响力的政治家，同时也是名富有的西班牙贵族，祖上是古巴裔美国人。在唐宁的帮助下，蒙图里奥尔得到机会，在1861年5月向西班牙政府官员展示“伊克迪纽”号潜艇。不过，此次展示以失败告终，原因并非潜艇表现不佳，相反，潜艇的表现十分出色。展示失败的真正原因，在于官员们的轻蔑态度，在他们看来，“伊克迪纽”号毫无实用价值。

蒙图里奥尔的梦想似乎就此停滞，乃至完全破灭。也正是在此时，加泰罗尼亚人迸发出了一股自豪之情，在西弗雷·唐宁的协助下，公众认捐活动顺利展开，开始筹集所需资金。不过，政府颁布的一项命令却阻碍了筹款活动的进行。根据这项命令，政府将为蒙图里奥尔的计划提供支持，但却显然没打算提供资金（斯图尔特认为，这项命令是个居心不良的诡计，企图通过政府拨款的虚假承诺来驱散私人资金）。不过，1862 年 1 月，事情出现了新的转机。当时，一艘货船撞上了停泊在巴塞罗那港中的“伊克迪纽”号潜艇。[57]1862 年 4 月，蒙图里奥尔向报界写了封信，再度引发了公众认捐的热潮。他不仅筹得了所需资金，还在国际上引起了关注。外国政府纷纷审慎地打听这艘潜艇。另外，来自岛国古巴的投资者也投入了大量资金，他们在蒙图里奥尔的潜艇上看到了机会，希望借此抵御那些在古巴煽动叛乱的美国人，并防范美国可能发起的征服行动。

有充足的资金在手，蒙图里奥尔便着手在新武尔卡诺造船厂建造“伊克迪纽 II”号潜艇。1864 年 10 月 2 日，“伊克迪纽 II”号潜艇下水。这艘潜艇再度采用了木制双层壳体，包有铜制护皮。艇型更大，长 46 英尺（14 米），宽 6 英尺 7 英寸（2 米），吃水 9 英尺 8 英寸（3 米）。1865 年 5 月，潜艇开始试潜。虽然此艇在试潜中表现良好，但蒙图里奥尔却对手摇曲柄装置的速度不满意，故开展试验，研发一种在水下也能工作的蒸汽机。他研制了一种由锌、二氧化锰和氯酸钾组成的化学燃料，并于 1867 年 10 月在潜艇上安装了 1 台 6 缸蒸汽机和 2 个锅炉；其中一个锅炉烧煤，供潜艇在水面航行，另一个锅炉使用化学燃料，用于在水下驱动“伊克迪纽 II”号。

“伊克迪纽 II”号的蒸汽发动机和锅炉均告成功，是未来的先声，但蒙图里奥尔和他的潜艇公司却在 1867 年底破产。“伊克迪纽 II”号被

蒙图里奥尔所造木制潜艇"伊克迪纽 II"号的现代复制品，陈列于巴萨罗那海滨。该潜艇的原型被售出偿债，于 1868 年报废。（图源：akg 图像）

售出抵债，后又被债权人转卖，最终于1868年初被随随便便地报废拆解了。与菲利普斯的“海洋雪茄”号潜艇一样，“伊克迪纽”号和“伊克迪纽II”号潜艇的技术成果也领先于时代，但唯有其他发明家和在潜艇上富有远见者才能认识到它们的潜力。潜艇试验仍将迅速向前推进，因为其他梦想家也踏上了菲利普斯和蒙图里奥尔的道路，布吕蒂斯·德·维勒鲁瓦便是其中一员。维勒鲁瓦于1859年回归了潜艇研制工作，只是地点不在法国，而在美国新兴的工业地带。

注释

[1] 原注：引自 Washington, DC, *National Intelligencer and Washington Advertiser*, December 22, 1806。

[2] 原注：引自 De Montgéry, *Notice sur la navigation et sous-marines and Notice sur la vie et les travaux de Robert Fulton*。另见 Pesce, *La navigation sous-marine*, pp.7, 15, 242–54。

[3] 译注：哥伦比亚炮（Columbiad gun），19世纪的一种大口径滑膛前装式加农炮，可以高抛物线和低抛物线发射重型炮弹，是种优秀的海岸防御武器。

[4] 原注：参见 Compton-Hall, *The Submarine Pioneers*, p.59。一些记述材料（包括 Compton-Hall 的记述在内）表明，这一事故的发生时间为1831年，而且塞尔沃是个西班牙人。借助西班牙方面的资料，巴塞罗那海事博物馆提出了法国之说，并修改了时间。

[5] 原注：引自 Field, *The Story of the Submarine*, p.79。

[6] 原注：引自 *L'Echo de la Fabrique*, December 16, 1832。

[7] 原注：同上。

[8] 译注：路易·菲利普（Louis Phillippe，1773—1850），法国国王（1830—1848），是法国奥尔良王朝唯一的君主。

[9] 原注：引自 *United Service Gazette Army and Navy Chronicle*, October 15, 1835。

[10] 原注：引自 Corbin, *The Romance of Submarine Engineering*, pp.105–7。

[11] 原注：引自 Field, *The Story of the Submarine*, p.224。关于潜艇试潜的一篇文章可见于 Chambers' *Edinburgh Journal*, on August 8, 1846, p.96。另见 Bonami, *Docteur Payerne, 1806–1886*, pionnier de l'aventure sous-marine。

[12] 译注：瑟堡（Cherbourg），法国西北部重要军港和商港。

[13] 译注：另有资料提到，该潜艇的形状像是将两只去掉脑袋的龙虾扣在一起。

[14] 原注：引自 Dickens, "Wholesale Diving," p.77。

[15] 原注：同上。

[16] 原注：同上，p.78。

[17] 原注：同上，p.80。

[18] 原注：引自 Perrin-Gouron, "Le Docteur Prosper PAYERNE Sa Vie, son oeuvre"。

[19] 原注：引自 *Scientific American*, Vol. VII, No. 11, November 29, 1851。皮斯与墨菲先生机器制造厂运营着纽约的富尔顿钢铁厂，后者专门生产船用发动机和机械。

[20] 译注：人孔（man-hole），一种常带有盖的孔道，人可以由此进出，如今常见于锅炉、下水道等供人出入的检修孔。

[21] 原注：同注 [19]。

[22] 原注：同注 [19]。

[23] 原注：同注 [19]。

[24] 原注：引自 *New York Times*, March 8, 1852。

[25] 原注：引自 *Scientific American*, Vol. VIII, No. 12, December 4, 1852。

[26] 译注：东河（East River），又译伊斯特河，美国纽约市市内的一条潮汐型海峡。

[27] 原注：引自 *New York Times*, August 24, 1854。

[28] 原注：参见 Thies, *Der Eiserne Sechund*。

[29] 译注：基尔（Kiel），德国港口城市和造船业中心，现为德国北部石勒苏益格–荷尔斯泰因州首府。自 19 世纪 60 年代以来，该市一直是德国主要的海军基地。

[30] 译注：若按“Brandtaucher”的字面意思直译，则“烈火潜水员”的译法更为接近。

[31] 原注：参见 Bethge, *Der Brandtaucher*；Compton-Hall, *The Submarine Pioneers*, pp.60–63。

[32] 译注：克里米亚战争（Crimean War），又称东方战争或第九次俄土战争，是 1853 年爆发、因争夺巴尔干半岛控制权而起的一场战争。奥斯曼帝国、英国、法国、撒丁王国先后向俄罗斯帝国宣战，战争于 1856 年结束，以俄国失败告终。

[33] 译注：喀琅施塔得（Kronstadt），俄罗斯军港，自 18 世纪 20 年代起为俄罗斯帝国波罗的海舰队的重要基地。

[34] 译注：贡多拉（gondola）又称凤尾船，是意大利威尼斯特有的一种传统平底尖舟，船尾设有长长的单桨。

[35] 原注：引自 Gruse-Harris, *The Great Lakes' First Submarine*, pp.2–3。

[36] 原注：同上，pp.3–4。

[37] 原注：引自 Barber, *Lecture on Submarine Boats*, p.22。

[38] 原注：同上，p.24。

[39] 译注：万向接头（universal joint），又称万向节或胡克接头，用来连接不同机构中的两根刚性杆，使之共同旋转，现仍广泛应用于车辆的传动装置中。

[40] 原注：参见 Phillips, "Steering Submarine Vessels," US Patent 9,389, November 9, 1852。

[41] 原注：引自 Barber, *Lecture on Submarine Boats*, p.23。

[42] 译注：球窝接头（ball and socket joint），也称球窝接合或球节，主要由球形轴头、轴承、轴承座、套圈、端盖等组成，类似人体的球窝关节（如肩关节和髋关节）。

[43] 原注：同注 [41]，pp.22–23。

[44] 原注：同注 [41]，p.26。

[45] 原注：出自 Letter, June 9, 1864, US National Archives Record Group 45, entry 363, in Letters Referred from the Permanent Commission。引自 Ragan, *Submarine Warfare in*

the Civil War, p.216。

[46] 译注：当时，菲利普斯的信件被提交到了美国海军部的海军建造局（Bureau of Construction），故此处用“局”。

[47] 原注：引自 Gruse-Harris, *The Great Lakes' First Submarine*, p.20。

[48] 译注：朗波因特半岛（Long Point peninsula），又译长角半岛，位于加拿大安大略省南部，地处伊利湖北岸。此处沉船甚多。

[49] 原注：参见 Phillips, “Submarine Exploring-Armor,” US Patent 15,898, October 14, 1856。

[50] 原注：引自 Ragan, *Submarine Warfare in the Civil War*, pp.215–17。

[51] 译注：又译伊克提尼奥。

[52] 原注：引自 Barber, *Lecture on Submarine Boats*, p.27。

[53] 原注：参见 Corbin, *The Romance of Submarine Engineering*, pp.87–88；Bowers, *The Garrett Enigma and the Early Submarine Pioneers*, p.61；Compton-Hall, *The Submarine Pioneers*, pp.63–64。另见 Ragan, *Submarine Warfare in the Civil War*, p.217，此处具体指出了菲利普斯领先于其时代数十年。

[54] 原注：引自 Stewart, *Monturiol's Dream*, p.98。

[55] 原注：同上，p.130.

[56] 原注：同上，p.162。

[57] 原注：同上，pp.208–9。

美国内战期间，邦联一方的“汉利”号鱼雷潜艇在查尔斯顿水域击沉了“胡萨托尼克”号战舰。（图源：《圣尼古拉斯杂志》[*St Nicholas* magazine] J. O. 戴维森，玛丽·埃文斯图库）

第三章

UNCIVIL WARRIORS

蛮野斗士

到19世纪50年代期间，当佩耶纳、鲍尔、菲利普斯和蒙图里奥尔纷纷致力于研制潜艇时，来自英国、法国和荷兰的其他发明家也提出了多种方案，制造了潜艇模型，其中一些潜艇还顺利下水。英国人詹姆斯·内史密斯（James Nasmyth，1808—1890）曾提出过一种半潜式蒸汽动力“迫击艇”（mortar），艇首装有炸药，可撞向敌舰，但未能得到实际建造。据说，英国工程师、船舶设计师约翰·斯科特·拉塞尔（John Scott Russell）也曾以威廉·鲍尔的设计为基础建造了一艘潜艇。该潜艇随英军参加了克里米亚战争，但据传闻，此艇最终失事沉没，艇员无一生还。[1] 下一位建造并操作了一艘成功潜艇的发明家，则是布吕蒂斯·德·维勒鲁瓦——数十年前，他曾在法国南特附近建造和测试潜艇。

维勒鲁瓦在美国的事业

1856年，德·维勒鲁瓦移居美国；他于7月5日搭乘美国船只“巴拿马”号从波尔多启航，翌月抵美。在“巴拿马”号的旅客名单上，他自称是一名工程师。定居费城期间，他于1857年在费城的尼尔–马修斯机械厂（machine works of Neall, Matthews & More）建造了一艘新潜艇，用于履行2份从沉船上打捞货物的合同。其中一艘沉船是“中美洲”号（SS Central America）单螺旋桨汽船，于1857年9月在卡罗来纳州附近海域沉没——合同规定，德·维勒鲁瓦将“凭借自己发明的潜艇”来打捞沉船上的黄金，并获得75%的收益；另一艘沉船是英国战舰“德布拉克”号（HMS DeBraak），于1798年在特拉华州刘易斯（Lewes）附近海域的飑[2]中沉没。1858年，德·维勒鲁瓦携潜艇抵达特拉华湾进行测试，一名到访的记者将潜艇描述如下：

> 此艇由锅炉钢板[3]制造而成，艇体浑圆，外形似鱼。艇长35英尺（10.7米），直径44英寸（1.1米），由直径3英尺（0.9米）的螺旋桨驱动。艇身顶部有两排小圆窗，供内部采光用。艇首近旁左右两侧装有数个约18英寸见方（0.2平方米）的铁件，运动方式与鱼鳍类似，用于引导潜艇向上或向下潜航。这艘独特的潜艇仅有一个出入口，即位于顶部的活板门。12名艇员入艇后，此处便会盖上沉重的铁罩，自内部关严，从而隔绝一切外部联络，并阻挡空气进入。[4]

接下来，这篇报道又描述了潜艇的工作方式：

> 在潜航的相关事宜完全准备就绪后，潜艇开始下潜。一台机器将水泵入艇内的大古塔胶袋中，直到袋内贮存的水量足以使潜艇下潜。这一步完成后，由6人操作的皮带传动式螺旋桨便开始运转，与此同时，潜艇的发明人则坐在靠近艇首的位置，用上面提到的“鳍件”来操纵潜艇的方向。当潜艇下潜至河床的预定工作地点时，艇底的一扇活板门便会打开，工作员离开潜艇，随身携有能从潜艇上获取充足新鲜空气的装备。借助从艇底吊下的一块圆锥形铁件，潜艇可保持静止。[5]

由于一个水泵出了故障，首次测试半途而废。5周后，故障修复完毕，德·维勒鲁瓦和他的艇员又进行了一次下潜，此次下潜“无比令人满意，充分展现了这项发明的实用性”。该名记者在报道中写道，德·维勒鲁瓦和他的 5 人艇员组“在水下待了 1 小时零 1 刻钟，在此期间，潜艇与外部环境没有任何交流”。他宣称，这是“这一时代最为非凡的探索……实际上，我们毫无疑问地认为，维勒鲁瓦先生的潜艇乃是水下行动的首要必需之物（grand desideratum）”。[6]

话虽如此，但这一“首要必需之物”却未能将“中美洲”号和“德布拉克”号上的财物打捞出水，直到 20 世纪 80 年代，才有人打捞成功。尽管人们进行了“许多试验……目的在于利用这艘潜艇回收沉船上的货物……但结果证明……它在一切实际用途上皆以彻底失败收场”。[7]

1861 年 5 月，德·维勒鲁瓦和他的潜艇再次出现在公众视线中。此时，美国内战的第一枪才刚刚打响 1 个月。费城港警方沿着特拉华河（Delaware River）紧追不舍，最终登上了这艘潜艇，逮捕了 4 名艇组成员，原因在于这艘潜艇“据说是个‘诡雷’装置，会被用于形形色色的叛国活动，其中包括凿沉和炸毁政府军舰这种‘微不足道的消遣’”。[8] 然而，所谓的叛国意图实为子虚乌有。德·维勒鲁瓦导演的这出戏，放到如今便可视作是一次媒介事件。这次炒作达到了预期的效果。《纽约先驱报》（*New York Herald*）对“潜艇被捕”事件做了报道：

> 今晨，警方逮捕了一艘潜艇，在费城北部引发了一场不小的骚动。潜艇的发明者名叫德·维勒鲁瓦，是个法国人。事发时，艇上共有 4 人。维勒鲁瓦称，他想将潜艇带到海军造船厂进行测试，不过，造船厂的官员却表示完全不认识此人……此艇形如雪茄，由铁制造，长 30 英尺（9.1 米）。潜艇的空气可以自给，能够用于潜至舰队下方。[9]

另一家报纸报道称，人们蜂拥至码头，想要一睹“港口警方逮捕的这条半潜半浮、全然令人费解的怪物，此物已被链条安全地拴在了诺布尔街码头（Noble street pier）脚下……每时每刻，围观人群都在集聚”。[10]

在接下来 2 周中，报界不仅轮番报道了这艘潜艇，还采访了德·维勒鲁瓦，海军部门因此决定对这艘潜艇进行检审。3 名海军军官仔细地研究了德·维勒鲁瓦的潜艇，并发回了更为详尽的报告。报告指出，这是一艘铁制圆柱形潜艇，长 33 英尺（10.1 米），直径最大处宽 4 英尺（1.2 米），铁制壳体上排列着 36 个玻璃圆窗。操作潜艇的艇组成员最多可达 12 人，但通常为 6 人。与佩耶纳的潜艇类似，这艘潜艇也具备加压能力，用以开启潜艇底部的舱口盖，进行艇外潜水；“潜艇底部的相应舱室可供潜水员出艇，潜水员依靠与潜艇相连的管子呼吸，可执行各种水下任务，例如打捞沉没的货物，将鱼雷固定在敌舰底部等等”。[11]

德·维勒鲁瓦向联邦海军兜售自己的方案——以他的潜艇为蓝本，建造一艘更大的军用型潜艇。海军军官指出，现有的这艘潜艇是以打捞而非作战为目的建造的，但同时也说明道，为了判定德·维勒鲁瓦的潜艇设计及运行原理是否可靠，他们已将这艘潜艇作为“模板”进行了研究，并发现：

> 对于政府而言，这位杰出工程师所提供的服务将极具价值。他的发明若能为我们所有，将会是一次至关重要的收获。很显然，在与外敌交战期间，光是得知我方拥有这一神秘莫测的杀伤武器，便会使入侵我方水域的敌方舰队谨慎万分，而当敌方舰队锚泊于河中或是港外锚地时，舰上人员也会对自身安全感到忧虑和惊慌。[12]

海军军官的正面报告以及大众的关注，突出表明了公众（因此也包

1861 年，在联邦军占领新奥尔良前夕，有数艘威廉 · 奇尼设计的潜艇被运往该城。图中这艘路易斯安那州立博物馆潜艇，或许正是其中之一。（图源：路易斯安那州立博物馆藏品）

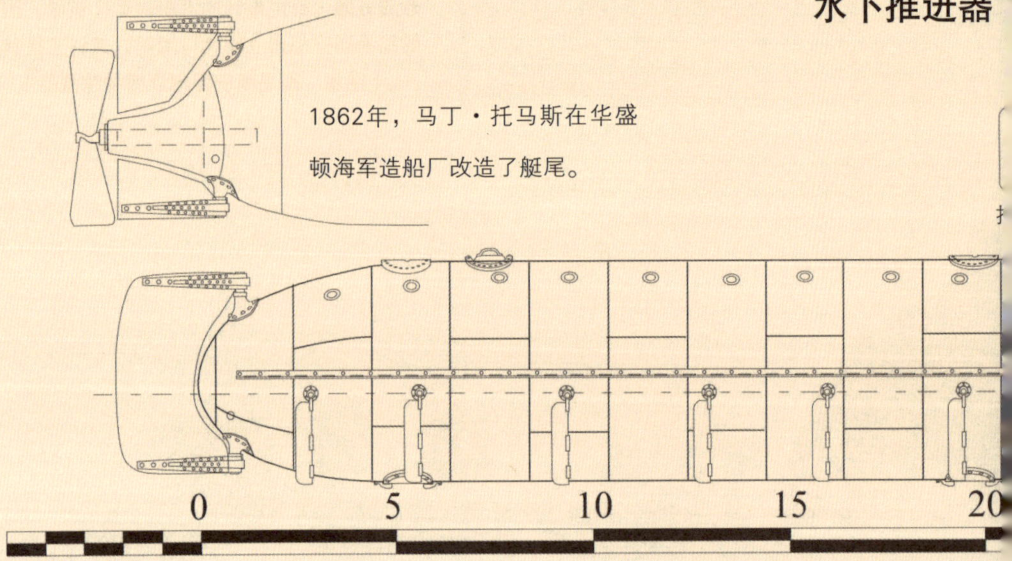

联邦军潜艇"短吻鳄"号的原始设计简图，出自德·维勒鲁瓦之手。（图源：吉姆·克里斯特利 [Jim Christley]）

括政界）和职业军事界中日益流行的一个观念，即美国内战正在激发乃至推动新技术在一触即发的前线投入应用。许多美国人都对"潜水盔甲"、潜水钟和潜艇试验有所了解，内战爆发后，南北两方的美国人又提出了种种方案，旨在为各自一方的舰队建造潜艇和"鱼雷"，并投入实战。

1861 年初，许多作家都支持使用潜艇，他们既在与政府的私人信件中如此主张，也在报纸上公开发表呼吁。与此同时，南部邦联的一群"叛军[13]工程师"建造了一艘铁制小潜艇，这艘潜艇一直保存至今——在已知的所有现存早期潜艇中，该潜艇的古老程度或许能排到第 2 位。1878 年 7 月，一艘挖泥船在新奥尔良庞恰特雷恩湖（Lake Ponchartrain）中重新发现了这艘潜艇，将其打捞出水。该潜艇自沉于 1862 年 4 月，也就是联邦军队攻占新奥尔良之时。可能自那时起，该潜艇就一直躺在自沉之处。如今，它以"路易斯安那州立博物馆潜艇"

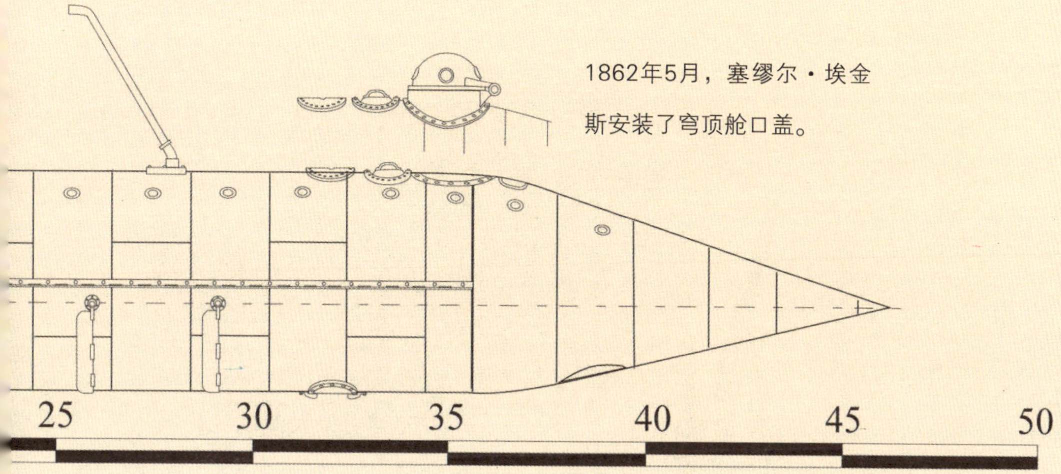

1862年5月，塞缪尔·埃金斯安装了穹顶舱口盖。

之名为人所知。此艇长 19 英尺 5 英寸（5.9 米），最宽处宽 3 英尺 2 英寸（1 米），吃水约 6 英尺 1/2 英寸（1.8 米，艇体有残损）；V 形壳体外形似鱼，与鲍尔的"烈火潜水员"号潜艇有几分相似。考古学家理查德·威尔斯（Richard K. Wills）对其进行了详尽的分析，发现它既实用又稳固。艇体由锻制锅炉钢板建造而成，由 1 个手摇式轴向定位 4 叶螺旋桨提供推动力，由分别位于潜艇首尾的 2 个垂直舵（独立控制）和位于潜艇中前部的水平舵操纵方向。

这艘潜艇似乎是通过将水直接引入艇体来完成压舱的，然而，经年累月的损坏，部件的移除，以及艇内加注的水泥，均使威尔斯无法获得更多信息。此艇的空气补给似乎是由一根装在艇外的水下通气管来实现的，该通气管可能是根软管，与水面上的浮子相连。从艇内残存的长凳底座判断，威尔斯认为乘员数量为 2 人，但除此之外再无收获。艇首的插孔意味着这里可能曾装有一枚撑杆鱼雷，但仅仅是猜测，并无充分的证据。[14]

在此前数十年中，"路易斯安那州立博物馆潜艇"都被认作是另一艘邦联潜艇"先锋"号（Pioneer），但基于现有证据，威尔斯令人信服

地提出，这艘潜艇实际上是美国内战早期的产物，设计者为威廉·奇尼（William Cheeney），建造地点位于弗吉尼亚州里士满[15]的特雷迪加钢铁厂（Tredegar Iron Works）。若此结论属实，那么在1861年末的一份机密报告中，这艘潜艇就曾被一名间谍描述过。报告中提到，一艘"大号潜艇的小号工作模型"成功地进行了测试，"现已几近完工"，艇内搭载"2至3人……配发海底潜水盔甲，使他们能在水下工作，将炸药安装在欲炸毁的舰船上"。这名间谍在报告中指出，一艘充当靶子的平底驳船被炸离了水面，"靶船毁坏得很彻底，因此毋庸置疑的是，潜艇武器的确能够发挥出显著的毁伤效果……"[16]

南部邦联的海上力量较弱，因而注重在各式武器上加大技术投入，例如潜艇和"鱼雷"，并最终将这两种武器合为一体。图中，邦联船员正在查尔斯顿港（Charleston Harbor）中放置鱼雷。这个海港中，即将出现第一艘用"鱼雷"击沉敌舰的潜艇。（图源：笔者收藏）

1861年10月上旬，这艘处于间谍监视下的潜艇（可能正是路易斯安那州立博物馆潜艇）试图击沉联邦军舰“明尼苏达”号（USS Minnesota）。当时，一支联邦海军分舰队封锁了詹姆斯河（James River）河口，而“明尼苏达”号正是该舰队的旗舰。由于未能安放鱼雷，该潜艇的艇员最终撤退。在此次攻击之后，《纽约先驱报》上刊登了一份颇为准确的报道；根据此报道，这艘双人潜艇在接近目标后，慢慢泵空了压载水舱，逐渐上浮至敌舰之下，然后“打开‘人孔板’，将鱼雷钻入敌舰壳体。鱼雷由定时引信引爆”。[17]

在这一戏剧性事件的推动下，布吕蒂斯·德·维勒鲁瓦及其潜艇引起了联邦海军的关注。11月1日，联邦海军与德·维勒鲁瓦达成协议，在费城建造一艘新潜艇。经测试之后，这艘潜艇将启程前往詹姆斯河，击沉彼处的南军舰船，

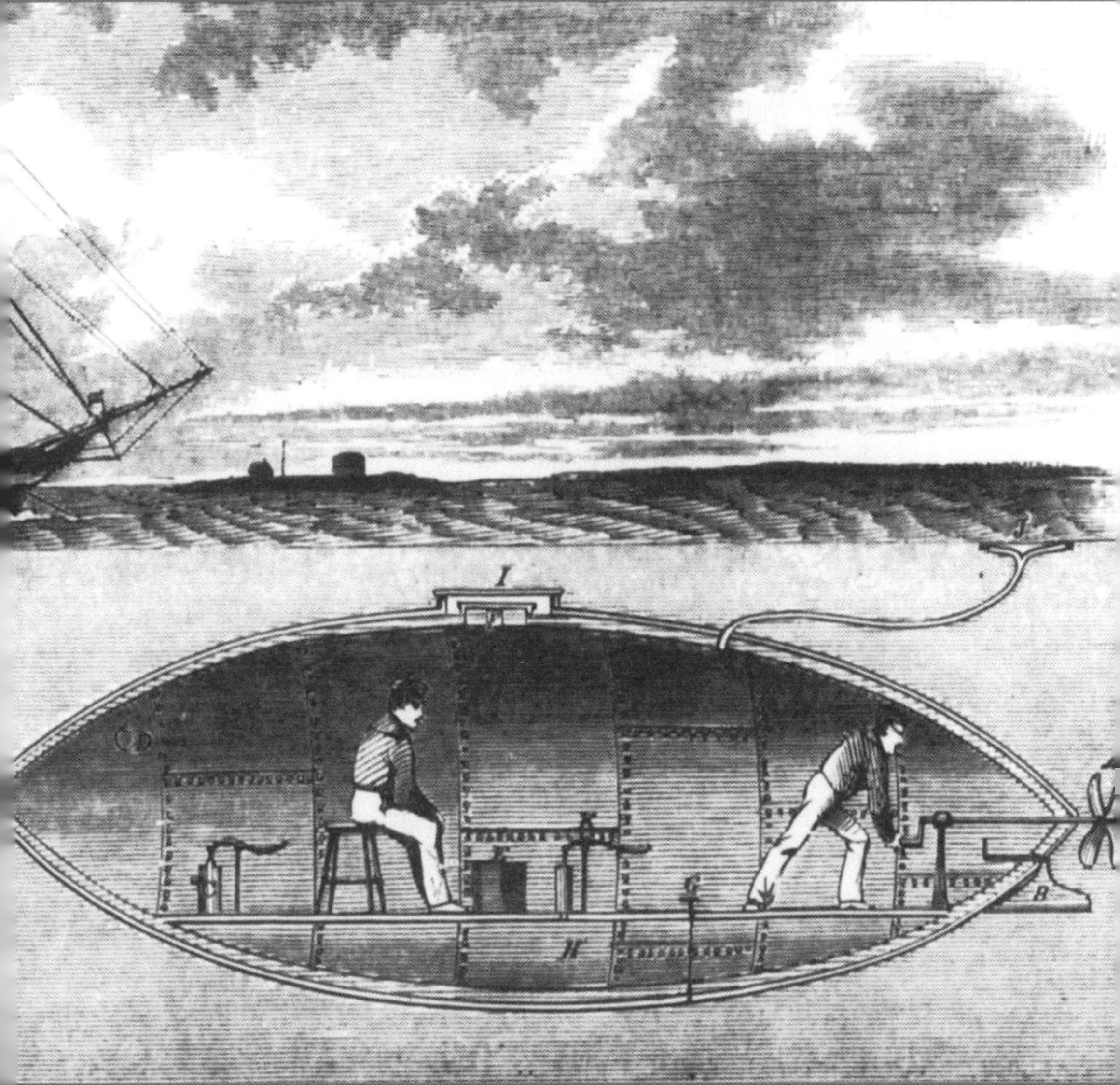

《哈珀周刊》（*Harper's Weekly*）描绘了威廉·奇尼为邦联军设计的一艘潜艇。与威廉·奇尼设计的其他几艘潜艇一样，这艘潜艇也建造于里士满。图中，该潜艇正欲对汉普顿锚地中的联邦军舰“明尼苏达”号发起攻击。（图源：斯特拉特福档案馆 [Stratford Archive]）

包括一艘新式铁甲舰，该铁甲舰是在前北军军舰“梅里马克”号（USS Merrimac）的舰体上建造的。新潜艇在费城的尼菲－利维（Neafie and Levy）造船厂动工建造；尽管海军合约中将建造期限规定为180天，但工期的延误，以及订约双方——联邦海军和德·维勒鲁瓦之间旷日持久的纠纷（最终导致德·维勒鲁瓦在后期退出项目），使相关工作陷入困境，尼菲－利维造船厂也未能如期交付这艘潜艇。1862年5月1日，一艘长47英尺（14.3米）、宽4英尺6英寸（1.4米）的潜艇在尼菲－利维造船厂下水，这是联邦海军的第一艘潜艇。联邦海军接手此艇后，没有将指挥权交予德·维勒鲁瓦，而是选择了一名前潜水员、水下爆破专家塞缪尔·埃金斯（Samuel Eakins）担任艇长。

同年五六月间，人们对这艘潜艇进行了最后的修理和改进，使之进入战备状态。此后，埃金斯及其艇组成员也准备就绪，与这艘漆成深绿色的潜艇一同在拖船的拖曳下启程。艇组成员中包括一些德·维勒鲁瓦的手下，但发明者德·维勒鲁瓦本人不在其列。由于没有履行自己监督潜艇完工的职责，海军方面解雇了德·维勒鲁瓦。这艘潜艇的外形、颜色和推进方式（16支伸出艇外的手摇划桨，左右舷各8支），使它在入役后不久便获得了一个非正式称谓——“短吻鳄”（Alligator）。这个恰如其分的绰号，伴随该潜艇走过了余下的服役历程。

6月23日，“短吻鳄”号抵达汉普顿锚地[18]的詹姆斯河入口，停泊在“卫星”号（Satellite）汽船旁，等待执行第一次任务。与此同时，围绕着如何才能在实战中更好地部署联邦海军的第一艘潜艇，海军军官们也展开了辩论。在拖船拖曳“短吻鳄”号溯詹姆斯河而上，与先前抵达的埃金斯及其艇员会合之前，海军军官不仅考虑过用其破坏阿波马托克斯河[19]上的一座铁路桥，还打算用其清理德鲁里岸崖（Drewry’s Bluff）下的水下障碍物，后者导致联邦海军无法溯河而上，进攻邦联首都里士满。这些设想并无下文。海军高级军官约翰·罗杰

（John Rodger）中校命令“短吻鳄”号撤回汉普顿锚地，他解释道：

> 在沿阿波马托克斯河溯流而上、向彼得斯堡[20]潜航期间，这艘潜艇会途经沙洲和浅滩，因水深过浅而露出水面，遭到邦联军各团和野战炮兵的火力打击。就算它能逃过此劫，但由于叛军食物匮乏，用渔网捕鱼乃家常便饭，而这些渔网横亘在整个航道中，一些贫穷的黑人渔民会将这艘潜艇拖上岸去。就目前的态势而言，这艘潜艇实质上完全无力为我们的事业提供助益，但若让它落入敌人手中，我们便会遭殃。它或许能用于炸毁“莫尼特”号[21]、“加利纳”号（USS Galena）、“明尼苏达”号或其他任何位置或重要性更为靠前的舰船。此艇如果反过来对付我们，将会是件可怕的武器。如果我要留它在手，就必定需要一支强力部队加以守卫。把它送回去听候调遣是更简单的选择。我用不着它。[22]

回到詹姆斯河入口后，“短吻鳄”号并未滞留多久。新的调令将它遣往华府，在托马斯·奥利弗·塞尔弗里奇（Thomas Oliver Selfridge）上尉的指挥下接受一系列测试。测试中，由于塞尔弗里奇手下的艇员都是新手，面对空气不足的状况惊慌失措，纷纷夺路而逃，致使潜艇难以运行、几近沉没。因此，“短吻鳄”号没有赢得新指挥官的青睐。1862 年 8 月 8 日，塞尔弗里奇致信海军部长吉迪恩·韦尔斯（Gideon Welles）。信中谈道，从所有方面来看，“这艘潜艇的固有缺陷带来了重重阻碍，使之无法名副其实地实现种种水下用途”。[23]

联邦海军将塞尔弗里奇及其手下调至其他岗位后，“短吻鳄”号逐渐遇冷，但联邦海军不愿就此放弃，而是决定对这艘潜艇加以改造，提升性能。华盛顿海军造船厂的工人们移除了原有的划桨，用手摇式螺旋

“先锋 II”号潜艇也被称为“美国潜水员”号。（图源：托尼·布赖恩 [Tony Bryan] 艺术作品 © 鱼鹰出版社 [Osprey Publishing]）

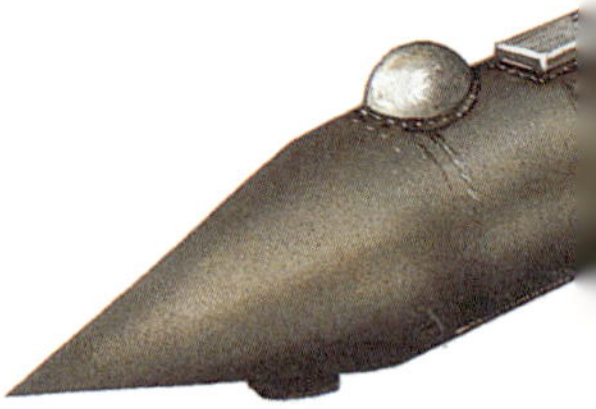

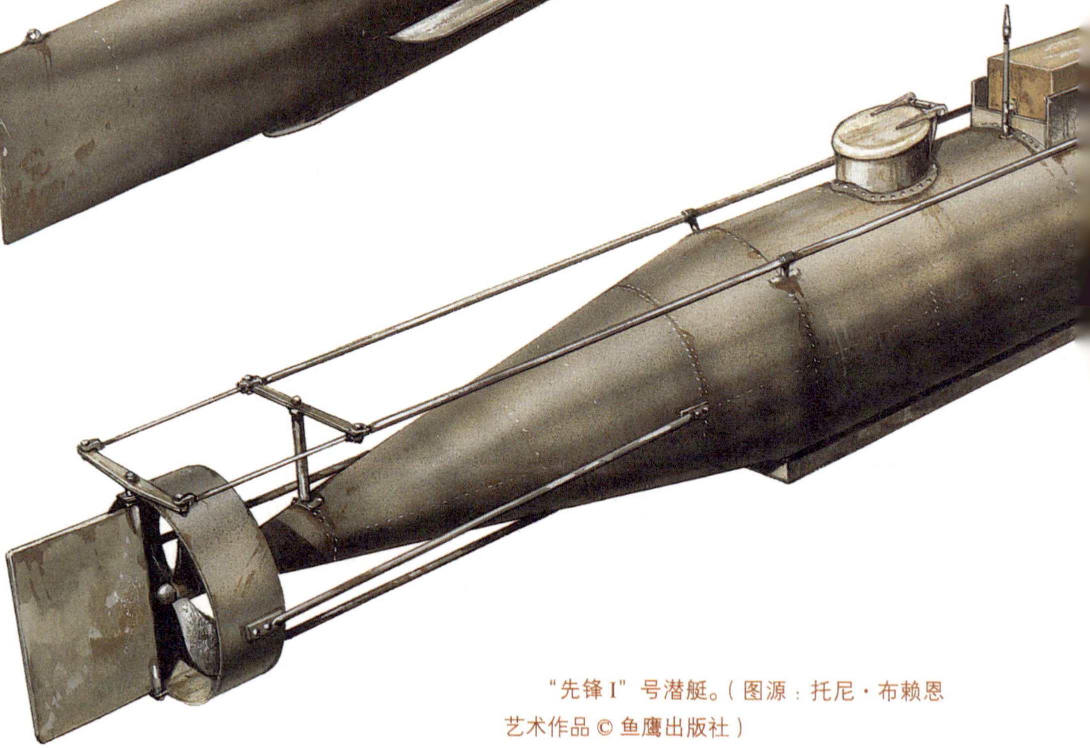

“先锋 I”号潜艇。（图源：托尼·布赖恩艺术作品 © 鱼鹰出版社）

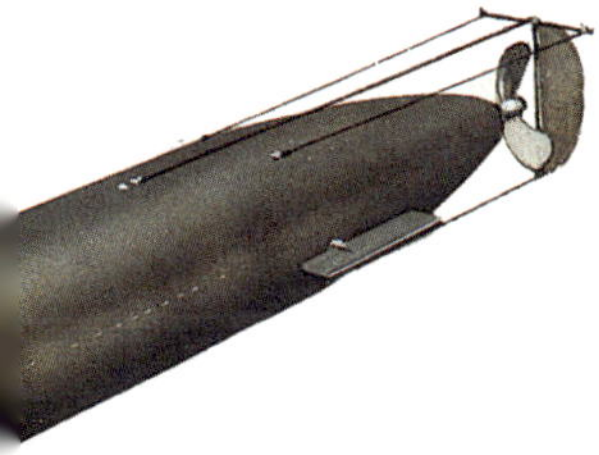

桨取而代之。1863 年 2 月上旬，“短吻鳄”号进行了几次海试，亚伯拉罕·林肯总统也到场观摩。此后，“短吻鳄”号得到命令，在“桑普特”号（Sumpter）汽船的拖曳下再次航向南方。费城海军造船厂负责人塞缪尔·杜邦（Samuel F. du Pont）少将此前曾下达指示，命令海军有关部门对维勒鲁瓦早先的潜艇进行检视。此时，他决定在攻打南卡罗来纳州查尔斯顿一役中试试“短吻鳄”号。然而，“短吻鳄”号从未抵达过战场。4 月 9 日，塞缪尔·埃金斯在信中向上级汇报道：

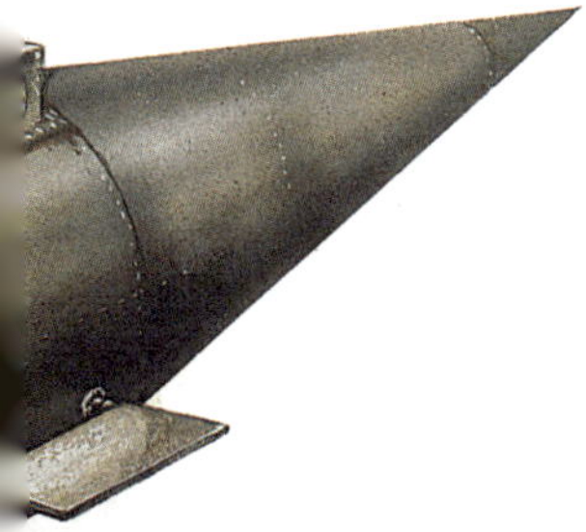

> “桑普特”号于当月 1 日晨启航，在次日遭遇了从哈特勒斯（Hatteras）以南及以西刮来的大风，被迫向北航行。下午约 3 时 40 分时，我收到报告称，“桑普特”号左舷与“短吻鳄”号相连的缆索已经断裂。下午 5 时 30 分时，我得知该船正在大浪中颠簸，另一条缆索也已支撑不了多久——由于“短吻鳄”号已明显危及了拖船的安全，军官们开了个会，讨论任“短吻鳄”号在海中自行漂流的合宜性。我立刻登上甲板，看到了事态的严重性，因而与“桑普特”号其他军官的意见保持一致。割断缆索的命令随后传达了下去，并得到执行。[24]

南卡罗来纳州某干船坞中的“汉利”号潜艇。康拉德·怀斯·查普曼（Conrad Wise Chapman）绘。（图源：格兰杰收藏，Topfoto 图片）

潜艇第一次击沉战舰

“短吻鳄”号的沉没，并不意味着美国内战时期的潜艇进展就此终止。南部邦联的发明家正在忙碌工作，例如新奥尔良的蒸汽压力表制造商詹姆斯·麦克林托克（James R. McClintock，1829—1879）和巴克斯特·沃森（Baxter Watson，生卒年不详）。1862 年初，麦克林托克、沃森和第三名合伙人——律师霍勒斯·汉利（Horace L. Hunley，1823—1863）联手建造了一艘潜艇，此艇是他们在美国内战期间所造 3 艘潜艇中的第一艘。该潜艇于 1862 年 2 月完工，麦克林托克后来回忆道：

> 这艘潜艇由 1/4 英寸（0.64 厘米）厚的铁材制成，呈雪茄形，长 30 英尺（9.1 米），直径 4 英尺（1.2 米）。它的建成表明，我们能够打造一艘在任意水深向任意方向随意移动的潜艇。由于我们在潜航途中看不到周遭物体，这艘潜艇由罗盘操纵方向。[25]

当联邦军队于 4 月占领新奥尔良时，这艘名为“先锋”号的小潜艇尚未结束测试。“先锋”号后来自沉于连接新奥尔良新港地（New Basin）和庞恰特雷恩湖的运河中，并吸引了联邦海军军官的注意力。他们将这艘潜艇记录在案，并将自己绘制的图纸送往华盛顿。但在华盛顿，这些图纸消失了逾 1 个世纪之久。1868 年 2 月，“先锋”号以 43 美元的价格卖为废品，从此淡出历史。[26]

建造“先锋”号的 3 名邦联潜艇工程师带着第二艘潜艇的方案离开了新奥尔良。他们动身前往亚拉巴马州莫比尔（Mobile），与

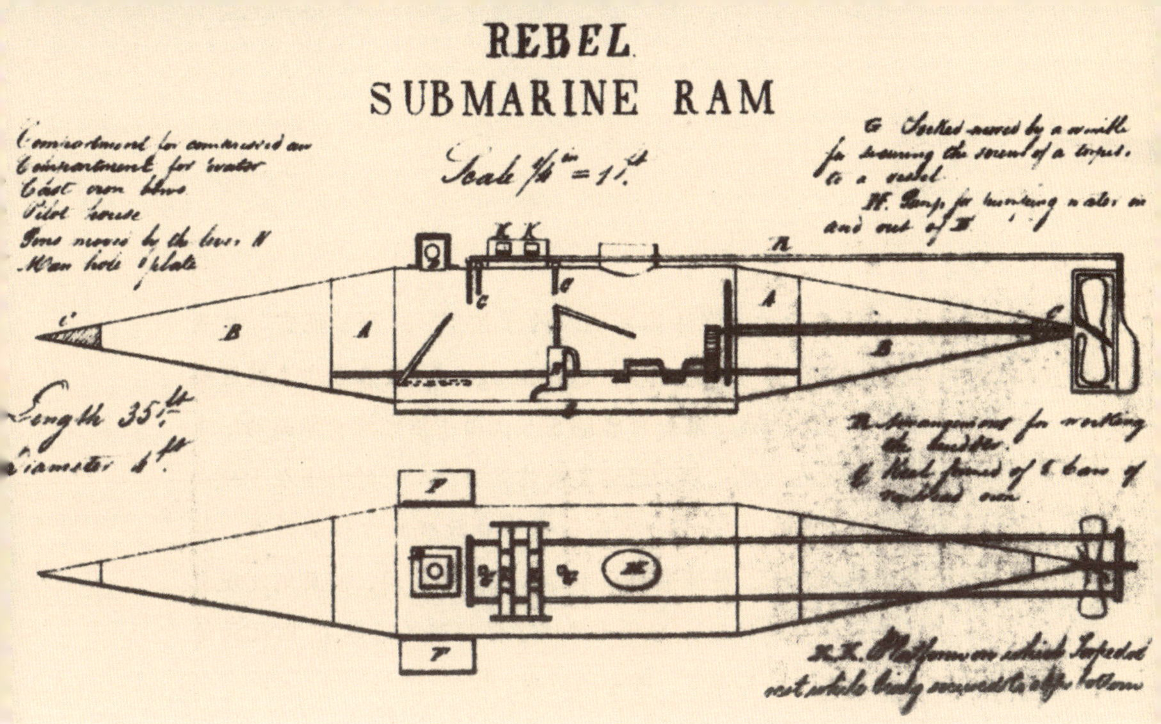

联邦海军军官在新奥尔良海滨俘获了已遭废弃的“先锋”号潜艇，并绘制了此图。（图源：美国国家档案馆 [National Archives]）

新加入的第四名合伙人威廉·亚历山大（William A. Alexander）一道，在莫比尔海滨的帕克–莱昂斯（Park and Lyons）机械工场建造了一艘新潜艇。参与潜艇建造的还包括一名邦联军官乔治·迪克森（George E. Dixon）中尉，他在夏洛战役[27]中腿部负伤，仍在康复中。内战后，麦克林托克回忆道，新潜艇在下水之际被命名为“美国潜水员”号（American Diver，也有历史学家称之为“先锋II”号），可搭载5名艇组成员，长36英尺（11米），宽3英尺（0.9米），吃水4英尺（1.2米），两端各有长12英尺（3.7米）的锥形浇铸部分，“使之易于在水下穿行”。[28]1862年夏季、秋季和冬季中，工程师对作为候选推进装置的1台电磁发动机和1台小型定制蒸汽机进行了试验，但最终还是于1863年1月确定采用手摇式螺旋桨。“美国潜水员”号于1月底下水。据一名邦联逃兵的证言，它可能在2月中旬加入了战斗，但铩羽而归：

> 14日左右，在法国发明人的掌控下，一个“诡雷”装置在晚8时许离开了摩根堡（Fort Morgan）。该装置由1艘潜艇和1个鱼雷组成；潜艇可容纳5人，由手摇式螺旋桨驱动；鱼雷将被安在敌舰底部，通过发条装置引爆。它的意图在于驶向桑德岛（Sand Island），探明最近一艘敌舰的方位和距离，然后再潜入水下，展开袭击；不过，在上浮期间，艇员们发现自己距离桑德岛过远，而且还遭遇了强海流（落潮），因此被迫舍弃鱼雷，任其漂流，并全力返航。[29]

14日当天，邦联海军部队指挥官自莫比尔致信上级，称该潜艇已在约1周前的测试中沉于港外，但艇员得以逃脱。“在我看来，整件事从一开始就是不切实际的。”[30]

汉利、麦克林托克、沃森和亚历山大并未气馁，他们很快开始建造第三艘潜艇，而此艇将会名垂潜艇史册。这支潜艇团队与埃德加·辛格（Edgar C. Singer）率领的一群工程师强强联手，吸纳了这帮为南部邦联研造“鱼雷”的合作伙伴。为了交付自己的武器，人称“辛格潜艇队”（Singer Submarine Corps）的这帮工程师与汉利、麦克林托克和沃森（但不包括亚历山大）建立了合作关系，并出资1.5万美元建造这艘精密有加的潜艇。威廉·亚历山大后来谈道，这艘长39英尺6英寸（12米）、最宽处宽3英尺8英寸（1.1米）的铁制潜艇，乃是由“我们手中的一个筒形锅炉”改造而来，“……我们将此锅炉沿纵向一分为二，再在两侧嵌入2块长12英寸（0.3米）的锅炉铁条；艇体前后逐渐延长收窄，分别装有首尾铸件……”[31]2个低矮的指挥塔均设有小舱口，作为潜艇的入口。除蜡烛外，艇内仅有的照明来自玻璃舷窗。麦克林托克后来回忆道，潜艇的手摇式驱动装置“与螺旋桨所连的曲柄相契合”，“由

8 名艇员驱动”。[32]

此艇具有 4000 磅（1.8 吨）重的外部龙骨，通过螺栓固定在艇体底部，用于稳定艇身。潜艇首尾设有开放式压载舱，每个压载舱均装有 1 个用于注水的通海阀和 1 个用于排水的手压泵，使潜艇能够下潜和上浮。潜艇通过外部的 2 个水平舵和 1 个垂直舵操控艇体，辅助潜艇下潜，因为它们的“运行方式与鱼鳍类似，能在水下随意改变潜艇的深度，同时不对压载舱中的水位高低产生影响”。[33] 前舱口后方有个气箱，从中伸出 2 根长 4 英尺（1.2 米）、直径 1 英寸（25.4 毫米）的铁管，当潜艇靠近水面时，可用旋塞阀开启铁管，通入空气；从本质上而言，这是潜艇上最早使用的“水下通气管”之一。

1863 年 7 月，潜艇团队下水了这艘新潜艇，并进行了测试。在 7 月 31 日的一次测试中，该潜艇成功地用一枚鱼雷炸毁了一艘运煤驳船，为它最终被运往查尔斯顿港扫清了障碍。查尔斯顿港是邦联一方的重要港口，当时正处于联邦部队的封锁之下。1863 年 8 月 12 日，潜艇运抵目的地后，在平民志愿者的驾驶下冒险闯入港口，但未能成功。一名邦联军官因而汇报道：“就它当前的操纵状况而言，我不认为它能提供任何帮助。”[34] 到当月月底，邦联军方征用了这艘潜艇。

不幸的是，灾祸也尾随而至。在约翰·佩恩（John A. Payne）上尉的指挥下，新一拨艇员驾着舱口大开的潜艇向码头驶去，但却发生了事故，致使潜艇沉没。当时，佩恩踩到了用于控制水平舵、操纵潜艇下潜的控制杆上；海水涌入潜艇，艇组成员中，仅有佩恩和一名叫作查尔斯·哈斯克（Charles Hasker）的艇员设法逃了出来，游回水面。直到一个多星期后，硬盔潜水员才得以将沉没的潜艇打捞出水。

打捞出水的潜艇需要一批新艇员，霍勒斯·汉利自愿揽下任务，负责培训艇员，并让他们为作战行动做好准备。他言出必行，艇组成员也完成了一系列成功的测试，对一艘邦联铁甲舰发动了一次次模拟

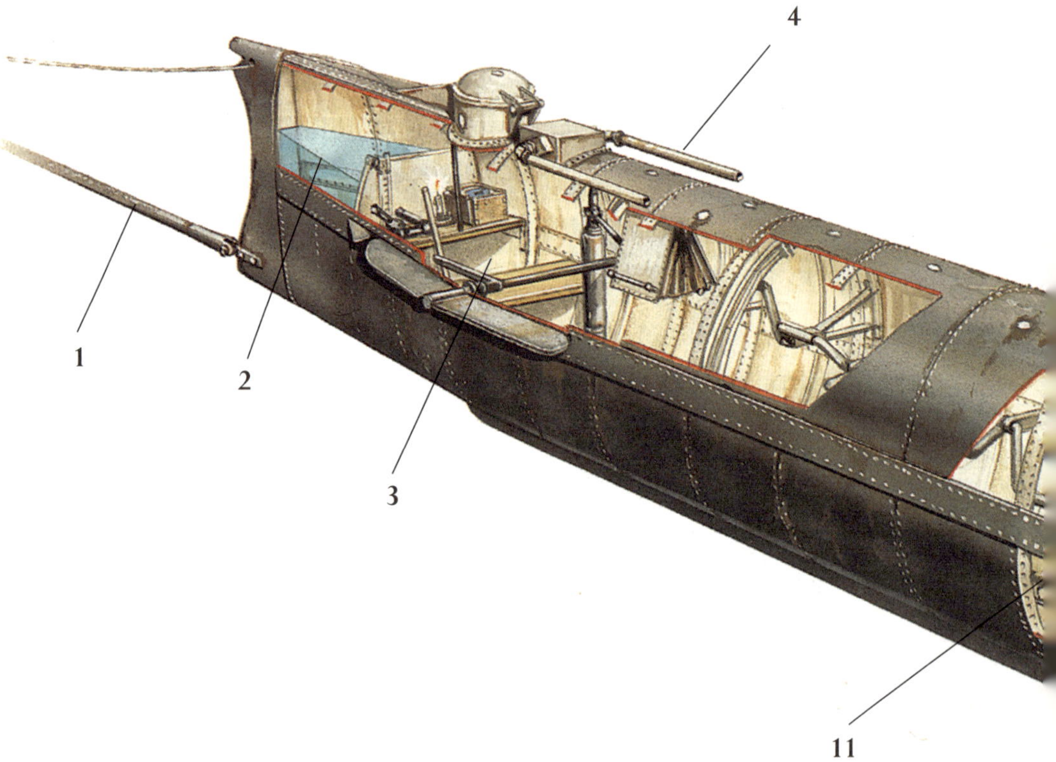

“汉利”号潜艇剖视图。（图源：托尼·布赖恩艺术作品 © 鱼鹰出版社）

各部分名称：

1. 撑杆鱼雷支臂

2. 前压载舱

3. 艇长战位

4. 水下通气管

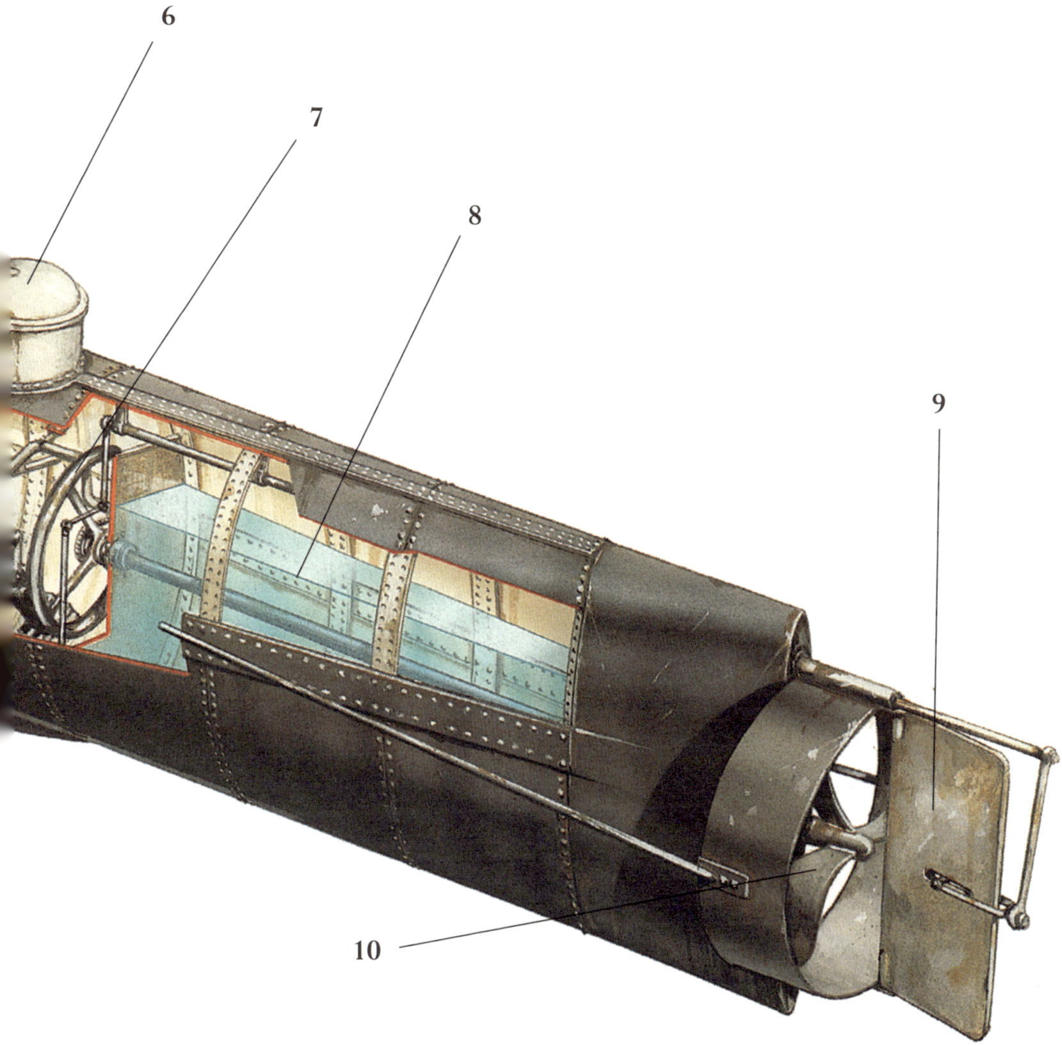

5. 观察舷窗
6. 后舱口
7. 螺旋桨传动轴
8. 后压载舱
9. 垂直舵
10. 螺旋桨
11. 艇组人员座位

攻击，但在 1863 年 10 月 15 日，这艘潜艇再次沉没，而这一次，汉利本人也在艇内掌舵。负责打捞的潜水员发现，这艘潜艇一头栽进了深深的海港底部，以约 35 度角斜插在泥中。艇内部分被淹，但由于外部水压过高，舱口盖无法从内部开启。大多数艇员死于溺水，而汉利和另一名艇员则在试图强行逃出潜艇的过程中耗尽气力，因窒息而死。

经过漫长的清洁和维修过程，一支新的艇员队伍成型了，负责指挥他们的是乔治·迪克森中尉。这位负伤的老兵在莫比尔的帕克–莱昂斯机械工场工作。到了此时，北部联邦对查尔斯顿施加的压力越来越大。为了击退敌方舰队，邦联一方还部署了雪茄形的半潜式木制壳体潜艇，由蒸汽动力驱动，艇首装有撑杆鱼雷。这些半潜式鱼雷小艇被冠以“大卫”之名，因为它们要对付的是北军[35]的一帮“歌利亚”巨舰。[36]1863 年 10 月 5 日夜，在一群勇士的驾驶下，这些小艇冒险出战，成功地用鱼雷袭击了联邦军铁甲舰“新铁甲”号（New Ironsides）。该铁甲舰在遇袭后并未沉没，但此次攻击行动却大大振奋了查尔斯顿守军的士气。“大卫”艇的武器——撑杆鱼雷，随后将会在迪克森及其艇员的运用下取得更大成功。迪克森指挥的这艘潜艇此时已被命名为“汉利”号（H. L. Hunley），纪念已故的前任指挥官霍勒斯·汉利。

工程师并未在“汉利”号上继续采用漂浮式拖曳鱼雷，而是在艇首加装了一根铁杆，铁杆顶端带有一枚鱼雷，鱼雷前端有倒钩。撑杆鱼雷上还有一根绳索，一直连到潜艇内部，使艇员能够引爆鱼雷。攻击计划颇为简单：潜艇紧贴水面接近目标后，艇员用力摇动曲柄，将鱼雷撞入敌舰舰体；潜艇逐渐退开，撤到约 150 英尺（46 米）远处，鱼雷则嵌在目标内；随后拉动牵索，触发引信，引爆鱼雷。

1864 年 2 月 17 日夜，“汉利”号潜艇载着 8 名艇员启程，这也将是该潜艇的最后一次任务。“汉利”号的猎杀目标，是联邦海军的一艘木制三桅单层炮甲板战舰“胡萨托尼克”号[37]。对于“汉利”号与“胡萨托尼克”号之间的致命遭遇，“胡萨托尼克”号的副舰长 F. J. 希根森（F. J. Higgenson）后来汇报道：

> 晚上 8 时 45 分左右，甲板上的代理舰长 J. K. 克罗斯比发现，水中有什么东西正从约 100 码（91 米）外向本舰移动。其外观像是在水中移动的一块木板，朝本舰径直而来。从它刚被发现，到它近在舰旁，大约过了 2 分钟。在此期间，本舰丢锚弃链，发动机紧急倒转，全体人员迅速各就各位。鱼雷撞上了后桅前方的右舷处，其炸药部与一根绳子相连。由于后方的旋座火炮此前已转向左舷，我们无法用火炮来攻击敌艇。约 1 分钟后，当它还近在舰旁时，鱼雷爆炸了。本舰从舰尾开始下沉，并向左舷倾斜；敌艇也沉入水中。大多数舰员攀附在索具上，保住了性命，与此同时，一艘小船也被遣往“卡南代瓜”号（Canandaigua）处求援。这艘战舰英勇地前来营救我们……[38]

5 名官兵失踪，估计已经遇难，另有其他人受伤，包括“胡萨托尼克”号的舰长。

据“胡萨托尼克”号舰员报告，当此舰爆炸下沉时，那艘潜艇正在水面上，离他们的战舰不远。“汉利”号挺过了爆炸，在附近的沙利文岛（Sullivan’s Island）岸上，邦联军观察员看到了潜艇上的一盏手提灯发出的闪光信号，并做出了回应。虽然“汉利”号发出了信号，但却从未返航，而是神秘地消失了近一个半世纪。

“汉利”号潜艇对北军战舰“胡萨托尼克”号发起攻击。（图源：托尼·布赖恩艺术作品 © 鱼鹰出版社）

首艘机械动力潜艇

尽管“汉利”号潜艇及其艇组成员显然均已罹难，但此次交锋是史上第一次成功的潜艇作战部署，更是史上第一次有潜艇在战时击沉水面舰艇。这一战果引起了人们的广泛兴趣，令人们振奋有加，其影响力已远远超出了美国内战的南北双方。其他国家的发明家，以及这些国家的海军，开始对潜艇施以更大关注。到19世纪60年代，以及随后数十年中，全世界的潜艇数量呈指数增长。在长期关注潜艇技术的法国，诞生了一艘140英尺（43米）长的铁制潜艇——“潜水员”号(Le Plongeur)，该潜艇测试了一种通过压缩空气发动机提供动力的推进原理。西梅翁·布尔古瓦(Siméon Bourgois，1815—1889）是名法国海军上校，也是法国海军“青年学派”[39]的一员。这位新技术的倡导者最初于1858年提出了“潜水员”号的构想，并在1859至1860年与船舶设计师夏尔·布兰（Charles Brun）一同设计这艘潜艇，地点位于罗什福尔[40]。“潜水员”号于1860年6月动工建造，但直到1863年4月，这艘420吨重的潜艇才告完工。

美国内战结束时的一艘“大卫”式半潜艇。（图源：美国海军历史与遗产司令部 [US Naval History and Heritage Command]）

LIEUT
GEORGE E DIXON
H L HUNLEY
CSA
FEB 17 1864
SEA
ARNOLD BECKER
H L HUNLEY
CSN
FEB 17 1864
OM
C LUMPKIN
H L HUNLEY
CSN
FEB 17 1864
SEA
FRANK G COLLINS
H L HUNLEY
CSN
FEB 17 1864

“汉利”号潜艇艇组成员的墓地——位于查尔斯顿的木兰墓园（Magnolia Cemetery）。（图源：詹姆斯·德尔加多）

“潜水员”号的一连串气舱（共23个）内，贮有气压达180磅力每平方英寸（1241千帕）的压缩空气，用于驱动功率80马力（59.7千瓦）的往复式发动机[41]，最高航速可达4节。这使“潜水员”号成为世上第一艘由机械设备（而非人力）驱动的潜艇。“潜水员”号自身无法制造压缩空气，此项工作是由一艘名为“抹香鲸”号（Cachalot）的水面补给船来完成的。1863年10月，“潜水员”号开始进行浅水试航，但试航证明，这艘潜艇很难操控。“潜水员”号的主要问题在于稳定性不佳，容易突然下沉，一头栽向海底。虽然这艘潜艇在稳定性方面的问题从未得到完全解决，但由于体型庞大、设计独特，它还是在报刊上火了起来。1864年，《科学美国人》杂志中评论道：

> “潜水员”号打算成为一艘可怕的毁灭机器。它的“突刺”形同长管，其内可能装有一枚燃烧弹。倘若一支敌方舰队抛锚停泊下来，“潜水员”号便会将“突刺”插入距离最近的一艘敌舰，然后在撤离的同时放出一卷金属丝。当它撤到安全距离后，便会以电火花触发一场大爆炸，将敌舰炸毁。[42]

法国人对“潜水员”号的试验，一直持续到了1872年，但最终搁置一旁。不过，潜艇的未来之路已清晰地铺展在许多人眼前——俄国人便在此列。到1871年，俄国人已建造和测试了一艘俄国版的类似潜艇：艇体修长光顺，由机械动力驱动，这些特点均是通往未来的关键。

注释

[1] 原注：引自 Bowers, *The Garrett Enigma and the Early Submarine Pioneers*, p.62。

[2] 译注：飑（squall）是一种突然发生的持续时间短促的强风。飑出现时，风速突增，风向突变，气象要素随之亦剧烈变化，常伴有阵性降水。

[3] 译注：锅炉钢板（boiler iron），用于制造锅炉、坦克或轮船等的钢板。

[4] 原注：引自 *Milwaukee Daily Sentinel*, September 20, 1859，转载了早先 *Philadelphia Evening Journal* 上的一则报道。

[5] 原注：同上。

[6] 原注：引自 *Delaware State Reporter*, Dover, October 14, 1859。

[7] 原注：引自 *Saturday Evening Post*, May 25, 1861。

[8] 原注：引自 *Philadelphia Evening Bulletin*, May 17, 1861。

[9] 原注：引自 *New York Herald*, May 18, 1861。

[10] 原注：引自 *Saturday Evening Post*, May 25, 1861。

[11] 原注：出自 1861 年 6 月 7 日，亨利·霍夫（Henry Hoff）中校和另外两名军官向费城海军造船厂负责人塞缪尔·杜邦上校所做的报告，报告现存于美国国家档案馆。此报告曾被多处引用，其中包括 Ragan, *Submarine Warfare in the Civil War*, p.16。

[12] 原注：同上。

[13] 译注：叛军或叛乱分子（Rebel）是美国内战中北方联邦主义者对南方邦联成员的称谓。

[14] 原注：作为一篇尚未发表的文学硕士论文，理查德·威尔斯的《路易斯安那州立博物馆潜艇》（*The Louisiana State Museum Vessel*）一文对该潜艇进行了出色而翔实的研究，贡献重大。本书此处对于这艘潜艇的描述和讨论，完全引自该文。

[15] 译注：里士满（Richmond），美国弗吉尼亚州首府。在美国内战时期，里士满是当时美国南部邦联的首都。

[16] 原注：引自 Ragan, *Submarine Warfare in the Civil War*, pp.23–24。

[17] 原注：引自 *New York Herald*, October 15, 1861。

[18] 译注：汉普顿锚地（Hampton Roads）位于美国弗吉尼亚州东南部，由詹姆斯河口的深水港形成，是世界上最大的天然港之一。如今美国最大的海军基地——诺福克海军基地便位于此。

[19] 译注：阿波马托克斯河（Appomattox River）是詹姆斯河的一条支流，位于美国弗吉尼亚州中东部，流经里士满西南。

[20] 译注：彼得斯堡（Petersburg），美国弗吉尼亚州东南部一城市，临阿波马托克斯河。在美国内战期间，此地是南部邦联首都里士满的最后一道屏障，曾发生过两次大规模战役。

[21] 译注："莫尼特"号（USS Monitor）建造于美国内战期间，是联邦海军第一艘入役的铁甲舰，后来演变为了"莫尼特"（Monitor）舰种的名称，具体指在沿海使用的有旋转炮塔的低干舷（指船舶中部由满载吃水线到甲板上缘的垂直距离）铁甲舰，即浅水重炮舰。

[22] 原注：罗杰的这封信收录于 Ragan, *Submarine Warfare in the Civil War*, p.77。

[23] 原注：引自 US National Archives, Records Group 45, "Letters to the Secretary of the Navy"。

[24] 原注：同上。

[25] 原注：引自 Ragan, *Submarine Warfare in the Civil War*, p.50。

[26] 原注：同上，p.55；Bonnette, "Technology and Practice in a Historical Context"。2003 年，"先锋"号潜艇重现人间——在地方厂商和庞恰特雷恩湖盆地海事博物馆的合作下，来自东南路易斯安那大学的学生和指导教师建造了一艘现代复制品。

[27] 译注：夏洛战役（Battle of Shiloh），又译示罗战役或夏罗战役，是美国内战（南北战争）中的一场重要战役，地点位于田纳西州西南部，以北方胜利告终。

[28] 原注：引自 Ragan, *Submarine Warfare in the Civil War*, p.80。

[29] 原注：同上，p.98。

[30] 原注：同上，p.97。

[31]　原注：引自 Ragan, *The Hunley*, p.31。

[32]　原注：同上，p.33。

[33]　原注：引自 Alexander, cited in Ragan, *The Hunley*, p.31。

[34]　原注：引自 Ragan, *The Hunley*, p.64。

[35]　译注：北军，即联邦军，指美国内战（即南北战争）中美利坚合众国（简称联邦）的军队。南军则指邦联军，即美国内战中美利坚联盟国（简称邦联）的军队。

[36]　译注：大卫与巨人歌利亚的对决是个著名的西方典故，意为以小博大，以弱胜强。歌利亚（Goliath）是传说中的著名巨人，据《圣经·旧约》的《撒母耳记》记载，他是位非利士勇士，被年轻的大卫（未来的以色列国王）用机弦甩石击中额头而亡。

[37]　译注："胡萨托尼克"号（USS Housatonic）又译"豪萨托尼克"号，得名于美国新英格兰地区的胡萨托尼克河（Housatonic River）。

[38]　原注：引自 Ragan, *The Hunley*, pp.208–9。

[39]　译注：青年学派（Jeune École），又译绿水学派、少壮派、年轻学派等。"青年学派"是 19 世纪后期兴起于法国的一种海权理论，在 19 世纪末至 20 世纪初相当流行，对法国海军和许多滨海国家海军建设有不同程度的影响。与英国皇家海军相比，法国海军在战舰数量上处于弱势，因此，法国军事思想家一直在寻找弥补手段，也积极投入资源研究新式兵器，特别是对潜艇寄予厚望，在一战爆发前夕，法国海军即拥有世界第一大规模的潜艇舰队。"青年学派"思想的主张之一是以轻型舰艇进行海上破交战，通过破坏敌国商业来实现战争目标。

[40]　译注：罗什福尔（Rochefort），法国西南部市镇，位于滨海夏朗德省夏朗德河右岸，曾为法国海军基地和造船厂所在地。

[41]　译注：往复式发动机（reciprocating engine）又称活塞式发动机（piston engine），是一种利用一个或者多个活塞将压力转换成旋转动能的发动机。

[42]　原注：引自 *Scientific American*, Vol. X, No. 15 (April 9, 1864), p.227。

本杰明·梅耶费尔（Benjamin Maillefert）的潜水钟之剖面图。（图源：笔者收藏）

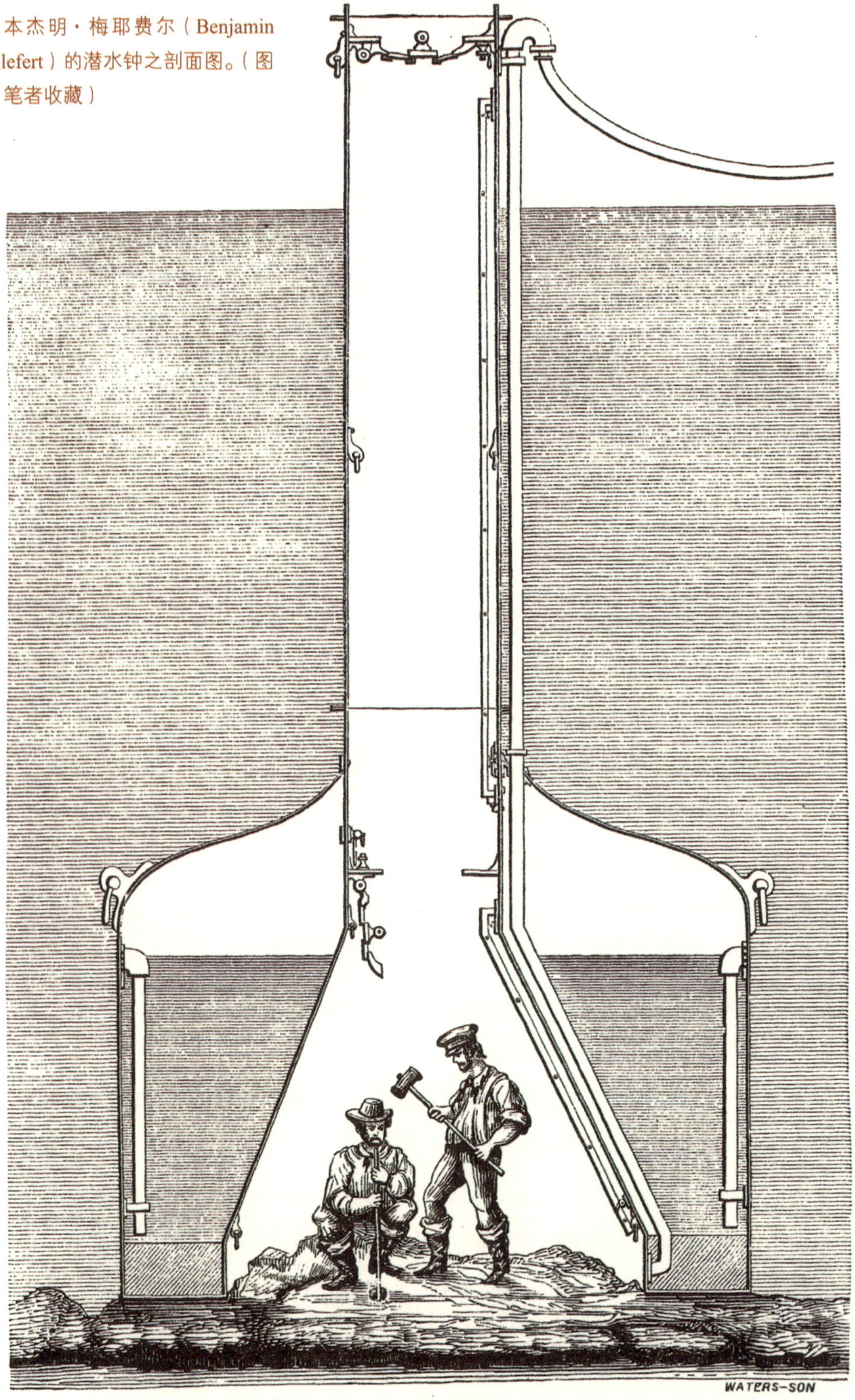

Diving-Bell. 潜水钟

The New-York Submarine Engineering Co.

纽约水下工程公司

第四章

MISSING LINKS

失落的环节

在美国内战的有力推动下，19 世纪 60 年代成为技术进步的 10 年。在这 10 年中，潜艇从试验走向实用，成了至少能在有限范围和深度内活动的港口潜艇，适于近岸作战。虽然“汉利”号潜艇的艇组成员付出了生命的代价，但它所创下的成功战例确保了潜艇的进一步发展。发明家们欲将自己的潜艇售予各国海军；如同“汉利”号一样，这些潜艇均是艇体光顺的水下斗士。与此同时，潜艇也在向另一个方向发展，此类潜艇追求更为饱满的艇体，和佩耶纳的第一艘潜艇不无相似。与佩耶纳的潜艇以及亚历山大·兰伯特仿自佩耶纳的美国版潜艇一样，此类潜艇均为机动加压“舱室”，和潜水钟一脉相承。与德·维勒鲁瓦的“短吻鳄”号采用的潜水员水下出入口舱不同的是，这类潜艇的艇员舱段均可加压，并有供艇员水下出艇的舱口。从许多方面来看，此类潜艇都是那个年代最为精密复杂的潜艇，代表着现代潜艇进化树上的一支“死胡同”。潜水钟的发明者后来回归了更加精密的非机动设计方案，潜艇工程师和潜艇发明家则遵循了“汉利”号潜艇的外形，以之为设计潜艇的范例。

潜水钟的改进

潜水钟的原理颇为简单，早在古时便已为人所解，在后世更是广为人知：“其原理可见于倒扣入水的玻璃杯；如果将任何船只像玻璃杯一样倒扣于水中，船内的空气便会阻止水位上升，使船内空间不被水填满……”[1] 从水面船只上悬吊入水的简易潜水钟，已应用了数百年之久，但这些潜水钟带有局限性：水压的升高减少了潜水钟内的空气量，而当潜水钟内的潜水员在黑暗而寒冷的环境中辛苦劳作时，又会大量消耗氧气，如此一来，潜水员自然会筋疲力尽。

潜水钟的首项重大改进出现于17世纪末叶。当时，埃德蒙·哈雷[2]（1656—1742）将加固后的木制潜水钟与2个贮满空气的密封加重木桶结合起来，利用木桶为潜水员补充空气。“呼吸后的废气经由顶部的旋塞阀排放出去，此处还装有数块玻璃，用于采光。”[3]该潜水钟是“现代”潜水钟的前身。[4]下一项突破是英国工程师约翰·斯密顿（John Smeaton，1724—1792）发明于1788年的铸铁压力气泵。斯密顿的“潜水箱”（diving chest）虽然仅长4.5英尺（1.4米）、宽3英尺（0.9米）、高4.5英尺，但可容纳2名潜水员。[5]斯密顿的潜水系统得到了英国、欧洲和美国工程师的效仿，在数十年内都是“行业标准”。

19世纪中叶，许多发明家都申请了各自的潜水钟专利，并着手建造实物。其中，普罗斯珀·佩耶纳建造的潜水钟首度采用了压缩气舱和压载水舱——1851年，亚历山大·兰伯特携该设计远跨大西洋，来到美国纽约，并于1852年以自己的名字为该设计申请了专利。与此同时，美国人埃德加·福尔曼（Edgar W. Foreman）和亨利·西尔斯（Henry B. Sears）也发明了具有压载水舱和压缩气舱的潜水钟。轮机长杰西·盖伊（Jesse Gay）为美国海军测试了该潜水钟，并写道：“它能相当迅速地从水面降至水底，或十分缓慢地上下移动……”西尔斯的发明被称为“鹦鹉螺潜水钟”（Nautilus bell），曾从事过多种类型的工作，例如执行海洋打捞任务（至1859年）。

这一时期还出现了其他潜水钟，例如由法国移民工程师本杰明·梅耶费尔（1813—1884）发明的“空气静力管状潜水钟”（Aerostatic Tubular Diving-Bell）——这是一个舟形铸铁加压潜水钟，工作时坐沉于水底，通过顶部的长管进入其中，顶部的长管还起到了气匣室的作

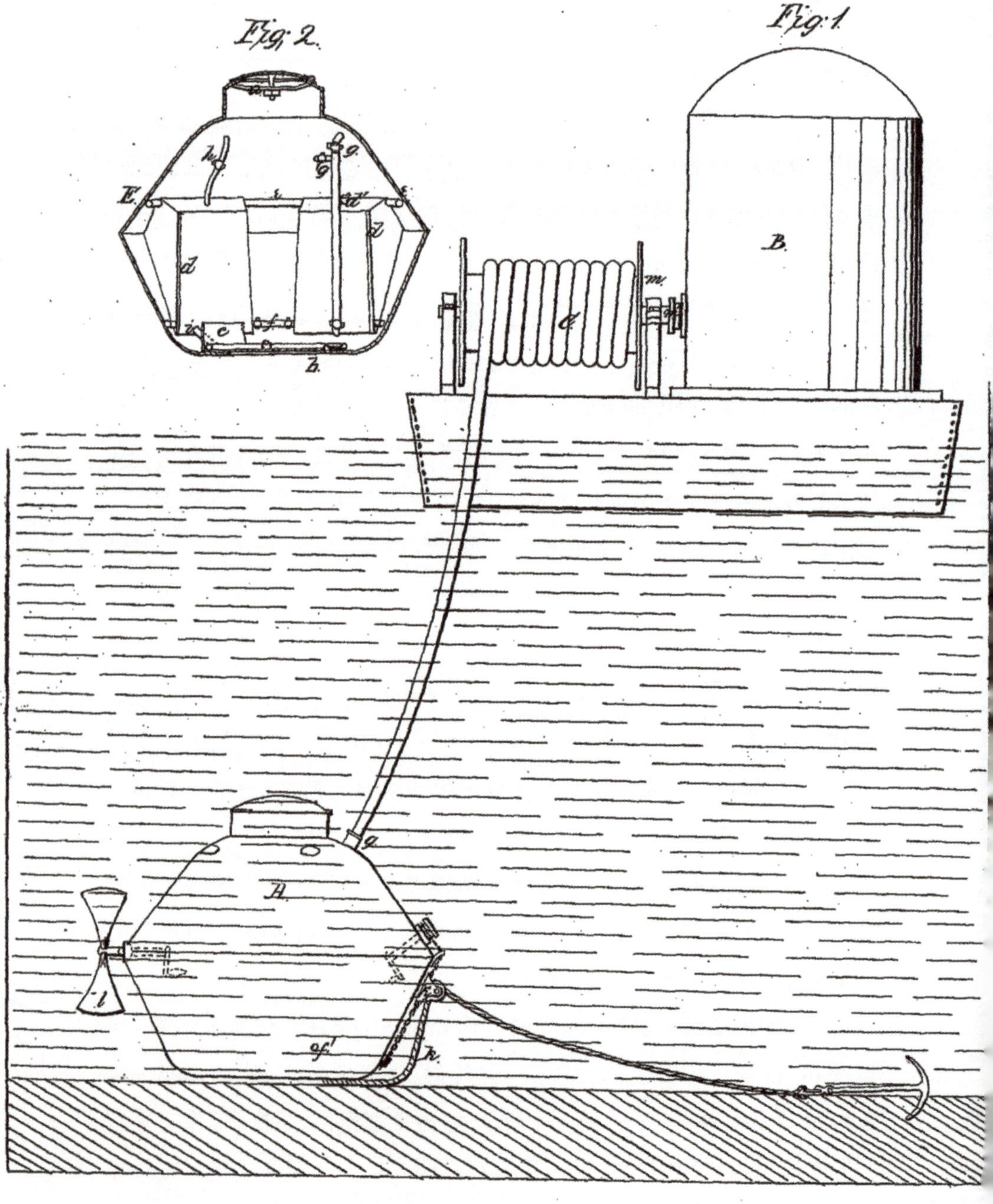

19 世纪 50 年代早期，埃德加·福尔曼的潜水钟。亨利·西尔斯在美国国内以及国外对该潜水钟进行了推广。（图源：美国专利局 [US Patent Office]）

No. 2.

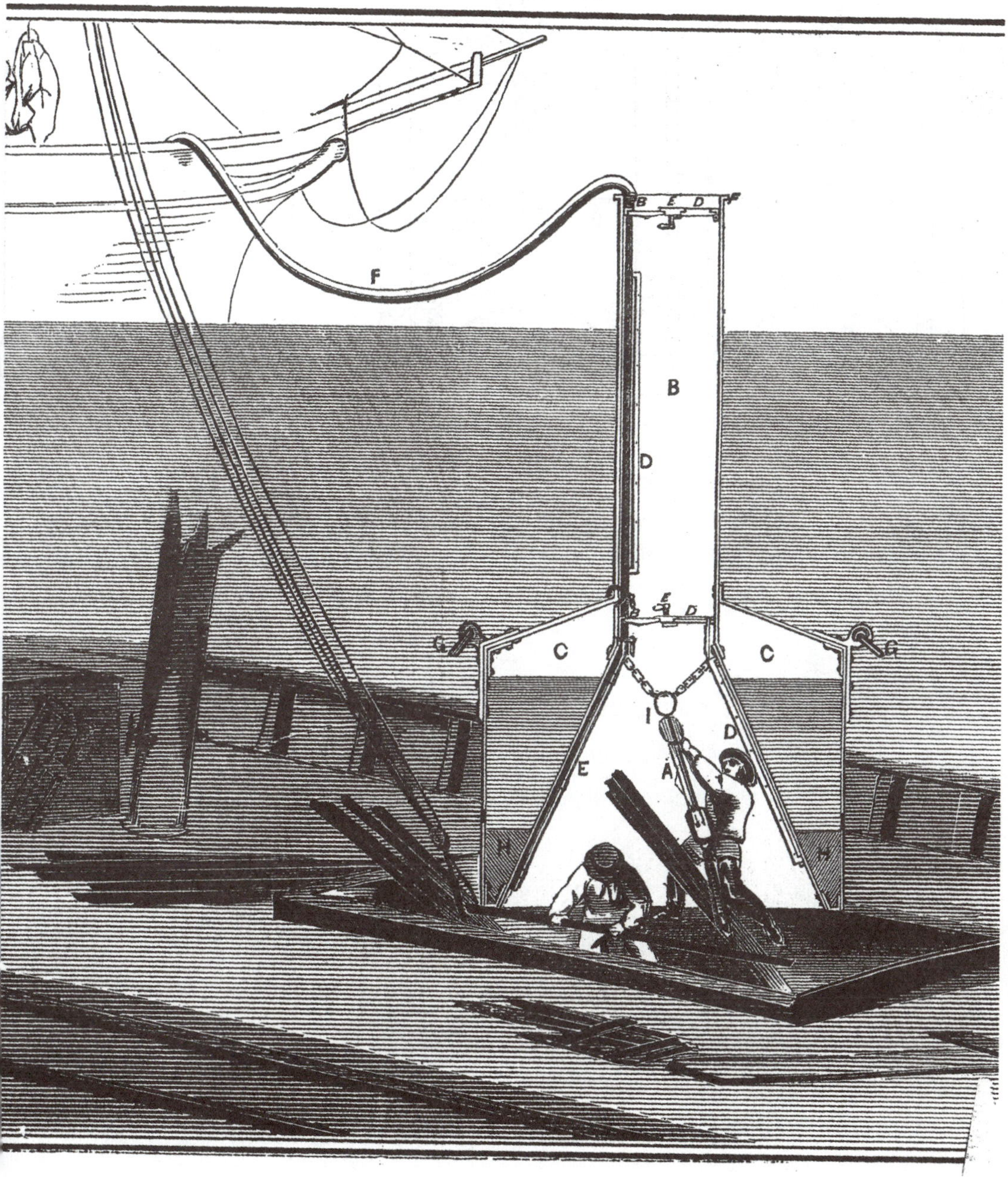

图为梅耶费尔式潜水钟在沉船的甲板上工作。（图源：笔者收藏）

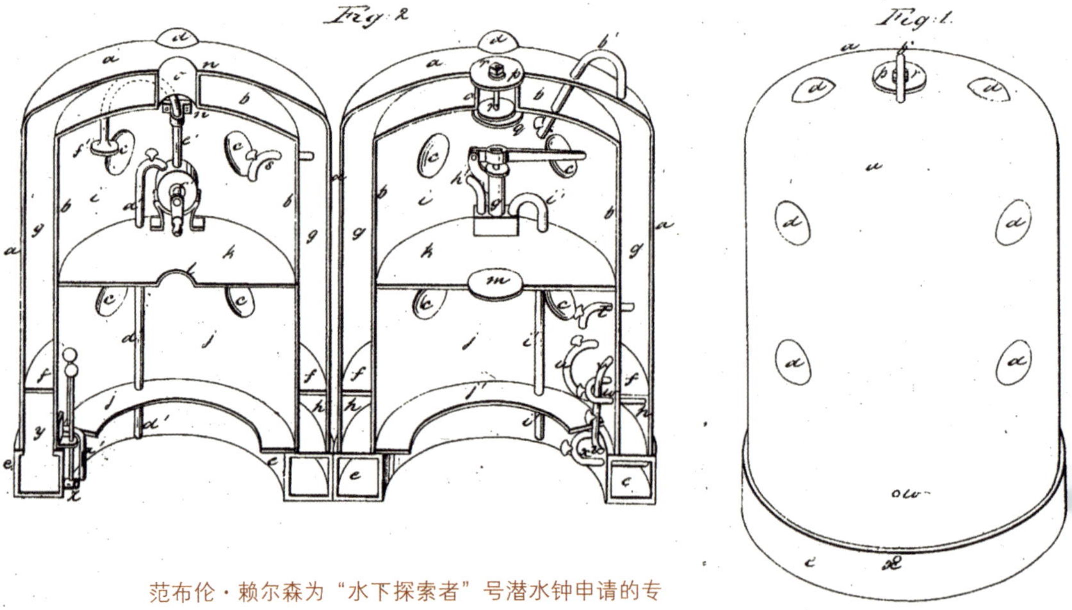

范布伦·赖尔森为“水下探索者”号潜水钟申请的专利。赖尔森生于美国，他想用自己的新设计来改进“鹦鹉螺潜水钟”的种种缺陷。（图源：美国专利局）

用。[6] 此外，来自纽约的范布伦·赖尔森（Van Buren Ryerson，1809—1881）于1858年发明了名为“水下探索者”（Submarine Explorer）的潜水钟，其灵感来源于“鹦鹉螺潜水钟”。赖尔森强调，在他看来，“鹦鹉螺潜水钟”存有三项缺陷：第一，它借助空气软管与水面相连，但软管可能断裂；第二，它完全依赖独立的水面气舱供气；第三，它难以保持平衡，“因为不具备调整重心的能力”。[7] 因此，赖尔森将压缩气舱与压载水舱融为一体，即使这么做会增加机械构造的复杂性。

赖尔森将“水下探索者”号租给了两名纽约潜艇工程师彼得·赫斯特德（Peter Husted）和朱利叶斯·克勒尔（Julius H. Kroehl，1820—1867），他们用该潜水钟来炸掉纽约港内的暗石，这项工作一直持续到了1862年。[8]在种种经历的启发下，克勒尔最终对“水下探索者”号的设计加以改进。在此过程中，他研制出了一种独特的新式水下载具。这种水下载具已不再是潜水钟，而是一艘真正的潜艇。

减压病导致的失败

克勒尔曾以志愿民兵军官的身份短暂地加入过海军，负责执行水下爆破和水下测量任务。1863至1864年间，克勒尔一边从黄热病中康复，一边设计了一艘长36英尺（11米）、宽10英尺（3.1米）、由铸铁和锻铁制造的手摇动力潜艇。克勒尔得到了一群纽约和加州企业家的支持，这些企业家成立了太平洋珍珠公司（Pacific Pearl Company），为潜艇建造工作提供资助。克勒尔与布鲁克林船舶设计师阿里尔·帕特森（Ariel Patterson）一道工作；到1865年冬，他们建成了一艘被他称为“水下探险者”（Sub Marine Explorer）的潜艇。

太平洋珍珠公司的高管和股东计划利用这艘潜艇来采集珍珠，采集地点位于巴拿马和墨西哥沿岸的太平洋海床上。不过，他们同样热衷于将这艘潜艇或其设计售予联邦海军。1864年6月，该公司总裁致信联邦海军部长，历数了这艘潜艇的优点：

> 在建的这艘潜艇将可容纳24名乘员。根据该潜艇的建造要求，它与水面之间不存在任何交流，因而和其他所有潜艇一样，敌人将无法发觉它在水下的行踪。对于其他潜艇，敌人大可切断艇内人员所必需的空气补给，进而危及艇员性命。但该潜艇无须依赖软管、浮子或任何与水面相连之物，而是通过一个简单的流程来净化空气，使艇员能在艇内待上24小时乃至更久（实际上并无确定的时限）。这艘在建潜艇将会是一艘手

> 动潜艇，我们打算将它的工作潜深定为100至150英尺（31至46米）。不过，若要建造一艘用于作战的潜艇，我们提议在艇内安装一台发动机，由压缩空气驱动。[9]

海军部长对此信做出了回应，安排蒸汽机械监察长W. W. W. 伍德（W. W. W. Wood）前去检视和评估这艘潜艇。后者在1865年1月底进行了此项工作；他向海军部长送去了一份详细报告，报告结尾提及：

> 对于上述这样一艘潜艇，它在海战中将可发挥这些作用：移除河道或港口中的水下障碍物；接近锚泊中的敌方舰队，在敌方火炮的控制和覆盖范围内将鱼雷安在敌舰底部，将其炸毁。对这艘潜艇的相关原理进行成功应用，从而实现这些用途，无疑是十分重要的，这种重要性再怎么高估也不为过……综上所述，我想恭敬地提议：对即将完工的“水下探险者”号进行实际测试；我们或许可以从中得出一份准确的报告，对实现此艇拟定用途的相关优点和价值做出定论。[10]

不过，联邦海军对“水下探险者”号的种种用途一概表示回绝。此时，美国内战已进入尾声，一名海军将领官僚式的回复，浇灭了关于复检的任何希望——“我不认为海军方面有任何能够用到这样一艘潜艇之处。”[11]

在没有海军参与的情况下，克勒尔和太平洋珍珠公司继续工作。1865年11月，报纸报道这艘潜艇“现已完工，将会在下周早些时候在东河试潜，测试性能”。[12] 经过一系列试潜后，1866年5月，该潜艇为赞助人（以及报界）做了一次演示：

> 下午1时30分，工程师朱利叶斯·克勒尔从人孔进入

“水下探险者”号潜艇的压缩气舱。(图源:詹姆斯·德尔加多)

“水下探险者”号,与他同行的还有弗雷德里克·迈克尔斯(Frederick Michaels)、奥古斯特·盖茨(August Getz)和约翰·坦纳(John Tanner)。人孔最终关闭,潜艇发出信号,显示它已潜入水下。潜艇在码头的海床上穿行了1.5小时。下潜期间,艇内乘员的友人们显得非常紧张,为他们的安全倍感担忧。不过,当潜艇最终浮上水面,工程师克勒尔及其同行者从舱室中现身(克勒尔正悠闲地叼着他的海泡石烟斗)之时,他们便爆发出一阵阵欢呼,尽情宣泄着自己的情感……这艘潜艇长36英尺(11米),由工程师克勒尔亲自监造完成,大约花费了7.5万美元。那些搭乘此艇下潜者表示,除了耳中有种轻微的刺痛感外,他们感到颇为舒适,能在水下待上多日……昨在约翰·麦凯（John W. McKay）的这幅考古图释中，他详细绘制了朱利叶斯·克勒尔造于1864—1865年的“水下探险者”号潜艇的剖视图，展示了这艘独特潜艇的种种特点：压缩气舱具有复杂的支撑结构；艇体内部工作舱段的舱口盖上带有网格地板，当舱室加压至与周遭海水压力相当时，舱口盖便可打开；工作舱两侧配有压载海水舱，与压缩气舱相连，操作者可利用压缩空气将压载水舱排空，使潜艇上浮。（图源：笔者收藏）

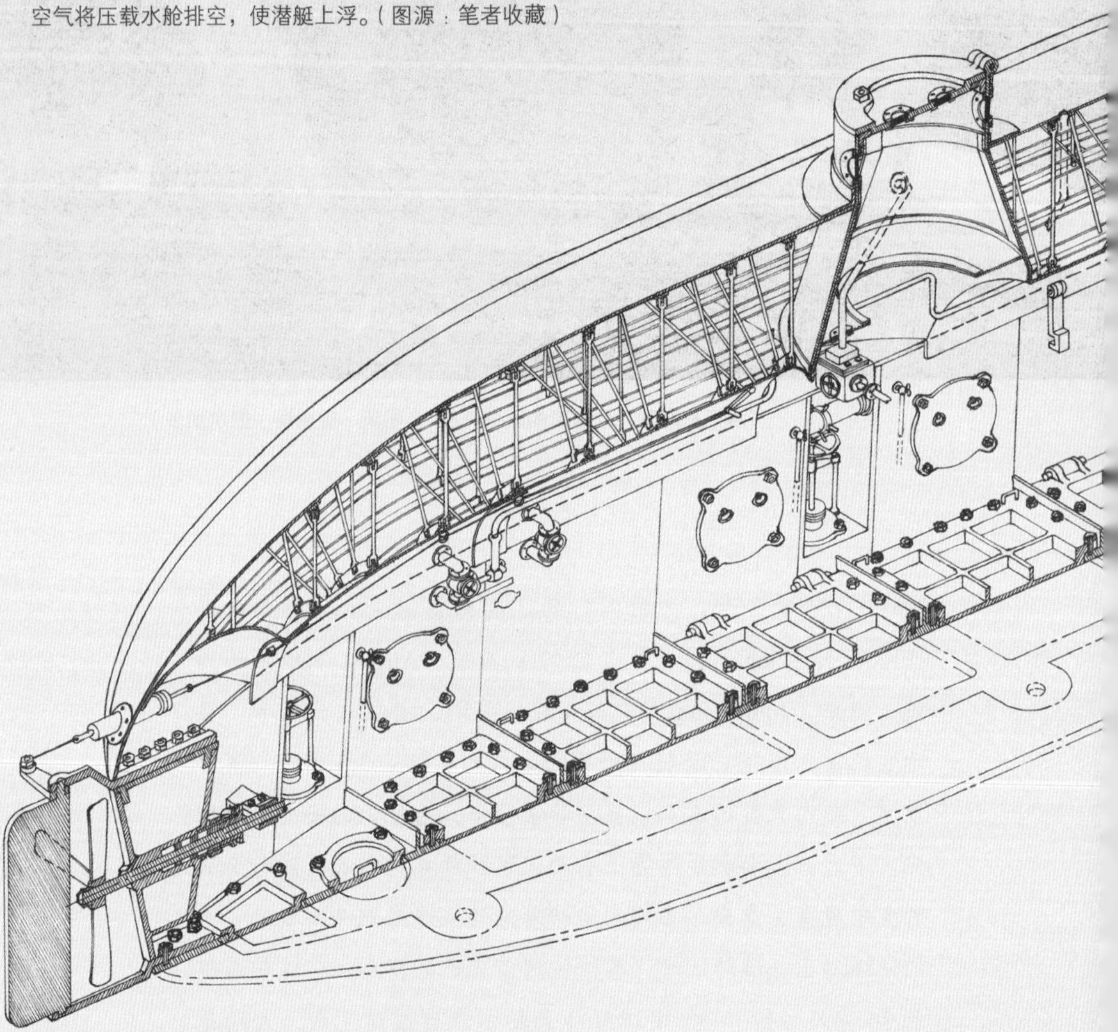

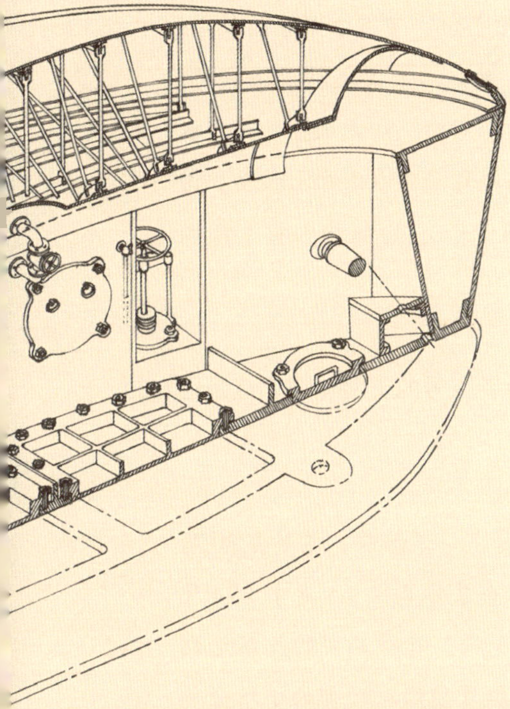

天的试验，同时也是第4次试验，令到场的太平洋珍珠公司高管十分满意。[13]

经过多次试潜后，克勒尔将“水下探险者”号潜艇拆为部件，由太平洋珍珠公司运往巴拿马地峡[14]，再通过火车拉往太平洋沿岸。随后，克勒尔对“水下探险者”号进行了重新组装和测试，使之慢慢恢复到运行状态。1867年夏，该潜艇在巴拿马城[15]顺利完成了数次下潜。然而，当年9月，克勒尔因发烧去世，潜艇因此搁置了1年以上。

直到1869年夏，一位名叫亨利·丁吉（Henry Dingee）的工程师执掌“水下探险者”号后，这艘潜艇才恢复下潜。“水下探险者”号的工作地点位于珍珠群岛（Pearl Islands），距巴拿马城60英里（97公里）。它在这里完成了一系列下潜，采集珍珠和珍珠贝。1869年8月，《巴拿马商业纪事报》（*Panama Mercantile*

Chronicle）将此潜艇描述如下：

> “水下探险者”号长 36 英尺（11 米）、高 12 英尺（3.7 米）、宽 13 英尺（4 米），底部无比平坦，带有 2 个分别长 4.5 英尺（1.4 米）和 6 英尺（1.8 米）的舱口。潜艇接近海底时，舱口便会开启，供艇员采集珍珠贝，同时，艇内的空气可将水体隔绝于外……这艘潜艇借助 1 个小螺旋桨在海床上移动，搜寻珍珠贝；螺旋桨直径 3 英尺（0.9 米），由艇内人员手动操作。[16]

这篇报道进一步解释了“水下探险者”号的下潜原理。这是已知的唯一一份关于其下潜过程的文字描述：

> “水下探险者”号的工作方式如下：下潜前，在 1 台 30 马力（22 千瓦）发动机的驱动下，1 个泵体直径 9.5 英寸（24 厘米）的强力气泵将空气泵入压缩气舱，直至其中的气压达到 60 磅力每平方英寸（414 千帕）；艇员随后从顶部的小塔鱼贯而入；小塔的顶罩（顶盖）牢牢旋紧后，压载水舱便可开始注水；潜艇渐渐下沉，潜向海底。抵近海底后，压缩气舱将足量空气释入工作舱，直至其中的气量和气压足以抵消外部海水的高压。这一步完成后，潜艇底部的舱口便可开启，艇员随后开始采集珍珠贝，同时，工作舱内的空气可完全阻止海水进入艇内。当艇员工作了足够久，采集了所有能够得着的珍珠贝后，压缩气舱中的空气便会释入压载水舱，将海水渐渐排出艇外，使潜艇缓慢而稳当地浮向水面。[17]

“水下探险者”号潜艇的工作舱。（图源：詹姆斯·德尔加多）

1869年8月29日，《纽约时报》刊登了一则报道，其中写道："这艘潜艇……在11天中每天下潜1次，到最后，所有艇员都因发烧而再次病倒了"，一系列下潜活动就此中止。不过，所谓的发烧其实是减压病[18]，在1869年尚无已知疗法。太平洋珍珠公司也再未返回珍珠群岛，而是把潜艇留在了遥远的海岸上，任其锈蚀。"水下探险者"号是一艘经官方注册悬挂美国国旗的商艇，但该注册于1878年作废，"失效性质未知"。[19]不过，这种情形并未发生在"水下探险者"号的近亲——另一艘机动式潜水钟潜艇"智慧鲸"号（Intelligent Whale）上。

被终止的探索

到了生涯后期，这艘潜艇才以"智慧鲸"号之名为人所知，它的发明者名叫斯科维尔·梅里亚姆（Scovel S. Merriam，1822—1886）。1863年11月，梅里亚姆与两名富有的赞助者奥古斯塔斯·赖斯（Augustus Rice）和科尼利厄斯·布什内尔（Cornelius Bushnell）签订了一份合同，建造一艘总造价1.5万美元的铁制潜艇。梅里亚姆对这艘潜艇保有一半的所有权；两名赞助人则持有另外50%，并与其他合伙人一起在纽约成立了美国潜艇公司（American Submarine Company）。梅里亚姆在马萨诸塞州斯普林菲尔德[20]着手开始建造潜艇。潜艇壳体的建造进度显然不慢，因为在1864年2月25日，当联邦战舰"胡萨托尼克"号沉没的消息传至北方时，时任美国潜艇公司秘书的纽约银行家伍德拉夫·巴恩斯（Woodruff Barnes）致信联邦海军部称："这艘潜艇即将完工……我们有信心取得巨大成功……我们的潜艇质量上乘，公众则对它一无所知。我们在2到3周内便可准备就绪。"[21]海军部对此的回应是，当这艘潜艇竣工时，他们会到场检查。4 月，美国潜艇公司再次致信，称该潜艇已做好检查准备，但联邦海军当时无人可派。梅里亚姆继续工作，对潜艇加以完善，但在 1864 年 5 月 3 日，他将自己在该潜艇上的产权售予巴恩斯，并退出了此项目。他这么做的理由无从知晓，不过，海军方面最终检视了这艘潜艇，但发现它不可接受，直截了当地予以放弃。

1 年后的 1865 年 6 月，在接受了摩根钢铁厂的改造后，这艘潜艇在纽约处于闲置状态。同在此地的，还有一些新的所有者和合伙人，例如奥利弗・霍尔斯特德（Oliver S. Halstead）。霍尔斯特德出身于一个富有的新泽西家族，对军火生意颇感兴趣。他接管了美国潜艇公司，清偿了公司债务。梅里亚姆曾试图重新取得该潜艇的控制权，但却败给了霍尔斯特德。到 1865 年底，这艘潜艇已转移到了新泽西纽瓦克（Newark）的休斯 – 菲利普斯机械工场（Machine Shop of Hewes &

美国潜艇公司时运不济，图为该公司的股权证书。（图源：笔者收藏）

Phillips)。

1866年4月，该潜艇进行了几次成功的试潜，潜深16英尺（5米）。潜艇锚泊于水底，并在艇内加压，让霍尔斯特德的一位朋友——美国陆军的托马斯·斯威尼（Thomas W. Sweeny）将军得以穿着潜水服离开潜艇，泅向附近的一艘平底驳船（靶船），将一枚鱼雷安在船体上，然后将其引爆，炸沉驳船。斯威尼向海军部长写了份积极的报告，但毫无结果。[22] 霍尔斯特德此后继续驾驶潜艇，以资消遣，直到1866年10月将其移至他处，另行改造。这艘潜艇保存于休斯－菲利普斯机械工场，接受了一系列加工、锻造和“锅炉活儿”（大概针对的是铆接式铁制壳体），工程一直持续到了1870年1月。到了那时，霍尔斯特德在这艘潜艇上的运气也已发生转变。1869年10月，海军军官检查了该潜艇，并向海军部长提交了一份积极报告，推荐购买此艇。购买合同签订于1869年10月29日，其中规定，倘若这艘潜艇能在1870年1月1日前顺利完成布鲁克林海军造船厂的测试，霍尔斯特德便会收到代售所得的5万美元。霍尔斯特德还需向海军方面提供一份书面陈述，阐明“种种必要的发明、秘诀和机械装置，使任何一名或多名称职人员得以操作这艘潜艇，净化艇内空气”。[23] 也正是在此时，这艘潜艇最终获得了一个名字——“智慧鲸”——海军方面在合同中如此称呼该潜艇。“智慧鲸”之名很可能源自海军军官在历次测试中为该潜艇起的诨名，如“霍尔斯特德的蠢东西”（Halstead’s Folly）和“智慧象”（Intelligent Elephant）等。[24]

到1870年1月1日，测试仍未开始；而当“智慧鲸”号潜艇于1月底抵达布鲁克林海军造船厂后，海军方面占有了该艇，并取得了它的所有权。5月，《纽约时报》报道称，该潜艇已被海军买下，正位于布鲁克林海军造船厂中。[25] 同时，显而易见的是，霍尔斯特德也再未驾驶过这艘潜艇。他卷入了一场不光彩的桃色事件，与一位名叫玛丽·威尔逊（Mary Wilson）的女子有染，并于 1871 年 7 月被玛丽·威尔逊的另一名情人乔治·博茨（George Botts）射杀，后者是个“令人厌恶的”暴躁酒鬼。霍尔斯特德的兄弟曾代表海军对“智慧鲸”号进行检查，检查结果表明，该潜艇需要接受一番整修。在此之后，直到 1872 年，“智慧鲸”号都迟迟未能进行测试。不过，当年 3 月，“智慧鲸”号却成了一次军事间谍活动的刺探对象。当时，“智慧鲸”号正停放在布鲁克林海军造船厂中，英国海军武官爱德华·英格尔菲尔德（Edward A. Inglefield）上将造访此地，想看看该潜艇。在未经许可的情况下，英格尔菲尔德等候时机，趁工人们外出吃午饭时爬进了这艘潜艇，“做了详细的笔记，并绘制了一份草图”。[26]

现存已知的第一份关于“智慧鲸”号的详细描述，来自布鲁克林海军造船厂的一位无名海军军官。1872 年 9 月，海军方面对这艘潜艇进行了官方测试。测试开始以前，该军官将其描述如下：

> 在造船厂中，这艘潜艇被称作“智慧象”（Intelligent Elephant）。它通体铁制，长 30 英尺（9.1 米），吃水 9 英尺（2.7 米），配备了起调节和控制作用的气密和水密舱段；虽然看起来是个大块头，但与其他舰艇相比，它之所以会被称为“智慧象”，无疑并非源于它的尺寸。艇身中段底部有个扁平的闸门，上部和两端较圆，逐渐收窄。闸门在压缩空气的作用下开启后，外部水体无法进入艇内。自闸门出艇的艇员将会携带一枚鱼雷，将它安放在目标舰船下。鱼雷上连有一根电线，与潜艇内的蓄电池相接，用以引爆鱼雷。据估计，所有气舱中贮存的空气，足以支持潜艇在水下活动 10 小时。开启阀门，水舱开始注水，潜艇便可下沉。水舱内的水既可通过水泵排出舱外，也可由注入的压缩空气排出；水舱与气舱间存有通道。此

在摄于约1898年的这两张老照片中，“智慧鲸”号潜艇正斜躺在布鲁克林海军造船厂中。（图源：贝特曼档案馆[Bettmann]，科比斯图片社）

Sold only by Underwood & Underwood
New York, London, Toronto-Canada, Ottawa-Kansas
Sub Marine Boat, Brooklyn Navy Yard, U. S. A.
Copyright 1898 by Strohmeyer & Wyman.

艇可搭载 13 名乘员，并已在帕塞伊克河[27]中进行过载员 13 人的测试。6 名艇员便足以操作此艇，其中部分艇员操作曲柄装置，为潜艇制造动力。潜艇的航速约为 4 节，或依曲柄的操作人数而定。潜艇的瞭望部分是位于顶部的一个铁制穹顶舱，比人的脑袋大些。潜入水下后，潜艇唯有依靠艇内贮存的压缩空气保持通风。艇内空气变得污浊后，可开启拇指阀（thumb valve）将其排出……[28]

9 月 20 日，“智慧鲸”号的测试在布鲁克林造船厂进行，一个由 7 名军官和若干海员组成的委员会到场观看。测试进展并不理想。下潜之后，“智慧鲸”号开始出现渗漏，“当务之急是将其吊出水面，但在如此行事的同时，潜艇又困在了浮式起重机下，水面人员收到潜艇发出的信号，最终将其拉吊出水”。[29]

参与测试的海军委员会做出了官方裁决，把这艘潜艇批得一文不值——“作为一种作战工具，它毫无实用之处”；导航几无可能，潜艇的引航员就像是个“乘着热气球的蒙眼人”。[30]在一封 1877 年的信中，美国海军军械局局长指出：“这艘潜艇未能成功，海军部长阁下拒绝拨付更多资金，自此以后，整件事便被弃置一旁。”[31]霍尔斯特德家族放弃了“智慧鲸”号潜艇，其他任何利益相关者亦然。这艘潜艇最终留在了海军手中，在布鲁克林海军造船厂陈列了数十年。久而久之，该潜艇便背上了一种污名，这对它而言既不公平，又不走运。[32]

1902 年，乔治·贝尔德（George W. Baird）出版了一本关于早期潜艇的述评集。其中，他特别指出，“水下探险者”号是“潜水钟与可驾驶机动潜艇”之间承上启下的一环。[33]贝尔德曾是 W. W. W. 伍德的助手，只消再补充一点，他的判断便完全正确——“水下探险者”号和“智慧鲸”号双双代表着潜艇兼潜水钟混合体的巅峰与极点。朱利叶斯·克勒尔和奥利弗·霍尔斯特德身故后，两艘潜艇均被弃置，潜艇发展的这一脉也就此断绝。

那些对作战型潜艇感兴趣的发明家，将目光转向了以“汉利”号为代表的圆柱形封闭式潜艇，而那些有志于开拓探海途径、开展其他水下工作的发明家，则回归了潜水钟的设计思路。虽然在 19 世纪 60 年代晚期，机动式潜水钟潜艇逐步淡出历史舞台，但美国以及其他国家出现的进展，表明潜艇发明家依然专注并汲汲于作战潜艇的成功研发。在随后数十年间，又出现了多种多样的潜艇，为潜艇在 19 世纪末的最终成功铺平了道路。

注释

[1] 原注：引自 Ripley and Dana, *The New American Cyclopaedia*, p.520。

[2] 译注：埃德蒙·哈雷（Edmund Halley 或 Edmond Halley），英国天文学家、地理学家、数学家、气象学家和物理学家，曾计算出哈雷彗星（以他命名）的轨道，并正确预言了该天体的回归时间。

[3] 原注：同注 [1]，p.521。

[4] 原注：引自 Bacharach, “The History of the Diving Bell,” p.18。

[5] 原注：同上；*Davis, Deep Diving and Submarine Operations*, p.610。

[6] 原注：引自 *The New-York Submarine Engineering Company*, p.1。

[7] 原注：引自 *A Brief Account of Submarine Machines, and Specially of Ryerson's Patent for Improvements in Submarine Explorers*, p.6。

[8] 原注：同上，p.9。

[9] 原注：引自 George Wrightson to Gideon Welles, New York, June 14, 1864, US National Archives, Records Group 45, “Letters Sent to the Secretary of the Navy”。

[10]　原注：引自 W. W. W. Wood to Gideon Welles, New York, February 2, 1865, US National Archives, Records Group 45, “Letters Sent to the Secretary of the Navy”。

[11]　原注：同上。这句话附在伍德提交给吉迪恩·韦尔斯的报告和信件末尾。

[12]　原注：引自 *Brooklyn Daily Eagle*, November 12, 1865。

[13]　原注：引自 *New York Times*, May 31, 1866。

[14]　译注：巴拿马地峡（Isthmus of Panama）是美洲中部的一个地峡，从哥斯达黎加边界延伸至哥伦比亚边界，连接南、北美洲。巴拿马运河便开凿于其上。

[15]　译注：巴拿马城（Panama City），中美洲国家巴拿马的首都，濒临太平洋东岸中部的巴拿马湾。

[16]　原注：引自 *Panama Mercantile Chronicle*, August 13, 1869。

[17]　原注：同上。

[18]　译注：减压病（Decompression Sickness，简称 DCS），又称潜水夫病或沉箱病，是由于高压环境作业后减压不当，体内原已溶解的气体超过了过饱和界限，在血管内外及组织中形成气泡所致的全身性疾病。

[19]　原注：引自 Holdcamper, *The List of American-Flag Merchant Vessels that Received Certificates of Enrolment or Registry at the Port of New York, 1789–1867*, Vol. 1, p.259。

[20]　译注：斯普林菲尔德（Springfield）是美国马萨诸塞州汉普登县的一座城市，位于康涅狄格河东岸。斯普林菲尔德又译春田市（另有美国伊利诺伊州首府春田市），著名的春田兵工厂（1968 年关闭）便坐落于此。

[21]　原注：引自 Ragan, *Submarine Warfare in the Civil War*, p.202。

[22]　原注：引自 Lake, *The Submarine in War and Peace*, p.156。

[23]　原注：引自 Hitchcock, “Intelligent Whale,” p.97。

[24]　原注：同上，p.98。

[25]　原注：引自 *New York Times*, May 8, 1870。

[26]　原注：引自 Hitchcock, “Intelligent Whale,” p.100。

[27]　译注：帕塞伊克河（Passaic River），又译巴赛克河，是美国新泽西州北部的

一条河流。

[28]　原注：同上，pp.101–2。

[29]　原注：引自 *Army and Navy Journal*, September 21, 1872. See also *NewYork Daily Tribune*, September 24, 1872。

[30]　原注：引自 Hitchcock, "Intelligent Whale," p.104。

[31]　原注：同上，p.105。

[32]　原注："智慧鲸"号之所以有此污名，有可能是因为人们将它与"汉利"号潜艇的多舛命运混为一谈。后者的确造成了不止一起艇员遇难事件。相关例子可见于 F. M. 巴伯的 *Lecture on Submarine Boats and their Application to Torpedo Operations* 第 17 页，以及 1897 年 10 月 9 日的《纽约时报》；后者错误地宣称："70 年代早期，此艇移至布鲁克林海军造船厂，并在帕塞伊克河进行了试潜。人们多番尝试，欲驾驶此艇航行，但这些尝试不仅以失败告终，还葬送了 32 条性命。"直到最近，凭借航海考古学家彼得・希契科克（Peter Hitchcock）的学术著作，"智慧鲸"号潜艇的真实历史，以及它在潜艇发展史中应有的地位，才得以恢复。

[33]　原注：引自 Baird, "Submarine Torpedo Boats," p.852。

现代潜艇之父——约翰·霍兰（John P. Holland）。图为他在一艘“霍兰”潜艇的指挥塔中。摄于约1898至1899年间。（图源美国海军历史与遗产司令部）

第五章

LATER 19TH CENTURY SUBMARINES

19世纪晚期的潜艇

美国内战结束后不久，美国和欧洲的一些发明家研制出了更为精密的新式潜艇，这些潜艇已不再由手摇曲柄提供动力，而是改由蒸汽机和汽油机驱动，此外，这些潜艇还引入了“机动”鱼雷。从英国高级教士乔治·加勒特（George Garrett）的“重生”号（Resurgam）潜艇，到爱尔兰裔美国人约翰·霍兰（1841—1914）的早期心血——首次采用水下“达纳炸药炮”[1]的“芬尼亚撞角”号[2]潜艇，再到英国人 J. F. 沃丁顿的“鼠海豚”号（Porpoise）潜艇，法国人古斯塔夫·齐德（Gustave Zédé）的“电鳗”号（Gymnote）潜艇，以及西班牙人伊萨克·佩拉尔（Isaac Peral）的那艘以他本人命名的光顺潜艇，所有这些潜艇均采用了电力推进方式，为 19 世纪末叶出现的“现代”潜艇铺平了道路。现代潜艇在这一时期的缩影，当属一艘以“潜水员”号（Le Plongeur）为效仿对象的潜艇。根据 1869 年的文字描述，该潜艇外形似鱼，由蓄电池组提供机械动力，能够抵达海洋最幽深处。此艇外形如下：

……是个长长的圆柱体，两端呈圆锥形，很像一支雪茄。这种外形在伦敦建造的数艘同类潜艇上已经采用过。这个圆柱体的长度，从头到尾，正好是 70 米，最宽处的宽度则为 8 米。因此，这艘潜艇与你们的远航汽船不同，它不是按照 10:1 的比例建造的；但它的线条足够长，曲线部分又有足够的延展，航行时能轻易推开水体，不会受到阻碍。[3]

在 1878 年的一次鱼雷演练期间，一艘英国战舰正往舰上装载白头鱼雷。（图源：贝特曼档案馆，科比斯图片社）

这艘艇体修长、性能强劲的潜艇名为“鹦鹉螺”号，由黑暗而神秘的尼摩船长指挥。虽然“鹦鹉螺”号实属虚构，但当法国作家儒勒·凡尔纳的《海底两万里》付梓后，他笔下的这艘潜艇还是引起了人们的极大关注。“鹦鹉螺”号凭借撞角来撞沉目标，这种作战方法切实可靠，可追溯至古代。借助“汉利”号潜艇所采用的“撑杆鱼雷”，这种战法得到了现代化演进。

不过，一种研制于1866年的新式武器，将为撞击式战法画上句号，并永远地改变潜艇战。这种武器便是“机动鱼雷”；这种鱼雷是一种自力推进式水下射弹，源自奥地利海军军官乔瓦尼·卢皮什（Giovanni Luppis）的构思，并由旅居阜姆[4]的英国工程师罗伯特·怀特黑德（Robert Whitehead，1823—1905）重新改造、加以完善。怀特黑德研制出了一款长11英尺（3.4米）、直径14英寸（35.6厘米）的管状鱼雷，由压缩空气推动，并携带有一个被他称为“布雷船”（Minenschiff）的爆炸战斗部（弹头）。该鱼雷仅能以6节的速度航行数百码，定深控制也不稳定，不过，奥地利海军仍然鼓励怀特黑德对它加以改进。

1868年，摆锤式平衡装置和静水压阀门的引入，解决了这种鱼雷在稳定性方面的问题，使之能够在预定深度上稳定航行。经过进一步改良，鱼雷的航速和航程均有提升。到1870年，怀特黑德的鱼雷已能以17节的速度航行600码（550米）。19世纪70年代期间，多数海军强国都购入了怀特黑德的鱼雷，包括素来沉默的美国海军。1878年1月16日，这种新武器在实战中得到了证明。时值俄土战争[5]期间，装备白头鱼雷[6]的俄军鱼雷艇击沉了奥斯曼帝国的“因提巴”号（Intibah）汽船。到了19世纪80年代，更多海军强国入手了改进后的白头鱼雷，并建造了航行快速的水面“鱼雷艇”，携带白头鱼雷参战。同时，目光超前的发明家和工程师们开始构想以怀特黑德的“恶魔装置”为武器的潜艇。[7] 两种技术的“联姻”，将推动潜艇成为一种致命武器，获得最终的成功。英国海军将领 H. J. 梅（H. J. May）在 1904 年评论道：“若无怀特黑德，潜艇仍会是种有趣的玩具，但仅此而已。”[8] 这番话后不到 10 年，潜艇就将在第一次世界大战中取得巨大成功。

“芬尼亚撞角”号潜艇

到 19 世纪 70 年代伊始，各种潜艇设计方案的经验悉皆表明，采用机械动力和撑杆鱼雷的圆柱形密封潜艇，才是合乎逻辑的实用潜艇发展方向。同时，人们对“智慧鲸”号一类潜艇存有强烈偏见，这意味着在潜艇发展之路上，“机动潜水钟”式潜艇已步入死巷。不过，对于“智慧鲸”号潜艇的种种公开报道，激起了一名爱尔兰爱国者的兴趣，他就是约翰·霍兰。彼时，霍兰还生活在自己的祖国，既是一名教师，又是一名胸怀抱负的爱尔兰基督教兄弟会[9]成员。他热切地希望支持芬尼亚组织，追求爱尔兰独立事业。1873 年，霍兰带着一些潜艇设计草图移居美国，最终定居于新泽西州帕特森[10]。他先是构思了一艘 15 英尺（4.6 米）长的单人潜艇，在水下依靠脚踏前进。霍兰将设计方案交予美国海军，但遭到回绝（不过，此前的 1875 年，F. M. 巴伯上尉已在一份关于潜艇和鱼雷艇的图文讲义中公布了霍兰的秘密方案）。因此，霍兰转而求助于民间投资者，即美国的芬尼亚兄弟会。

芬尼亚兄弟会由一群爱尔兰革命者组成，试图从美国的避难之处给予英国人以沉重一击，为爱尔兰争取自由。1876 年，这群人观看了一个小型发条模型的演示，为此决定向霍兰的首艘潜艇提供资助。该潜艇以 4000 美元的造价在纽约的奥尔巴尼钢铁厂（Albany Iron Works）开建，人称“咸水项目”（saltwater enterprise）。1878 年春，潜艇完工。这艘小潜艇长 14 英尺 6 英寸（4.4 米），最宽处的直径仅为 2 英尺 6 英寸

（76 厘米），仅可容纳 1 名操作者和 1 台小型双缸布雷顿（Brayton）汽油发动机。1878 年 5 月 22 日，该潜艇在帕特森的帕塞伊克河下水，经历了一系列测试，解决了渗漏、浮力和发动机方面的问题。

这艘潜艇成功地证明了自己的下潜能力，在水下待了 1 小时，并安全返回。随后，霍兰说服芬尼亚兄弟会建造一艘更大的潜艇，此艇融入了他的相关理念——对浮力的有效控制，以及稳定航行的能力，而非像法国的“潜水员”号那样，如鼠海豚般起伏跳跃。另外，该潜艇还采用了 1 台内燃机作为推进装置，尽管该装置仍处于试验阶段，问题不断。[11]

约翰·霍兰的下一艘潜艇，是艘重 19 吨、长 31 英尺（9.5 米）的铁制潜艇，由纽约的代拉米特钢铁厂（Delameter Iron Works）根据合约建造。军用舰艇和创新（乃至高风险）项目对这家钢铁厂而言并不陌生——美国内战期间，该厂曾参与了联邦铁甲舰“莫尼特”号的建造项目。代拉米特钢铁厂向霍兰提出的报价不到 2 万美元，霍兰承诺付以现金，现金由他的秘密赞助者提供。潜艇的建造工作始于 1879 年 5 月，持续了两年之久。到 1881 年 5 月，潜艇下水时，霍兰的赞助者连同这艘潜艇的方案已不再是秘密。不过，面对一名《纽约太阳报》（*New York Sun*）记者锲而不舍的采访，虽然霍兰守口如瓶，拒绝谈论或展示该潜艇，但这名记者还是发表了一篇报道，将该潜艇命名为“芬尼亚撞角”号。这个名字也就此定了下来。

“芬尼亚撞角”号是艘做工扎实的潜艇，壳体经水动力学设计，形如一条鼠海豚，这意味着此艇的水上和水下性能同样出众。霍兰还借鉴了其他潜艇发明者遇到的困难，在艇尾加装了水平控制舵。这艘潜艇并非通过注水来实现下潜，而是借助前冲力和水平舵来完成这一过程。潜艇首尾的密封舱可提供少许正浮力[12]，潜艇的重心位置固定，保证了纵稳性[13]。

用霍兰的话说，“芬尼亚撞角”号上没有“供军官们高视阔步”的甲板，但有个小指挥塔，供 3 名艇组成员进入直径 6 英尺（1.8 米）的艇体内部。[14]

霍兰以 1 台功率 15 马力（11 千瓦）双缸复动式布雷顿汽油发动机为动力装置，驱动 1 个与偏心轮相连的大飞轮，各偏心轮分别与 2 个压缩气舱相连。压缩空气既能在潜艇上浮时排出压载水舱中的水，又能在潜艇潜航时驱动发动机，还能发射艇上的武器。“芬尼亚撞角”号艇体坚固，足以像撞角一样撞沉敌舰（故得其名）；艇上还配备有 1 具发射管——1 个长 11 英尺（3.4 米）、直径 9 英寸（23 厘米）的气动炮。该发射管以一定角度从艇员舱段延伸至艇首尖端，可通过气压达 400 磅力每平方英寸（2758 千帕）的空气流发射一枚长 6 英尺（1.8 米）的射弹。

射弹装填完毕后，密封的艇首罩可使发射管保持干燥。发射管就绪待发时，外部发射盖开启，完成发射。此时，发射管内已灌满了水。压缩空气将发射管中的水排入一个压载水舱，使艇员能够重新装填射弹。潜艇所用射弹由“莫尼特”号铁甲舰的发明者约翰·埃里克松（John Ericsson）提供。正当霍兰为选择合适的射弹作为潜艇武器而绞尽脑汁之际，埃里克松同意为这位爱尔兰发明家提供协助。

霍兰在泽西城[15]的莫里斯运河内港（Morris Canal Basin）测试“芬尼亚撞角”号，直至 1883 年秋。此外，他还建造了“霍兰 3”号潜艇。该潜艇长 16 英尺（4.9 米），重 1 吨，相当于小一号的“芬尼亚撞角”号。这艘潜艇用于供霍兰小修小改，以便适时研制出改良版潜艇。然而，1883 年 11 月，针对芬尼亚兄弟会开支方面的一起诉讼，使潜艇项目受到波及，霍兰的两艘潜艇也因此落入了芬尼亚兄弟会赞助者之手。芬尼亚兄弟会成员携带伪造文件悄悄溜进莫里斯运河内港，趁着夜深用拖船将潜艇双双拖走。当这一行人途经东河上的怀特斯通岬

霍兰的第一艘原型潜艇。（图源：詹姆斯·德尔加多）

陈列于美国新泽西州帕特森博物馆中的“芬尼亚撞角”号潜艇。（图源：詹姆斯·德尔加多）

(Whitestone Point)时,“霍兰3”号潜艇因舱口未关而逐渐进水,最终沉入水下(至今仍下落不明)。[16]“芬尼亚撞角”号潜艇则安全地抵达了康涅狄格州纽黑文,但在若干次试验后,又被搁置于一个棚库中,一放就是数十年。经此事后,约翰·霍兰同芬尼亚兄弟会和“芬尼亚撞角”号再无瓜葛。“我要让它烂在他们手上”,霍兰如是说。此后,他又带着丰沛的创意投入了下一个潜艇项目。

“重生”号潜艇

在这一时期,忙于潜艇建造工作的发明家还包括乔治·加勒特(George W. Garrett,1852—1902)。乔治·加勒特来自英国曼彻斯特,是名古怪的助理牧师。他兴趣广泛,其中便包括海战和潜艇。由于早年间对人体呼吸感兴趣,加勒特设计了一种早期的水下呼吸装置,但到1878年时,他已申请了一项专利,具体内容为“与潜艇相关的改进,用以在航道或其他环境中航行游弋、摧毁目标、布设或安放鱼雷,并用于实现其他目的”。[17]

在一群赞助者(包括他父亲)的支持下,加勒特于1878年设计了一艘蛋形的单人铁制潜艇。该潜艇长14英尺(4.3米),直径5英尺(1.5米),由手摇曲柄驱动。小指挥塔内装有2个皮革垫圈,使操作者能伸出双臂,将一枚鱼雷固定在敌舰上。这艘潜艇很快获得了一个绰号——“助理牧师的鸡蛋”[18],于当年7月下水。它只完成了几次测试,目的仅在于为加勒特的下一艘体型更大的新潜艇铺路。加勒特将新潜艇的建造工作委托给了科克伦先生公司(Messrs Cochran and Company)旗下的不列颠发动机厂及铸造厂(Britannia Engine Works and Foundry)。该厂位于伯肯黑德[19],此前曾以成本价建造了加勒特的蛋形潜艇。1878年9月,加勒特成立了加勒特水下航行及通气有限

1875 年左右，下水测试前的“重生”号潜艇。（图源：贝特曼档案馆，科比斯图片社）

公司（Garrett Submarine Navigation and Pneumataphore Company Ltd）。到1879年4月时，加勒特的新潜艇已大致设计完毕（他实际上把设计图画在了一个信封的背面），并交由不列颠发动机厂及铸造厂起草合同（造价1397英镑）和建造方案。

这艘重30吨、长45英尺（13.7米）、直径10英尺（3米）的铁制潜艇在6个月内即告完工。1879年11月26日，一台起重机将该潜艇吊入伯肯黑德港内。下水之际，加勒特用拉丁文将其命名为“重生”号（拉丁文：Resurgam，大意为“我将再起”）。数日以后，一名报社记者将这艘潜艇和它的初期测试报道如下：

> 此艇首尾带尖……首次测试中，它在25英尺（8米）深的水下待了1.5小时……在第二次测试中，那位牧师先生在水下待了1小时零10分钟……此艇无疑将在战争时期证明其用途的价值，届时，鱼雷将可轻易击毁舰船。我们了解到，此艇的发明者正在与政府接洽，意在让后者购买这项发明。[20]

与霍兰一样，加勒特设计的潜艇也注重稳定性，具备正浮力，在推进时借助水平舵下潜。不同于霍兰所采用的汽油发动机，“重生”号潜艇配备了一台“拉姆无火式蒸汽发生器”——这是美国新近出现的一项发明，以有轨客车为应用对象。加勒特先是在水面上烧锅炉，然后关闭锅炉，潜入水下，利用拉姆系统的潜热（latent heat）驱动发动机；经过配置，发动机活塞被施以30—40磅力每平方英寸（207—276千帕）的压强，驱动潜艇以6节的速度航行。[21]

此时已经过实战检验的白头鱼雷，也吸引了加勒特的目光，他打算在“重生”号两侧挂载2枚这种鱼雷。根据他的构想，潜艇在水下接近敌舰后，能在约50码（46米）外浮上水面，发射白头鱼雷，然后遁回水下逃走。到 1879 年底，“重生”号潜艇已在测试中取得了良好表现，即将在朴次茅斯[22]向英国皇家海军做一次演示。加勒特并未用火车运载潜艇，而是决定走水路航往目的地。12 月 10 日，“重生”号起航，顺默西河（Mersey）而下，航向外海。在狭窄闷热的密闭舱室里，加勒特一行人驾驶潜艇艰苦航行了 36 小时，然后前往里尔（Rhyl）港登岸休息，并重新装配了一个更易运行的小号螺旋桨。加勒特原本只想在里尔稍做停留，但冬季的天气状况使他不得不滞留于此。最终，加勒特没有继续依靠潜艇自身的动力前行，而是购买了一艘蒸汽快艇，将“重生”号拖往朴次茅斯。1880 年 2 月 24 日，再次启程的“重生”号与拖曳它的蒸汽快艇遇上了一场大风。随着情形的恶化，快艇因蒸汽泵罢工而失去了动力，加勒特及其艇员离开“重生”号前去施以援手。离艇前，他们关上了潜艇的舱口盖，但未将其密闭。一夜下来，“重生”号不断进水，到了 25 日上午 10 时许，它已沉至水下 60 英尺（18 米）处，不存在任何打捞出水的希望。因此，与“芬尼亚撞角”号一样，就各个方面而言，加勒特的这艘潜艇实际上已无可挽回地沉没了。

从 19 世纪 70 年代晚期到 80 年代早期，与潜艇有关的新闻总是同残酷的命运以及失败为伴。在大西洋另一边的南美洲，德国移民工程师费德里科·布卢默·奥顿（Federico Blume Othon，1831—1901）设计了一艘 48 英尺（14.6 米）长的铁制潜艇“水下公牛”号（Toro Submarino）。这艘潜艇设计先进——艇体为圆柱形，可由一台汽油机驱动，也可由蓄电池组驱动。1879 年，在与智利的战争[23]中，秘鲁部署了这艘潜艇。在间谍的警告下，智利海军移泊他处，袭击行动因此告吹。当智利最终赢得战争的胜利时，“水下公牛”号潜艇与秘鲁海军的其他舰船一同自沉于海下。

俄国先驱杰维茨基

尽管屡遭挫折，但潜艇梦想家和发明家们依然百折不挠。斯特凡·杰维茨基（Stefan Drzewiecki，1844—1938）是名生于波兰的工程师和发明家。1873 年，在康斯坦丁大公[24] 的邀请下，杰维茨基移居俄国；康斯坦丁大公当时是俄国最大的艺术与科技（包括军事技术）赞助人。俄国人对潜艇的兴趣可以追溯到 1718 年，自那时起，在 1 个半世纪之中，有种种潜艇方案得到了举荐，其中一些进行了实际建造，例如威廉·鲍尔的潜艇，以及伊万·费德洛维奇·亚历山德罗夫斯基（Ivan Federovich Aleksandrovskiy）设计的一艘重 355 吨、长 115 英尺（35.1 米）的潜艇。后者于 1866 年下水，运行状况良好，但在 1871 年的一次试潜中被水压压垮，沉于水下。1873 年，人们将该潜艇打捞上岸，拆为废铁。这艘潜艇并未让俄国人气馁，而是推动他们研制了更多潜艇。亚历山德罗夫斯基继续工作，设计一艘体型更大的新潜艇，与此同时，俄国海军也放手让杰维茨基（在俄国，他更常被人称作斯特凡·卡尔洛维·杰韦茨基 [Stefan Karloviy Dzhevetskiy]）自由尝试潜艇设计方案。最终，杰维茨基将被誉为“潜艇发展史上最杰出的俄国发明家和先驱者之一”。[25]

杰维茨基的处女作是一艘长 13 英尺（4 米）的潜艇，形如一口拉长后的大钟，由唯一的一名艇员通过脚踏式链条传动装置提供动力。这艘潜艇于 1877 年测试成功。与加勒特“蛋形”潜艇的武器投放系统相似的是，这艘潜艇也是由操作员将手臂伸出水密垫圈来在敌舰舰体上安放炸药的。潜艇在敖德萨[26] 测试成功后，杰维茨基的赞助人鼓励他进一步发展其理念。1879 年，杰维茨基的第二艘潜艇下水。这是一艘长 20 英尺（6.1 米）的椭圆形潜艇，配备 4 名艇员，由若干踏板驱动，踏

康斯坦丁大公是艺术与科技的赞助人。（图源：格兰杰收藏，Topfoto 图片）

板分别与潜艇首尾的螺旋桨相连。在圣彼得堡附近的加特契纳湖（Lake Gatchina）中，此艇展开了数次测试，给观众留下了深刻印象（据说，俄国皇位继承人，也即后来的沙皇亚历山大三世，当时也在现场），俄国政府因而又订购了50艘该型潜艇。1884年，在同一设计方案的基础上，杰维茨基又在艇内安装了1台1.8马力（1.3千瓦）的电动机和蓄电池组，从而将艇组成员数量减为2人，驱动潜艇以4节的速度航行10小时。

这艘潜艇便是“杰维茨基Ⅲ”号潜艇。虽然种种试验均证明它前景乐观，但俄国人并未研发更多该型潜艇，而是放弃了潜艇开发计划。原因在于，在此前的一次政府重组中，杰维茨基的项目从战争部转移到了海军部，而海军部有其他更为紧迫的优先事项在手。杰维茨基的部分潜艇被改造为了系泊浮筒[27]。[28]不过，在杰维茨基的诸项超前创新之中，出现了一种用于导航的光学镜筒——很久以后，这一特色装置才会以潜望镜的形式重新得到采用。在美国内战期间的岁月中，不论是沃森和汉利的潜艇，还是麦克林托克的“美国潜水员”号潜艇，都曾尝试过使用电力，但均半途而废。而杰维茨基对电力的应用，此时正开始收获成效。在追逐“电之精灵”的道路上，杰维茨基并非孤身独行。

努登费尔特潜艇

“重生”号潜艇沉没后，乔治·加勒特的潜艇生意也遭遇了接踵而至的失败。他转而开始教书，恢复财力，同时设法将自己的水下呼吸装置卖给英国和法国政府。他对潜艇的兴趣并未泯灭，热情仍在。1881年，加勒特在伦敦遇见了一位生于瑞典的工程师兼军火商托尔斯滕·努登费尔特（Thorsten Nordenfelt，1842—1920）。努登费尔特当时已移居英国，为了制造和销售一种新型机枪[29]，他开办了一家公司，即努登费尔特枪炮与弹药有限公司（Nordenfelt Guns and Ammunition Company Ltd）。努登费尔特对军事新技术有着浓厚的兴趣，因而决定向加勒特提供资金和设施，为海军客户建造体型更大的蒸汽动力潜艇。从 1882 至 1888 年，这一合作关系催生了 4 艘不同的潜艇，它们被统称为“努登费尔特潜艇”（Nordenfelt Submarine Boats）。

加勒特和努登费尔特继续以蒸汽机为动力装置，原因是电力发动机所需的蓄电池容易耗尽电量，而其他类型的发动机，如霍兰在“芬尼亚撞角”号潜艇上采用的布雷顿汽油发动机，则不大可靠。新潜艇采用了与“重生”号潜艇的密封锅炉基本相同的原理（拉姆无火式蒸汽发生器），可驱动 1 台功率 100 马力（74.6 千瓦）的复式蒸汽机。此外，新潜艇还可用蒸汽（而非压缩空气）排空压载水舱里的水，并具有一套由纵向稳定舵和垂直螺旋桨组成的自动系统，使艇体保持水平。第一艘加勒特－努登费尔特潜艇于 1881 年 8 月申请了专利，并于 1882 年在斯德哥尔摩附近的埃肯斯贝格造船厂（Eckensburg yard）动工建造。1 年后，潜艇建造完毕，在造船厂下水。该潜艇是“重生”号潜艇的改进版，艇体比后者更为光顺流畅。它长 64 英尺（19.5 米），宽 9 英尺（2.7 米），具有伸缩式烟囱、通气装置、指挥塔（带玻璃穹顶）和 1 根高 18 英尺（5.5 米）的铰接桅杆，并配备了用于吊放救生艇的吊艇柱，这也表明该潜艇的行动大多是在半潜状态或水面上展开的。

经过持续至 1884 年的多次测试后，1885 年 9 月，努登费尔特和加勒特在瑞典兰斯克鲁纳（Landskrona）公开展示了这艘潜艇。该潜艇在水面上表现良好，但却未能在水下延续同样的表现，最长潜水时间不超过 5 分钟。不过，这艘潜艇的潜力仍然有目共睹。10 月 1 日，《泰晤士报》评论道：

> 近来，努登费尔特潜艇的一系列测试激起了人们的兴趣，在兰斯克鲁纳，这种兴趣得到了充分体现：共有39名军官齐聚于此，他们是欧洲列强、巴西以及日本的代表。这样一艘潜艇若能成功，将对海战和海防带来强有力的影响。它的潜在用途不一而足，它的道德后果无可辩驳，而且，就当前提出的种种防卫体系而言，无一体系能对其行动做出有效抵御。[30]

此次演示得到了广泛宣传，或许正是出于这个原因，唯恐与旧主奥斯曼土耳其帝国爆发冲突的希腊政府买下了这艘潜艇。该潜艇具有种种新特色，其中包括甲板上配备的努登费尔特机枪，以及1枚装在甲板鱼雷管中的白头鱼雷。包括鲍尔斯（Bowers）在内的一些历史学家指出，这艘潜艇的水下性能仍然存在争议。由于艇员难觅，希腊人从未部署过该潜艇。[31] 不过，它在地中海的存在，的确促使土耳其人于1886年1月订购了2艘努登费尔特潜艇。

首艘土耳其潜艇长100英尺（30.5米），宽12英尺（3.7米），排水量160吨，比第一艘努登费尔特潜艇大。该潜艇于1886年4月下水，配备2具装于艇首的外部鱼雷管，用于发射白头鱼雷，此外还在甲板上安装了2挺机枪。9月，此艇以奥斯曼帝国海军“阿卜杜勒－哈米德”号（Abdülhamid）[32] 潜艇的身份重新下水。土耳其的第二艘努登费尔特潜艇同样长100英尺，于1887年8月以“阿卜杜勒－迈吉德”号（Abdülmecid）[33] 之名下水。

这两艘潜艇均存有设计缺陷，使它们的性能大打折扣。潜艇的稳定性一直成问题，因为压载水舱未经分隔，其中的水可以自由流动，使潜艇在上浮或下潜时无法对纵倾平衡做出精细调整。另一项问题在于艇体外型。其外形设计为将水推开，而非“刺穿”水体。土耳其官员对这宗买卖感到不悦。虽然加勒特获得了帕夏[34]的头衔，并被授予了奥斯曼帝国海军的荣誉军衔，但交付方面的问题，部件的缺失及粗制滥造，重新组装时的耽搁拖延，以及两艘潜艇完工后那乏善可陈的表现，使奥斯曼帝国海军终止了任何后续投资。和希腊人一样，奥斯曼帝国海军也发现，这艘潜艇在水面表现尚可，但“在水下航行时不尽人意”。[35]

努登费尔特和加勒特没有灰心，他们已开始冒险建造第四艘潜艇（这艘潜艇当时尚未找到买主，尽管土耳其人可以选择购买此艇）。这艘潜艇体型更大，长 125 英尺（38.1 米），宽 12 英尺（3.7 米）。该潜艇并未沿用先前潜艇的雪茄形壳体，而是采用了环形壳体，首尾渐细，与早先“汉利”号潜艇所采用的壳体（较小）不无相似之处。1886 年秋，该潜艇在巴罗[36]造船公司（Barrow Shipbuilding Company）的造船厂开建，被称为“努登费尔特 4”号潜艇，于 1888 年 3 月下水。《英国机械师与科学世界》（*English Mechanic and World of Science*）杂志刊文表示支持，文中写道，加勒特和努登费尔特在这艘新潜艇上采用的设计已有改进：

> 它比早先的潜艇更大更快，拥有优越的下潜和调节装置，能够自行持续。另外，艇内设法储有一部分随时可用的备用浮力，若有需要，借助相应设备便可浮上水面。从外形上看，努登费尔特潜艇似乎像是放大版的白头鱼雷。不过，白头鱼雷是在压缩空气的推动下入水穿行的，而努登费尔特潜艇则是在完全潜入水下、燃烧设备悉数关闭后，依靠艇内贮存的蒸汽来驱动艇体。艇组成员共有 9 人，呼吸的是艇内的自然空气。考虑到潜艇的大小，在空气变得污浊前，他们可在艇内待上 6 个小时。在所有细节中，简明性都得到了考量，因

努登费尔特潜艇的发动机舱正在伊斯坦布尔接受重新组装。（图源：贝特曼档案馆，科比斯图片社）

此，潜艇效率也得到了成比例的提升。[37]

纵有赞誉加身，但努登费尔特和加勒特的潜艇存在的老问题——锅炉中泄漏的烟气，温度过高，以及纵倾平衡问题——仍未得到改善。

“努登费尔特4”号潜艇上配备了2台功率500马力（373千瓦）的复式蒸汽发动机。测试期间，潜艇的航速稳定在5节，最高测试航速可达8节。潜艇的航程为20英里（32千米）。除了新的艇体外型外，“努登费尔特4”号潜艇的名气，还在于它是第一艘在艇体内携带鱼雷的潜艇——艇首鱼雷管中装填有2枚鱼雷，自艇内发射，此外还有2枚待装填鱼雷。土耳其人最终没有选择购买此艇，因此，在喀琅施塔得

1887年，努登费尔特潜艇在伊斯坦布尔进行测试。（图源：笔者收藏）

对该潜艇进行评估期间，俄国海军提出了购买意向。然而，对潜艇建造者而言颇为不幸的是，1888 年 9 月 18 日，在前往波罗的海途中，这艘潜艇在日德兰半岛沿海的霍恩斯暗礁[38]搁浅。这艘严重受损的潜艇被拖离事故区，随后在丹麦埃斯比约（Esbjerg）报废拆解。

随着“努登费尔特 4”号潜艇的失事，加勒特和努登费尔特的合作关系也到此为止。努登费尔特濒临个人破产，并于 1890 年失去了自己的公司。加勒特则前往美国，与家人开始新生活，再未涉足潜艇设计和建造业务。除了少数例外，在潜艇发展之路上，蒸汽机此时已走到尽头，大多数发明家和工程师将会以电力或汽油发动机继续开展试验。

沃丁顿的“鼠海豚”号潜艇

19 世纪 70 至 90 年代间，众多发明家提出了不同类型的潜艇方案，其中一些得到了实际建造。1886 年，安德鲁・坎贝尔（Andrew Campbell）和詹姆斯・阿什（James Ash）建造并测试了一艘 60 英尺（18.3 米）长的潜艇。该潜艇名为“鹦鹉螺”号（Nautilus），有 4 个缩入或伸出艇体的圆筒，用于在下潜时增加或减少浮力，并配备了 1 对功率为 13 马力（9.7 千瓦）的发动机，由 52 块蓄电池驱动。“鹦鹉螺”号是艘颇具潜力的先进潜艇，但不走运的是，在蒂尔伯里[39]沿岸的一次下潜演示中，这艘潜艇陷入泥中。最后，依靠艇员和观察员在艇内来回奔跑，此艇才摇摇晃晃地脱身而出。

这段时期内，出自詹姆斯・富兰克林・沃丁顿（James Franklin Waddington）之手的一艘潜艇，或许更具前景。沃丁顿曾在位于伯肯黑德的科克伦旗下造船厂中工作，乔治・加勒特的“重生”号潜艇便诞生于此。沃丁顿自主设计了一艘电动潜艇，将其命名为“鼠海豚”号。“鼠海豚”号潜艇的尺寸与“重生”号大致相同，长 37 英尺（11.3 米），宽 6 英尺 6 英寸（2 米）。1888 年，这艘潜艇的推进系统被描述如下：

> 正如已经提到的那样，其动力来自电。为了使用电力，艇内装有 45 块大型蓄电池，每块蓄电池的电量均为 660 安培小时[40]。这些蓄电池彼此串联至 1 台电动机上，电动机驱动螺旋桨，使其转速达到每分钟 750 转。当这台电机全速工作时……能驱动潜艇以 8 英里（12.9 千米）每小时的速度航行 10 小时，因此，该潜艇能在不为蓄电池充电的情况下，全速航行 80 英里（129 千米）；若以半速前进，此艇能够航行 110 英里（177 千米）；若以慢速前进，此艇可航行约 150 英里（241 千米）。[41]

沃丁顿为他的电动潜艇装备了“2 枚机动鱼雷”，鱼雷均安在潜艇外部的指挥塔旁，“由夹具固定，能从潜艇内部投放出去。夹具松开的同时，鱼雷的推进电机也会在这一动作下启动，推动鱼雷向前射出”。此外，艇上还“携带了 1 枚水雷式鱼雷，用于攻击任何布放了防鱼雷网的锚泊舰船。这枚‘水雷’上连有一根电线，能轻易地从艇上放出。如此一来，‘水雷’便可从远处引爆”。[42]

沃丁顿将“鼠海豚”号潜艇称为第一艘实用的电力推进潜艇，但实则不然。正如康普顿－霍尔等几位潜艇历史学家所指出的那样，这艘潜艇是深思熟虑的产物，在其所处时代颇为先进；此艇还于 1886 年 3—4 月在利物浦进行了测试，测试期间显然运行良好，各外方代理人也对其进行了检视；不过，沃丁顿没能充分地推销出他的发明，因而未能获得后续合同，并最终破产。[43] 至于“鼠海豚”号潜艇，据说它被“晾在

沃丁顿的“鼠海豚”号潜艇示意图（1888年）。（图源：贝特曼档案馆，科比斯图片社）

沃丁顿造艇处的海岸上逐渐锈蚀”，后拆为废铁。[44]

“电鳗”号诞生

当诸多英国发明家纷纷投入于潜艇研制工作之时，法国发明家也没有懈怠，建造了一艘在当时而言较为成功、具有重要意义的电动潜艇。这艘潜艇被恰如其分地命名为“电鳗”号，它的构想源自

斯坦尼斯拉斯·夏尔·亨利·迪皮伊·德·洛梅（Stanislas Charles Henri Dupuy de Lôme，1816—1885），这位法国船舶设计师不仅设计了世界上第一艘蒸汽动力战列舰“拿破仑”号（Le Napoléon，1858 年），还设计了世上第一艘铁甲舰“光荣”号（La Gloire，1858 年）。1885 年，当德·洛梅离世时，他已制订了一艘电动潜艇的建造方案，这艘待建潜艇吸收了早先“潜水员”号潜艇的部分元素。德·洛梅去世后，该潜艇的计划和建造工作便落到了工程师古斯塔夫·齐德

(1825—1891）肩上。在齐德的监督下，这艘潜艇由加斯东·罗马扎蒂（Gaston Romazatti[45]）在土伦[46]兵工厂动工建造，于1888年9月下水。一份同时代的资料提及：

> 此艇形同雪茄，长56½英尺（17.2米），直径6英尺（1.8米）——内部高度刚可容人站立。排水量为30吨，航速9至10节。此艇的下潜深度并不取决于压载水舱内水量的多寡，而是取决于水平舵的简单动作，就像白头鱼雷的例子那样。“电鳗”号不外乎是个大型“鱼雷”，由电力驱动，能持续航行数小时。潜艇的一切内部操作——如方向操纵、泵机抽水和采光照明等——均由电力实现。在潜艇的设计过程中，齐德先生得到了克雷布（Krebbs[47]）上尉的协助；在勒阿弗尔的锻造及造船公司（Société des Forges et Chantiers）车间中，克雷布制造了一台功率为55马力（41千瓦）的电力发动机。该发动机十分轻巧，能驱动螺旋桨以每分钟2000转的转速旋转，重量仅有4410磅（2000千克）。[48]

上文中提到的“克雷布上尉”，指阿蒂尔·康斯坦丁·克雷布（Arthur Constantin Krebs）。他是位杰出的军官和工程师，曾亲自研发了“电鳗”号潜艇的发动机，并在潜艇上安装了一个潜望镜，提升导航质量，此外还首次安装了电罗经[49]。

与“潜水员”号一样，“电鳗”号也被用作了测试平台。“在8年的服役时间里”，海军历史学家西奥多·罗普（Theodore Ropp）写道，“‘电鳗’号开展了潜艇战的第一批系统性试验”，据说完成了超过2000次下潜。[50]在其中一例中，“电鳗”号从封锁港口的舰只下方顺利潜出，然后重新上浮，对封港舰只发起攻击。不过，“电鳗”号潜艇的最大成就，在于推动法国海军在 19 世纪 90 年代将更多先进潜艇编入现役。法国再次成为潜艇领域的引领者，不过，一名西班牙海军军官也已做好准备，加入竞争的行列。

西班牙潜艇的进展

1885 年 9 月，经过为期 1 年的研究试验之后，西班牙海军上尉伊萨克·佩拉尔（1851—1891）向上级提出了一艘电动潜艇的方案。他的方案获得了首肯，只是还需进行更多试验。在接下来数年中，佩拉尔得到了 3 万比塞塔[51]的拨款，助他开展试验。到 1887 年初时，试验进展顺利，佩拉尔也获得了正式批准。1887 年 10 月，潜艇开始铺设龙骨，在不到 1 年内，西班牙海军便下水了这艘以发明者命名的潜艇。

1889 年的一份资料说道：

“佩拉尔”号的壳体由钢板制成，长约 60 英尺（18.3 米），宽约 6 英尺（1.8 米），吃水约 8 英尺（2.4 米）。与其他类型的潜艇一样，“佩拉尔”号也呈圆柱形，两头带尖……一个指挥塔凸出于甲板中心，各面安有玻璃。指挥塔内装有各种开关和设备，用于控制不同的发动机和电话机，与各个艇员的战位相连。如此一来，当潜艇完全潜入水下后，佩拉尔上尉便能从指挥塔中观察潜艇周遭的所有情况，向下属传达命令，腾出自己的双手执行更为重要的潜艇操纵任务，操纵方式与一名舰长驾驶水面战舰的方式大致相同。[52]

展出于卡塔赫纳（Cartagena）的“佩拉尔”号潜艇。（图源：詹姆斯·德尔加多）

图为 1889 年，测试期间的“佩拉尔”号潜艇。作为一艘西班牙潜艇，“佩拉尔”号是西班牙人民自豪的源泉，但在国际上却饱受批评。（图源：笔者收藏）

77 吨重的“佩拉尔”号潜艇由电力驱动，“电能由 800 个 E. P. S.[53] 蓄电池组成的电池组提供，据说，这是现存最大的蓄电池组。螺旋桨共有 2 个，各由 1 台功率 20 马力（15 千瓦）的伊米施（Immisch）电动机驱动”。[54] 该潜艇的水下航速最高可达 10.9 节，不过，由于潜艇动力完全来自蓄电池，航速与航程之间的权衡也会影响到潜艇的表现。据说，在 6 节航速下，“佩拉尔”号的航程为 132 海里（245 公里）。

潜艇艇首配备了单具内置鱼雷管，鱼雷管两端均得到密闭，使潜艇在水下也能重新装填鱼雷，发起新一轮攻击。此外，该潜艇还配备了 1 支辅助导航的潜望镜。因此，从许多方面来看，“佩拉尔”号潜艇都预示着未来的潜艇设计形式。1889 年 3 月，“佩拉尔”号开始测试。同年 8 月，它在水下成功试射了 1 枚鱼雷。此后的 1890 年 6 月下旬，“佩拉尔”号潜艇对“克里斯托弗·哥伦布”号（Cristobal Colon）巡洋舰进行了模拟攻击。对于“佩拉尔”号的表现，西班牙海军在评审中给予了严厉批评，但这与其说是对于潜艇性能的客观评价，不如说是政治分歧的表现。

国际上的批评或许也起到了推波助澜的作用，这些批评大多来自英国。“佩拉尔”号潜艇虽被视为西班牙的骄傲，但大张旗鼓的宣传，以及动辄断言此艇具有革命性意义的做法，均对这艘潜艇或其发明者无所助益。一份描述中指出：“西班牙报界对该发明及其发明人夸耀过度，对即将掀起的海战革命胡加猜测，结果不过是让自己、国家和‘佩拉尔’号以可笑的面目呈现在世人眼前。”[55]

这些负面观点的出现，缘于此艇在测试中受到的高度关注——对任何技术而言，在反复试验阶段就将其置于公众的审视之下，都不是一种公平的评估方式。从许多方面来看，作为一艘像“电鳗”号一样先进的现代化潜艇，“佩拉尔”号潜艇未得其所。佩拉尔此后又接到命令，在海军方面更为严格的监督下，开展第二艘潜艇的建造工作。佩拉尔设计了一艘体型更大的潜艇，但也提出要求，希望自己能获准亲自挑选团队，挑选建造此艇的造船厂。海军当局借此机会将佩拉尔踢了出去，并在 1890 年 11 月取消了所有潜艇项目。西班牙退出该领域后，“佩拉尔”号潜艇便被搁置起来。然而，别处的敏锐观察者们正忙于设计更多潜艇，美国的约翰·霍兰便在其列。

注释

[1] 译注：“达纳炸药炮”（dynamite gun）指通过压缩空气发射炮弹或炸药包等的火炮。达纳炸药即为硝化甘油炸药。由于早期的烈性炸药不大稳定，难以用当时的常规火炮发射，因而出现了通过压缩空气发射的火炮。这种火炮曾短暂出现于 19 世纪 80 年代至 20 世纪初，其中代表包括美国炮兵军官扎林斯基（Zalinski）研制的扎林斯基炮，见第六章。

[2] 译注：“芬尼亚撞角”号（Fenian Ram），又译“芬尼亚公羊”号，即“霍兰 2”号潜艇。这艘潜艇是约翰·霍兰为芬尼亚兄弟会（Fenian Brotherhood）研制的。芬尼亚兄弟会是一个成立于美国的爱尔兰民族主义组织，致力于推翻英国人对爱尔兰的统治。“芬尼亚”一词源自爱尔兰传说中的一群勇士。

[3] 原注：引自 Verne, *Twenty Thousand Leagues Under the Sea*, p.69。

[4] 译注：阜姆（Fiume）位于亚得里亚海克瓦内尔湾畔，今为克罗地亚第三大城市和主要海港城市里耶卡（Rijeka），历史上曾是奥匈帝国属地。

[5] 译注：俄土战争（Russo-Turkish Wars）指 17 至 19 世纪俄罗斯帝国与奥斯曼帝国（奥斯曼土耳其人建立的军事封建帝国 [1290—1922]）之间发生的一系列战争。战争的结果是俄罗斯扩大了疆土，土耳其逐渐衰落。

[6] 译注：白头鱼雷（Whitehead torpedo），即怀特黑德鱼雷。怀特黑德

（Whitehead）的字面含义为“白头”。

[7] 原注：关于怀特黑德及其鱼雷的详细历史，请见 Gray 的 *The Devil's Device* 一书。

[8] 原注：引自 Brassey, *The Naval Annual*, 1904, p.325。

[9] 译注：爱尔兰基督教兄弟会（Congregation of Christian Brothers 或 Irish Christian Brothers），拉丁文为“Congregatio Fratrum Christianorum”，简称 CFC，由埃德蒙·赖斯（Edmund Rice）成立于 1802 年，是爱尔兰民族主义的坚定支持组织。

[10] 译注：帕特森（Paterson），美国新泽西州帕塞伊克县县治，临帕塞伊克河。

[11] 原注：引自 Morris, *John P. Holland*, pp.31–32。测试结束后，霍兰将这艘原型潜艇拆卸一空，沉于帕塞伊克河中。

[12] 译注：浮力分为正浮力，负浮力和中性浮力。正浮力意味着物体排掉等体积水的质量比自身大，是浮在水面上的；负浮力呈下沉状态；中性浮力则可停留在水中任一深度，不浮不沉。

[13] 译注：纵稳性（Longitudinal stability），船舶纵倾时的稳性。

[14] 原注：引自 Morris, *John P. Holland*, p.39。

[15] 译注：泽西城（Jersey City），美国新泽西州东北部城市。

[16] 原注：人们对怀特斯通岬水域进行了多次搜寻，但均未能找到“霍兰 3”号潜艇。最近的一次搜寻行动是在 2003 年，我以项目考古学家的身份参与其中。我们在河底找到了各种各样的东西，其中包括一个大小和形状均十分契合的物件，但最终发现它只是个铆接铁制污水管。这就是生活。

[17] 原注：引自 Compton-Hall, *The Submarine Pioneers*, p.82。

[18] 译注：“助理牧师的鸡蛋”（curate's egg）如今在英语中用于指代好坏参半的事物，但该引申义来源于英国幽默杂志 *Punch* 在 1895 年 11 月 9 日刊登的一则漫画，从时间上来看要明显晚于加勒特潜艇的年代，故该词在当时应不具备上述引申义。

[19] 译注：伯肯黑德（Birkenhead），英格兰西北部默西赛德郡城市，地处默西河西岸，隔河与利物浦相对。

[20] 原注：刊于 *Liverpool Weekly Mercury*, November 29, 1879。引自 Murphy, *Father of the Submarine*, p.62。

[21] 原注：引自 Murphy, *Father of the Submarine*, p.58。

[22] 译注：朴次茅斯（Portsmouth），英格兰东南部汉普郡城市，南临索伦特海峡。另有美国新罕布什尔州朴次茅斯和弗吉尼亚州朴次茅斯。

[23] 译注：这场战争被称为南美太平洋战争（War of the Pacific，1879—1883），又称硝石战争、鸟粪战争。在这场战争中，秘鲁与玻利维亚联手对抗智利。

[24] 译注：康斯坦丁大公（Grand Duke Constantine，1827—1892），即康斯坦丁·尼古拉耶维奇大公。他是沙皇尼古拉一世的第二个儿子，任俄罗斯帝国海军元帅兼波兰王国总督，曾着手对俄罗斯帝国海军进行全面改革，使之成为当时的世界第三大海军。

[25] 原注：引自 Polmar and Noot, *Submarines of the Russian and Soviet Navies*, p.5。

[26] 译注：敖德萨（Odessa），黑海西北岸重要的海港和交通枢纽，被誉为“黑海明珠”。现为乌克兰敖德萨州首府。

[27] 译注：系泊浮筒（mooring buoy）是锚碇于水底、供船舶停泊时系缆用的筒状浮式系缆设施。

[28] 原注：同注 [25]，p.6。

[29] 译注：此处的机枪属于管风琴枪，具有成排枪管，与后来的机枪有很大不同。

[30] 原注：引自 *The Times*, October 1, 1885。

[31] 原注：1901 年，希腊人将该潜艇报废拆解。

[32] 译注：该潜艇得名于阿卜杜勒 – 哈米德二世（Abdülhamid II，1842—1918），后者是当时的奥斯曼帝国苏丹和哈里发（1876—1909 年在位）。

[33] 译注：该潜艇得名于阿卜杜勒 – 迈吉德一世（Abdülmecid I，1823—1861），阿卜杜勒 – 哈米德二世是他的幼子。

[34] 译注：帕夏（Pasha 或 Bashaw），旧时奥斯曼帝国高级文武官员的称号，置于姓名后。帕夏是敬语，类似于英国的“勋爵”（Lord）。

[35] 原注：出自土耳其海军评审员在测试之后做出的结论，引自 Bowers, *The Garrett Enigma and the Early Submarine Pioneers*, p.140。这两艘潜艇均被搁置起来，最终于 1914 年以后报废拆解。

[36] 译注：此处的巴罗（Barrow）指巴罗因弗内斯（Barrow-in-Furness），位于英格兰坎布里亚郡。

[37] 原注：引自 “The Nordenfeldt Submarine Boat,” *English Mechanic and World of Science*, p.312。

[38] 译注：霍恩斯暗礁（Horns Reef 或 Horns Rev），又译荷斯韦夫，是一处位于丹麦（日德兰半岛）西海岸、北海东部的浅水区。

[39] 译注：蒂尔伯里（Tilbury），位于英格兰东南部埃塞克斯郡瑟罗克区，靠近泰晤士河河口。

[40] 译注：安培小时（ampere hour）是衡量蓄电设备容量的单位，1 安培小时的电量是 1 安培的稳定电流通电 1 小时的电量，等于 3600 库仑。

[41] 原注：引自 “The Waddington Electrical Submarine Vessel,” *The Marine Engineer and Naval Architect*, Vol. X, May 1, 1888, p.57。

[42] 原注：同上，p.59。

[43] 原注：引自 “Bankrupts,” *The Edinburgh Gazette*, July 26, 1889, p.636。沃丁顿后来移居美国，在费城的威廉·克兰普父子造船公司船厂担任高级制图员。1916 年 6 月，时为新泽西州居民的沃丁顿申请了一项 “潜艇” 专利，并于 1919 年 4 月 15 日获得批准，即美国专利 1300524。

[44] 原注：引自 Bowers, *The Garrett Enigma and the Early Submarine Pioneers*, p.170。

[45] 译注：又作 Gaston Romazzotti（加斯东·罗马佐蒂）。

[46] 译注：土伦（Toulon），法国瓦尔省南部城市，临地中海，是法国海军的重要基地。

[47] 译注：又作 Krebs，见下文。

[48] 原注：引自 Brassey, *The Naval Annual, 1888–1889*, p.116。

[49]　译注：电罗经（electric gyrocompass）又称陀螺罗经，是航海上广泛应用的重要导航设备，用于寻找真北，并能提供航向和方位基准。

[50]　原注：引自 Ropp, *The Development of a Modern Navy*, p.351。

[51]　译注：比塞塔（peseta）曾为西班牙法定货币，在 2002 年后被欧元取代。在 1885 年左右，1 比塞塔约等于 0.29 克黄金。

[52]　原注：引自 Webb, "The Peral Submarine Torpedo Boat," *The Electrical World*, Vol. XIV, No. 16, October 19, 1889, pp.261–62。

[53]　译注："E. P. S." 应为公司名，指"Electrical Power Storage Company"，意为"电力储存公司"。

[54]　原注：同注 [52]。

[55]　原注：引自 Webb, "The Peral Submarine Torpedo Boat," p.262。

潜艇上的法国发明家克洛德·古贝与他的妻子，摄于1903年。该潜艇由克洛德·古贝发明，并以他的名字命名。（图源：贝特曼档案馆，科比斯图片社）

第六章

TRANSITION TO A NEW CENTURY

向新世纪过渡

19 世纪 90 年代期间，“现代”潜艇名副其实地成形了。多年以来，经过霍兰、加勒特以及其他发明家的反复摸索，加之法国（“潜水员”号与“电鳗”号）和西班牙（“佩拉尔”号）开展的密集试验，潜艇的前景和难题得到了系统性的评估。到 19 世纪末，潜艇的稳定性、推进力、潜航时间和水下导航问题将会得到解决，而机动鱼雷的出现，也已解决了潜艇武器的效力问题。虽然国际上实现了许多重要跨越，但两位美国发明家——西蒙·莱克（Simon Lake）和约翰·霍兰的潜艇，最终将会展开角逐，决定何者才会赢得各国海军的青睐。

19 世纪晚期，加勒特和努登费尔特、齐德、佩拉尔以及他们的潜艇占据着报刊各大头条，但其他发明家也在寻求研制不同版本的潜艇。其中一人名叫克洛德·古贝（Claude Goubet，1837—1903），他是名法国土木工程师，与俄国的杰维茨基一道工作。古贝先是于 1885 年申请了一艘小型全电动铁制潜艇的专利，后又于 1889 年在瑟堡下水了以自己命名的第二艘潜艇——“古贝”号。测试期间，“古贝”号引起了广泛关注，但却被“电鳗”号等更先进的潜艇比了下去，使法国海军和其他买家产生了顾虑。据称，克洛德·古贝的这艘潜艇实质上是艘未经承认的仿制品，其原型是杰维茨基的一艘电动潜艇（1884 年），相关调查也默默地证实了这一传言。这艘潜艇一搁就是几十年，最终在拍卖会上售出，出价者据说是个怪人，其后续打算也不得而知。

另一名未能使其潜艇为海军所采纳的发明家，是自称“教授”的美国人乔赛亚·汉密尔顿·兰登·塔克（Josiah Hamilton Langdon Tuck，

1825—1900)。乔赛亚·塔克是名地质学家，对制造和工程领域亦有涉足。他的第一艘潜艇造于 1883 年左右，是一艘雪茄形的全电动潜艇，名为“调停者”号（Peacemaker)。“调停者”号长 30 英尺（9.1 米)，宽 7 英尺 5 英寸（2.3 米)，吃水 6 英尺（1.8 米)，艇尾装有 1 个螺旋桨，“在艇身中部下方……另有 1 个水平旋转的螺旋桨”。[1] 一份同时代的描述中指出，该潜艇装有 1 根 20 英尺（6.1 米）长的水下通气管，艇内蓄电池既可为发动机供电，又能驱动 1 台压力泵。下潜时，乔赛亚·塔克既可向压载水舱注水，又可用螺旋桨将潜艇“拉入”水下，还可借助前冲之力，利用艇尾的水平舵使潜艇“滑”向深水。潜艇顶部有个水密室，供潜水员水下出入，同时也充当“艇长”舱。“艇长”身着“潜水盔甲，站在吊箱中，因而能不受阻碍地获得全方位视野。他通过一部电话与舵手交流，电话就附于头盔处”。[2] 除为潜艇导航外，“艇长”还可携带 2 枚鱼雷，鱼雷带有软木，可以漂浮，并装有磁铁。因此，“调停者”号能在潜至目标舰船下方后，将鱼雷固定在后者的龙骨上。

在前来观看此艇的人士中，既有来自法国和中国大使馆的官员，也有美国海军军官。不过他们发现，潜艇的蓄电池电量不足，无力驱动潜艇有效运转，另外，该潜艇也不易操纵。[3]1884 年 3 月，乔赛亚·塔克的投资者成立了水下监控公司（Submarine Monitor Company)。在这些投资者的支持下，为了解决上述问题，塔克又建造了第二艘“调停者”号潜艇。1886 年夏，该潜艇竣工下水。[4]

根据描述，“调停者 II”号潜艇是一艘“纺锤形的铁制潜艇，长 30 英尺（9.1 米)，直径 8 英尺（2.4 米)”，与它的前身存在一些显著差异。“调停者 II”号由“1 台 14 马力（10.4 千瓦）的西屋公司蒸汽发动机驱动，蒸汽来自一个苛性钠储存器，由外部源补充”。在这艘潜艇中，引航员不必再身着潜水盔甲暴露在外，而是“借助潜艇前部小指挥塔上的舷窗，并结合罗盘来调整路线”。[5] 为了实现下潜：

①

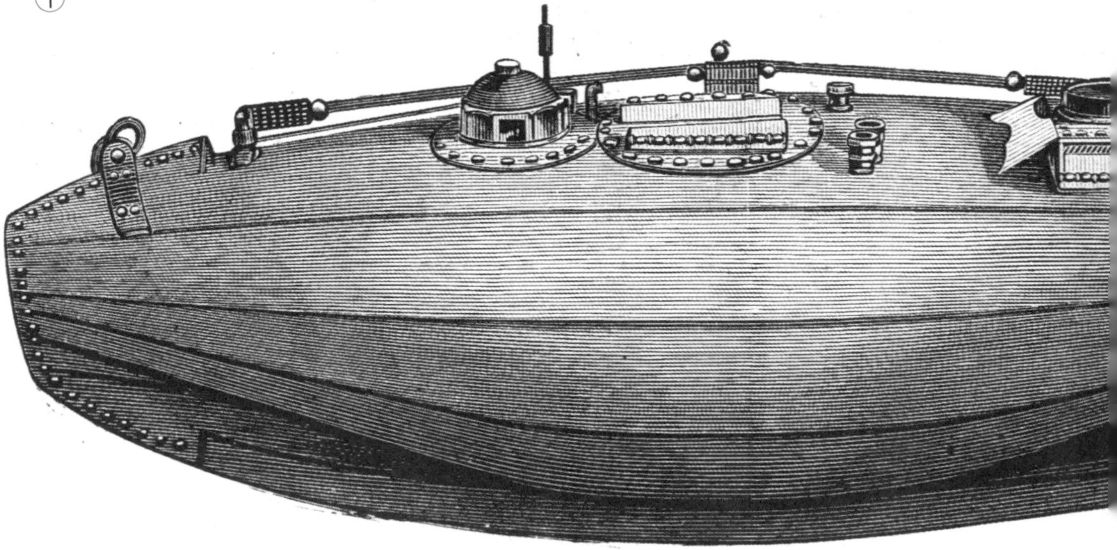

③

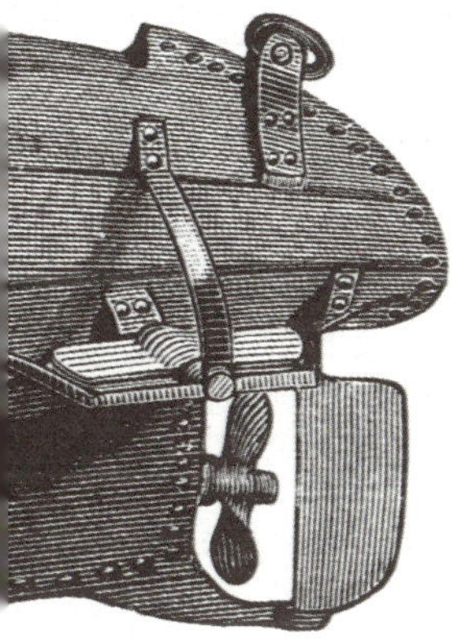

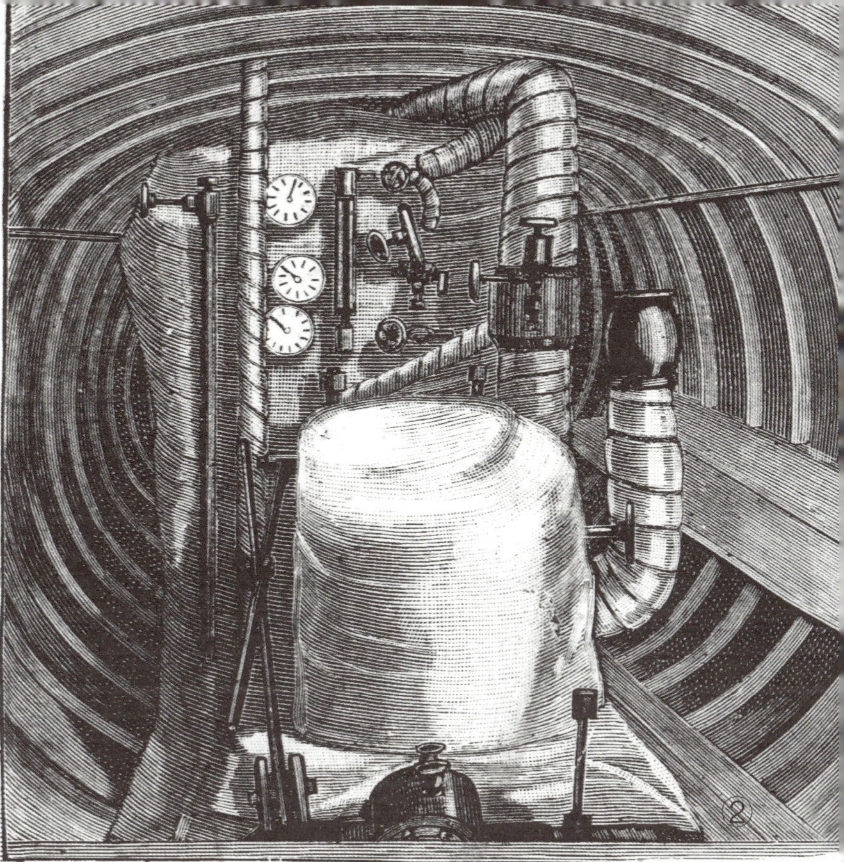

这些插图的原标题为“潜艇战的科学”，展示了不同视角下的“调停者”号潜艇。其中，①为潜艇模型，②为发动机舱，③为下潜中的潜艇。（图源：贝特曼档案馆，科比斯图片社）

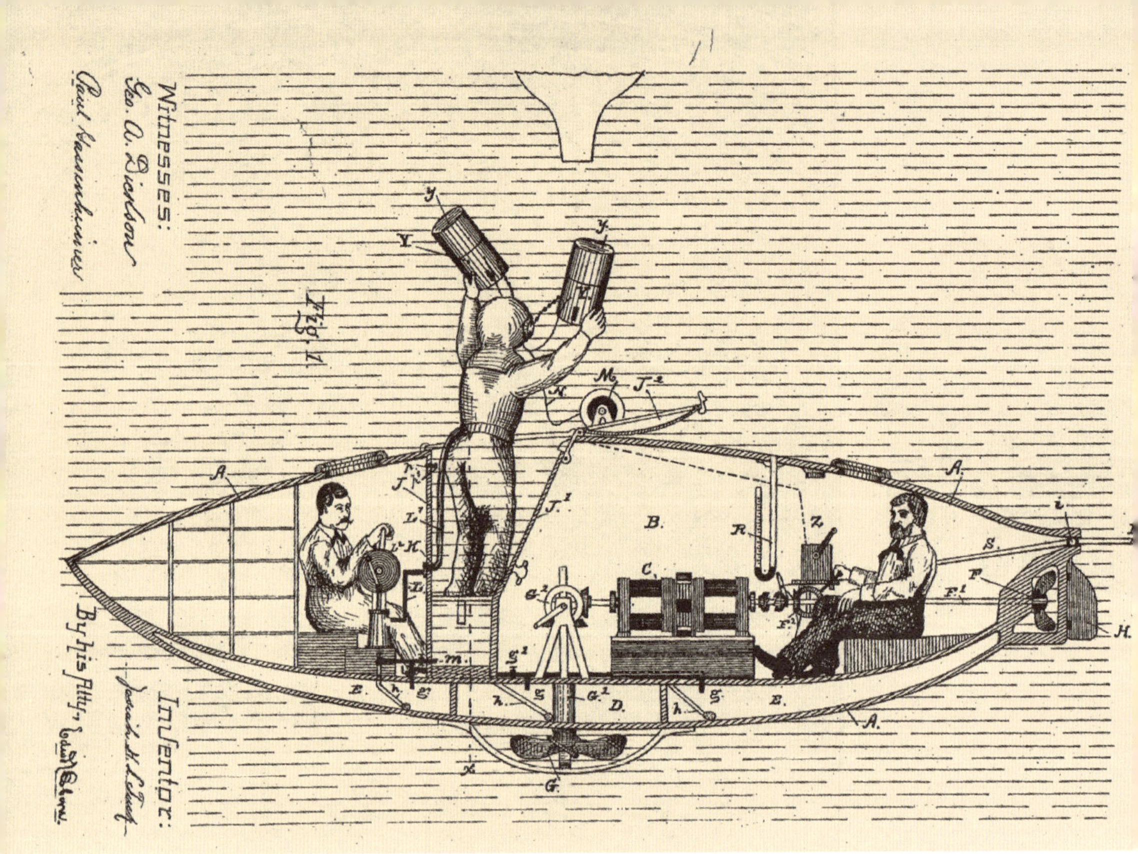

乔赛亚·塔克为“调停者 II”号申请的专利。（图源：美国专利局）

> 艇首装有一对水平舵，使艇身可以平稳下潜，也就是以水平姿态下潜，而非像从前那样以一定倾角下潜……潜艇不动时，可通过对压载水舱注水或排水来实现下潜或上浮。[6]

虽然新闻报道对“调停者 II”号的性能大加吹捧，但没有任何一国海军将之纳入麾下。由于财务方面的困境，水下监控公司的“调停者”系列潜艇以及其他资产均被县治安官没收，并予以拍卖。不过，就在该公司解散之际，乔赛亚·塔克仍在与约翰·霍兰竞争，积极争夺为美国海军建造潜艇的殊荣与奖赏。与他们一同展开竞争的，还有两名美国发明家，分别是乔治·贝克和西蒙·莱克。

贝克潜艇

乔治·贝克（George C. Baker，1844—1894）来自美国艾奥瓦州得梅因[7]，是一名实业家、发明家。1887 年移居芝加哥后，他将业务从有刺铁丝网转向了潜艇。彼时，他在底特律干船坞公司（Detroit Dry Dock Company）建造了一艘长 46 英尺（14 米）、直径 9 英尺（2.7 米）、吃水 13 英尺（4 米）、重 75 吨的木制潜艇。该潜艇的木制壳体厚 6 英寸（15.2 厘米），以多条内部横梁加固，经测试，可承受最高 75 磅力每平方英寸（517 千帕）的水压。[8] 贝克在潜艇中安装了永久压舱物，使艇体保持水平，并使用压载水舱进行下潜和上浮。与霍兰式潜艇相比，这种潜艇在运行原理上存有一种根本差异，因为前者是通过倾斜艇体来实现下潜的。对于“汉利”号等使用开放式压载水舱的潜艇而言，使艇体保持水平姿态十分重要。然而，到了潜艇发展的这一阶段，这种设计已经构成了不必要的阻碍，而且还可能会“在保持水深方面遇到些许麻烦……而这或许正是此艇的首要缺陷所在”。[9]

“贝克潜艇”于 1890 年开建，1892 年初下水，并于同年 4、5 月进行了测试。这艘潜艇的动力来自 1 个小型蒸汽设备和 232 块蓄电池，艇上的锅炉还配备了 1 根折叠式烟囱。该潜艇的独特之处在于：1 根装有齿轮的水平轴与主传动轴相连，再由主传动轴将动力传送给潜艇两侧的螺旋桨。齿轮啮合后，两侧的螺旋桨能够旋转 360°，驱动潜艇向上、向下、向前或向后运动。

贝克还以一种巧妙而实用的方式解决了潜艇蓄电池的容量问题，进而解决了潜艇在航程方面的限制，这也是该潜艇的另一项独到之处所在。“贝克潜艇”配备了 1 台电压 220V、功率 50 马力（37.3 千瓦）的发动机。如贝克所说，该潜艇的发动机与 1 台直流发电机相连，这样

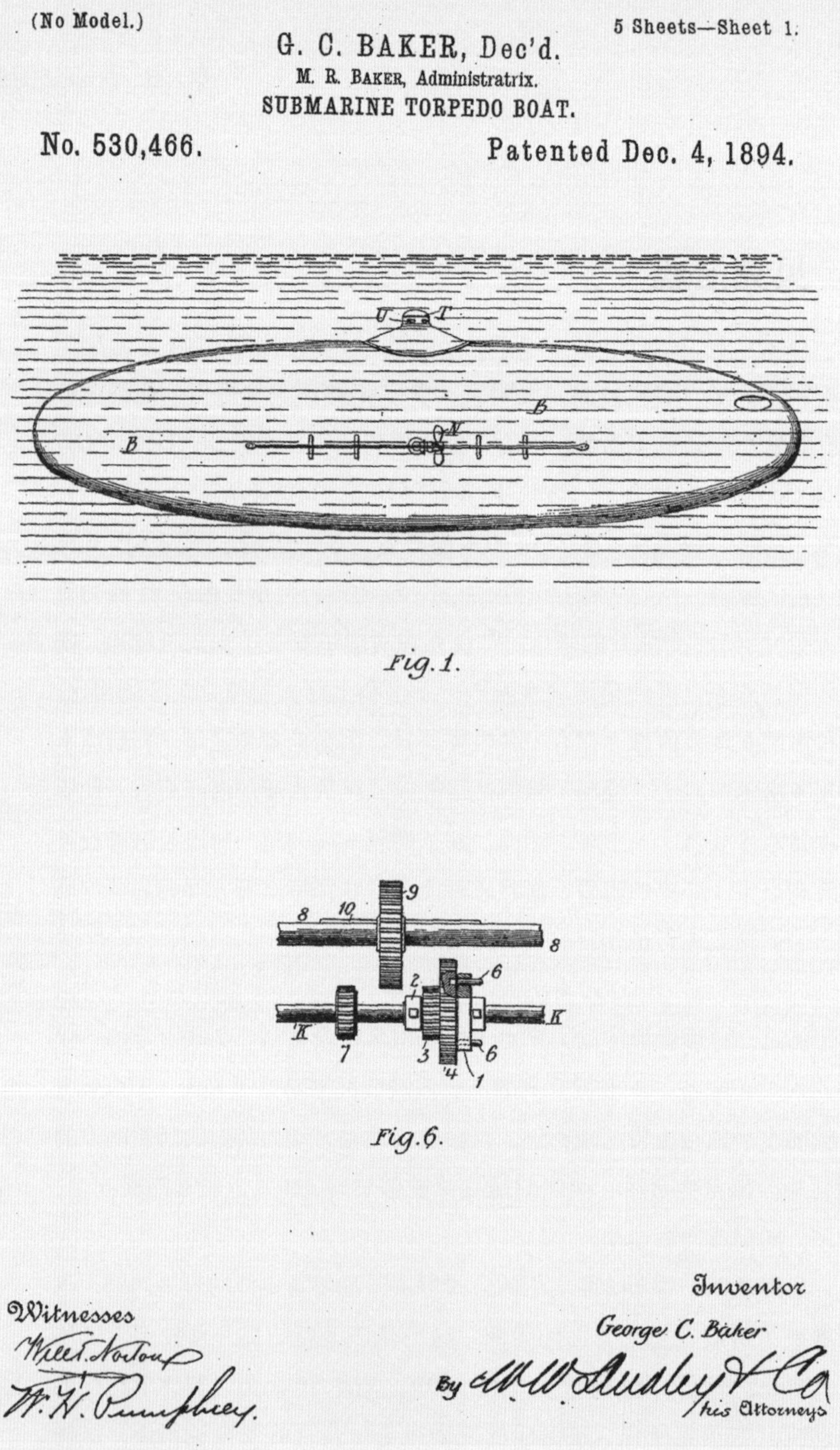

乔治·贝克为“贝克潜艇”申请的专利。（图源：美国专利局）

“后者便可运转起来，为蓄电池组充电……直流发电机还与主传动轴相连，因此，当潜艇无法由蒸汽发动机提供推进力时，直流发电机便可转换为电动机，该电动机……以电气方式驱动”。[10] 贝克的革命性理念，将会在20世纪的潜艇行动中得到广泛采纳。“贝克潜艇”虽然看似简单，但却取得了重大进展，使贝克得以与美国的另外两名潜艇发明巨擘——约翰·霍兰和西蒙·莱克相匹敌。

约翰·霍兰重操旧业

“芬尼亚撞角”号潜艇遭到窃取后，约翰·霍兰离开了一度赞助他的爱尔兰共和主义者，转而加入了一小群美国同胞的行列，其中包括两名军官——美国海军上尉威廉·金博尔（William W. Kimball，1848—1930）和美国陆军中尉埃德蒙·扎林斯基（Edmund Zalinski，1849—1909）。金博尔热衷于研究潜艇，他于1883年末在布鲁克林海军造船厂与霍兰会面，向这位发明家提出了自己的疑问。对于如何使潜艇成为一种有效武器，霍兰态度坚决——“假如潜艇永远只能以水平姿态下潜或上浮，那么它便一无是处”，他如此断言，并指出潜艇需要实现快速下潜，并具备高机动性。“它应当像鼠海豚般下潜和上浮。”[11]

金博尔一边寻求获得海军部的许可，以便将霍兰聘为制图员，一边将他引荐给扎林斯基。扎林斯基曾任麻省理工学院教授，既是位发明家，又是名富有才干的炮兵军官。当时，扎林斯基正在研制一种“气动达纳炸药鱼雷炮”（pneumatic dynamite torpedo gun）——此炮本质上是一种放大版的气步枪，发射装有达纳炸药的炮弹。为了在舰艇平台上测试此炮，扎林斯基请求霍兰设计并建造一艘潜艇。而霍兰也迫切希望测试一种新型转向系统、一种用于提升潜艇指挥官水下视野的投影描绘器以及一种管状储气系统，因此与扎林斯基携手合作，创立了鹦鹉螺潜艇

1893 年，霍兰的“潜水者”号（Plunger）潜艇在美国海军举办的一次设计竞赛中脱颖而出，并于 1897 年首次下水。（图源：美国海军历史与遗产司令部）

正式下水前的美国海军“霍兰”号潜艇。（图源：美国海军历史与遗产司令部）

公司（Nautilus Submarine Boat Company），建造新潜艇。新潜艇是艘采用铁制框架的木制潜艇，长 50 英尺（15.2 米），直径 8 英尺（2.4 米），被历史学家称为“霍兰 5”号潜艇[12]，同时代的人则称之为“扎林斯基潜艇”(Zalinsky Boat)。霍兰的这艘潜艇集成了一个中央控制台，可由单人操作。另外，此艇还结合了霍兰的潜艇操作理念：

> 螺旋桨由 1 台汽油发动机驱动。垂直舵和水平舵则通过指挥塔操作。2 个水平舵分列于艇尾两侧……根据需要上抬或下压艇尾。当潜艇的重量略大于排水量时，这些艇舵便可用于下压艇首，使潜艇潜入水下。[13]

霍兰本人对这艘潜艇感到灰心，因为他的许多想法都屈从于扎林斯基的想法。该潜艇于 1885 年 9 月下水，但在下水时滑得过快，致使滑道坍塌，潜艇也在木桩上撞出了个洞。维修过程花费了大半年时间，但在 1886 年夏天的测试后，该项目显然已告失败。鹦鹉螺潜艇公司关门大吉，潜艇也被大卸八块，部件出售一空。

不过，约翰·霍兰并未放弃建造一艘更好的潜艇的计划。他密切关注着德·洛梅、古贝、沃丁顿、加勒特、努登费尔特、佩拉尔、塔克和贝克的工作；除了这批人外，从 19 世纪 80 至 90 年代早期，还有其他数十名发明家在欧洲、美国和澳大利亚[14]建造了各式潜艇，他们的工作也得到了霍兰的特别注意。1887 年，霍兰从威廉·金博尔处获悉，继法国海军的“电鳗”号和西班牙海军的“佩拉尔”号项目之后，美国海军也对潜艇产生了“几分兴趣”，并且可能很快就会举行一场国际潜艇设计竞赛。[15]为了刺激刺激美国海军的这“几分”兴趣，霍兰写了篇颇具煽动性的文章，题为“纽约会遭到炮轰吗？”。[16]文中主张，美国海军需要潜艇来保卫海岸和舰队。这一计策收到了效果。1887 年 11

月 26 日，美国海军宣布潜艇竞赛开始。

国际竞赛

美国海军在竞赛公告中说："在接近敌舰途中，这样一艘潜艇最为可取的特质在于：速度，方向的确定性，隐蔽性，以及在敌方火力下的安全性。"参赛者们受到警告——"任何不以'水下'航行为设计宗旨的艇只，都不能被视为潜艇；文中所提及的其他航行方式中，该潜艇至少应当满足其一，才可达到令人满意的效果"。[17] 一艘成功潜艇的基本要求被逐项列出如下：

1. 水面航速 15 节，水下航速 12 节；

2. 能够以全功率在水面航行 30 小时，以 8 节的航速在水下航行 2 小时；

3. 在不反转发动机的情况下，能够在水面上以不超过 4 倍艇体长度的直径转一圈；

4. 在压溃压力极限内，能够在任意预定水深处静止不动；

5. 能够承受水下至少 150 英尺（46 米）处的外部水压；

6. 能够将鱼雷射向一艘快速航行的舰船，命中舰船底部的任何部位。鱼雷携带的炸药相当于 100 磅（45.1 千克）火棉。"虽然实现方法取决于设计者，但水下射程与精度最佳的方法将会得到优先考虑"；其他一并纳入考量的因素，还包括鱼雷的发射速度、装载数量和射角范围；

7. 除几项主要要求外，潜艇指挥员还必须能在隐蔽航行时看见攻击目标（如果可行，最好拥有全方位视野），配备精确的罗盘，有能力在 12 小时的下潜时间内不断净化空气，保持艇内

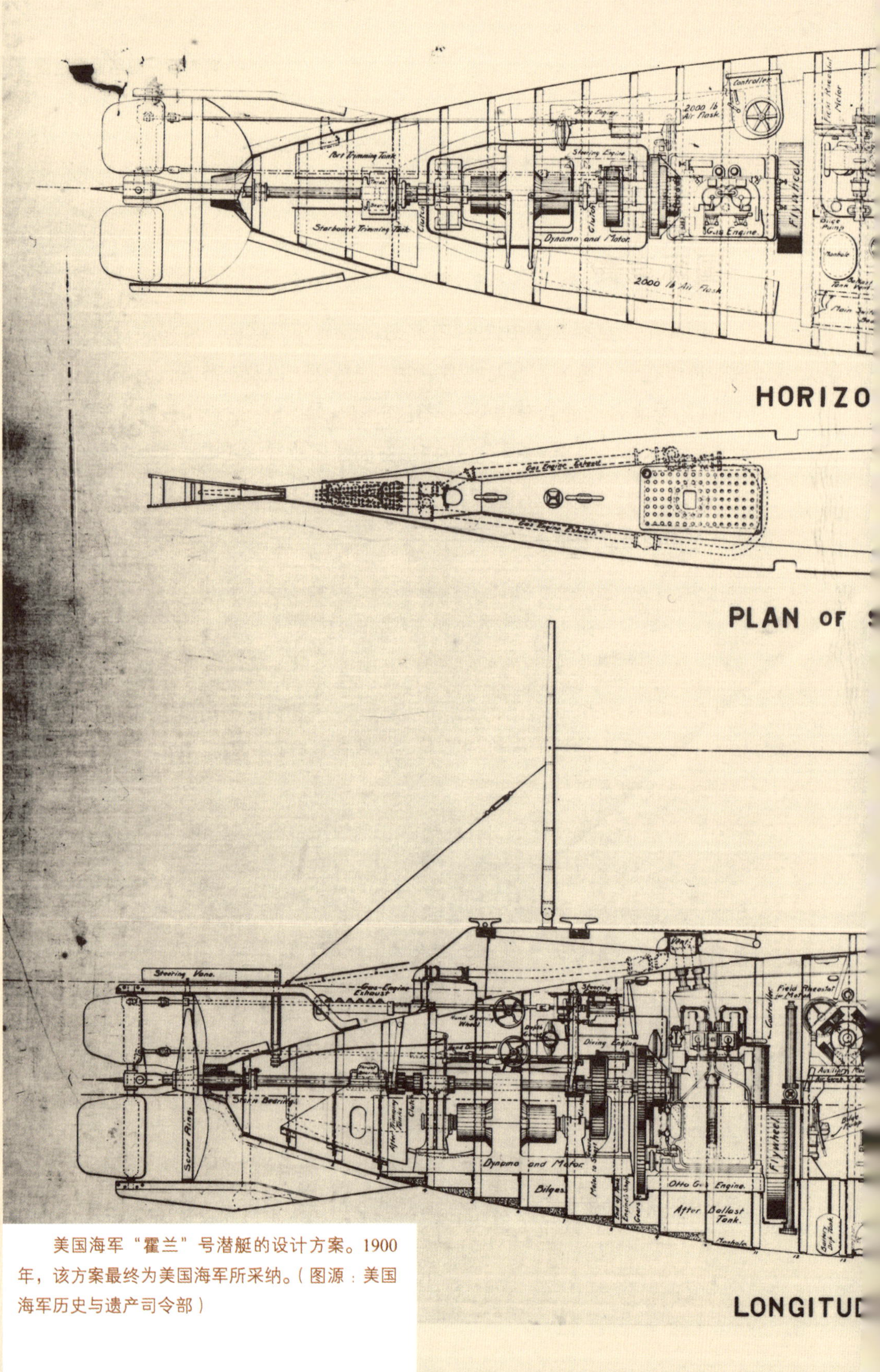

美国海军“霍兰”号潜艇的设计方案。1900年，该方案最终为美国海军所采纳。（图源：美国海军历史与遗产司令部）

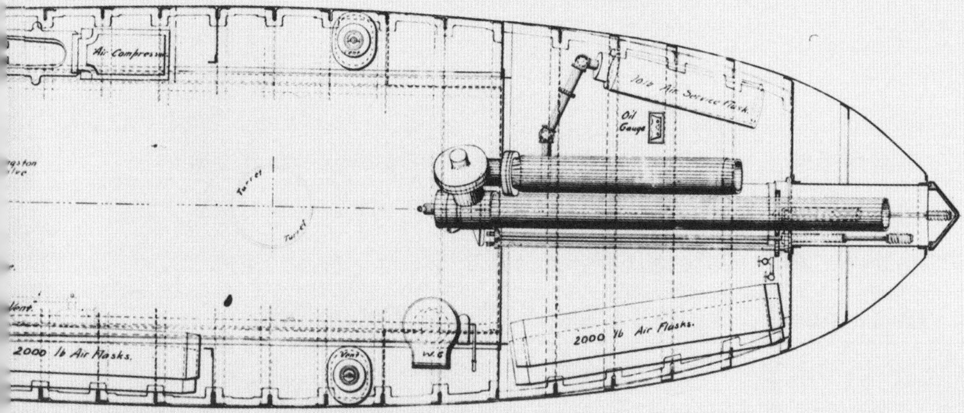

SECTION. 水平剖面图

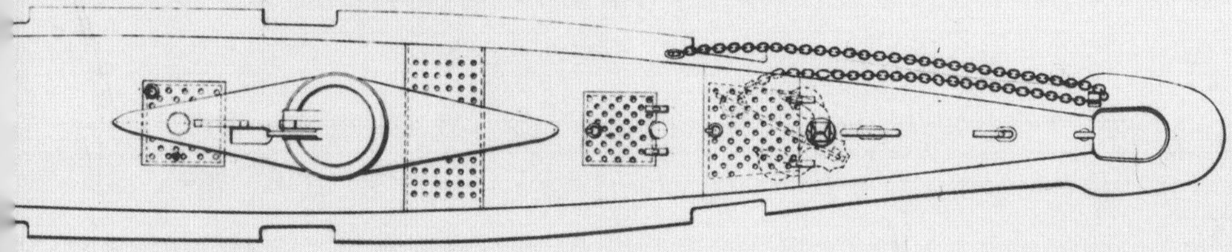

TRUCTURE. 上部结构平面图

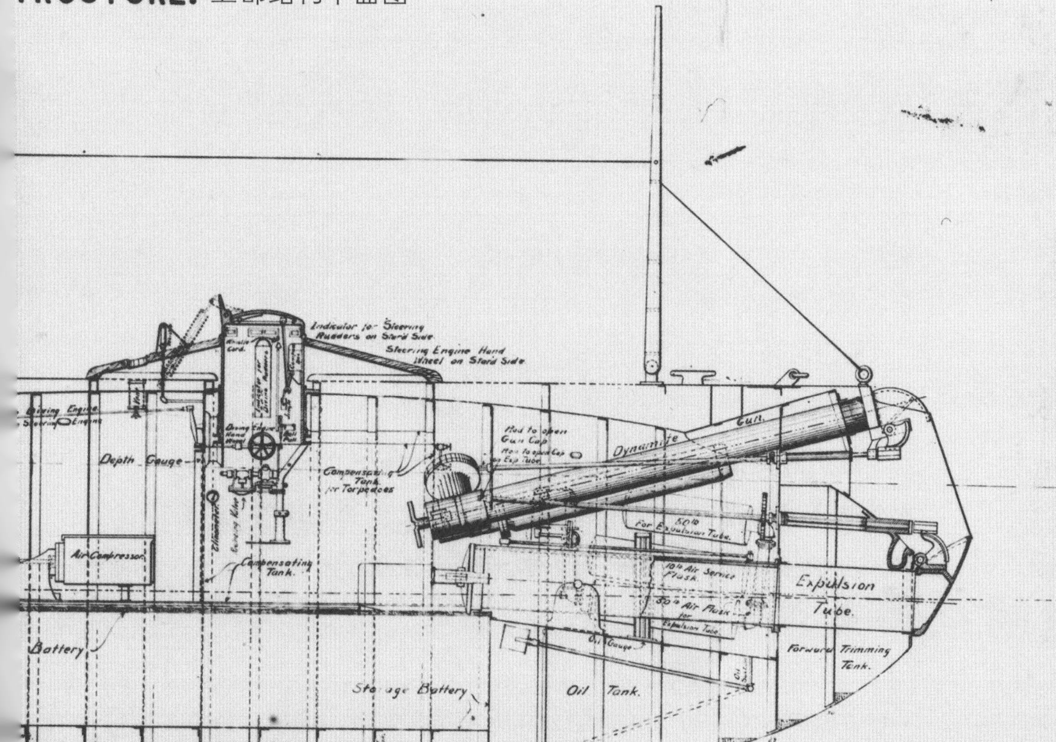

ECTION. 纵剖面图

温度不高于 100 华氏度（37.8 摄氏度），并具备防止潜艇超过极限潜深的自动控制手段。“这些特质之所以为海军部所期求，原因在于：第一，海军部认为这些特质均属必要；第二，在现有的潜艇构造中，这些特质已或多或少得到了实现。”[18]

参赛潜艇方案的排水量可介于 40 至 200 吨之间，其中，90 吨排水量被认为有望获得最佳结果。成功中标者的潜艇将会得到建造和检视，为此，海军方面得到了数额 200 万美元的国会拨款保证。

1888 年 2 月，共有 4 名投标人提交了方案，分别是约翰·霍兰、托尔斯滕·努登费尔特、乔治·贝克和乔赛亚·塔克教授。其中，霍兰和努登费尔特的方案均成功提交给了费城的威廉·克兰普父子造船公司（W. Cramp & Sons Shipbuilding Company），该公司将根据最终中标的方案进行建造。1888 年 5 月 3 日，开标会在华盛顿举行，约翰·霍兰的设计方案最终胜出。海军方面发布了一份中标方案的基本说明：

此艇规格如下：全长 85 英尺（25.9 米）；最大直径 10.9 英尺（3.3 米）；水下排水量 120 吨；空载排水量 98 吨。潜艇壳体将由钢铁制造。发动机将采用三胀式蒸汽机[19]，驱动 1 个单螺旋桨。潜艇将以石油为燃料。武器装备将包括 1 具水下气动发射管，以及 1 门在水面上使用的 8 英寸（203 毫米）炮。潜艇由水平舵实现下潜。该设计包含了数项富有创意的特色，在潜艇建造中较为新颖。最大水面航速将为 15 节，而根据潜航的持续时间，水下航速将介于 6 至 14 节之间不等。[20]

不过，威廉·克兰普父子造船公司无法确保实现上述招标条件，因此，海军方面于1889年再度开办竞赛。霍兰的设计再次胜出，但在一次行政变动过后，新任美国海军部长将该潜艇项目的资金划拨给了水面战舰项目。

新一届潜艇竞赛

1893年4月1日，美国海军宣布开展新一届潜艇竞赛，并获得了国会拨出的20万美元赞助资金。这一回，除头号竞争对手乔治·贝克外，霍兰又多了个对手——西蒙·莱克。船舶设计师西蒙·莱克（1866—1945）生于新泽西，家世显赫。这位发明家儿时曾读过凡尔纳的《海底两万里》，正是这部作品点燃了他的想象力。1883年，西蒙·莱克加入了他父亲的钢铁锻造生意。26岁时，他得知美国海军将要举办第三届潜艇竞赛，决定参与其中。而在此前，他已将自己的匠心巧思投入于各种设计之中。他的设计方案在提交时没有报价（他未定价）。虽然莱克的设计没能最终入选，但他并未气馁，而是打算建造一艘小型样艇，用于测试和演示，然后再建造一艘较大的潜艇。

在1893年的潜艇竞赛中，霍兰和他的“海豚跃水”式设计，与贝克及其“艏艉水平”式设计展开了一场政治斗争，成为本届竞赛的焦点。对霍兰而言，这届竞赛的复杂之处在于，虽然他不无有权有势的朋友，但贝克是名美国内战老兵，而且担任过县审计官员，在华盛顿有着很好的政治人脉。在贝克的支持者的说服下，美国海军部长同意让竞赛评委会前去检视贝克刚刚完工的潜艇。霍兰则没有可供演示的潜艇实物，因而对这一做法表示抗议。然而，海军方面依然在底特律检视了贝克的潜艇。虽然新闻报道中强调，海军检视人员对这艘潜艇大加赞叹，称它是“本国水下航行领域的首例真正振奋人心之物”，并提出它“证

明了人们这一方向上有望有所成就，为美国海军部队的战斗力带来实质性提升”，但报道中同时也评论道，该潜艇还需加以改进。[21]1892 年 9 月，贝克的潜艇展开了额外测试，并于 1893 年夏再度测试，但种种努力并未让胜利的天平倾向贝克一边。最终，竞赛评委会向海军部长推荐了霍兰的设计。

此后，潜艇的建造合同又拖延了两年，直到霍兰的代理人采用了一个机智的策略。根据这一策略，一帮外国代表（全是霍兰的国外老友）开始向各国政府推销霍兰的潜艇专利，迫使美国海军有所行动。1895 年 3 月 26 日，美国海军部长与约翰·霍兰鱼雷艇公司（John P. Holland Torpedo Boat Company）签订了一项 20

航行中的美国海军“霍兰”号潜艇。这艘潜艇标志着美国异军突起，在潜艇力量方面成为法国的有力竞争对手。（图源：美国海军历史与遗产司令部）

万美元的合同，由该公司根据霍兰递交的设计方案建造一艘潜艇。

从“潜水者”号到“霍兰 7”号

在马里兰州巴尔的摩的一家造船厂中，约翰·霍兰鱼雷艇公司开始动工建造这艘潜艇。这艘钢制潜艇长 85 英尺（25.9 米），直径 11 英尺 6 英寸（3.5 米），重 168 吨。艇内有 1 台锅炉，能产生 2000 磅力每平方英寸（13790 千帕）的高压蒸汽，驱动 2 台三胀式蒸汽发动机以 1625 马力（1212 千瓦）的额定功率工作；此外还有 1 台较小的复式蒸汽机，用于为蓄电池组充电，驱动功率 70 马力（52 千瓦）的电动机。到 1896 年，潜艇建造工作持续向前推进，但霍兰的不安也与日俱增。海军方面的需求不切实际，尤其是对于航速的要求；巨大的蒸汽机以及庞大的锅炉不仅十分笨重，还会在潜艇的钢制壳体内产生 137 华氏度（58.3 摄氏度）以上的高温。“没有预防措施来保护艇组成员免受高温之苦”，这种状况在“下潜中将变得难以忍受”。[22]

面对这艘尚不完备、还未下水的潜艇，霍兰苦苦探寻着种种问题的解决方法。与此同时，美国国内对于潜艇和霍兰的支持也与日俱增。在 1896 年初的国会听证会上，支持霍兰的海军军官给出了有利证言，这些军官包括威廉·金博尔和阿尔弗雷德·塞耶·马汉（Alfred Thayer Mahan，1840—1914），后者是 19 世纪顶尖的海军战略家[23]。金博尔的证言尤其具有戏剧性，他说：“给我 6 艘霍兰潜艇，由我来挑选军官和艇员，我就能誓死将一整支英国海军分舰队拒于桑迪胡克（纽约港入口）之外十英里，而且无须我方舰队提供任何支援。”[24] 国会在 6 月做出了回应，拨出 35 万美元，批准海军部长建造 2 艘新潜艇，前提是霍兰的设计被证明是成功的。

海军和国会所不知道的是：无论是这位发明家，还是他的公司，都已对潜艇失去了信心；霍兰已设计了一艘新潜艇，正由其公司自费建造，地点位于新泽西州伊丽莎白港的克雷森特造船厂（Crescent Shipyard）。新潜艇体型较小，长 53 英尺 9 英寸（16.4 米），直径 10 英尺 3 英寸（3.1 米），排水量 74 吨。正如潜艇历史学家、船舶设计师加里・麦丘（Gary McCue）所言，这艘新潜艇乃是“潜艇设计上的一项重大突破。现代潜艇的所有主要部分，破天荒地在单艘潜艇上得到了集中展现——双推进系统，固定的纵向重心，相互分离的主、辅压载系统，先进的水动力学外形，以及现代化的武器系统”。[25]

至于动力方面，霍兰没有采用蒸汽机，而是回归了汽油发动机，具体地说，是当时新近研发的内燃汽油发动机。据该潜艇的首席引航员弗兰克・凯布尔（Frank Cable）所述，潜艇所用的汽油机“功率大、空间小、重量轻”，是霍兰于偶然之中发现的——“在麦迪逊广场花园的一次电气展览会上，霍兰注意到了一套为乡村住宅设计的电光设备。其发电机由一台 50 马力（37 千瓦）的奥托汽油发动机驱动。‘这正是我想要的！’霍兰惊呼。他当即买下了这台发动机……”[26] 除发动机外，霍兰还买下了一具制式美国海军鱼雷发射管，由布鲁克林的 E. W. 布利斯公司（E. W. Bliss Company）研发制造；该公司当时正在为美国海军的水面驱逐舰队生产这种鱼雷发射管。

1897 年 5 月 17 日，新潜艇下水。在接下来的数月中，霍兰及其团队一直在对其加以完善，但他们的努力却险些付诸东流。由于一名工人的失误，潜艇上有个阀门未关，致使潜艇进水沉没。虽然潜艇很快被打捞了起来，但电气系统看上去似乎没救了。直到发电机的制造商——电子动力公司（Electro-Dynamic Company）派来了一名才智过人的电气技术员，问题才告解决。这位电气技术员是弗兰克・凯布尔，后来成了霍兰的首席引航员。

1898 年 2 月，霍兰的潜艇开始测试。由于美国军舰“缅因”号

(USS Maine）在哈瓦那港被炸毁，美国当时正厉兵秣马，为与西班牙之间一触即发的冲突做准备。[27] 因此，霍兰的潜艇测试在美国国内引起了极大兴趣。这些私人测试到 3 月底仍在进行，一直持续到了 4 月份。在此期间，美国和西班牙相互宣战。随着战争的爆发，加之有消息称西班牙的佛得角分舰队已抵达古巴圣地亚哥港，霍兰主动提议，如果政府能将他的潜艇运往古巴，他便会用之击沉这支西班牙舰队。若他顺利得手，他希望海军能买下这艘潜艇。海军方面拒绝了这项提议。虽然美国海军部长对该潜艇的某些方面印象深刻，但他还是在 5 月上旬致信霍兰的公司，称："该机械装置的某些部件在运行中仍不完善，而在受命前去观看潜艇测试的检查员看来，其他部件的运行状况要么未经展示，要么未能取得令人满意的效果。"[28] 不过，当该公司准备就绪时，海军方面仍然愿意前去观看更多测试。

与此同时，美国海军的"潜水者"号潜艇建造工作也在继续，并于 1897 年 8 月 7 日在船厂下水。不过，"潜水者"号仍然存在不少问题，在接下来的 3 年间接受了一系列测试和改造（包括移除蒸汽设备，用燃油发动机取而代之）。最终，霍兰的公司决定请求海军解除合同，并提出退还海军已支付的所有款项，条件是与海军另外签订一份合同，建造一艘新式霍兰潜艇。海军接受了此项提议，霍兰的公司则向美国政府退还了 94364.68 美元。

此时，约翰·霍兰鱼雷艇公司的希望，已全寄于海军能够接受新式霍兰潜艇。但在 1898 年夏天的测试中，问题依然存在，尤其是方向操纵上的问题。到了当年年底，海军方面无心接纳此艇，霍兰的公司也意识到，要解决方向操纵问题，需对潜艇尾部加以改进，移去后方的水平舵与垂直舵，而霍兰本人已精疲力竭，抱恙在身。他前往欧洲度假，他的公司则在 1898—1899 年的那个冬天将潜艇拉了出去，接受一场漫长的改造。

“阿尔戈英雄”号潜艇[29]

与此同时，发明家西蒙·莱克也没有闲着。继 1893 年潜艇竞赛失利之后，莱克回到家乡，独自试验自己的水下航行理论。他开始建造一艘长 14 英尺（4.3 米）、宽 4 英尺 6 英寸（1.4 米）的黄松木制小潜艇，但打算将其作为商用潜艇，而非军用潜艇。1894 年底，在这艘小潜艇下水之际，莱克将其命名为“小阿尔戈英雄”号，并在新泽西的什鲁斯伯里河（Shrewsbury River）中对其进行了测试。“小阿尔戈英雄”号依靠底部的轮子前行，艇体内部密封增压。它实际上只是艘粗糙的测试模型，为莱克打算建造的一艘大号钢铁潜艇做准备。测试中，“小阿尔戈英雄”号表现不错，能够潜至水底，依靠轮子行驶。艇内加压后，莱克还可开启底部的一个小舱门来采集贝类。经过 1895 年 1 月的公开演示，莱克潜艇公司（Lake Submarine Company）吸引了许多投资。到当年年底，莱克已与哥伦比亚钢铁厂及干船坞公司（Columbian Iron Works and Dry Dock Company）签订了一份合同，建造他的那艘大号钢铁潜艇，此艇将会被他命名为“阿尔戈英雄”号。

“阿尔戈英雄”号潜艇长 36 英尺（11 米），成形于霍兰的“潜水者”号潜艇之后。“潜水者”号下水十余日后，“阿尔戈英雄”号也于 1897 年 8 月 19 日下水。该潜艇由汽油发动机驱动，具有 2 根 50 英尺长的空心桅杆，作水下通气管用。《纽约时报》报道：

> 此艇的壳体为雪茄形，近艇首处装有 2 个大铁轮子，轮缘有齿，艇尾处也装了 1 个相似的小号轮子。这些轮子的用处，是让潜艇能在河流或其他水体底部行驶，螺旋桨……则可提供必要的动力。[30]

这幅 1899 年的插图展现了法国潜艇“古斯塔夫·齐德”号的内部构造。（图源：沙尔梅档案 [Archive Charmet]，布里奇曼艺术库）

美国海军“霍兰”号潜艇经改造后的尾部。（图源：美国海军历史与遗产司令部）

1897年10月上旬，“阿尔戈英雄”号潜艇在造船厂的干船坞[31]内进行了首次测试。为了开展此次测试，干船坞内注满了水。1898年夏，“阿尔戈英雄”号又在公海中进行了后续测试。莱克对潜艇的表现感到满意，决意开展一次史诗性的海下航行，从弗吉尼亚州诺福克[32]启程，航向桑迪胡克，行程1000海里（1852公里）。“阿尔戈英雄”号的这次航行为期数月，途中曾多次靠岸补充燃料、食物和其他必需品，并进行维修。这一航行壮举吸引了全世界的目光，西蒙·莱克也收到了凡尔纳的贺信，信中写道：“美国在潜艇航行上取得的斐然成就，将会推动全世界的水下航行事业向前发展……下一场战争也许在很大程度上将会是一场潜艇之间的较量。”[33] 然而，在职业生涯的这一阶段，莱克并未打算将他的潜艇投入军用，而是将其设想为一艘商用潜艇，用于打捞工作。不过后来，莱克的看法将会发生改变——他所建造的潜艇类型也会相应地发生变化。

霍兰的胜利

新式霍兰潜艇的改造工程一直持续到了 1899 年 3 月，但资金出现短缺。电子动力公司是这艘潜艇的蓄电池供应商，该公司的所有者艾萨克·赖斯[34] 同意为改造工程提供资助。1899 年初，随着工程的继续，约翰·霍兰鱼雷艇公司并入了一家新公司，即电船公司（Electric Boat Company）。1899 年 3 月 24 日，电船公司重新下水了这艘新式霍兰潜艇，并将该潜艇及公司的行动基地迁往纽约长岛的萨福克（Suffolk）。新测试将会在萨福克的小佩科尼克湾（Little Peconic Bay）展开。1899 年 11 月 6 日，海军方面观看了第三批正式测试。潜艇下潜后，在水下快速航行了 1 英里（1.6 公里），然后浮出水面，成功地发射了 1 枚鱼雷，鱼雷在一个浮动靶标的 70 英尺（21 米）距离内穿过；潜艇随后转向，潜入水下，回到了测试路线的起点，然后再次上浮，在水面停留 28 秒，供艇长辨明自己的方位。在测试路线起点处，潜艇再度转向，全速潜航，并再次成功地发射了 1 枚鱼雷，随后浮出水面。对于这艘潜艇的测试——以及对于约翰·霍兰的考验，看起来似乎就此结束。美国海军的检查员写道，海军方面对此艇感到满意，并推荐购买。11 月 23 日，电船公司向海军开出了 16 万美元的价格（该潜艇已花费了公司 236615 美元的资金）。

电船公司将潜艇送往华府，接受公众（和政治）审视。潜艇从长岛海峡[35] 出发，经特拉华－切萨皮克运河[36] 行至华盛顿。这段旅途历时

30 天，航程 500 英里，在公共关系上可谓成功。在沿途各城市的滨水区，都有人群夹岸欢迎这艘小潜艇。1900 年初，这艘潜艇在波托马克河上的短途巡回航行，又让不少官员和政客认识了它，其中便包括美国海军上将乔治·杜威（George Dewey）。在刚刚过去的美西战争中，乔治·杜威是马尼拉湾战役[37]的海军英雄。“如果他们，”谈及西班牙海军时，杜威说道，“在马尼拉拥有 2 艘这样的潜艇，我便绝无可能击败他们的分舰队，拿下马尼拉……如果加尔维斯顿[38]有 2 艘这样的潜艇，全世界的海军都无法封锁那里。”[39]

1900 年 4 月 11 日，美国购买了这艘霍兰潜艇。同年晚些时候的 10 月 12 日，这艘潜艇进入美国海军服役，定名“霍兰”号（USS Holland），使美国成为史上第二个正式装备潜艇的现代海军强国——第一个这么做的国家，是在潜艇领域长期处于先锋和革新地位的法国。早在 1893 年，法国便已开始建造一艘电动潜艇，即长 159 英尺（48.5 米）、重 266 吨的“古斯塔夫·齐德”号。虽然“古斯塔夫·齐德”号的表现不算完美，但它是第一艘成功融合了潜望镜的潜艇。在 1898 年 12 月的演习中，它还成功地用一枚假鱼雷击中了“马真塔”号（Magenta）铁甲舰。

经历了 1 个世纪的密集试验与反复测试，潜艇终于迎来了成功。随着 20 世纪的来临，潜艇也即将成为一种重要的战争武器。19 世纪期间，为了建造一艘高效潜艇，多个国家展开了角逐；而到 1900 年时，在这些国家中，英国已“冷漠无争”，美国则总算觉醒，西班牙暂时退出竞争，俄罗斯一直不见起色；法国仍然积极主动，借助海军渠道将潜艇事业向前推进。不过，美国的私营企业已将己国的潜艇工程提升到了世界顶尖水平，可与当时引领全球的法国比肩。许多外国列强都以强烈的兴趣关注着潜艇的发展，其中包括德国、智利和日本。在若干年间，由于自身潜艇试验的落后或中断之故，英国、德国以及其他潜在的潜艇强国，将转而采用他国设计，借此加入方兴未艾的潜艇军备竞赛。其中，大多数国家将会采用霍兰式设计，但也有一些国家会把目光投向西蒙·莱克的设计。

注释

[1] 原注：引自 Sleeman, *Torpedoes and Torpedo Warfare*, p.290。

[2] 原注：同上，p.291。

[3] 原注：引自 *New York Times*, September 19, 1884。

[4] 原注：引自 *Science*, Vol. VIII, No. 186, August 27, 1886, p.184。

[5] 原注：引自 Otago, New Zealand, *The Clutha Leader*, February 25, 1887。

[6] 原注：引自 *Science*, Vol. VIII, No. 200, December 3, 1886, p.507。

[7] 译注：得梅因（Des Moines），美国艾奥瓦州首府，位于得梅因河畔。艾奥瓦州又译作衣阿华州或爱荷华州。

[8] 原注：引自 Polmar, *U.S. Submarines through 1945*, pp.21–22。

[9] 原注：引自 Burgoyne, *Submarine Navigation*, p.182。

[10] 原注：同上，p.180。

[11] 原注：引自 Morris, *John P. Holland*, p.50。

[12] 译注：亦有资料将这艘潜艇称为"霍兰 4"号潜艇。

[13] 原注：引自 *Scientific American*, August 7, 1886。

[14] 原注：澳大利亚的这艘潜艇，是艘航行快速的电动模型艇，长 6 英尺（1.8 米），由澳大利亚悉尼的西摩·艾伦（C. Seymour Allen）先生建造和测试于 1894 年。1896 年，该潜艇在伦敦向英国皇家海军作了徒劳无益的展示。参见 Burgoyne, *Submarine Navigation*, pp.194–95 及"Inventive Australians," *Hawkes Bay Herald* (New Zealand), July 31, 1896。

[15] 原注：引自 Morris, *John P. Holland*, p.59。

[16] 原注：霍兰所提及的这篇文章的原始版本，从被发现过，对传记作者们而言一直成谜。此文内容部分引自 Lake, *The Submarine in War and Peace*, p.110。

[17] 原注：引自 (US) Office of Naval Intelligence, *Information from Abroad*, p.408。

[18] 原注：同上，pp.408–10。

[19] 译注：三胀式（triple expansion）蒸汽机由 3 个直径不断增大的单动汽缸组成，其中的蒸汽在做功后可以重新进入锅炉加热，节约用水。以三胀式蒸汽机为代表的多胀式蒸汽机在一战前的各类舰船上得到了广泛应用。

[20] 原注：同注 [18]，p.411。

[21] 原注：引自 *New York Times*, June 5, 1892。

[22] 原注：引自 Burgoyne, *Submarine Navigation*, pp.7–8。

[23] 译注：阿尔弗雷德·塞耶·马汉是美国杰出的军事理论家，曾两度担任美国海军学院院长，是海权论的鼻祖，著有《海权对历史的影响》《海权对法国革命及帝国的影响》《海权与 1812 年战争的关系》等。

[24] 原注：引自 Morris, *John P. Holland*, p.79。

[25] 原注：引自 McCue, *John Philip Holland (1841–1914) and His Submarines*, p.17。

[26] 原注：引自 Cable, *The Birth and Development of the American Submarine*, p.112。

[27] 译注：1898 年 2 月 15 日，美国军舰“缅因”号在古巴（时为西班牙殖民地）的哈瓦那港突然爆炸沉没，成了美西战争（1898 年 4 月至 8 月）的导火索。

[28] 原注：参见 John D. Long, Secretary of the Navy, to the John Holland Torpedo Boat Company, Washington, DC, May 3, 1898。引自 McCue, *John Philip Holland (1841–1914) and His Submarines*, p.22。

[29] 译注：“阿尔戈英雄”号（Argonaut）潜艇之名，源于希腊神话中乘坐快船“阿尔戈”号（Argo）随伊阿宋去海外觅取金羊毛的 50 名英雄（Argonauts）。另外，“Argonaut”也可指一种与章鱼有近亲关系的八脚软体动物，即船蛸，又称纸鹦鹉螺（Paper Nautilus）；因其漂浮的外壳像小船，因此水手们用希腊神话里的阿尔戈英雄给它

命名。

[30]　原注：引自 *New York Times*, August 20, 1897。

[31]　译注：干船坞（dry dock）三面接陆一面临水，设有坞门，坞内水体可以抽干，以便对船舶的水下部分进行检查和维修。另有一种趸船式干船坞，即浮船坞。

[32]　译注：诺福克（Norfolk），美国弗吉尼亚州东南部港口城市。

[33]　原注：引自 Lake, *The Submarine in War and Peace*, p.1。

[34]　译注：艾萨克·赖斯（Isaac Rice，1850—1915），又译伊萨克·赖斯，是生于德国的犹太裔美国商人、投资人、音乐学者、作家和国际象棋赞助人，约 6 岁时随母移居美国。他创办的电船公司是通用动力电船公司（General Dynamics Electric Boat，简称 GDEB）的前身，后者在逾 100 年中都是美国海军主要的潜艇建造商。

[35]　译注：长岛海峡（Long Island Sound），北大西洋的一个半封闭海湾，位于美国纽约东岸、康涅狄格州南岸和长岛北岸之间。

[36]　译注：特拉华 – 切萨皮克运河（Delaware–Chesapeake Canal），又译切萨皮克 – 特拉华运河，是美国特拉华州与马里兰州的一条连接特拉华河与切萨皮克湾的运河，长 22.5 公里。

[37]　译注：马尼拉湾战役（Battle of Manila Bay）是美西战争中的决定性一战，发生于 1898 年 5 月 1 日，地点在菲律宾的马尼拉湾。此役中，在乔治·杜威的率领下，美国海军亚洲分舰队以极小的代价摧毁了参战的西班牙舰队。

[38]　译注：加尔维斯顿（Galveston），美国得克萨斯州加尔维斯顿岛东北端港口城市。

[39]　原注：引自 Morris, *John P. Holland*, p.109。

英国皇家海军将潜艇采纳入役。（图源：《伦敦新闻画报》[*Illustrated London News*]，笔者收藏）

第七章

EARLY 20TH CENTURY SUBMARINES

20世纪早期的潜艇

在20世纪的曙光中，潜艇迎来了一个快速发展时期，成为一种有效的作战武器，被多国海军所采纳——在20世纪头10年间，英国、俄国和日本海军均装备了潜艇——尽管除美国以外，还没有哪个国家的潜艇经历过实战检验。世界各国海军都开展了潜艇试验，建造更大更强的潜艇，并逐渐淘汰了危险而不稳定的汽油，改用由德国工程师鲁道夫·狄塞尔（Rudolf Diesel，1858—1913）设计的一种新型船用发动机。从1901至1914年，潜艇先驱们付出了种种努力，研究如何在潜艇中工作和生活。尽管这段时期内并无战争发生，但仍然充满了令人痛心的损失和来之不易的成功。

在美国，当霍兰潜艇于1900年入役后，海军方面的一组艇员取代了负责移交和演示潜艇的电船公司团队，并开展了一系列测试。随之而来的还有大量宣传，例如，霍兰的老朋友威廉·金博尔撰文指出：

> 这艘潜艇已经到来。在它有限的适用范围内对其能力予以承认，已不可久拖不决。法国已经抓住了要领……并加以发展；迄今为止，法国海军登记在册的潜艇已有一打之多……德国正在屈从于这一进程带来的压力，将于年内在基尔举行潜艇模型竞赛。俄国也正在研制潜艇，但明智地对结果予以保密。[1]

从“潜水者”号潜艇下水，到美国海军将其买下，其中经过了一段漫长的过渡期。在这段时间内，霍兰的支持者明智地将专利带到了国外。向外国政府推销这艘潜艇的举措，促使美国海军下定决心，赶在其他海军强国之前将其买下。而美国的购买之举，又有助于说服其他海军强国购置潜艇。从 1902 到 1904 年，电船公司将霍兰潜艇的方案与相关权利出售给了英国、荷兰和日本。在美国，当电船公司将“潜水者”号送抵华府之后，这艘霍兰潜艇在波托马克河上进行了多次演示。受此影响，加上海军界名人和约翰·霍兰本人所做的证言，美国国会批准购买 5 艘（后又增加至 7 艘）新型霍兰潜艇，预计于 1902 至 1903 年间完工，交付海军。

美国潜艇

1900 年 10 月 12 日，美国海军的新潜艇“霍兰”号正式入役。在哈里·考德威尔（Harry H. Caldwell）上尉的指挥下，这艘潜艇在罗得岛[2]的海军鱼雷基地外进行训练，让艇组成员学习如何操作此艇，电船公司的弗兰克·凯布尔及其团队则为他们提供指导。虽然对于这艘新潜艇，以及潜艇在未来战争中扮演的角色，美国海军内部存在着尖锐的意见分歧，但在 1901 年 9 月 25 日与北大西洋分舰队一同开展的军事演习中，考德威尔及其艇员取得了公共关系上的胜利。演习期间，攻击方舰队封锁了罗得岛的纳拉甘西特湾（Narragansett Bay）——这里是鱼雷基地和海军训练基地的总部所在。作为防御方舰队的一员，“霍兰”号潜艇溜出了攻方舰队的封锁，在夜里悄无声息地接近攻方旗舰“奇沙治”号（USS Kearsarge，舷号 BB-5）。考德威尔做了次完美的秘密机动，打开鱼雷发射管，发动了一次模拟攻击，并放出闪光警示信号，但未得到答复。潜艇继续接近“奇沙治”号，二者相距 100 码时，考德威尔闪了闪灯，从指挥塔上喊道：“嗨，‘奇沙治’号！你被炸成原子了。这里是‘霍兰’号潜艇。”[3]

哈里·考德威尔上尉与“霍兰”号潜艇艇组成员。（图源：美国海军历史与遗产司令部）

1906年，加利福尼亚梅尔岛（Mare Island，意译为“母马岛”）海军造船厂干船坞中的“狗鱼”号（USS Pike）和“灰海豚”号潜艇。（图源：美国海军历史与遗产司令部）

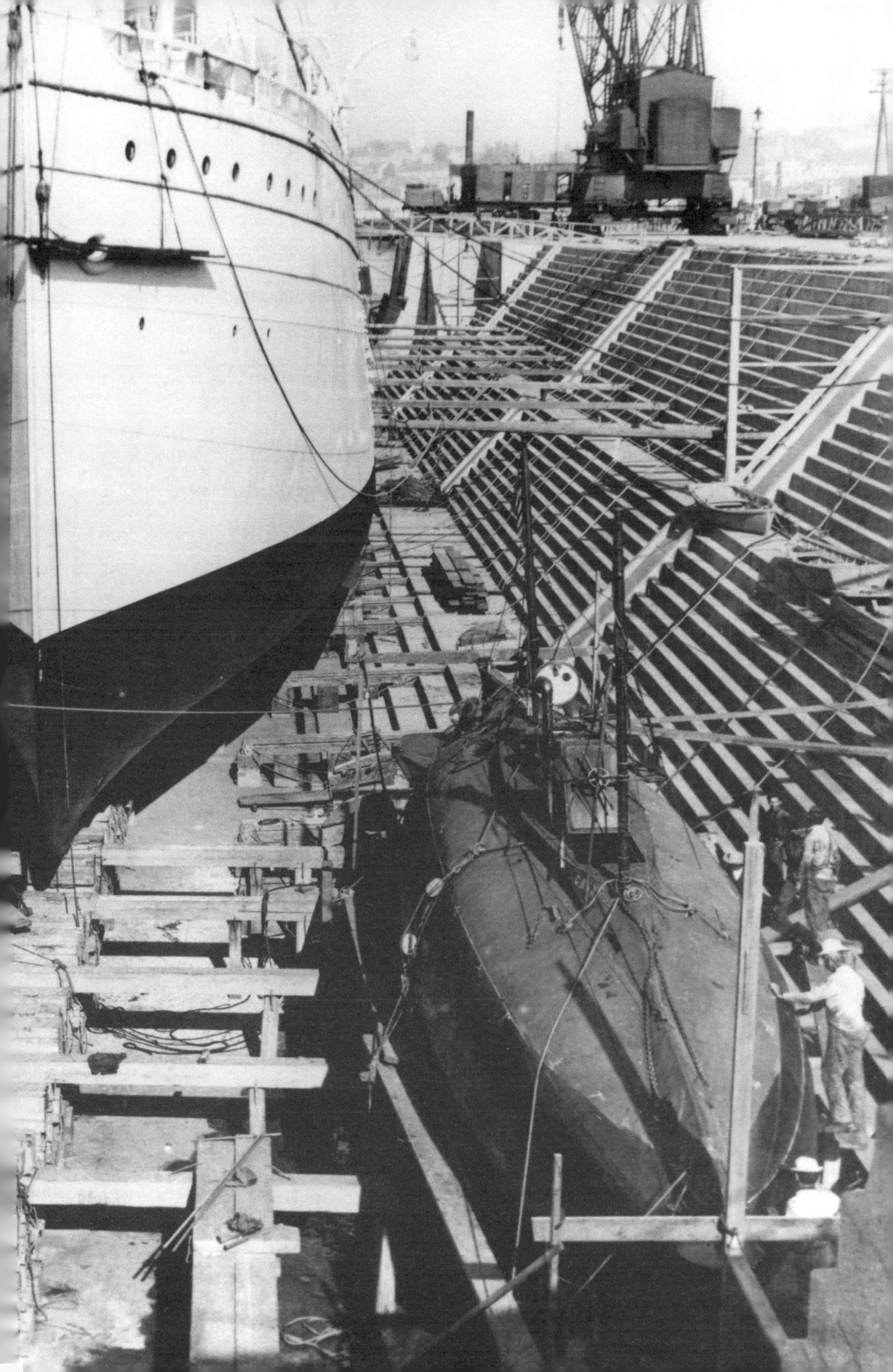

在接下来的4年中，"霍兰"号多数时候都位于美国海军学院（马里兰州安纳波利斯）和鱼雷训练基地，训练海军学员和水手，直到1905年7月被送去整修蓄电池组。经过2年的中断，潜艇相关工作于1907年6月正式停止。1910年11月21日，"霍兰"号潜艇从美国海军正式退役。不过，到了此时，这艘潜艇的"后代"已不仅仅存在于美国海军舰队，还在世界各地开枝散叶。

根据1900年的海军拨款相关条款，电船公司还与2个不同的造船厂合作，动工建造7艘改进型潜艇，其中5艘由新泽西州伊丽莎白港的克雷森特造船厂建造，另2艘则由旧金山的联合钢铁厂（Union Iron Works）建造。这些潜艇原先都有正式的命名，最开始被称为潜水者级潜艇，1911年后，又改称美国海军A级潜艇。其中，首艘潜艇"蝰蛇"号（USS Adder）于1900年10月在克雷森特造船厂动工建造，并于1901年7月22日下水。其他各艘潜艇也很快下水——"食鱼蝮"号（USS Moccasin）于1901年8月20日下水，"鼠海豚"号（USS Porpoise）于1901年9月23日下水，"鲨鱼"号（USS Shark）于1901年10月11日下水，"潜水者"号[4]（USS Plunger）于1902年2月1日下水，"灰海豚"号（USS Grampus）于1902年7月31日下水，"狗鱼"号（USS Pike）于1903年1月14日下水。

潜水者级潜艇长63英尺10英寸（19.5米），最宽处宽11英尺11英寸（3.6米），吃水深度10英尺7英寸（3.2米），排水量107吨，可搭载7名艇组成员，并装备了1具18英寸（457毫米）鱼雷发射管和3枚鱼雷。该级潜艇的动力装置包括：1台功率160马力（119千瓦）的四缸汽油发动机，由奥托燃气发动机厂（Otto Gas Engine Works）生产；1台功率150马力（119千瓦）的电动机和60块蓄电池，由电子动力公司生产。在它们的推动下，潜水者级潜艇的最高航速可达水面8节、水下7节。起初，美国海军主要在东、西海岸的试验和训练中使用该级潜艇。

1905 年 8 月 23 日，潜水者级潜艇名声大噪。当天，美国总统西奥多·罗斯福[5]在纽约长岛基地外参观了“潜水者”号潜艇，参观过程历时 3 小时，他还搭乘此艇进行了航行和下潜。给西奥多·罗斯福总统留下深刻印象的，不仅仅是这艘潜艇，还有艇组成员——不过，海军官员（用罗斯福的话说，他们“在每一个方面都阻碍了潜艇的发展”）对于这艘新潜艇的态度，以及这种态度对艇组人员造成的影响，则没有给罗斯福留下什么好印象：

> 他们对待这艘潜艇的方式之一……可谓荒谬至极。尽管潜艇官兵从事着殊为危险、棘手、困难且责任重大的潜艇试验工作，但却不被认为是在执行出海勤务。“潜水者”号上的人员每次下潜时，都要承担一定的风险，他们不仅得极度训练有素，还得锻造出铁一般的胆量，但让我感到义愤填膺的是，他们……因身处“潜水者”号而受到了不公正的对待，而一些乘着大型舰船出海巡航、相关职责和危险要小得多的人，反而无此境遇。[6]

西奥多·罗斯福总统颁布了一条给潜艇人员涨薪的行政命令，并坚持修改海军条例，这些举措在 1907 年得到了实施。

1909 年，由于认识到了太平洋远洋地区的战略重要性，美国海军将“蝰蛇”号和“食鱼蝮”号潜艇运至菲律宾甲米地[7]，加入亚洲鱼雷舰队（Asiatic Torpedo Fleet）中的第 1 潜艇分队，而同一分队中的“鼠海豚”号和“鲨鱼”号潜艇已于 1908 年先行运抵。1915 年，美国海军又送来了“灰海豚”号和“狗鱼”号潜艇。到 1922 年时，最后一艘 A 级潜艇已不复存在；它们要么已报废拆解，要么已在海军炮火演练中沉没。A 级潜艇服务于一个重要目的：建设一支羽翼渐丰的美国潜艇舰队，并培训潜艇官兵。这些潜艇官兵将在其他更为现代化的潜艇上服役，并随艇加入两次世界大战中的战斗。

美国潜艇的后续发展将会发生转变。新的美国潜艇不仅体型更大、武器更强、人员更多、航程更远、航速更快，还从根本上用柴油发动机取代了汽油发动机。法国人已于早前换用了柴油机。而自 1909 年的 F 级潜艇（由电船公司设计）开始，美国潜艇也开始将柴油机专门用于执行水上行动和为蓄电池充电。在随后 50 年中，这些潜艇仍将如此行事，直至核动力的出现。

几乎所有 1906 年后的美国潜艇，均采用了霍兰（电船公司）式设计，不过“G-4”号潜艇是个例外。美国海军的这艘潜艇由威廉·克兰普父子造船公司建造，用于检验意大利人切萨雷·劳伦蒂（Cesare

1905 年左右，纽约海军造船厂中的“鼠海豚”号和“鲨鱼”号潜艇。它们均为早期的美国海军潜水者级潜艇。（图源：美国海军历史与遗产司令部）

航行中的“蝰蛇”号潜艇。（图源：美国海军历史与遗产司令部）

Laurenti）的设计。随后，在 1909 年时，面对电船公司急剧上升的垄断地位，美国海军同意购买一艘西蒙·莱克自费建造的潜艇——“海豹”号（Seal），前提是该潜艇能通过测试。1911 年，“海豹”号潜艇在纽波特纽斯造船及干船坞公司[8]下水。这艘潜艇通过了测试，海军方面也将其买下。从 1911 至 1922 年，莱克鱼雷艇公司（前身为莱克潜艇公司）共为美国海军建造了 33 艘潜艇。

英国潜艇

虽然英国官方对于潜艇的态度不置可否，但富有远见的海军军官和政治家们已密切关注着潜艇的发展。他们认识到，英国定将需要获得潜艇。在两个拥有可用潜艇的海军强国中，一个是英国的宿敌法国，另一个则是常常在战争中与英国对抗的美国。这一事实无疑加深了他们的忧虑。1900年夏，电船公司的伊萨克·赖斯到访英国（他还买下了一项英国专利），促成了一项协议。根据该协议，位于巴罗因弗内斯的维克斯父子－马克沁有限公司（Vickers Sons and Maxim Ltd，以下简称维克斯公司）获得许可，以3.5万英镑的单价建造5艘霍兰“7型”潜艇。这些潜艇将在1901年12月竣工，此后，电船公司将派出一支美方团队，就如何操作潜艇对英方艇组成员展开培训。

1901年2月，维克斯公司开始建造首艘英国霍兰潜艇——“潜艇1”号（HM Submarine No. 1）。同年10月2日，潜艇下水。1901年8月，英国海军部选中福斯特·阿诺德－福斯特（Forster D. Arnold-Forster）上尉出任该艇艇长。对于这艘潜艇给自己留下的第一印象，阿诺德－福斯特后来回忆道：

> 最让我感到惊讶的……莫过于它的尺寸之小。它仅长63英尺（19.2米），形如一支肥短的雪茄。潜艇有“鳍”有尾，尾部有1个单螺旋桨和2个艇舵。其中，一个艇舵用于操纵方向，另一个则用于下潜。潜艇顶部有个小指挥塔，大小刚可容纳一人的头和双肩……那位足智多谋的纽约设计者显然没有意识到，一名普通的海军军官不过只有两只眼睛、两只手；小小的指挥塔里满是方向盘、控制杆和仪表，供某位“超人”发射鱼雷、潜入水下和操纵方向，并同时处理其他所有事项……[9]

这批潜艇的设计缺陷，由电船公司的弗兰克·凯布尔加以修正。凯布尔之所以前往英国，是为了培训英方艇组人员和维克斯公司的员工。此艇的另一项变化在于潜望镜（当时被称为光学镜筒）的运用；这项变化由当时负责巡检的雷金纳德·培根（Reginald Bacon）上校引入此艇，当时，他正在密切监督这一潜艇项目。“潜艇1”号于1902年初接受测试，“潜艇 2”号也在不久后下水。到了秋天，英国的第一支潜艇编队已准备就绪，即将出海训练。

到了此时，英国海军部也做好了准备，以一种更为彻底的姿态拥抱潜艇。1902 至 1905 年间，新的英国潜艇级别接连涌现，即 A 级、B 级和 C 级潜艇。其中，A 级潜艇是首批由英国设计的潜艇，交付英国皇家海军使用。A 级潜艇是维克斯公司和培根上校的共同成果——后者一直希望能研制出一种比霍兰潜艇速度更快、体型更大的潜艇。从 1902 到 1905 年，共有 13 艘平均长度 100 英尺（30.5 米）、平均排水量 200 吨的潜艇下水。这些潜艇几乎无一例外地装备了 2 具 18 英寸（457 毫米）鱼雷发射管，并采用了汽油机和电动机双重动力推进；唯一的例外是“A-13”号潜艇，此艇采用了试验性的维克斯柴油发动机。A 级潜艇臭名昭著——“A-1”号、“A-3”号、“A-4”号、“A-5”号、“A-7”号和“A-8”号潜艇均发生过事故，造成 30 人丧生。

1904 年 3 月 18 日，在索伦特海峡[10]演习期间，“A-1”号潜艇成了英国皇家海军首例出现事故的潜艇。当时，“A-1”号潜艇正在参与对“朱诺”号（HMS Juno）巡洋舰发起的一次模拟攻击，在此期间，该潜艇从“贝里克城堡”号（Berwick Castle）汽船前穿过，后者自南安普敦起航，正在驶往汉堡。这艘汽船撞开了“A-1”号潜艇的指挥塔，致使后者沉入了 39 英尺（12 米）深的水下，11 名艇组成员无一生还。虽然“A-1”号潜艇后来被打捞出水，重回现役，但又在 1910 年发生了一次汽油爆炸。此后，它被改造为无人测试平台，采用自动驾驶。1911 年，该潜艇在测试中沉没。

早期潜艇因汽油蒸汽而导致的爆炸问题，同样困扰着 A 级潜艇。一个简陋的应对方法是：在每艘潜艇中都放个小笼子，笼里装入 3 只小白鼠；小白鼠发出的吱吱尖叫，便是艇内空气发生变化的信号。此法并非总能奏效。1905 年 2 月 16 日，“A-5”号潜艇发生了一场爆炸，造成6名艇员丧生，事故原因是电火花引燃了汽油蒸汽。事故发生时，该潜艇正与它的水面补给船“危险”号（HMS Hazard）一道停泊在爱尔兰昆斯敦[11]沿岸。经过维修，该潜艇于10月回归现役。1905年5月8日，“A-8”号潜艇在普利茅斯湾水面航行时发生爆炸，连艇带人一同报销。[12]1905年10月16日，“A-4”号潜艇在斯皮特黑德海峡[13]外爆炸下沉；海水经由开放的通风装置渗入艇内，致使潜艇沉入水下；而当海水接触到蓄电池组时，艇内又弥漫着氯气，但艇组成员设法浮出水面，逃到了甲板上，最终获救。[14]1912年2月，“A-3”号潜艇遭遇了与“A-1”号相似的命运；当时，这艘潜艇正在怀特岛沿海上浮，但却被它的水面补给船“危险”号撞沉。[15]在康沃尔的惠特桑德湾（Whitsand Bay）开展训练期间，“A-7”号潜艇沉入了130英尺（40米）深的水下，艇上人员全部遇难，该潜艇没有被打捞出水。

B级潜艇的体型是A级潜艇的2倍。从1904到1906年，英国共建造了11艘B级潜艇，这些潜艇的长度、航速和续航力均超过了A级潜艇。从1905到1910年，英国又建造了38艘C级潜艇。与B级潜艇相比，C级潜艇区别不大，这也是英国最后一次采用基本的霍兰式设计。此后出现的D级潜艇，不仅将是首个由英国海军部设计的潜艇级别，还将是首批真正有能力在近海发起进攻行动的英国潜艇。D级潜艇的一项重大转变，在于完完全全采用了柴油发动机，这种发动机最初曾在“A-13”号潜艇上进行了试验。在设计上，D级潜艇也发生了根本性改变，采用了如下装备：外部压载水舱，双柴油发动机，艇首的2具叠排式鱼雷发射管（一上一下），以及艇尾的单具鱼雷发射管。D级潜艇还是第一批安装了甲板炮的英国潜艇。

D级潜艇的排水量为500吨，长162英尺（49.4米），水面航速16节，水下航速9节，能以10节航速航行3500英里（5633公里）。D级潜艇的另一项重大变化在于，其尺寸比以往更大，从而显著提升了潜艇上的服役状况，改善了艇组成员的生活条件。虽然部分 B 级和 C 级潜艇（以及少数 A 级潜艇）参加了一战，但在这场大战中，D 级潜艇与 E 级潜艇（1912 年研制）才是英国潜艇部队的中坚力量。

新型潜艇的挑战

当电船公司着手为美国海军研制下一代霍兰潜艇时，另一艘由电船公司自行设计的潜艇也开始动工。该型潜艇被称作“霍兰 7”号（美国海军的首艘潜艇为“霍兰 6”号），但霍兰及其同事在下水之际将其命名为“富尔顿”号，以纪念这位 18 世纪的潜艇发明家。作为一艘试验潜艇，“富尔顿”号不仅成为英国霍兰潜艇的原型艇，还催生了后来为日本、俄国和荷兰建造的潜艇。“富尔顿”号潜艇在克雷森特造船厂动工建造，于 1901 年 6 月 12 日下水。此艇的排水量为 103 吨，长 63 英尺 4 英寸（19.3 米）。[16] 在一次次漫长的测试中，面对着多国观察员和美国海军官员，“富尔顿”号完成了一些声名远播的壮举，其中包括 1901 年 11 月 23 日的一次长达 15 小时的潜航。此次航行后，弗兰克·凯布尔十分夸张地宣称道，潜艇上携带的食物足以供他们在水下待上 3 个月。[17] 经过仔细计算，约翰·霍兰认为，考虑到艇内的空气，70 小时才是更为可能的数字，但这一数字并未见报。

“富尔顿”号原计划于 1901 年 12 月从长岛出发，一路潜航驶往华府，但后来没有成行。1902 年 4 月，在另一次长时间航行中，“富尔顿”号一路航往特拉华。由于渗漏的海水接触到了蓄电池组，导致艇内发生爆炸，数名艇组成员受伤，其中包括一名在艇上充当观察员的奥地利海军军官。1904 年 6 月上旬，在罗得岛纽波特，“富尔顿”号在一个美国海军专委会的审视下接受了测试。6 月 3 日，《纽约时报》报道：“‘富尔顿’号今日发射了 3 枚鱼雷，平均射程 1700 码（1550 米）。

对此，官方测试委员会主席特雷恩（Train）上校表示‘满意’，海军专家们也普遍认为，此艇远远超出了一切预期。”不过，美国海军并非“富尔顿”号的首要客户；电船公司将这艘潜艇卖给了俄国。俄国人曾观察和参与了“霍兰”号和“富尔顿”号的测试，但最后均表示谢绝购买，原因是对它们的表现不甚满意。然而，1904年2月，日俄战争爆发后，俄国海军部火速与电船公司达成协议，命令涅维斯基造船厂（Nevisky Shipyard）根据“富尔顿”号的设计建造6艘潜艇。这些潜艇是否确曾动工建造，尚不清楚。1904年6月25日，在电船公司的造船厂中，一台起重机秘密地将“富尔顿”号吊上了等待中的“米南蒂克”号（Menantic）汽船，由后者将其运往喀琅施塔得。

西蒙·莱克的“阿尔戈英雄”号潜艇配有能在海床上滚动的轮子。（图源：Buyenlarge，盖蒂图片社）

尽管涅维斯基造船厂原定建造的霍兰潜艇未曾完工，但俄国不仅从西蒙·莱克处购得了1艘潜艇，还委托这位发明家和他的公司建造10艘潜艇。1900年，乘救捞潜艇“阿尔戈英雄”号成功之兴，西蒙·莱克在康涅狄格州布里奇波特（Bridgeport）成立了莱克鱼雷艇公司，并很快开始建造他的第一艘军用潜艇，他将这艘潜艇命名为“保护者”号（Protector）。莱克之所以创立这家公司，目的不仅仅在于拓展业务，还在于使自己得以向电船公司发起挑战；电船公司不仅已在美国形成了实质上的垄断，还可能将这一垄断地位向海外扩展。1902年11月1日，莱克的“保护者”号潜艇在布里奇波特的船厂下水。这艘钢制潜艇长65英尺（19.8米），宽11英尺（3.4米），排水量170吨。作为一艘采用双螺旋桨的潜艇，该潜艇的动力来自1对250马力（186千瓦）的汽油发动机和1对110马力（82千瓦）的电动机，武器则为3具15英寸（381毫米）鱼雷发射管。莱克还造了个潜水员水下出入口舱，可供一名潜水员在水下出艇。此外，潜艇还配备了数个伸缩轮，能在海床上行驶。根据莱克的设计，该潜艇的最大潜深为150英尺（46米），能在水下逗留60小时；航程为1000英里（1609公里），最大航速为水上11节、水下7节。

莱克试图将“保护者”号售予美国海军，但正如其传记作者约翰·波卢霍维奇（John Poluhowich）所述，电船公司巧妙利用说客和特殊照顾，争取到了足够的政治支持，依然牢牢掌控着海军的合约。据一名同时代的国会议员（也是莱克的朋友）所言，这场竞争在“妒意十足的发明家、兴致勃勃的投资者、娴于社交的国际声誉推动者、精明老道的政治代理人以及足智多谋的律师之间”展开。[18]不过，莱克的支持者还是设法为“保护者”号争取到了一次海军测试的机会。与电船公司一道工作的海军造船师劳伦斯·斯皮尔（Lawrence Spear）退出了美国海军，成为电船公司的副总裁和船舶设计师。为了保护自身利益，电船公司还对莱克鱼雷艇公司提起了两次专利侵权诉讼。电船公司的这帮妒意十足、兴致勃勃、娴于社交、精明老道、足智多谋的人士不甘冒任何风险；他们还将约翰·霍兰降格为了次要角色，逐渐迫使这位发明家退出公司；因为除公共关系事务外，霍兰对他们而言已近乎无用。

从 1903 到 1904 年，在电船公司的阻挠下，莱克的测试陷于停滞。在此期间，莱克远赴俄国，敲定了一笔 400 万美元的合约，为俄国沙皇建造潜艇。1904 年 4 月，随着日俄战争战况升级，俄国人也以 25 万美元的价格购入了“保护者”号，并订购了更多依其设计建造的潜艇。波卢霍维奇认为，俄方还买下了“富尔顿”号，但这与其说是为了两头下注、规避风险，不如说是为了直接比较这两艘潜艇的设计，因为他们不相信美国海军会开展像样的检查工作。莱克曾差点将“保护者”号卖给日本，但到了这时，该潜艇已被拆为部件，秘密装载到了“福尔图娜”号（Fortuna）汽船上，运往俄国。“保护者”号于 6 月抵俄——与电船公司的“富尔顿”号潜艇差不多同时抵达。在喀琅施塔得，莱克的团队将“保护者”号重新组装起来，并于 8 月开始测试。俄国人渴望看到这两艘美国潜艇的能耐。俄国人在购入自己的霍兰潜艇之前，已于 1903 年建造了一艘俄国版的霍兰潜艇——“海豚”号（Delfin）。不过，在“保护者”号潜艇抵俄后不久，“海豚”号在测试中沉没，35 名艇组成员中，有 28 人溺毙。

“保护者”号潜艇加入俄国海军后，定名为“鲟鱼”号（Osetr）。1905 年初，该潜艇经铁路运往俄国另一头的海参崴（符拉迪沃斯托克），行程 5500 英里（8850 公里）。在弗兰克·凯布尔对俄方艇组成员的培训结束后，已重新命名为“鲶鱼”号（Som）的“富尔顿”号潜艇也经由铁路运往海参崴，准备应对日军发起的攻击——此前的 1905 年 5 月，俄国舰队在对马海战[19]中遭到了毁灭性打击。在美国，根据莱克的分包合同，纽波特纽斯造船及干船坞公司开始为俄方建造 5 艘保护

西蒙·莱克的“海豹”号潜艇，即后来的美国海军“G-1”号潜艇。（图源：美国海军历史与遗产司令部）

者级潜艇。这些潜艇均在6个月内竣工，并拆为部件装船运输，抵俄后再行组装。在这5艘莱克潜艇中，有4艘穿越大陆运抵远东，但为时已晚，没能影响日俄战争的结果；另外1艘则留在波罗的海。1908年12月，一艘名为“鲻鱼”号（Kefal）的莱克潜艇在海参崴沿海进行了一次冰下突袭，这也是世界上首例由潜艇发动的冰下突袭。俄国人在莱克潜艇上遇到了一些麻烦，其中包括一次汽油爆炸，不过，这些问题之所以会出现，更多时候是因为缺乏经验，少数情况下是由于蠢笨无能，而非设计缺陷。莱克还为奥地利建造了2艘潜艇，并与德国人进行了一系列会谈，但没有形成合约。莱克任凭自己的各项德国专利过期，德国政府则默不作声地采纳了这些专利。不论采用的是霍兰还是莱克的专利，抑或是自主设计方案，俄国、奥地利、德国和英国都开始扩充自己的潜艇舰队。例如，到1908年时，俄国的波罗的海舰队已拥有17艘潜艇。

20世纪初期，世界上掀起了一场水下军备竞赛。受此影响，德国

人也重新燃起了对于潜艇的兴趣，不过，官方批准下的潜艇并未立刻出现。1903 年 2 月，在基尔的克虏伯公司日耳曼尼亚船厂[20]中，一艘由雷蒙多·洛伦索·德克维利（Raimondo Lorenzo d'Équevilley）设计的试验潜艇开始动工建造。此艇名为“鳟鱼”号（Forelle），长 42 英尺 8 英寸（13 米），重 15.5 吨。“鳟鱼”号是艘小潜艇，由 1 台 50 马力（37 千瓦）的电动机驱动，配备 2 具外置鱼雷发射管。根据设计，“鳟鱼”号潜艇将由大型战舰载入战场——所谓的“袖珍”潜艇。该潜艇于 1904 年 6 月下水，给德皇威廉二世和海军官员留下了深刻印象。不久之后，日俄战争爆发，克虏伯公司将“鳟鱼”号售予俄国，并随之签订

法国潜艇“古斯塔夫·齐德”号。虽然法国在潜艇发展上一路领先，但其他列强也很快赶了上来。（图源：格兰杰收藏 [The Granger Collection]，Topfoto 图片）

了一份合约，为俄国人建造更多潜艇。与此同时，受“鳟鱼”号启发，德意志帝国海军开启了一项德国潜艇计划。

1904 年，第一艘德国 U 艇 [21] “U-1” 号由克虏伯公司在基尔动工建造，并于 1906 年下水。这艘潜艇遵循了德克维利的同事——法国工程师马克西姆·洛伯夫（Maxime Laubeuf）的设计理念，为德国在一战中实力可观的潜艇部队铺平了道路。“U-1” 号潜艇长 131 英尺（40 米），具备双层壳体。在这艘潜艇之后，德国潜艇计划进展缓慢。从 1906 至 1908 年，仅有 4 艘新潜艇投产。在此期间，日耳曼尼亚船厂还为奥匈帝国建造了 2 艘潜艇，为挪威建造了 1 艘潜艇。此后，潜艇计划快速推进；从 1908 年 4 月到 1910 年 4 月，日耳曼尼亚船厂又为德国建造了 14 艘潜艇（从“U-5”号到“U-18”号），艘艘都比此前的潜艇更大、更强、武器更优。

法国潜艇

自“古斯塔夫·齐德”号的测试以及推波助澜的潜艇攻击演示之后，不断创新的法国并未就此停步。下一艘引人注目的法国潜艇，将出自潜艇设计师马克西姆·洛伯夫（1864—1939）之手。1896 年，法国战争部长宣布举办一项国际竞赛，竞赛要求为建造一艘 200 吨重的潜艇，该潜艇应能在水面快速航行 100 海里，在水下快速航行 10 海里。参赛者们共提交了 29 份设计方案，洛伯夫的方案最终入选。该潜艇名为“独角鲸”号（Narval），于 1899 年动工建造，并于同年 10 月 24 日下水。“独角鲸”号长 112 英尺（34.1 米），宽 12 英尺 5 英寸（3.8 米），水面排水量 116 吨，水下排水量 200 吨。此艇采用双重动力，由 1 台 250 马力（186 千瓦）的蒸汽机和 1 台电动机驱动，并配备 1 台单独的蒸汽发生器，为蓄电池充电。“独角鲸”号还携带有 4 枚外部鱼雷。它的另一项特点，在于采用了双层壳体——包括经过加固的内部耐压壳体，和较轻的外部钢制壳体，后者囊括了各个外部燃油舱。这种类型的壳体很少见，自克勒尔的“水下探险者”号潜艇（1865 年）以后，“独角鲸”号是首艘采用这种壳体的潜艇。它的性能超越了大赛指标，能以 12 节的水面航速航行 250 海里，以 8 节的水面航速航行 620 海里，并能以 8 节水下航速潜航 25 海里。不过，“独角鲸”号潜艇也有缺陷，最主要的一点就是：为了潜入水下，锅炉的烟囱必须收回，并等待锅炉冷却、燃气散尽，整个过程需耗费 15 分钟。[22]

继“独角鲸”号之后，法国海军在 1900 年开始研制更为先进的塞壬级（Sirene class）潜艇，后又开始建造小妖精级（Farfadet class）潜艇。但最大的改变出现于 1904 年——当时，法国建造了世界上第一艘柴油动力潜艇“白鹭”号（Aigrette）。这一新型推进动力系统运行良好（并得到了其他国家的采纳），法国的潜艇建设工作快速向前推进，因此到 1914 年时，法国舰队中已新增了 76 艘潜艇。

日本和荷兰的设计方案

与英、美两国一样，荷兰和日本也以约翰·霍兰及电船公司的方案来建造潜艇，而其他国家或是自行建造潜艇，或是与西蒙·莱克签订合约。日本对霍兰潜艇的兴趣，可以追溯至 19 世纪 90 年代末以及“霍兰”号潜艇建造之时。日本的观察员曾参与了“霍兰”号潜艇的测试，并曾在试潜中搭乘“霍兰”号下潜，例如当时的日本海军武官井出谦治大尉。1904 年，日本政府订购了 5 艘电船公司的 A 型潜艇；它们在马萨诸塞州昆西的福尔河船舶及发动机公司（Fore River Ship and Engine Company）动工建造，完工后又拆为部件，装船运往日本横须贺的船厂。这些潜艇于 1905 年组装完毕，但没能赶上日俄战争，为日本的胜利出力。

除上述5艘A型潜艇外，日本人还与约翰·霍兰本人接洽。霍兰已于1904年离开电船公司，但依然在积极设计自己的潜艇。霍兰已制定了一艘改进版霍兰潜艇的设计方案，此艇的航速可达20节。1905年，日本买下了霍兰的方案，在神户的川崎造船厂动工建造2艘该型潜艇。由于已脱离了自己曾参与创立的电船公司，霍兰以一种直率和批判的态度指出，与电船公司的A型潜艇相比，这些新潜艇性能更优，而且日方人员的素质也更佳：

> 日本有着无比优越的战争人力资源，我们则不然。日本工程师松方先生[23]与我待了1年，每天都在学习霍兰潜艇的种种装置和奥秘……与大多数人不同，（日本人）工作独立，不知疲倦。根据设计，他们正在建造的这些潜艇，将适于在任何天气、任何距离、任何航速下伴随舰队同行……我们的潜艇则无法与舰队一同航行，无法冒险远离港口。日本的潜艇行之有效；它们不搞噱头。很遗憾地说，我们的潜艇如今已是个笑话……令人不可思议的是，美国在潜艇上砸下了数以百万美元计的资金，但比起技术娴熟的日本工程师为己国建造的潜艇，美国可谓一无所获。[24]

1905年，日本帝国海军组建了一支小型潜艇队，首艘潜艇在8月完工。小栗孝三郎少佐曾观摩过英国霍兰潜艇的测试情况，是日本潜艇的早期倡导者。在他的领导下，这支羽翼渐丰的日本潜艇部队于1905年10月参加了一次阅舰式。随后，该部队展开了为期七年的密集训练与试验，不仅学习如何操作潜艇，还逐步积累专业知识和技术，建造属于日本的潜艇；除已入役的霍兰潜艇外，日本还从英国购买了维克斯公司的C级和L级潜艇，从意大利购买了切萨雷·劳伦蒂设计的潜艇，从法国购买了马克西姆·洛伯夫设计的潜艇，用这些潜艇与霍兰潜艇一同开展训练和试验。

这7年并非没有问题出现。1910年4月15日，霍兰潜艇中的第6号潜艇在广岛湾中航行；由于在近水面潜航时潜深过大，用于关闭发动机通气管的滑阀失灵，无法闭合；当艇员试图将其关闭时，链条却断裂了，导致潜艇的后部舱段灌满海水，艇体以艇尾朝下的姿态下沉。潜艇沉底后，成了一具冷冰冰的钢铁棺材，艇内满是烟雾；在漫长的3小时中，艇组成员逐渐因窒息死去。在第6号潜艇的指挥塔中，艇长佐久间勉大尉向他的同僚写下了一封信，对潜艇的事故详情做出说明，并表达了自己希望日本继续研制潜艇的遗愿：

> 因在下疏忽，致使陛下的第6号潜艇沉没，在下歉意深重，无以言表。部下因我之过而死，但我要自豪地告诉您，全体艇员无不沉着冷静，恪尽职守，直至生命的最后时刻。为国家计，我等以身殉职，但我唯恐此次事故会对潜艇的未来发展造成打击。因此，希望诸君以毫不动摇的决心继续研究潜艇，直至它无可挑剔、绝对可靠为止。届时，我等便可死而无憾。事故原因，在于用汽油发动机进行潜航时，下潜深度超过预期，而当我们试图关闭阀门时，链条断裂。我们努力用双手阻挡海水涌入，但为时已晚，海水灌入了潜艇后部，艇体以25度的倾角下沉……潜艇甫一下沉，主水舱便向外排水。艇内电灯熄灭，看不见仪表，但主水舱中的水应已完全排出。电流已经无用，燃气无法生成，手动泵是我们唯一的希望。艇内漆黑一片，靠着指挥塔里的一点光线，我在上午11时45分写下这句话。艇员们湿透了，艇内极度寒冷……一艘潜艇的艇组

出水后的美国海军“霍兰”号潜艇。（图源：美国海军历史与遗产司令部）

HOLLAND

成员当从最勇敢沉着者中遴选而出，否则在危急时刻便毫无用处——比如我们现在的处境。所幸，本艇成员个个勇敢沉着，尽忠职守。每次离家时，我都有赴死的准备。因此，我的遗愿已备好，放在柜子里，但写的都是私事。望田口先生能将其寄予吾父。在下有句遗言想呈与天皇陛下：诚望陛下为艇组成员的穷困遗属提供生计。这是我唯一的愿望，我迫切地希望它能实现……现在是午后 12 时 30 分，我的呼吸困难而痛苦。我曾试图排出汽油，但却中了毒……现在是午后 12 时 40 分。[25]

次日[26]，沉没的第 6 号潜艇被定位并打捞出水，佐久间勉身上的遗信也被发现。艇组成员视死如归的自我牺牲，让日本人为之震动，佐久间勉本人也成了民族英雄。日本人追随他的遗愿，在一战期间和一战之后继续研制潜艇，壮大潜艇部队。

除日本外，荷兰也获得了一艘霍兰潜艇。经与电船公司协商，位于荷兰弗利辛恩[27]的皇家斯海尔德造船厂（K. M. de Schelde）获得许可，开始铺设龙骨，建造一艘“霍兰 7”型潜艇（即美国的 A 级潜艇），并将其命名为“奋勇出水”号（Luctor et Emergo）[28]。1905 年 7 月上旬，该潜艇正式下水。在电船公司派出的美国团队的指导下，斯海尔德造船厂的荷兰艇组成员在北海[29]上持续接受训练、开展演习，直至 1906 年。在荷兰艇组成员的操作下，“奋勇出水”号最终通过了种种测试，为荷兰皇家海军所接纳——1906 年 12 月 20 日，荷兰皇家海军以 43 万荷兰盾的价格买下了这艘潜艇。翌日，荷兰皇家海军将其编入现役，定名为“潜艇 1”号（Onderzeese Boot I，简称 O-1），它是该国海军的第一艘潜艇。自 1909 年起，新一级别的海氏－怀特黑德型潜艇在皇家斯海尔德造船厂中逐渐成形，该型潜艇的设计者是怀特黑德公司（Whitehead & Company）的工程师马利·海（M. F. Hay）和保罗·科斯特（P. Koster）。一战期间，荷兰是中立国，而这些更大、更快的潜艇，一直是一战荷兰舰队的主要力量。

实战的边缘

尽管在 1905—1906 年以后，不少国家均加入了一场名副其实的潜艇“军备竞赛”，但人们对潜艇仍心存担忧，主要原因在于：潜艇事故频频发生；一些国家的海军力行改革，违背了顽固守旧派的集体意愿，并采用了种种新技术，将会造成更严重的毁伤；另外，1 个世纪以前，法国海军部长德尼·德克雷（Denis Decrés）曾对罗伯特·富尔顿说过一番话：“你的发明对阿尔及利亚人和海盗有用，但你得明白，法国还没有放弃海洋。”[30] 这番话所代表的观点，此时依然流行。不过，种种情况即将发生改变。

约翰内斯·施皮斯（Johannes Spiess）是德国“U-9”号潜艇上的一名军官，在一战爆发前两年进入该潜艇服役。他后来写道：“重要的战术发展肇始于 1913 年 1 月……直到那时，潜艇才成为了技术发展的首要主题。自此以后，潜艇上的服役事务变得更加艰苦繁重，但也有更多有益的工作得以完成。”——其中包含了 1913 年 5 月的一次军事演习；在此次演习中，“U-9”号潜艇艇长奥托·韦迪根（Otto Weddigen）上尉“一枚接一枚地”连射了 4 发鱼雷（潜艇首尾各发射 2 枚），令 3 艘战列舰退出战斗。[31]1914 年初夏，在“U-9”号潜艇出海期间，韦迪根还分别在水上和水下对艇员进行了鱼雷装填演练。

战争的阴云正在聚集。7 月 28 日，韦迪根的艇员将鱼雷上的演习弹头换下，并在其中一枚鱼雷上安装了实战弹头。“形势看起来很危急。”施皮斯说道。[32] 欧洲的紧张局势正在加剧。此前的 6 月 28 日，哈布斯堡王朝皇储弗朗茨·斐迪南大公在萨拉热窝遇刺，直接引发了这

俄国海军的一艘“莱克”潜艇。这种潜艇既能在海床上行驶，也能布设水雷。刊于《战争新闻画报》。（图源：斯泰普尔顿收藏，布里奇曼艺术库）

一“危急形势”，欧洲迅速步入战争。就在“U-9”号潜艇换上实弹鱼雷的当日，奥匈帝国对塞尔维亚宣战。作为回应，俄国开始战争动员；德国亦然，然后是法国。8月1日，俄德两国开战。“八月炮火”[33]已拉开帷幕，不日之内，欧洲大部便会陷于战火。与陆上战争一样，在随后的纷争中，海战也会发生永久的改变。

注释

[1] 原注：引自 Kimball, “Submarine Torpedo Boats,” p.568。

[2] 译注：罗得岛（Rhode Island），即罗得岛州，位于美国东北部的新英格兰地区，濒大西洋，是美国面积最小的州，别名“海洋之州”。

[3] 原注：引自 Morris, *John P.Holland*, p.115。据 1900 年 9 月 26 日的《纽约时报》报道，封锁舰队位于 7 英里外的海上，希望借此避开这艘“可怕至极”的潜艇。

[4] 译注：此处的“潜水者”号潜艇（USS Plunger，舷号 SS-2）并非前文中于 1897 年下水、后来夭折的“潜水者”号（Plunger）潜艇。此外，“Plunger”在英语中既可指潜水者，又可指滥赌的赌徒。

[5] 译注：西奥多·罗斯福（Theodore Roosevelt，1858—1919），又称老罗斯福，第 26 任美国总统。第 32 任美国总统富兰克林·罗斯福（小罗斯福）是他的远房堂弟。

[6] 原注：西奥多·罗斯福致海军部长查尔斯·约瑟夫·波拿巴（Charles Joseph Bonaparte），1905 年 8 月 28 日。引自 Stillwell (ed.), *Submarine Stories*, pp.10–11。

[7] 译注：甲米地（Cavite），菲律宾吕宋岛南部要地，扼马尼拉湾入口。

[8] 译注：纽波特纽斯造船及干船坞公司（News Shipbuilding & Drydock Company），又译纽波特纽斯造船及船坞公司，简称纽波特纽斯造船厂，位于弗吉尼亚州纽波特纽斯，邻近汉普顿锚地。它是美国规模最大的私人造船厂，为美国海军建造了许多军舰。

[9] 原注：引自 Compton-Hall, *Submarine Boats*, pp.117–18。

[10] 译注：索伦特海峡（Solent）是英吉利海峡中的小海峡，位于英格兰主岛与怀特岛之间。

[11] 译注：昆斯敦（Queenstown，意为女皇镇），爱尔兰南部科克郡海港城镇，今名科夫（Cobh）。

[12] 原注：这艘潜艇被打捞出水，经维修后重新服役，直至 1920 年。

[13] 译注：斯皮特黑德海峡（Spithead），英吉利海峡中的小海峡，位于索伦特海峡以东。

[14] 原注：这艘潜艇也被打捞出水并修复。

[15] 原注：为了寻回死亡人员的尸首，“A-3”号潜艇被打捞出水。1912 年 5 月，该潜艇作为射击靶艇沉入水下。

[16] 原注：引自 *New York Times*, June 13, 1901。

[17] 原注：同上，November 24, 1901。

[18] 原注：语出康涅狄格州国会议员埃比尼泽·希尔（E. J. Hill）。引自 Poluhowich, Argonaut: *The Submarine Legacy of Simon Lake*, p.83。

[19] 译注：对马海战（Battle of Tsushima，1905 年 5 月 27 日—28 日），即对马海峡海战，是日俄战争中两国在对马海峡（位于朝鲜半岛和日本本州之间）发生的一场海战。日方最终大获全胜，俄国第二太平洋舰队在此役中几乎全军覆没。

[20] 译注：日耳曼尼亚船厂（Germania Werft），全称弗雷德里希·克虏伯日耳曼尼亚船厂，位于德国基尔港，是一战和二战期间德国海军主要的 U 艇建造者之一。

[21] 译注：U 艇（又称 U 型潜艇）的德语为“Unterseeboot”，德语简称“U-Boot”，英语简称“U-boat”。德语中的“U-Boot”可用于指代任何潜艇，但英语中的“U-boat”则特指一战和二战中德国的军用潜艇。

[22] 原注：引自 Fyfe, *Submarine Warfare Past and Present*, p.275。

[23] 译注：“松方先生”指松方幸次郎，他是川崎造船厂的首任社长，其父为日本明治维新时期的内阁总理大臣（首相）松方正义。

[24] 原注：引自 Morris, *John P. Holland*, p.126。

[25] 译注：这段遗书由英文转译而来，与日文原版或有出入。

[26] 译注：即 4 月 16 日。一说为 17 日。

[27] 译注：弗利辛恩（Vlissingen），荷兰西南部港口城市，属泽兰省（Zeeland）管辖，地处斯海尔德河和北海之间。

[28] 译注：“Luctor et Emergo”（奋勇出水）为荷兰泽兰省纹章上的铭言，象征着该省与大海间的搏斗（该省大部分地区低于海平面）。

[29] 译注：北海（North Sea）是北大西洋的一部分，位于大不列颠岛、斯堪的纳维亚半岛、日德兰半岛和荷兰低地之间。

[30] 原注：引自 Compton-Hall, *Submarine Boats*, p.29。

[31] 原注：同上，p.177。

[32] 原注：同上。

[33] 译注：芭芭拉·塔奇曼（Barbara W. Tuchman）所著的一本一战史著作名为《八月炮火》（*The Guns of August*）。

Le Petit Journal

ADMINISTRATION
61, RUE LAFAYETTE, 61
Les manuscrits ne sont pas rendus
On s'abonne sans frais dans tous les bureaux de poste

5 CENT. SUPPLÉMENT ILLUSTRÉ 5 CENT.

26me Année — Numéro 1.290

DIMANCHE 12 SEPTEMBRE 1915

ABONNEMENTS

	SIX MOIS	UN AN
SEINE et SEINE-ET-OISE..	2 fr.	3 fr.
DÉPARTEMENTS..........	2 fr.	4 fr.
ÉTRANGER....	2 50	5 fr.

1915 年，法国《小日报》(*Le Petit Journal*) 某期头版。图中展现了一队英国潜艇艇员遭到德军攻击后，在丹麦海岸附近殉职的情景。(图源：akg 图像)

第八章

WORLD WAR I

第一次世界大战

1914 年 8 月，各国迅速动员，相继宣战，引发了一场世界性冲突。最终，全球有 100 多个国家不同程度地卷入其中。在所有交战国中，有数个国家刚于不久前装备潜艇。1900 年，世界范围内仅有数十艘潜艇。但在一战前的海军军备竞赛中，潜艇部队迅速发展壮大。对此，一名英国评论家谈道：“有不少于 264 艘水下作战潜艇参战，构成了英、法、俄、日、德、奥的潜艇部队。这些现代潜艇附属于各国海军，拥有近 2 万名受过高度训练的潜艇官兵……”[1]

1914 年，英国是领先世界的潜艇强国，拥有 73 艘潜艇；法国是世界第二大潜艇强国，潜艇数量 55 艘；美国则以 38 艘潜艇位列第三。一战之中，德国潜艇对战事的影响最大——德国拥有 35 艘潜艇，但在一战爆发之初仅有 28 艘在役。[2] 在 1914 至 1918 年的这场世界大战中，英、法、美、德等国将会建立起潜艇数量和体型更甚以往的舰队。潜艇的航程、航速和杀伤能力亦有提升。从 1914 年斩获首杀，到 1918 年的最后一例战果，德国 U 艇以一己之力击沉了超过 5000 艘协约国和中立国舰船，总吨位在 1200 万吨以上。[3]

一战首杀

一战之初，英国潜艇不仅数量有限，多数采用的还是过时的设计，如 A 级、B 级和 C 级潜艇。英国潜艇的作用，大多仅限于海岸巡逻和港口防御。关于潜艇在现代战事中扮演的潜在角色，人们在战前已有

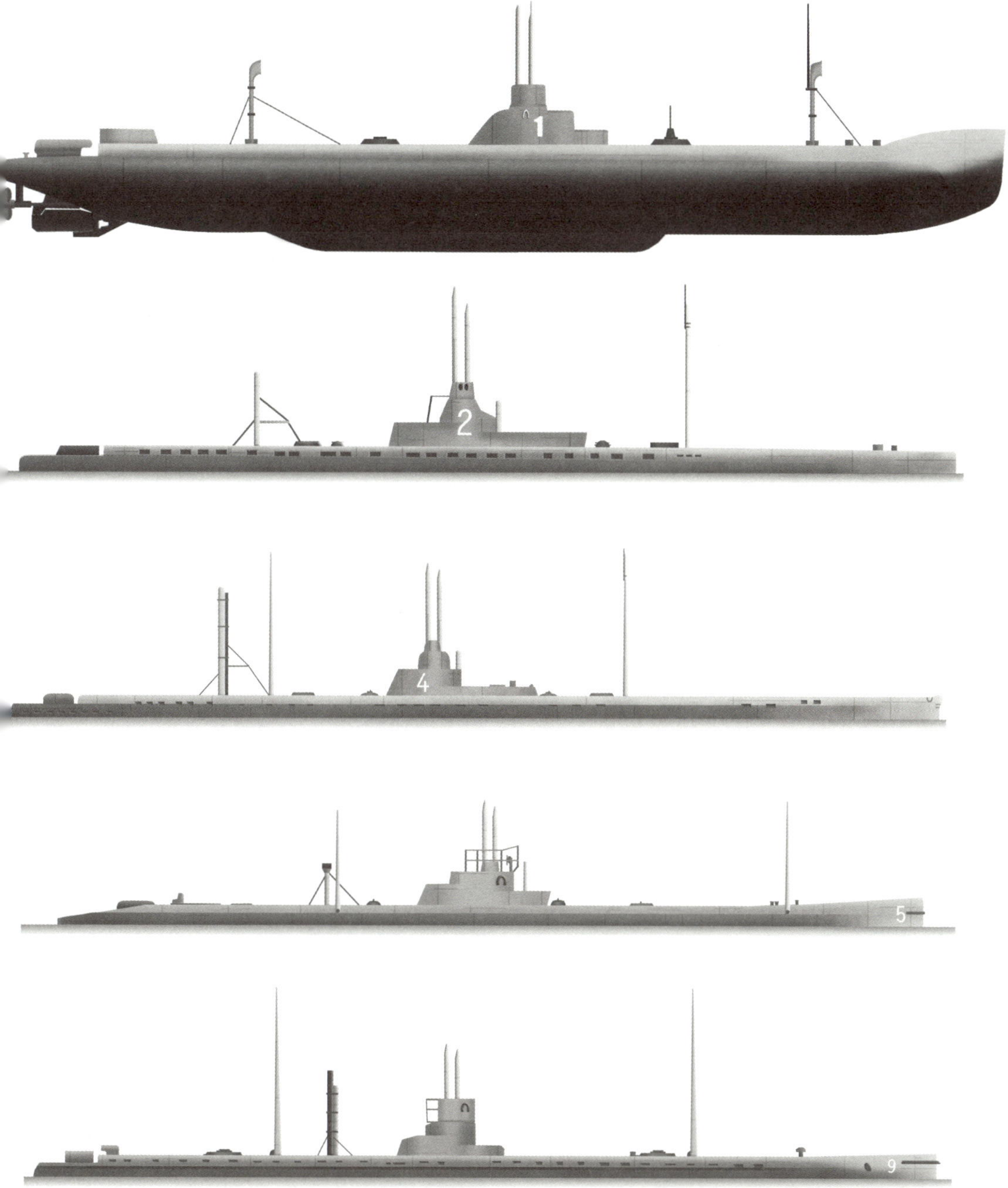

一战前下水的德国U艇。除顶图外，其余各图均无吃水线以下的艇体部分。从上到下各图分别为：“U-1”号潜艇，在整场一战中都作为教练潜艇使用；“U-2”号潜艇，比“U-1”号略大；“U-4”号潜艇，此艇前后均有大型折叠桅杆，并具有折叠式通风管；“U-5”号潜艇，注意指挥塔上方的围栏，此处常常会加装帆布幕；“U-9”号潜艇——在艇长奥托·韦迪根的指挥下，该潜艇击沉了3艘英国巡洋舰，分别是“乌格”号、“克雷西”号和“阿布吉尔”号。（图源：伊恩·帕尔默[Ian Palmer]艺术作品©鱼鹰出版社）

不少评论。但即使这些评论出自著名人士，也多被视为无凭无据的夸张之言。不过，2 种新级别潜艇——D 级和 E 级“越洋”潜艇在战前的发展，为英国潜艇在一战中的战绩奠定了基石。但在一战中，无论是从潜艇的建造数量、出击次数来看，还是从战果来看，对海战造成最大影响的，莫过于规模较小的德国潜艇部队。德国潜艇很快斩获了首例战果，由此开始频频出击。这例战果，是自“汉利”号潜艇在美国内战中击沉“胡萨托尼克”号以来，首次有潜艇在实战中击沉敌舰。

1914 年 8 月 6 日，德国海军派出 10 艘 U 艇，展开了史上首次联合潜艇巡逻。此次行动的结果相当令人沮丧：一艘潜艇因故返航。8 月 9 日，“U-15” 号潜艇在浓雾中滞留水面，艇员试图修复故障发动机，但在此期

德国水兵向 U 艇的鱼雷发射管中装填鱼雷。（图源：贝特曼档案馆，科比斯图片社）

间，英国轻巡洋舰“伯明翰”号（HMS Birmingham）发现并撞沉了这艘潜艇。“U-13”号潜艇则消失得无影无踪。在随后的两次作战巡逻中，其他潜艇同样令人失望，要么出现了发动机故障，要么未曾接触过敌人。在德国，潜艇批评者的言论似乎正在得到证实。随后，1914 年 9 月 5 日，一名德国 U 艇艇长率领艇员击沉了英国巡洋舰“探路者”号（HMS Pathfinder），地点位于苏格兰东海岸的圣阿布斯角（St Abb's Head）沿海。

在一次作战巡逻期间，“U-21”号艇长冯·策·奥托·赫尔辛（von Zee Otto Hersing）上尉率艇进入福斯湾（Firth of Forth），并发现了英舰“探路者”号，后者正在驱逐舰的护航下沿海岸巡逻。当天下午天气晴好、阳光灿烂，跟踪一阵后，赫尔辛决定发起攻击，于 15 时 43 分向“探路者”号发射了 1 枚鱼雷。15 时 50 分，鱼雷命中了“探路者”号舰桥附近的位置。鱼雷爆炸后，又发生了第二次大爆炸。鱼雷显然引爆了英舰前部的弹药库，致使后者迅速沉没，带着约 210 名舰员葬身海底。负责护航的“斯塔格”号（HMS Stag）驱逐舰、“快速”号（HMS Express）驱逐舰，与一些本地渔船火速赶往现场，在布满燃油、残骸和尸块的海面上找到了 58 名幸存者；一条仍套着水手靴的人腿堵住了其中一艘驱逐舰的通海阀。在如此可怕的场景中，英国人失去了“探路者”号，但尽管如此，他们却仍未对潜艇的威胁提起重视，还向媒体放出官方消息，称这艘巡洋舰乃因触雷沉没。

1914 年 9 月 13 日，在波罗的海一带的黑尔戈兰岛以南 6 英里处，英国“E-9”号潜艇取得了一战中的第二例潜艇战果。当时，该艇艇长马克斯·霍顿（Max Horton）发现了训练中的德国“海拉”号轻巡洋舰[4]，并向它发射了 2 枚鱼雷，鱼雷命中了舰身中部。不到半小时，“海拉”号便沉入水下，但 178 名舰员基本都被其他德国舰船救了上来，仅 2 人遇难。虽然霍顿的战果得到了公开宣传，但奥托·韦迪根的“U-9”号潜艇在 1914 年 9 月 22 日发起的戏剧性攻击，却令这一战果黯然失色。

德国潜艇连克三舰

一战前数月中，奥托·韦迪根率“U-9”号艇组成员展开了攻击性作战训练，这些训练收到了回报——在北海南部，韦迪根的潜艇击沉了 3 艘老旧的巡洋舰。这些巡洋舰来自英国皇家海军第 7 巡洋舰中队，当时正在“宽十四区”[5]（又名霍夫登 [Hoofden]）巡逻。由于暴风雨肆虐，韦迪根的潜艇被迫坐底，在海床上过夜。当这艘潜艇上浮充电时，艇长韦迪根发现了英舰“阿布吉尔”号[6]、“克雷西”号[7]和“乌格”号[8]。虽然蓄电池尚未完全充满，韦迪根还是指挥潜艇下潜，以瞄具瞄准“阿布吉尔”号，向它发射了 1 枚鱼雷。后来，韦迪根将这次行动的细节描述如下：

> 我当时处于水下约 12 英尺（3.7 米），以良好的状况发射了 1 枚鱼雷，我的艇员则如驾驭轻舟般操纵着这艘潜艇。为了用望远镜查看攻击效果，我向水面浮升，发现鱼雷不偏不倚正中目标。后来，我才得知此舰是“阿布吉尔”号。鱼雷命中了此舰其中一个弹药库的下方，弹药库的爆炸加剧了鱼雷的毁伤效果。水柱冲天，浓烟乍起，火光倏现，巡洋舰的一部分被炸上了天。然后，我听到一声巨响，感受到水中传来的阵阵爆炸冲击波。敌舰分崩离析，没多少分钟便沉没了。“阿布吉尔”号乃是被看不见的力量命中了要害，使这一击造成的效果愈加强烈。[9]

1914 年 9 月 22 日当天，“U-9” 号潜艇相继击沉了 “阿布吉尔” 号、“克雷西” 号和 “乌格” 号巡洋舰，展现了潜艇作为一种战争武器拥有的威力。（图源：布里奇曼艺术库）

在一战潜艇战的早期阶段，根据一项绅士行为准则，潜艇应先行浮上水面，对“猎物”予以警告，然后再击沉之。不过，攻击性反潜战的出现，改变了这一规则。（图源：伊恩·帕尔默艺术作品 © 鱼鹰出版社）

UB I 22

在近水面处，韦迪根注视着开始下沉的“阿布吉尔”号：

> 它的舰员勇气不凡，即使死亡近在眼前，也仍坚守战位，准备操作他们那无用的火炮……其他两艘巡洋舰，据我所知，分别是“克雷西”号和“乌格”号——二者调转方向，开足马力，全速前去援救它们垂死的姐妹舰[10]。对于此舰遭遇了何等困境，它们无从得知，只当是发生了一场事故。[11]

“阿布吉尔”号沉得很快，身中鱼雷后20分钟便葬身水下，527名舰员丧生。而当另两艘巡洋舰驶近时，韦迪根又瞄准了其中的“乌格”号，在300码（270米）外发射了2枚鱼雷。鱼雷射出时，“U-9”号的艇首霎时轻了下来，跃上水面。“乌格”号的舰员发现了它，随即开火。“U-9”号的2枚鱼雷均击中目标，对“乌格”号造成了重创。海水渐渐涌入，“乌格”号逐渐倾覆，10分钟后便沉没了。

> 不过这一回，第三艘巡洋舰（“克雷西”号）自然明白自身已被敌人盯上，只有竭尽所能保卫自己。其右舷和左舷上的鱼雷防御炮组开始发炮。“克雷西”号坚守原地，似乎更急于对落水的众多水手施以援手，而非自救。此舰采取了防范潜艇攻击的常见手段，以“之”字形走位全速推进。这使得我有必要推迟鱼雷的发射时间，直至找到一条准确的发射路径。因此，我必须进一步接近“克雷西”号。我浮上水面观察，看到此舰正在猛烈开火。这不足为奇，因为他们不知道该向哪开炮，尽管有发炮弹的确令人不快地落在了我们附近。进入适当射程后，我送出了第三波攻击。这一回，为了确保命中，在射出第一枚鱼雷后，我又发射了第二枚鱼雷。我的艇员瞄得像神

射手一样准，2 枚鱼雷双双正中目标。[12]

“克雷西”号受损严重，从舰首开始下沉，逐渐倾覆。韦迪根看到：

> ……它的舰员坚守在炮位上，搜寻看不见的敌人。他们是勇士，忠于己国的海上传统。这艘战舰最终发生了锅炉爆炸，翻了个底朝天。它以龙骨在上的姿态漂浮着，直至空气自下逸出。然后，它带着巨响沉入水下，仿佛一只痛苦的海兽。[13]

韦迪根的副手约翰·施皮斯[14]中尉记录道，“大片漂浮的残骸间，落水者垂死挣扎，紧紧抓住倾覆的救生艇，这使我们毛骨悚然、于心不忍。为了驱散这种印象”，他和艇员开始咒骂英国人。[15]

不到 1 小时，韦迪根的“U-9”号潜艇就击沉了 3 艘战舰，消灭了 1459 名敌舰官兵。获救者仅 837 人。巡逻结束，韦迪根率艇返航。回到德国后，韦迪根及其艇员被奉为英雄，并获颁勋章。而无论是否生还，英方指挥官都面临着非难与斥责。英国海军部起先宣称，这 3 艘巡洋舰乃因触雷沉没，但后来却被迫承认遭遇了潜艇攻击。“U-9”号潜艇和韦迪根的成功，迫使英国人——以及全世界——重新评估潜艇的价值。英国海军军官、后来的第一海务大臣达德利·庞德[16]曾在日记中谈道，3 艘老旧战舰及其预备役官兵的折损并非坏事，而是为英国敲响了警钟。他的言论虽显冷酷，但却道出了许多人的心声：

> 尽管生命的损失令人惋惜，但我们不禁想到，对我们而言，这是个有益的警醒——我们几乎已开始将德国潜艇视为无用之物，但我们终有一天会觉醒，而到那时，我们或许已失去

了数支作战舰队。[17]

此后，又有更多协约国作战舰队遭殃。10月11日，俄国巡洋舰“帕拉达”号（RUS Pallada）在波罗的海被“U-26”号潜艇击沉，597名官兵无一生还。10月15日，英国巡洋舰“霍克”号[18]在苏格兰沿海被韦迪根的“U-9”号潜艇击沉，527人丧生，其中包括舰长。未来的征兆于10月20日显现。当天，“U-17”号潜艇在挪威沿海浮上水面，将英国汽船“格利彻”号（SS Glitra）沉入水下[19]。“格利彻”号是第一艘因潜艇而沉没的商船，而且不会是最后一艘。1914年结束时，虽然潜艇已通过数例击沉战舰和商船的战果展现了自身的潜力，但它们的数量依旧不多。这种状况将在一战后期得到显著扭转。为迫使德国人因饥饿而投降，英国海军对德国实施了海上封锁。作为回应，德国人决定在不列颠群岛周围发起无限制潜艇战。

无限制潜艇战开启

1915年伊始，德国U艇战果有限。1月1日凌晨，“U-24”号潜艇盯上了一支在英吉利海峡巡逻的英国分舰队，并在德文郡海岸外37英里（60公里）处击沉了英国战列舰“可畏”号（HMS Formidable）。“可畏”号的750名官兵中，有551人丧生。不过，1月之中，德国人也损失了2艘U艇，分别是“U-31”号和“U-7”号。其中，“U-31”号潜艇触雷沉没；“U-7”号潜艇则殁于“友军炮火”——当时，“U-22”号潜艇误把“U-7”号当作敌方潜艇加以袭击。

一战刚刚开始，英国就对德国实施了海上封锁，重点封锁苏格兰以东和以北的北海海域，拦截一切进出波罗的海的海上运输。英国不仅封锁了德国仅有数个海港的直接海运，还阻止了可能与德国有贸易往来的斯堪的纳维亚诸国（例如丹麦）船只。英国的封锁激怒了不少德国官员，他们认为这种做法违反了国际法。他们开始力主德国启用 U 艇，对英国实施反封锁，并将其升级为一场无限制潜艇战，目标不仅限于英国和其他协约国战舰，还包括商船。随着战争的继续，英国将“禁运品”的范围扩大到了食品和其他生活必需品，禁止中立国船只将其运往德国。英国的意图很明确：让德国人因饥饿而屈服。

1915 年 2 月 4 日，德国政府宣布：

> 大不列颠和爱尔兰周边的一切水域，包括整条英吉利海峡，现特此宣布为战区。自 2 月 18 日起，每一艘在此战区内被发现的敌国商船，都会被消灭，而且不同于以往，其船员及乘客将绝无避开危险的可能。此战区内，中立国船只将同样暴露于危险之中。鉴于英国政府在 1 月 31 日下令滥用中立国国旗，加之海战中意外事件在所难免，因此，将中立国船只误认为敌国船只并予以攻击的情况，将无可避免。[20]

宣告一出，潜艇战的本质就发生了巨变。即使是那些此前曾贬低或嘲笑潜艇的德国海军界和政界人士，也日益将潜艇视为德国唯一的胜算。德国着力推动建造更新、更强的潜艇，并开始采取一种新战略，用旧式潜艇执行英吉利海峡的近距离巡逻任务，在新占领的泽布吕赫（Zeebrugge）、奥斯坦德（Ostend）和布鲁日[21] 等比利时海岸基地外活动。航程更远的新式潜艇则深入英国西南海区和爱尔兰海。另一种新级别的布雷潜艇也开始行动，在法国海岸和英国港口外布雷。因此，德国 U 艇的战果在 1915 年春季成倍增长，也就不足为奇了。1915 年 3 至 5 月间，U 艇击沉了 123 艘商船和不少战舰。但是，这场潜艇战也将在 5 月遭遇首次重大挫折。

“卢西塔尼亚”号事件

德国领导人痛苦地意识到，他们所推行的无限制潜艇战政策伴随着风险：一旦有美国人丧命，美国就可能参战。潜艇袭击夺去的“无辜”生命（不同于战斗人员），成为一战初期的焦点。1914年10月26日，“U-24”号潜艇将法国渡轮“冈托姆上将”号（Admiral Ganteume）误判为运兵船，并发动袭击。但该船的乘客实际上是一帮前往英国避难的比利时战争难民，有40人在袭击中身亡。由于德国在1915年2月将英国周边水域宣布为战区，美国总统伍德罗·威尔逊警告德国：若有任何美国人性命不保，都意味着“严格的问责”，美国必将追究到底。1915年5月1日，丘纳德公司（Cunard）的“卢西塔尼亚”号客轮（Lusitania）准备离开纽约时，位于华盛顿的德意志帝国使馆发出公开警告提醒旅客，称任何打着英国或其盟友国旗的船只，都面临着被摧毁的危险。如果他们搭乘这些船只旅行，便需“自担风险”。[22]

5月7日下午，“卢西塔尼亚”号行至爱尔兰旧金塞尔角（Old Head of Kinsale）沿海。而当时，瓦尔特·施维格（Walter Schwieger）上尉指挥的“U-20”号潜艇正在附近巡逻，寻觅目标。发现“卢西塔尼亚”号后，施维格命令潜艇下潜，小心翼翼地推进至2300码（2100米）远处，射出鱼雷。鱼雷命中了“卢西塔尼亚”号舰桥略下方的右舷处。第一枚鱼雷爆炸后，紧接着又发生了第二次爆炸。4分钟后，“卢西塔尼亚”号失去了所有动力，从船首开始下沉，逐渐倾覆，18分钟内便沉没了。死亡人数触目惊心：船上的1257名乘客中，有785人丧生（包括128名美国人）；702名船员中，有413人身亡；129名儿童中，有94人遇难，其中包括35名婴儿。

虽然这一击沉事件起先在德国收获了赞誉，但却在国际上激起了轩

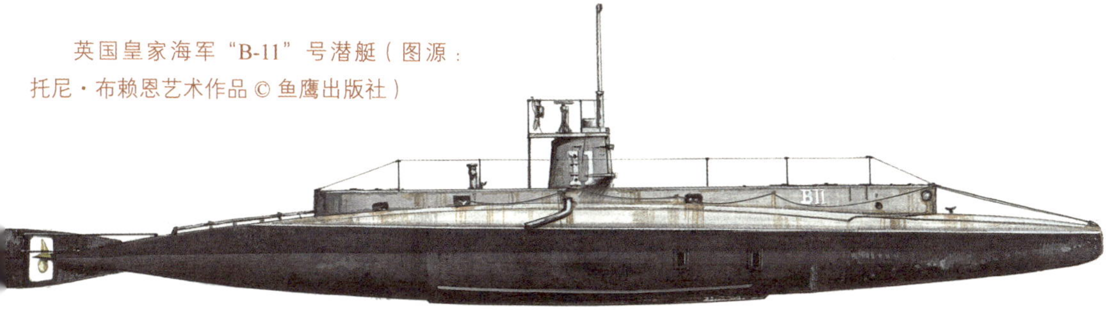

英国皇家海军“B-11”号潜艇（图源：托尼·布赖恩艺术作品 © 鱼鹰出版社）

英国皇家海军“C-27”号潜艇（图源：托尼·布赖恩艺术作品 © 鱼鹰出版社）

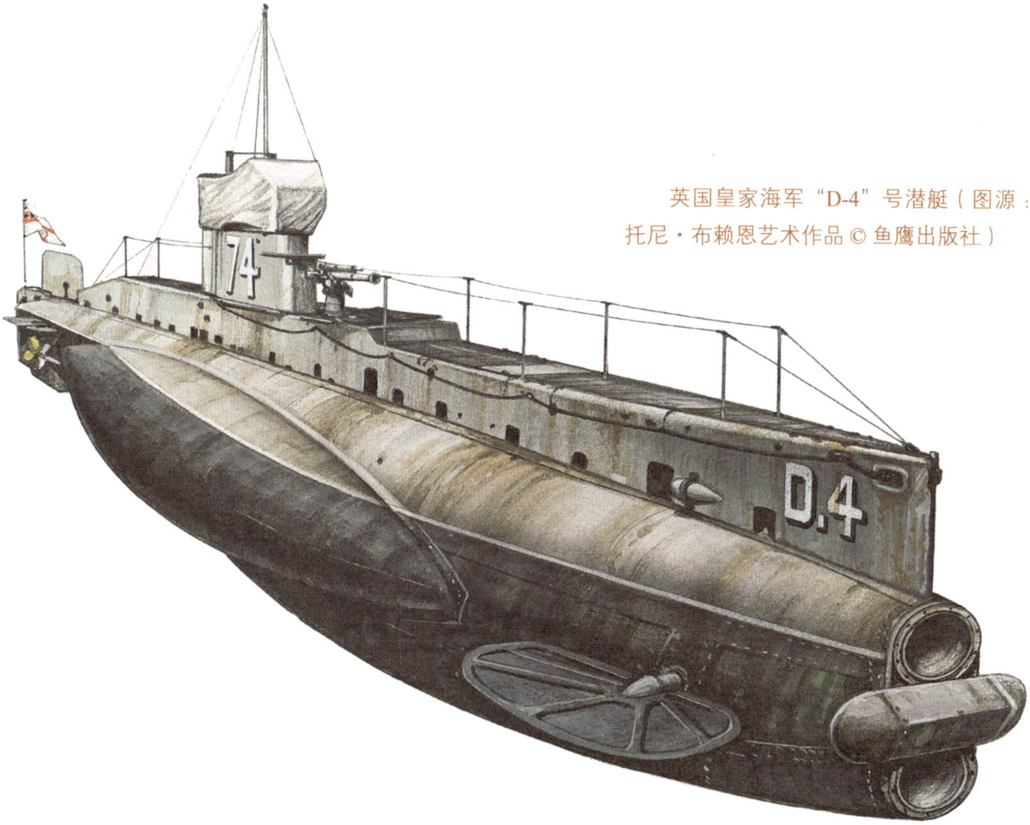

英国皇家海军“D-4”号潜艇（图源：托尼·布赖恩艺术作品 © 鱼鹰出版社）

然大波，一家英国报纸在头版标题写道——“德国佬惨绝人寰的罪行”。英国和加拿大爆发了反德暴乱，许多商店遭到打砸和洗劫。美国公众怒不可遏，在宣传上对德国、德国人以及德国潜艇展开了强烈抨击。一幅由艺术家弗雷德·斯皮尔斯（Fred Spears）创作的美国海报，描绘了一对死去的母子；母亲紧搂着她的婴儿，在绿海中下沉，下有一词——“参军”（ENLIST）。尽管美国尚未做好参战准备，但还是在5月13日发表了正式抗议，针对潜艇战的新“规则”做出严厉谴责：

> 因此，美利坚合众国政府想郑重至极地提醒德意志帝国政府注意以下事实：你们现在采取的攻击敌国贸易的做法之所以会遭到反对，原因在于，利用潜艇来摧毁贸易，在实际中不可能不殃及公平、理性、正义和人道的规则，而所有现代观点均将这些规则视为必要。正如过去数周所示，用潜艇来对付商船，显然会不可避免地违背许多关乎正义和人道的神圣原则。[23]

虽然涉及政治问题，但德国潜艇此时的击沉数量，在战略上已属军事胜利。无论何时，在海中游弋的U艇数量平均只有9艘。然而在1915年2至9月间，它们却一共击沉了365艘舰船（总吨位达532116吨）。U型潜艇战的战略价值，还在1915年8月得到了证明；当月，德国潜艇击沉了总吨位达185800吨的船舶，令潜艇击沉船舶的总吨位首次超过同月英国造船厂下水船舶的总吨位。

不过，另两艘远洋班轮的沉没，使针对德国U艇（以及整个德国）的宣传战愈演愈烈。8月19日，鲁道夫·施奈德（Rudolf Schneider）上尉指挥的“U-24”号潜艇，在爱尔兰海中用鱼雷击沉了白星公司（White Star）的远洋班轮“阿拉伯”号（Arabic）。当时，这艘班轮正从利物浦航往纽约。施奈德声称，“阿拉伯”号曾试图撞沉他的潜艇。他向“阿拉伯”号发射了1枚鱼雷，后者在10分钟内便沉没了。44人遇难，其中包括2名美国人。9月4日，在灯塔岛[24]海域，施维格的“U-20”号潜艇以鱼雷击沉了加拿大太平洋铁路公司的远洋班轮“西方之国”号（Hesperian），造成32人丧生，其中3人为美国人。

面对强烈的外交抗议和公众怒火，出于对美国介入战争的担忧，德国首相特奥巴尔德·冯·贝特曼－霍尔韦格（Theobald von Bethmann-Hollweg）与海军方面达成了一项协议。根据该协议，自8月底起，德国海军将禁止潜艇对班轮发动袭击，除非按照“捕获规则”（prize rules）行事（捕获规则规定：击沉目标前，潜艇应先浮上水面，疏散乘客及船员）。但面对英国海军的巡逻，浮上水面、登船检查、将其弄沉的一系列过程过于冒险，因此，德国U艇艇长干脆不再袭击班轮。由于所剩目标寥寥无几，德国人在9月20日做出决定，将U艇行动转移至地中海，对抗英国及其盟友。与此同时，英国人也从德国U型潜艇战中吸取教训，将本国潜艇派往波罗的海，把战火烧到德国家门口。

波罗的海潜艇战

第一次世界大战前，英国皇家海军建造了越来越多改进级别的潜艇，其中包括D级和E级潜艇。这些体型更大、航程更远、武器更优的潜艇，在一战中扮演着重要角色，E级潜艇尤为如此。历史学家普遍认为，E级潜艇是英国在一战中的最佳潜艇。第一艘E级潜艇——“E-1”号，于1912年动工建造。最终，共有56艘E级潜艇建成下水，包括2艘为澳大利亚而造的潜艇，分别是“AE-1”号和“AE-2”号。一艘标准的战时E级潜艇长180英尺（54.9米），最大宽度22英尺（6.7米），水面排水量622吨，由功率1600马力（1193千瓦）的发动机驱动，水面航速16节，水下航速10节。E级潜艇的一项重要改进在于：它们的航程达到了3225海里（10节航速下）。该级潜艇均装备了5具18英寸（457毫米）鱼雷发射管和1门甲板炮（不同潜艇配备的武器也有所不同，从6磅炮[25]到6英寸[152毫米]炮不等）；有6艘E级潜艇被装配为布雷潜艇。随后，英国又建造了下列几个级别的一战潜艇：F级、G级、H级、J级、K级、L级、M级、R级、V级和W级潜艇。

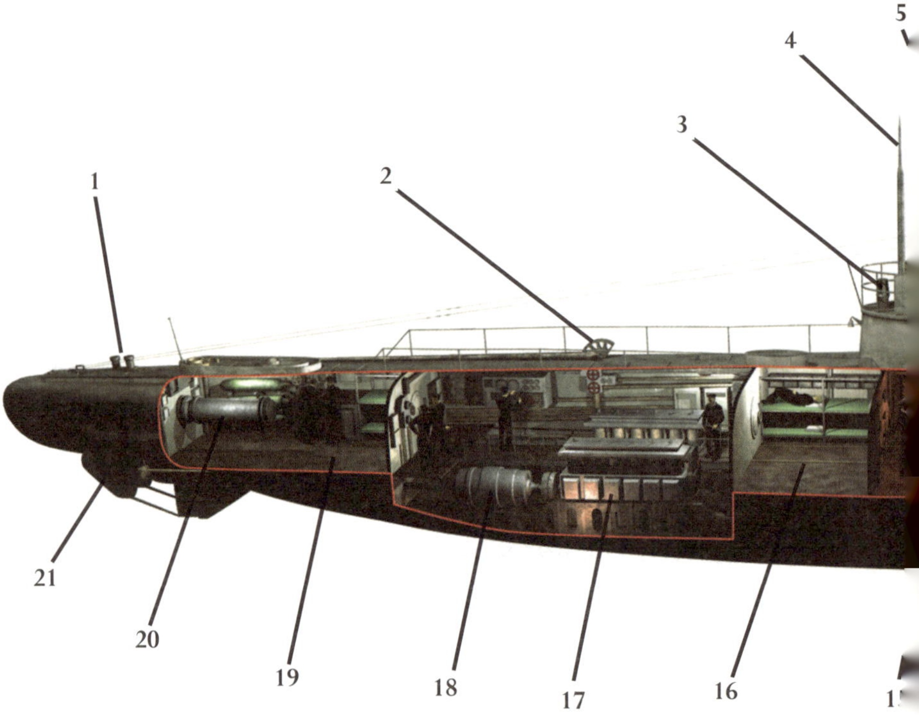

德国UBIII型潜艇。（图源：伊恩·帕尔默艺术作品 © 鱼鹰出版社）

各部分名称：

1. 带缆桩
2. 折叠桅杆
3. 指挥塔
4. 导航潜望镜
5. 攻击潜望镜
6. 艇长攻击位
7. 88毫米甲板炮
8. 斜拉天线
9. 前鱼雷舱
10. 绞盘
11. 割网器

1914 年 10 月，英国海军部将 2 艘 E 级潜艇派往波罗的海。它们的使命一方面是阻碍德国与瑞典的铁类贸易，另一方面是骚扰德国公海舰队[26]。当时，英国舰队已将公海舰队有效封锁在了波罗的海以内。"E-1"号和"E-9"号潜艇分别由诺埃尔·劳伦斯（Noel Laurence）和马克斯·霍顿指挥，依托一个俄国基地展开行动，造成了严重破坏。它

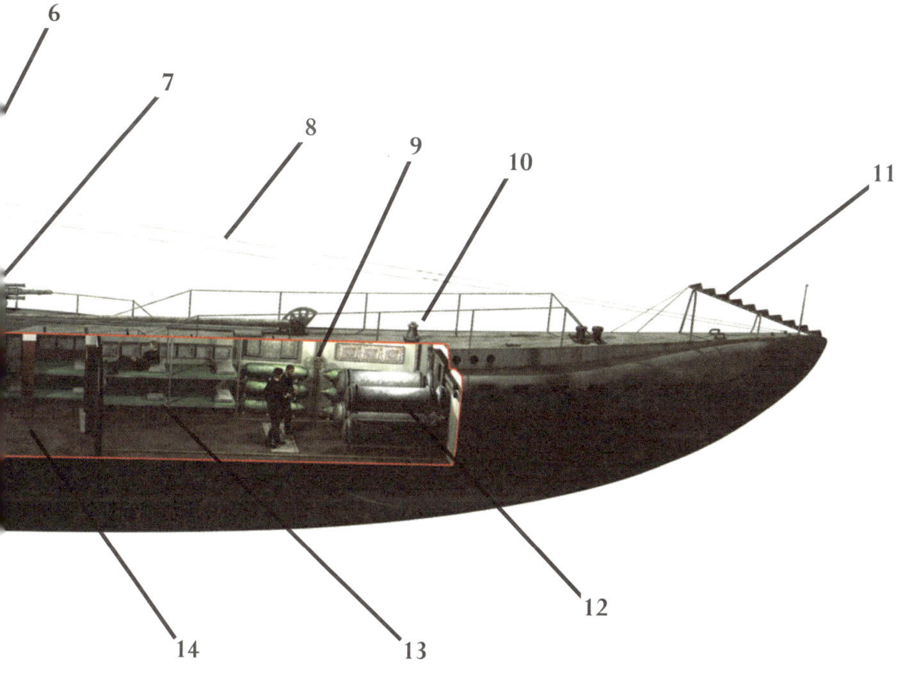

12. 鱼雷发射管
13. 水兵住舱
14. 准尉以上军官住舱
15. 控制舱
16. 军士住舱
17. 柴油机
18. 电动机
19. 后鱼雷舱
20. 艇尾鱼雷发射管
21. 垂直舵

们击沉了不少商船，事实上阻止了德国与瑞典间的铁矿贸易；它们还击伤了2艘德国巡洋舰，分别为“阿达尔贝特王爷”号[27]和“毛奇”号(Moltke)。这些针对德国战舰的潜艇行动，不仅牵制了德国海军的调动，还妨碍了德国陆军在行军登陆上所能得到的海军支援。

继这2艘潜艇及其艇组成员立下战功后，英国海军部又向波罗的海派遣了4艘潜艇。其中，“E-13”号潜艇在丹麦沿海搁浅，被迫自沉于此；“E-8”号、“E-18”号和“E-19”号潜艇则顺利加入波罗的海的行动。1915年10月23日，在弗朗西斯·古德哈特（Francis Goodhart）上尉的指挥下，“E-8”号潜艇攻击并击沉了“阿达尔贝特王爷”号，后者曾于7月遭到“E-9”号潜艇的袭击，此时刚刚维修完毕，回归部队。遇袭之后，这艘德国巡洋舰发生了爆炸，与672名舰员一起葬身海底，仅3人幸存。1个月后，“E-19”号潜艇又击沉了“温蒂尼”[28]号轻巡洋舰，用2枚鱼雷将这艘敌舰炸上了天。这些英国潜艇此后继续骚扰德国舰船，但在1916年5月24日，“E-18”号潜艇遇难，全体人员无一生还。1917年1月，4艘C级潜艇自英国出发，加入了E级潜艇的队伍。随后，这支潜艇编队继续巡逻海岸，寻机攻击目标。但目标寥寥无几——该潜艇编队的成功，确保了海上几乎空无一船。

1917年10月，“C-27”号潜艇加入了争夺里加湾（Gulf of Riga）的海战。当时，德国入侵了里加湾湾口的俄占岛屿。当月晚些时候，“C-32”号潜艇搁浅，由艇组成员自沉于水下。这是后续事件的先兆。俄国革命的爆发，补给的缺乏，以及俄英之间的紧张关系，令潜艇行动举步维艰。1917年12月，潜艇编队撤至赫尔辛基，并搁置于此。随后，布尔什维克与德国签订条约[29]，使俄国退出一战，但上述潜艇也因此滞留在了俄国领土上。1918年4月，随着条约的签订，加之德军向赫尔辛基推进，这些英国潜艇被一一运走，沉于水下，免遭德国俘获。

角逐土耳其沿海

除西欧战场外，一战的战火还烧到了遥远的土耳其沿海。开战之初，英国决定征用 2 艘英制土耳其战舰，补强皇家海军。德皇乘机出手，给土耳其送去了 2 艘德国巡洋舰，替代被英国强占的那 2 艘战舰。这一手让英国昔日的盟友土耳其临阵倒戈，加入德国阵营。达达尼尔海峡系经地中海进入马尔马拉海、伊斯坦布尔和黑海的门户，守卫森严。协约国舰队曾试图强行突破达达尼尔海峡，但却铩羽而归。随后，为了夺取这一海峡，英国、法国、澳大利亚和加拿大部队发起了漫长而血腥的战役。战舰和巡洋舰无法通过之处，潜艇却可通过。不论是在达达尼尔海峡，还是日后的土耳其海域中，来自英国、法国和澳大利亚的少量潜艇均扮演了重要角色。

1914 年 12 月 13 日，在穿过土耳其水雷区，前往恰纳卡莱[30]期间，战前潜艇“B-11”号拿下首杀，用鱼雷击沉了土耳其战舰“幸福”号（Mesudiye）。当时，有 6 艘法、英老式潜艇部署在达达尼尔海峡外，“B-11”号正是其中之一。此次突袭使“B-11”号登上了报纸头条，并为艇长诺曼·霍尔布鲁克（Norman Holbrook）少校赢得了一枚杰出服役十字勋章。英国海军部也因此吃下了定心丸，将 6 艘 E 级新式潜艇派往土耳其。1915 年 4 月 25 日，继 1 艘英国潜艇和 1 艘法国潜艇折戟后，澳大利亚的“AE-2”号潜艇率先穿过了达达尼尔海峡。27 日，“E-14”号潜艇也穿过海峡，与“AE-2”号会合。虽然由于机械故障，这艘顽强的澳洲小潜艇在 4 月 30 日沦为了一艘鱼雷艇的牺牲品，但“E-14”号潜艇仍留在马尔马拉海中，并在撤离前击沉了 1 艘土耳其炮艇和 1 艘布雷舰。

5 月 19 日，“E-11”号潜艇成了第三艘穿越海峡的潜艇。它在马尔

1914年12月13日，土耳其战舰“幸福”号被“B-11”号潜艇击沉。（图源：斯泰普尔顿收藏，布里奇曼艺术库）

加利波利的法国潜艇艇员墓地。
（图源：詹姆斯·德尔加多）

马拉海中巡弋了3周，期间曾短暂逗留于伊斯坦布尔，在此处海域用鱼雷攻击了1艘土耳其炮艇；其后，“E-11”号又多次得手，令马尔马拉海上的航运活动几近瘫痪。在此之后，“E-11”号毫发无损地从达达尼尔海峡撤出，后方还拖带着1颗水雷，这颗水雷是它在穿过防御海峡的土耳其水雷区时挂上的。其他潜艇继之而至——“E-2”号、“E-7”号、“E-14”号以及法国潜艇“绿松石”号（Turquoise）——外加去而复返的“E-11”号潜艇，它击沉了1艘土耳其战列舰。在1915年的余下时日中，这些潜艇一边袭击商船，一边躲避德国的“U-14”号潜艇。后者同样进入了马尔马拉海，并击沉了“E-20”号和“E-7”号潜艇。德国人和土耳其人还俘获了“绿松石”号潜艇，并在7月击沉了试图进入达达尼尔海峡的法国潜艇“马略特”号（Mariotte）。

德国人向达达尼尔海峡派遣了数艘U艇。在奥托·赫尔辛的指挥下，“U-21”号向达达尼尔海峡机动，攻击正在炮轰加利波利半岛土耳其阵地的英舰。1915年5月25日，赫尔辛击沉了“胜利”号（Triumph）战列舰，后又于27日用鱼雷攻击了“威严”号（Majestic）战列舰，使其葬身水下。立下此功后，赫尔辛又指挥“U-21”号潜艇穿过达达尼尔海峡，于6月5日抵达伊斯坦布尔。到当年秋天，另有4艘德国潜艇抵达伊斯坦布尔，在马尔马拉海和黑海巡逻。1916年，又有6艘潜艇加入其中，包括在塞瓦斯托波尔沿岸执行任务的布雷潜艇。在黑海中，新抵达的德国潜艇击沉了6艘俄国船只，但除此外再无建树，其中，“U-46”号潜艇于1916年12月在土耳其沿岸触雷沉没。不过，总体而言，德国潜艇在爱琴海和黑海获得了成功，共击沉了57艘舰船。[31]

在此期间，俄国人已用火车将潜艇从太平洋运至黑海，加强该海域的潜艇力量。到1916年时，俄国人开始动用黑海潜艇部队，试图封锁博斯普鲁斯海峡，但收效有限。不过，他们在击沉土耳其商船方面表现不错；俄国人于1917年底退出一战，在此之前，他们仅损失了1艘潜艇，原因可能是触雷沉没。

1915年终了，协约国部队从加利波利撤退，土耳其海域的这场战事也进入尾声。在撤出这一战场时，英国潜艇指挥官宣称，他们已击沉了近200艘小汽船和帆船、16艘运送部队和补给的运输船、6艘小型舰艇（包括鱼雷艇）以及2艘大型战舰。作为代价，协约国方面损失了4艘法国潜艇和4艘英国E级潜艇。

地中海行动

德国人决定结束在英国沿海开展的无限制潜艇战，将潜艇战的主战场转向地中海，与奥匈帝国盟友协力作战。地中海的潜艇战由少量奥匈帝国潜艇打响，并已取得了一些战果。例如，在艇长格奥尔格·里特尔·冯·特拉普上尉[32]的指挥下，“U-V”号潜艇于1915年4月27日击沉了法国巡洋舰“莱昂·甘必大”号（Léon Gambetta）。奥匈帝国随后的其他潜艇行动也卓有成效，击沉率颇高。

德国潜艇部队在卡塔罗[33]建立了一个基地，并加入了奥匈帝国在普拉[34]的基地，自1915年8月开始袭击意大利船只，袭击一直持续至11月。这带来了令人困惑的问题，因为意大利虽与奥匈帝国处于战争状态，但并未与德国交战。德国潜艇对意大利船只的袭击，最终驱使意大利于1916年8月对德宣战。此外，“U-38”号潜艇在11月击沉了2艘意大利船只，导致约40名美国乘客丧生，造成了严重的外交后果。在随后的抗议浪潮中，德国放弃了其潜艇在地中海范围内“击沉前不予警示”的方针。

新政策[35]带来的限制，并未阻止德国U艇王牌洛塔尔·冯·阿尔诺·德·拉·佩里埃（Lothar von Arnauld de la Periere）上尉创下一项空前绝后、尚未被任何潜艇指挥官打破的纪录。由于在攻击前必须

AL1
L1

浮上水面、发出警告，德·拉·佩里埃指挥的“U-35”号潜艇击沉目标所用的武器，几乎全是88毫米甲板炮，发射鱼雷的情况仅有4次（失手1次）——但却创下了击沉194艘舰船、击沉总吨位45.4万吨的纪录。到一战结束时，在亚得里亚海和地中海中，德国与奥匈帝国的潜艇共击沉了325艘舰船。[36]

无限制潜艇战再起

1916年，一战继续在陆上和海中进行。德国的战争领袖意识到，如果他们的部队迟迟不能打破当下的僵局，便会以战败告终。在1916年5月31日和6月1日的日德兰海战中，德国海军击沉了更多英国舰船，对英国皇家海军造成了2倍于己的伤亡。但是，德国公海舰队仍未能突破波罗的海的封锁。为了赢下战争，德国需要恢复无限制潜艇战。出于外交忧虑和内部分歧之故，德国推迟了此项决定。不过，U艇在10月回到了英国海域，在“捕获规则”下重新发起袭击。它们取得了十分可观的战果，在当月击沉了33.7万吨船只，在11月至

1918年，爱尔兰班特里湾（Bantry Bay）的美国潜艇“L-1”号。（图源：美国海军历史与遗产司令部）

翌年1月间又击沉了96.1万吨船只。

为了打击U艇，英国人起初采取的手段包括：频繁巡逻，布设水雷，以及撞沉潜艇这种过时的权宜之计，除此之外防御乏术。他们通过这些手段击沉了21艘潜艇。虽然这些手段收到了一定成效，但德国人也予以反制，开始迅速赶造大批不同类型的潜艇，其中包括：150吨的UB型小潜艇（可在拆卸后由火车运往目的地）；UC级布雷潜艇；排水量更大、航程更远的巡洋潜艇；以及2艘1000吨的载货潜艇“德意志”号（Deutschland）和“不来梅”号（Bremen）。简言之，一战期间，德国的潜艇力量从1915年2月的36艘可用潜艇，扩充到了1917年10月的140艘潜艇，创下了U艇实力的巅峰。[37] 为了对抗实力激增的U艇部队，英国人采用了种种新式武器，并适时采取了一种新战略。

其中一种新武器叫作“Q船”（Q-ship）。Q船看似是未经武装的商船，但实则为伪装成商船的战舰。Q船的货舱里载满了软木等轻质木材，即使船身破洞也不会沉没。一艘Q船要么会冒充中立国船只，要么会佯装无辜的受害者。遇袭时，Q船船员会升起海军军旗，现出隐藏的火炮，向毫无疑心的U艇开火。Q船的第一个受害者是“U-36”号潜艇，后者于1915年4月24日被“查尔斯王子”号（HMS Prince Charles）击沉。Q船的事迹引起了公众的广泛关注，并被高度浪漫化，但是最终来看，它们收效并不大。Q船共计击沉了14艘U艇，击伤60艘，但自身也付出了损失27艘的代价。

为了进一步打击U艇，英国战舰开始在舰后拖曳“爆炸索”（explosive sweeps）——这是种长长的套索，挂有许多炸药，此外还拖曳了带有炸药的扫雷器（paravane）。仅有3艘U艇殁于这些装置。由于一战久拖不决，另一种反潜武器应运而生。这种武器将水听器与炸弹结合起来，通过水听器侦听潜艇发动机在水下发出的声响，并在预定深度引爆 300 磅（136 千克）炸弹——即深水炸弹。深水炸弹于 1915 年晚期研制成功，装备部队。英国和美国海军（以及后来其他国家的海军）均装备了这种炸弹，用于对特定水域范围进行地毯式轰炸，力求击沉其中的潜艇。到一战结束时，这种新型武器共击沉了 26 艘 U 艇。

深水炸弹

深水炸弹最早由英国人在一战期间推出，用于对抗德国潜艇带来的新威胁。究其本质，深水炸弹可以看作是圆柱形的金属罐，内部装有 330 至 660 磅（150 至 300 公斤）炸药。深水炸弹既可简易地从舰船侧舷滚入水中，也可通过二战后期出现的一种发射装置进行投射。投放前，深水炸弹的水压引信经过预先设定，以便在目标潜艇的预

二战期间，美国战争信息局征募海报上的深水炸弹。（图源：美国国家档案和记录管理局 [NARA]）

计活动深度上引爆。在实际使用中，深水炸弹很少会直接炸到艇体结构。只要它们能在目标潜艇周围 30 英尺（9 米）内引爆，便会造成严重破坏；若一枚深水炸弹能在目标潜艇旁 10 英尺（3 米）内爆炸，便可稳稳“击杀”该艇。二战期间，人们研发了更为复杂的深水炸弹，其中一种具有更加符合空气动力学的泪滴形弹身，并配备了加重弹头，确保弹体能垂直贯穿水体。虽然深水炸弹相对较为简单，但在一战期间，它们是最有效的可用反潜武器之一，即使在二战期间，它们也击沉了德国 U 艇总数的 43%。

不过，反制 U 艇威胁最为有效的手段，当属护航制。英国皇家海军起初反对开展护航行动，但在 1917 年 1 月，为了保护加拿大、美国、英国、马耳他和直布罗陀间的远洋航线，护航制势在必行。护航制起初仅覆盖了航向英国的所有船舶，后又于 1917 年 8 月扩大到了驶出英国的船舶上，并于 1918 年 7 月覆盖了沿海船舶。由于失去了袭击落单目标的机会，U 艇指挥官们此时不得不开始袭击由武装护航舰只保卫的一支支船队。此外，用于搜索（和轰炸）U 艇的空中观测机也投入使用，使德国潜艇官兵面临的任务愈发艰巨。到 1918 年时，U 艇已陷于不利局面。

但在 1917 年初，形势对德国潜艇仍十分有利。在决定恢复早先的攻击计划后，2 月 1 日，德国宣布开启一场新的无限制潜艇战，105 艘潜艇随时待命出击，向前挺进。在潜艇战开始后的首月内，德国潜艇的击沉总吨位提升至 56 万吨（3 月），并在 4 月增加到了 86 万吨。但就在 4 月，美国对德宣战，而在此前的 2 月，美国已断绝了与德国的外交关系。在牢记“卢西塔尼亚”号之殇及其他 U 艇受害船只的阵阵疾呼中，美国总统伍德罗·威尔逊向国会宣读的战争咨文特别包含了以下内容：“当前德国针对贸易发动的潜艇战，乃是与人类为敌……因为若像

美国甫一参战，便发起了一场宣传和征兵运动，增加新兵数量。为了招募专业无线电人员，美国海军发布了宣传海报，譬如此图。

这张极富感染力的宣传海报——“参军”，唤起了人们对“卢西塔尼亚”号遇难事件的记忆。（图源：戴维·波拉克[David Pollack]，科比斯图片社）

德国潜艇那样被用于对付商船，潜艇实际上便属非法，商船不可能像国际法所假定的那样抵御它们的攻击。”[38] 为了自卫，也为了击败德国，结束战争，威尔逊请求宣战，并请求获得授权，施行必要之事，包括“即刻对海军进行全面装备，尤其是要为之提供对付敌人潜艇的最佳手段”。[39]

就在德国继续开展来势汹汹的潜艇战时，美国海军的参战、护航制的采用以及深水炸弹等武器的研制，昭示着德国的最终失败。不过，德国在潜艇上的技术创新，使潜艇战越过了大西洋，延伸至北美海岸。新一级远程巡洋潜艇投入实战，向美国和加拿大船只发动攻击。一战结束之前，在纽芬兰与哈特勒斯角[40]之间的海床上，散落着由6艘潜艇击沉的174艘舰船残骸，总吨位达36.1万吨。其中，最著名的受害者是美国巡洋舰“圣迭戈”号（USS San Diego）。1918年7月19日，此舰在纽约沿海被“U-156”号潜艇布设的水雷（或发射的鱼雷）击沉。

在驶入加州洪堡湾期间，美国海军“H-3”号（USS H-3）潜艇在大雾中搁浅。经过旷日持久的打捞行动，该潜艇最终得救。一战之中，美国潜艇只是个小角色。（图源：美国海军历史与遗产司令部）

一战落幕

到1918年时，无论是在陆地上，还是在海洋中，德国都正在输掉这场战争。前线和后方的饥饿与不满，以及盟友的抽身而去，时刻困扰着德国政府。很快，德国陆军和海军也爆发了哗变。在潜艇力量方面，德国失去了位于亚得里亚海和比利时海岸的基地，潜艇损失和艇员伤亡数量不断增加，数不胜数。虽然德国还有226艘U艇在建，但它们都在造船厂里，既未下水，也无艇员，没有做好战斗准备。1918年10月21日，当交战双方开始就停战问题展开谈判时，德国公海舰队司令莱茵哈特·舍尔（Reinhard Scheer）上将命令U艇结束对商船的无限制潜艇战。1918年11月11日，德国投降。

第一次世界大战证明了潜艇的效用与威力。德国U艇发起的潜艇战，有力地展示了潜艇致命的毁伤潜力，将数世纪前的想象化为现实，不过，代价也十分高昂——U艇击沉了逾5282艘舰船，总吨位达12284757吨。数万人因此丧生，其中既有潜艇的受害者，也有潜艇人员——单是德国就损失了178艘潜艇。战争冲突总是会刺激技术和工业的进步，一战也不例外。从1914到1918年，更为有效的新式潜艇得到了发展，为战间期内新型潜艇的密集研究、改进和发展铺平了道路。在下一场世界大战中，这将催生出更具效力、更加致命的潜艇战。

注释

[1] 原注：引自 Domville-Fife, *Submarines, Mines and Torpedoes in the War*, p. 9。

[2] 原注：引自 George, *History of Warships*, p. 159。

[3] 原注：引自 Fayle, *Seaborn Trade*, Vol. III, p. 465, Table 1a。

[4] 译注："海拉"号（KMS Hela）轻巡洋舰得名于海尔半岛（又名普茨克半岛）。该半岛位于波兰北部，介于普茨克湾和波罗的海之间。

[5] 译注：宽十四区（Broad Fourteens）位于北海南部、荷兰沿海，指一片水深均为 14 英寻（26 米）左右的宽阔海域。

[6] 译注："阿布吉尔"号（HMS Aboukir）巡洋舰的舰名源于 1798 年的阿布吉尔湾海战（又称尼罗河河口海战）。在这次海战中，霍雷肖·纳尔逊率英国舰队歼灭了法国舰队，取得决定性胜利。

[7] 译注："克雷西"号（HMS Cressy）巡洋舰的舰名源于 1346 年的克雷西会战，英军在此役中以长弓兵大破法军重甲骑士与十字弓兵。

[8] 译注："乌格"号（HMS Hogue）巡洋舰的舰名源于 1692 年的拉乌格海战（又名拉和岬海战），在这场决定性战役中，英荷舰队击败了新兴的法国海军。

[9] 原注：引自 Horne (ed.), *Source Records of the Great War*, Vol. II, pp. 96–99。

[10] 译注：在西方，舰船都是以女性第三人称"她"来代表的（为照顾中文习惯，译文中均以"它"来表示，特此说明），故舰船之间也以"姐妹"相称。

[11] 原注：同注 [9]。

[12] 原注：同注 [9]。

[13] 原注：同注 [9]。

[14] 译注：约翰·施皮斯（Johann Spiess），即前文中的约翰内斯·施皮斯。他后于 1915 年 1 月 12 日接替韦迪根担任"U-9"号潜艇艇长，直至 1916 年 4 月 19 日。

[15] 原注：引自 Compton-Hall, *Submarine Boats*, p. 178。

[16] 译注：达德利·庞德（Dudley Pound，1877—1943）曾在一战中以战舰指挥官的身份参战，在日德兰海战中立下战功。他于 1939 年出任第一海务大臣，领海军元帅衔，有"丘吉尔的锚"之称。

[17] 原注：达德利·庞德 1914 年 9 月 24 日的日记；引自 Halpern (ed.), "Dudley Pound in the Grand Fleet, 1914–1915," p. 413。

[18] 译注："霍克"号（HMS Hawke）巡洋舰得名于18世纪英国皇家海军元帅爱德华·霍克（Edward Hawke，1705—1781）。

[19] 译注："U-17"号潜艇先是逼停了"格利彻"号，搜查其货物，并命令船员乘救生艇离开，而后打开通海阀使其沉没。

[20] 原注：译自 *Reichsanzeiger*, February 4, 1915。引自 Corbett (ed.), *Naval Operations*, Vol. II, pp. 260–61。

[21] 译注：布鲁日（Bruges），或译布吕赫（Brugge），比利时西北部城市，有"北方威尼斯"之称。泽布吕赫归其管辖。

[22] 原注：见1915年4月22日，德意志帝国使馆发出的警告。警告信息与丘纳德公司的广告共同刊印在数家报纸上。

[23] 原注：美国的这则檄文在报纸和杂志上广为转载。引自 *The Independent*, Vol. 82, No. 3468, May 24, 1915, p. 311。

[24] 译注：灯塔岛（Fastnet，原始含义或为"尖牙岛"）是爱尔兰最南端的一个大西洋小岛，被称为"爱尔兰之泪"。岛上无人居住，建有一灯塔。

[25] 译注：6磅炮（6-pdr），通常指炮弹重约6磅（2.7千克）的57毫米（2.2英寸）口径炮。旧时的火炮常以炮弹的磅重来标定口径，因为炮弹主要为实心圆弹。

[26] 译注：公海舰队（英语：High Seas fleet，德语：Hochseeflotte），又译大洋舰队，是德意志帝国海军的一支主力舰队，曾参加第一次世界大战。

[27] 译注："阿达尔贝特王爷"号（Prinz Adalbert）巡洋舰得名于海因里希·威廉·阿达尔贝特（Heinrich Wilhelm Adalbert，1811—1873），他是普鲁士国王腓特烈·威廉三世的侄子，普鲁士亲王威廉（Prince Wilhelm of Prussia，1783—1851）的长子。在德语中，"Prinz"不一定指王子，还可指侯爵或公爵之子。

[28] 译注：温蒂尼（Undine），又译乌丁娜、娥丁等，欧洲传说中的水精灵或水女神。

[29] 译注：指1918年3月3日，苏俄政府与同盟国签订的布列斯特－立托夫斯克和约。

[30]　译注：恰纳卡莱（Çanakkale）为土耳其港口城市，位于达达尼尔海峡最窄处南岸。

[31]　原注：引自 Miller, *U-Boats*, p. 12。

[32]　译注：格奥尔格·里特尔·冯·特拉普（Georg Ritter von Trapp，1880—1947），奥匈帝国海军军官，在一战中屡立战功，并且是著名电影《音乐之声》中的人物原型之一。他的第一任妻子名叫阿加莎·怀特黑德（1890—1922），是白头鱼雷发明者罗伯特·怀特黑德的孙女。

[33]　译注：卡塔罗（Cattaro）又名科托尔（Kotor），今为黑山共和国南部港市，位于亚得里亚海科托尔湾南端。

[34]　译注：普拉（Pula 或 Pola）曾是奥匈帝国海军最大的军港，今为克罗地亚西部港市，临亚得里亚海。

[35]　译注：指有限制潜艇战。

[36]　原注：同注 [31]。

[37]　原注：引自 George, *History of Warships*, p. 161。

[38]　原注：引自 Wilson, *War Messages*, pp. 3–8, passim。

[39]　原注：同上。

[40]　译注：哈特勒斯角（Cape Hatteras）位于美国北卡罗来纳州东岸。

描绘气匣装置的插图。该装置出现于 20 世纪 30 年代的英国潜艇上，设计目的是让潜艇人员在潜艇失事沉没时得以逃生。（图源：©《伦敦新闻画报》，玛丽·埃文斯图库）

第九章

SUBMARINES BETWEEN THE WARS

两次世界大战之间

一战期间，潜艇的设计与性能得到了快速发展。不论是在体型上，还是在航程、航速、宜居性和破坏力上，潜艇都进步迅速。单是德国，就研制了25种新型潜艇；英国研制了10种，美国研制了7种。一战以后，独立的研究和设计活动持续进行。与此同时，德国潜艇的惊人战绩也引起了极大关注，许多国家纷纷求觅U艇，以便一探究竟。不过，为了禁止德国再度在海上制造恐惧，大多数U艇注定要被销毁。《凡尔赛条约》第191条写得很清楚："禁止德国建造和获取任何种类的潜艇，即使是出于贸易目的。"

1918年，一战结束时，仍有176艘U艇漂浮于水上，在建的则有149艘。虽然未完工的潜艇几乎都被报废拆解，但仍能漂浮的潜艇均被命令运往英国，在那里接受处置，转交给各战胜国。有20艘U艇在拖曳期间沉没，包括臭名昭著的"U-21"号潜艇——此艇在英吉利海峡沉没，其他的则顺利到达英国。英国获得了95艘U艇，对其中一部分进行了拆解，将大量拆光部件的空壳弃于水下。德国向法国移交了45艘潜艇，其中10艘进入海军服役，另外35艘则报废拆解。意大利接收并拆解了10艘U艇；日本接收了7艘，将它们编入现役，加以研究，然后再报废拆解；美国接收了6艘，分别为"UC-97"号（一战后期的布雷潜艇）、"U-111"号、"U-117"号、"U-140"号、"UB-88"号和"UB-148"号潜艇。1919年，美国海军将这些潜艇送往全国各地进行巡回宣传，以便推销"胜利公债"，为美国的战争债务筹措资金。巡回宣传结束后，这些德国潜艇又接受了一系列研究测试，并被报废拆解，然后由舰炮火力或空中火力击沉。

一战结束后的20年间，各国都在为下一次世界大战做准备。而无论是从潜艇试验的角度来看，还是从潜艇舰队的发展来看，这都是令人心驰神往的20年。1921年，在海军军备限制条约谈判期间，英国试图通过政治手段将潜艇定为非法。尽管潜艇遭到了广泛反对，但此类政治运作均未成功。《纽约时报》的编辑宣称：“全世界都会（为放弃潜艇而）鼓掌，只因对潜艇战深恶痛绝。”[1] 此外，禁止新建德国潜艇的全面禁令，也未得到遵守。1922年7月，一群来自伏尔铿造船厂（位于汉堡和斯德丁[2]）、克虏伯公司日耳曼尼亚船厂（位于基尔）以及威悉造船厂的德国潜艇工程师，悄无声息地创立了一家荷兰影子公司——“造船工程师事务所”（Ingenieurskantoor voor Scheepsbouw），并以此作为一处秘密潜艇设计机构。该公司为西班牙、土耳其和芬兰建造潜艇，不仅使德国人得以改进自己的设计，还将德国海员培训为了潜艇试航人员。该公司建造的其中一艘“荷兰”潜艇于1933年下水，进入芬兰海军服役，定名“水貂”号（Vesikko）。在二战中，这艘潜艇将会成为德国II型U艇的直接原型。

英国潜艇的发展（1918—1939）

战争时期，英国的潜艇发展不仅集中于扩充数量，还致力于改进早期潜艇的设计，包括在实战中获得成功的E级潜艇。美国设计的一系列H级潜艇，也经由伯利恒钢铁公司（Bethlehem Steel Company）售予英国。英国共订购了20艘H级潜艇，其中10艘由伯利恒钢铁公司建造，另外10艘则授权蒙特利尔的加拿大维克斯公司建造。这些重440吨、长150英尺（45.7米）的潜艇，为1917至1920年间略有改进的英国版H级潜艇（长170英尺[51.8米]）铺平了道路。除尺寸外，英版

H 级潜艇的最大不同之处，在于它们的 4 具前鱼雷发射管。英版潜艇的鱼雷管更长，以便适应 21 英寸（533 毫米）鱼雷管的尺寸（早先版本的鱼雷管口径为 18 英寸 [457 毫米]）。H 级潜艇服役到了二战时期；同样服役至二战的潜艇，还包括一些 R 级潜艇和 L 级布雷潜艇等。不过，另一款战时研发的潜艇——K 级蒸汽动力潜艇，则使用困难，下潜缓慢，不受欢迎，除 1 艘外，其余全部报废拆解。从 1919 到 1924 年，英国几乎报废拆解了所有战前潜艇——包括所有 A 级、B 级、C 级、D 级、F 级、G 级和 W 级潜艇，以及大部分 E 级、H 级和 K 级潜艇。[3]

英国对战后潜艇的试验，始于建造艇型更大的潜艇。这种潜艇既能跟上舰队，又能加强舰队的作战能力。最终的成果是 M 级潜艇；这种巨大的潜艇乃是在 3 条 K 级潜艇的龙骨上建造而成，长达 295 英尺 9 英寸（90.1 米），重达 1594 吨，配备 1 门 12 英寸（304 毫米）舰炮。这种潜艇最初用于监视敌军舰船发动的近岸轰炸，但是后来，它们的角色向水面作战转变，交战目标是那些无法用鱼雷击沉的舰船。英军计划用这种潜艇让敌人：

> ……思考点新东西。该潜艇能在水下接近目标，并将火炮上膛……（在）约 25 秒内……此艇便可充分浮出海面，打开炮口，对敌开火……火炮一旦发射完毕，炮口就会立即闭合，潜艇再次下潜。[4]

2 艘“羊肉潜艇”（M 级潜艇的俚称）[5] 在下水时配备了火炮，其中 1 艘是 1917 年下水的“M-1”号潜艇，另 1 艘是一战后不久（1919 年）下水的“M-2”号潜艇。1919 年年底，“M-3”号潜艇下水。这 3 艘潜艇的寿命都不长。1925 年 11 月，“M-1”号潜艇与 1 艘商船相撞，在英吉利海峡沉没。“M-2”号和“M-3”号潜艇则被降级改造，承担试

英国海军“M-1”号潜艇

该潜艇基于未曾竣工的K级潜艇艇体建造而成。(图源：托尼·布赖恩艺术作品 © 鱼鹰出版社)

英国海军“L-12”号潜艇

“L-12”号潜艇竣工于一战结束之际。1918年10月，“L-12”号击沉了德国的“UB-90”号潜艇。该潜艇最终于1932年报废拆解。(图源：托尼·布赖恩艺术作品 © 鱼鹰出版社)

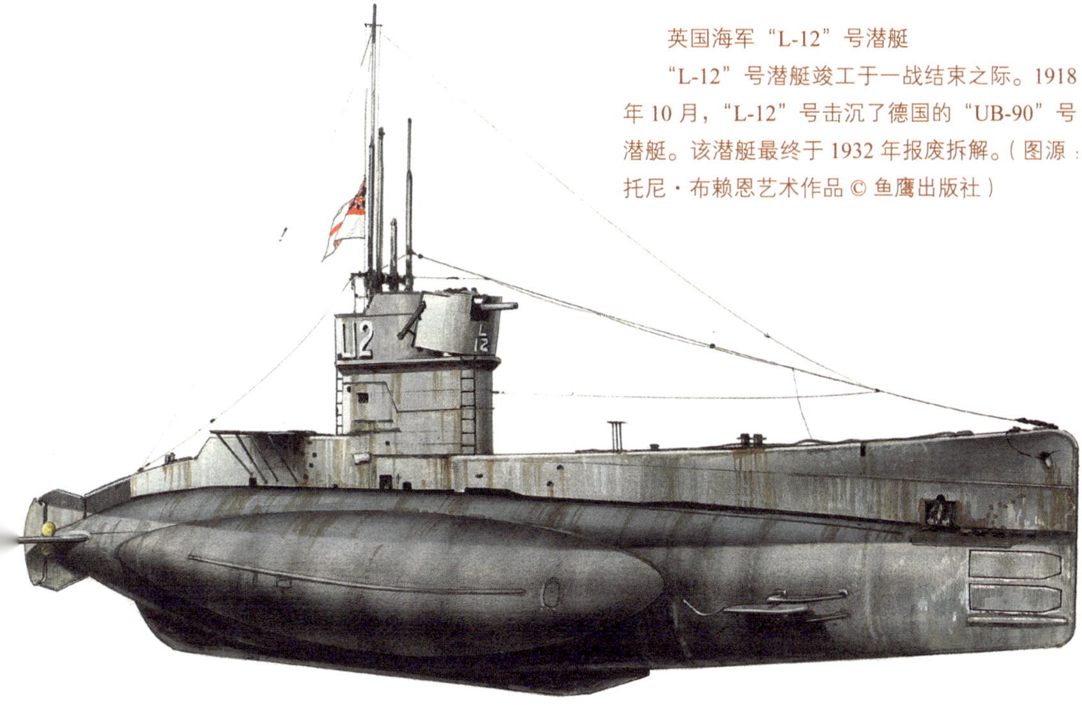

验任务；其中，前者被改造为载机潜艇，机库内载有1架小型水上飞机。1932年1月，“M-2”号潜艇在英格兰波特兰岛海域沉没，全员遇难。据说，“M-2”号当时正在上浮，准备弹射飞机，但海水经由开启的舱门灌入艇内，淹没了机库。1927年，英国皇家海军将“M-3”号潜艇改造为了布雷潜艇，但改造后的潜艇十分笨重，难以操控。“M-2”号潜艇失事沉没后，皇家海军很快卖掉了“M-3”号潜艇。1932年4月，该潜艇被报废拆解。

不过，英国皇家海军的“大艇巨炮”之路并未就此终止。另一艘“巡洋潜艇”——“X-I”号潜艇于1921年动工建造，并于1925年完工。该潜艇长363英尺（110.6米），宽29英尺9英寸（9.1米），重2780吨，由1对1500马力（1119千瓦）柴油发动机和1对1000马力（746千瓦）电动机驱动，水面航速19.5节，水下航速9节，水面航程达1.45万海里——足足能绕地球半圈。“X-I”号的钢制壳体厚1英寸（2.54厘米），额定潜深350英尺（107米），最大潜深500英尺（152米）。作为一艘潜艇，它的武器着实独特：前、后炮塔分别安有1对5.2英寸（132毫米）舰炮，以及6具21英寸（533毫米）鱼雷发射管。遗憾的是，由于一系列发动机故障，“X-I”号潜艇的维修或搁置时间比服役时间更长。1930年，“X-I”号的艇长报称，该潜艇的“内部布置不甚令人满意，因为艇内挤满了辅助机械；居住舱室狭小，通风不良，艇内湿度很大；下潜方面的布置尚可”。[6] 皇家海军在1932年搁置了“X-I”号潜艇，并于1937年将其报废拆解，英国在一战后开展的潜艇试验至此结束。从本质上看，这些试验潜艇模仿了水面战舰。

随后，英国的潜艇发展着力于加建可靠的“传统”潜艇，增强3支潜艇编队的实力。这3支潜艇编队分别划归本土舰队（Home Fleet）、地中海舰队和中国分舰队（China Squadron）。由于需要远洋潜艇赴远东执行任务，英国又研发了O级潜艇，其中的首艘潜艇“奥伯龙”号

（HMS Oberon）于 1926 年下水。O 级潜艇长 275 英尺（83.8 米）（后期型号长 283 英尺 [86.3 米]），重 1781 吨，装备 8 具鱼雷发射管（6 具居前，2 具居后）和 1 门 4 英寸（102 毫米）甲板炮。该级潜艇的航程为 8400 海里，外部压载舱携带了航行 8400 海里所需的额外燃料。为了增加潜深（300 英尺 [91 米]），也为了更好地抵挡深水炸弹，O 级潜艇的耐压壳体做了加厚处理，但外部压载舱却造得更薄，还会漏油，成了潜在的致命弱点。与先前的各级潜艇相比，O 级潜艇具有多项改进，包括采用了 40 英尺（12.2 米）长的潜望镜。装备这种潜望镜，意味着 O 级潜艇可在多数水面舰船龙骨以下的水深处观察水面，从而减小了撞船风险。此外，O 级潜艇还率先采用了一种新发明——“ASDIC”。“ASDIC”是一项绝密工程的代号。

“ASDIC”如今被称为“声呐”。该技术源自一战前的一项发现，1915 至 1916 年间，法国和英国科学家开展了相关试验。利用声波进行水下导航的概念，可追溯至 20 世纪初。但到 1914 年时，与早期的“回声探测仪”（echo sounder）相比，相关设备的进展依旧有限。随着战争的来临，一种能够利用声波探测潜艇的装置，便显得不可或缺。加拿大物理学家罗伯特·威廉·波义耳（Robert William Boyle，1883—1955）与英国发明与研究委员会（BIR）一道工作，开发出了一种用于定位潜艇的主动装置。1917 年中期，波义耳用压电石英晶体制造出了世上首个实用的主动式水下声音探测装置，代号“ASDIC”。舰船下部凸出的一个罩体内，装有一个声音换能器，可向外发出声波脉冲（即 ping）。该罩体可向所有方向旋转。当声波从物体上“弹”回时，声音换能器便可“听”到“回声”，将其转换为电信号，供舰船内的操作员解读。直到 1920 年，这一新装置才得到部署，在海上展开测试。到 1922 年时，该装置已准备就绪，只等安装在水面舰船上。O 级潜艇出现后，该装置也安装到了该级潜艇以及随后的英国潜艇上。但尽管如此，无论是英国人，还是同样拥有声呐的美国人，都未高度重视这一仍有问题的新兴技术。

这段时期内，英国还下水了S级潜艇。这些潜艇长202英尺6英寸（61.7米），重640吨，设计于20世纪20年代后期。从1930到1939年，共有12艘该级潜艇完工。虽然S级潜艇都是可靠的“好潜艇”，但皇家海军需要艇型更大的新一级潜艇，构成潜艇舰队的中坚力量。这种需求推动了T级潜艇的发展。在T级潜艇的研发上，英国“付出了更加巨大的努力……使它们保持简约，同时不对发动机抱有过高期望，而是将注意力首先集中于可靠性上”。[7]T级潜艇设计于1934至1935年间，长276英尺（84.1米），排水量1290吨，装有10具前向鱼雷发射管，其中6具内置（位于耐压壳体内），4具外置。该级潜艇能够利用其强大的攻击能力，对目标实施前所未有的鱼雷齐射。此外，每艘T级潜艇都配备了1门4英寸（102毫米）甲板炮。凭借长达8000海里的航程，T级潜艇将能出现在每一个二战战场上。

美国潜艇的发展（1918—1939）

尽管美国海军早早地接纳了潜艇，但在1917年美国加入一战时，无论是从潜艇体型还是类型上看，美国海军的潜艇部队均已大幅落后。从1914年一战爆发，到1917年美国对德宣战，美国潜艇的数量从29艘增加到了42艘，其中大多数的用

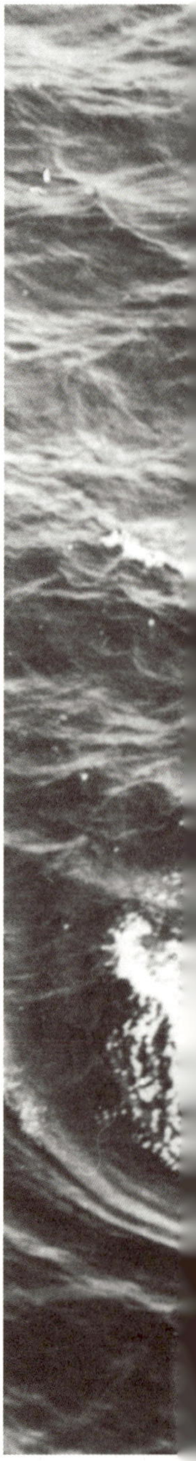

1939年6月，英国海军“忒提斯”号潜艇的艇尾浮上水面。（图源：波佩尔图片，盖蒂图片社）

途仅限于海岸防御。少数美国潜艇被拖曳至英国，加入英国在爱尔兰沿海展开的反潜巡逻。虽然美国潜艇未能取得击沉战果，但自身也无一沉没，使潜艇官兵积累了宝贵的经验。与此类似的是，美国潜艇还加入了保卫美国大西洋海岸的巡逻活动，防范德国U艇。当一战于1918年结束时，美国潜艇的数量已扩充至74艘，其中包括表面上有所改进的L级、O级、R级和T级等新型潜艇。然而，这些潜艇的设计实际上反映出一点，即美国对未来潜艇的必要任务或最优设计缺乏清晰认识。此外，其中一些潜艇建造项目也“严重过时”。[8]一战期间，美国仅仅损失了2艘潜艇，分别是“H-3”号和“F-4”号，二者均在太平洋中失事沉没。

无论是曾在英国海域参战的美国艇员的亲身经历，还是6艘在1919年以战利品身份抵美的德国潜艇，都会使美国人的任何自满之感发生动摇。随后数年间，围绕着美国的潜艇战略和潜艇设计，人们展开了一场辩论。在这场辩论的推动下，“潜艇在1928年以后的未来战争中的地位，得到了一次完整的重新定义”。[9]这场辩论的重点，逐渐从港口防御、布放水雷和侦察活动，转移到了向公海敌船开战的远洋行动上去。

美国在一战期间开始设计建造的S级潜艇，构成了战后美国海军潜艇舰队的中坚力量，至1925年已竣工51艘，由电船公司和莱克鱼雷艇公司建造。S级潜艇长219英尺（66.8米），重800吨，配备4具鱼雷发射管和1门甲板炮。其中，“S-1”号潜艇在指挥塔后方安装了1个水密钢筒，用于装载马丁MS-1型折叠式水上飞机。“S-1”号潜艇也因此成为第一艘携带飞机的美国潜艇。这种理念并未在美国海军界流行起来，在英国也是问题重重，还导致“M-2”号潜艇的沉没，以失败告终。浮上水面、放出飞机、收回飞机的一系列过程，将使潜艇的暴露时间过长，而只有在海面风平浪静时，放出和收回飞机才可实现，除此之外几无可能。

美国渴望建造更大更强的潜艇，在这种渴望的直接推动下，另一级别的战后潜艇应运而生，即V级潜艇。1924至1933年间，数艘V级潜艇先后下水，例如341英尺（104米）长、2000吨重的“梭鱼”号（USS Barracuda）潜艇，于1924—1925年下水；381英尺（116米）长、2710吨重的“船蛸”号（USS Argonaut）潜艇[10]，于1927年下水；371英尺（113米）长、2730吨重的“独角鲸”号（USS Narwhal）潜艇，于1929—1930年下水；319英尺（97米）长、1560吨重的“海豚”号（USS Dolphin）潜艇，于1932年下水；271英尺（83米）长、1110吨重的“抹香鲸”号（USS Cachalot）和“乌贼”号（USS Cuttlefish）潜艇，均于1933—1934年下水。其中，“船蛸”号是第一艘专为携带水雷而设计建造的美国潜艇。

V级潜艇不受欢迎。虽然该级潜艇“操纵困难、下潜迟缓、水面航速慢”，但到二战时，它们仍然在舰队中保留了下来。不过，美国海军开始意识到潜艇未必越大越好，并转而开始建造较小的潜艇，例如“海豚”号和“抹香鲸”号。[11]到1935年时，一种新型潜艇——“舰队潜艇”[12]的筹建计划已浮上台面。该型潜艇被称为猫鲨级潜艇[13]，它们将与姐妹级别的巴劳鱵级潜艇[14]一道，构成美国潜艇舰队在二战期间的中坚力量。自1931年起，美国的造船工程师就开始设计这类潜艇。第一艘下水的猫鲨级潜艇是“鼠海豚”号（USS Porpoise，舷号SS-172），艇长为标准的300英尺（91.4米），配备4台柴油机和4台电动机，但采用全电力驱动；柴油机与发电机相连，而非主传动轴。

猫鲨级潜艇起初仅有6具鱼雷发射管，但在随后数年间，一艘标准猫鲨级潜艇的武器逐渐定型：10具鱼雷发射管——前6后4，另贮有14枚鱼雷，用于重新装填，因此共可射出24枚鱼雷；[15]此外还配有1门3英寸/50倍径[16]甲板炮，后来更换为4英寸/50倍径炮（口径102

毫米，炮管长 5.1 米）；指挥塔的围壳上装有 .30 至 .50 口径 [17] 机枪。以上便是猫鲨级潜艇的所有武器。该级潜艇航速 17 节（后增至 21 节），航程 1 万海里。从 1935 到 1939 年，美国海军一共下水了 26 艘新型舰队潜艇。到美国卷入二战时，美国海军的舰队潜艇数量已达 40 艘。

潜艇事故与援潜救生

自人类在海面下展开探索与作战活动之始，水下航行就一直与危险为伴，两次世界大战之间的试验时期也不例外。这段时期内，发生了一些广为人知的惨痛事故与悲剧。在 1919 至 1939 年的和平时期内，有 32 艘潜艇因事故遇难，其中多数是英国潜艇（损失 14 艘）和美国潜艇（损失 11 艘）。它们的失事原因无非包括：碰撞，沉没，搁浅，艇上爆炸，进水，以及下潜事故；此外，还有 1 艘潜艇因台风失事，即英国的“L-9”号潜艇。

这些事故不仅使公众更加关注潜艇行动的种种危险，还使他们愈发关注各国海军在应对事故和援救艇员时的无能为力。于是，潜艇逃生和援救设备在此期间得以发展。1920 年 8 月 1 日，“S-5”号潜艇成了这一时期首艘沉没的美国潜艇。事故发生时，该潜艇的主进气阀未能在下潜中关闭，致使潜艇进水，在特拉华湾诸岬水域下沉。艇组成员奋力转移潜艇重心，用水泵排水，使艇尾浮出水面，然后在艇尾上钻孔，试图切开艇壳，逃出潜艇。此次逃生并非易事，但令人鼓舞。“S-5”号潜艇艇长小查尔斯·库克（Charles Cooke, Jr）少校告诉手下：

> 要在 ¾ 英寸（1.9 厘米）厚的钢板上开出许多小孔，再使它们成为足以供一人逃出的大孔，需要付出参孙 [18] 的伟力和约伯 [19] 的忍耐。这项工作会很艰难，但我知道你们能经得起

> 考验……我们如此拥挤，最终会呼出过多二氧化碳……将我们送入永恒的沉睡。[20]

艇员们切开了一个洞，大小仅可供他们将一根系着破布的管子伸出艇外挥舞。挥舞的破布引起了一艘过路汽船的注意，经过更加艰难的努力，艇组成员终于获救。

类似的情况也发生在了“S-48”号潜艇上。1921 年 12 月 7 日，此艇在长岛海峡沉没。艇组成员设法让艇首浮出水面，然后从左舷鱼雷发射管中逃出。1923 年 10 月 29 日，在巴拿马运河的大西洋一侧入口，“O-5”号潜艇被一艘蒸汽商船撞沉。附近的起重机将沉没的潜艇吊出水面，救出了 2 名被困人员。潜艇沉没时，有 16 人顺利逃出，另有 3 人遇难。“S-51”号潜艇的成员则十分不幸。1925 年 9 月 23 日夜，“罗马城”号（City of Rome）汽船撞上了正静静浮于长岛海峡水面的“S-51”号潜艇。后者被当场撞破，沉入水下。仅有少数人尚未沉入水下——事故发生时，其中一部分人正在舰桥上，另有 3 人当时正在艇内熟睡，后来设法从下沉的潜艇中逃出。待到“罗马城”号放出的一艘小船抵达时，仅有 3 人还活着，其余 33 人全部遇难。

在打捞沉没的“S-51”号潜艇期间，美国海军的硬盔潜水员屡立奇功。潜水打捞的初始阶段从 1925 年 10 月 20 日持续至 12 月 2 日，随后因冬季的风暴而被迫中断，到 1926 年春才重新恢复。从 4 月 30 日到 7 月 5 日，潜水员又多次下潜，包括在 6 月 21 日尝试将“S-51”号沿海底拖动，但未能奏效。最终，在 1926 年 7 月 7 日，“S-51”号的残骸进入了布鲁克林海军造船厂的干船坞，此时距该潜艇沉没已逾 9 个月。“S-51”号漫长而艰难的打捞行动，得到了高度宣传；此次行动中，美国海军的两名主要人物——爱德华·埃尔斯伯格（Edward Ellsberg）和汤姆·伊迪（Tom Eadie），分别于 1929 和 1931 年出版了畅销书，让更多读者了解到了潜艇打捞的艰难困苦。其中，爱德华·埃尔斯伯格的军衔得到了国会的擢升，并获颁杰出服役勋章；潜水英雄汤姆·伊迪获颁海军十字勋章。

1927 年 12 月 17 日，“S-4”号潜艇在马萨诸塞州科德角半岛（Cape Cod）沿海演习时，与美国海岸警卫队的驱逐舰“波尔丁”号[21]相撞沉没。在多方人士看来，“S-4”号潜艇的打捞难度可谓登峰造极。翌日，潜水员抵达了水下 102 英尺（31 米）的潜艇沉没处。汤姆·伊迪率先到达，据他报告，艇内仍有被困人员。他用锤子轻叩艇体，被困者也以敲击回应。他相信，从“S-4”号潜艇内传来的 6 声敲击声，意味着在艇内未被海水淹没的部分，仍有 6 人存活。内外双方开始以莫尔斯电码的形式在艇体上敲击讯息，建立起了更为有效的沟通。救捞人员

英勇的美国海军潜艇救援潜水员汤姆·伊迪获颁荣誉勋章。（图源：美国海军历史与遗产司令部）

很快确定了存活者的身份，并了解到了一个严峻的现实——幸存者位于一个正在漏水的鱼雷舱中，氧气即将耗尽，时间所剩无几。援救他们的努力均告失败，糟糕的天气也使救援人员无法再做尝试。恶劣的条件还使其中一名潜水员弗雷德·米歇尔斯（Fred Michels）陷入困境，几乎送命——他被困在了潜艇残骸中，参差不齐的钢片又划破了他的潜水服，使海水充斥其中。汤姆·伊迪迅速而英勇地施以援手，挽救了米歇尔斯的性命——并为自己赢得了荣誉勋章。

最终，潜水员们花了3个月时间，才将“S-4”号潜艇打捞出水。这场悲剧事故的结局，以及随后的调查，直接推动了救生设备的发展，比如一种简陋的循环式呼吸器“潜艇救生肺”。该呼吸器由绰号“瑞典人”的海军军官查尔斯·莫姆森（Charles Momsen，1896—1967）发明，因而更常被称作“莫姆森肺”。从1929至1932年，莫姆森亲自对“莫姆森肺”进行了测试，测试水深达200英尺（61米）。其他相关设备还包括：一种潜艇救生舱，即麦卡恩救生舱（McCann Rescue Chamber），这种救生舱其实是个潜水钟，能降至水下，与潜艇的舱门对接，救出未淹没舱段中的幸存者；一种潜艇电话浮标，使沉没的潜艇能更好地与水面沟通。这些设备的测试平台是“S-4”号潜艇，后者打捞出水后，又接受了维修和改造，成了安全设备的水下测试载具。

“S-4”号潜艇的教训，新型救生舱的研制，以及相应的训练，在1939年5月23日收到了回报。当天，新下水的“角鲨”号（USS Squalus）潜艇在试潜中沉没，原因是一个阀门关闭不当，致使海水淹没了发动机舱。事故造成26人溺毙，但仍有33人幸存，他们被困在水下242英尺（74米）处（详见下文）。这一回，潜艇救生舱顺利地完成了任务，因而没有出现更大的人员损失。不过，6月1日，发生于大西洋另一边的一起潜艇事故，却以悲剧收场。当天，英国T级潜艇“忒提斯”号（HMS Thetis）在试潜中沉没，起因是一具鱼雷发射管没有关闭，但艇员误以为其外盖已关严。事发时，潜艇上载有一群平民观察员和其他前来熟悉情况的海军人员。艇首淹没后，“忒提斯”号一路下沉至 150 英尺（46 米）深的海底。艇内人员试图通过逃生管重返水面，但逃生管后来出了问题，此法遂告失败，仅有 4 人返回水面。此后，艇内人员又设法让艇尾浮出了水面，但皇家海军禁止救援人员在艇尾打洞，而是试图将“忒提斯”号拖向浅水区。然而，拖曳行动未能奏效，潜艇沉入水下，99 名被困人员遇难。直到 1939 年 9 月 3 日，潜水员才得以将此艇打捞出水，把它拖上红码头湾（Red Wharf Bay）海岸。同样是在这一天，英国加入了第二次世界大战。“忒提斯”号潜艇的失事，以及艇上人员的遇难，与“角鲨”号潜艇的沉没事件形成了鲜明对比，时至今日仍在引发争论。

“角鲨”号潜艇失事事件

“角鲨”号潜艇最初于 1939 年 3 月入役。经过同年 5 月的一次彻底检修后，“角鲨”号开始在美国新罕布什尔州朴次茅斯（Portsmouth）沿岸开展一系列试潜活动。在顺利完成 18 次试潜后，它于 5 月 23 日早晨在浅滩群岛（Isles of Shoals）水域再次入水。下潜后不久，潜艇的主进气阀就发生了故障，导致海水灌入艇尾鱼雷舱、2 个发动机舱以及艇员舱，26 人顷刻溺毙。其他人员迅速采取措施，避免其他舱段再被淹没，但仍无法阻止“角鲨”号潜艇的下沉之势。

在莫姆森少校的指导下，“猎鹰”号（Falcon）潜艇救生船上的潜水员展开了救援行动。他们使用了新近推出的麦卡恩救生舱，由莫姆森在此前的潜艇事故后研发而成。[22] 借助这种开创性的新装备，他们得以在 13 小时内从沉艇中救出了全部 33

“角鲨”号潜艇自海底升起，但很快又沉了回去。
（图源：贝特曼档案馆，科比斯图片社）

名幸存的艇组成员。4名军方潜水员因救援期间的出色表现获颁荣誉勋章，他们分别是：机械军士长威廉·巴德斯（William Badders），帆缆军士长奥森·克兰德尔（Orson L. Crandall），金工军士长詹姆斯·麦克唐纳（James H. McDonald），和鱼雷军士长约翰·米哈洛夫斯基（John Mihalowski）。

不过，“角鲨”号的故事并未就此画上句号——美国海军当局认为，“角鲨”号融合了一系列新型设计特点，因而有必要将其打捞出水。人们相信，一旦海军当局能够查明“角鲨”号的沉没原因，便会改进设计，重塑信心。

打捞人员用多根缆索穿过“角鲨”号壳体下方，并将缆索固定在潜艇首尾两侧的打捞浮筒上，让“角鲨”号重新漂浮起来。不过，“角鲨”号浮上水面后，又因缆索滑脱沉回了海底。该潜艇最终于 9 月 13 日打捞出水，此次行动以美国海军史上最艰苦的打捞行动之一而闻名。“角鲨”号潜艇最终于 1939 年 11 月 15 日退役。

其他欧洲国家的潜艇发展（1918—1939）

在两次世界大战的战间期，法国与荷兰取得了以下潜艇发展成果：建造另一艘艇体庞大的潜艇；改进已有百年历史的发明——“呼吸管”。1929 年 10 月 18 日，法国下水了“叙尔库夫”号潜艇[23]，此艇是 3 艘“私掠潜艇”（corsair submarine）中的第一艘。根据设想，这些“私掠潜艇”将在公海上发起通商破坏战。“叙尔库夫”号潜艇得名于拿破仑战争时期的著名私掠者[24]，艇长 361 英尺（110 米），宽 29 英尺 6 英寸（9 米），排水量 3250 吨。该潜艇采用了柴电发动机，水面航速可达 18 节，水下航速可达 10 节，最大航程 1 万海里。它的武器令人印象深刻：10 具鱼雷发射管；1 座 203 毫米双联装炮塔，位于指挥塔前方的甲板上；此外，指挥塔后方的压力密封机库上设有防空炮和防空机枪，机库中停放有 1 架贝松（Besson）MB.411 水上观测机。在另一处密封舱段中，还备有 1 艘 15 英尺（4.6 米）长的摩托艇。“叙尔库夫”号可搭载 118 名官兵，最多可关押 40 名俘虏。法国原计划再建造 2 艘该型潜艇，但却受到了《伦敦海军条约》（1930 年）的裁减。条约规定，各缔约国的大型潜艇数量不得超过 3 艘，每艘的排水量不得超过 2800 吨。法国设法为“叙尔库夫”号潜艇取得了豁免权，但条约确保了此艇是唯一的特例。这艘法国超级潜艇此后继续行动，直到二战早期，然后便神秘地消失了，全体人员也再无踪影。

一名水兵正在测试美国版的救生呼吸器——“莫姆森肺”。（图源：美国海军历史与遗产司令部）

同一时期的另一项进展，来自荷兰皇家海军。一战期间，荷兰在“O-2”号至“O-7”号潜艇上试验了通气管。20世纪20年代，荷兰又在“KII”号、“KV”号、“KVI”号和“KVII”号潜艇上继续开展同类试验。这些试验中，潜艇均紧贴水面航行，仅露出指挥塔。意大利人也在进行通气管试验。1923年，意大利海军工程师佩里克莱·费雷蒂（Pericle Ferretti，1888—1960）研发了一种在潜艇潜航时使用的通气管。1923年11月[25]，费雷蒂又在那不勒斯和塔兰托[26]开展试验，在“H-3”号潜艇上测试一种实用通气管。试验获得了成功，在1933—1934年间，通气桅杆开始安装于潜艇上。但到1937年时，由于担心该装置会削弱潜艇在袭击舰船时的隐蔽性，意大利海军放弃了此项技术。与此同时，荷兰皇家海军的J. J. 维歇斯（J. J. Wichers）少校也转而开始研究潜航时使用的通气桅杆，并于1933年提交了一种伸缩式通气桅杆的方案。该发明后来被称为“schnorchel”（意为潜艇水下通气管），自1939年7月开始在荷兰潜艇上安装，首艘得到安装的是“O-19”号布雷潜艇。1940年，荷兰在德军的铁蹄下沦陷，这项技术也落入了德国占领军手中。后来，在公海上展开的U型潜艇战中，这项技术将为德国U艇带来致命的优势。

日本潜艇的发展（1918—1939）

日本帝国海军对潜艇的早期兴趣，源自荷兰[27]和电船公司提供的设计方案，以及其在一战前为评估效用而从英国、法国和意大利进口的潜艇。部分进口潜艇参加了地中海和太平洋的一战战事，为英国等协约国提供支援。这段经历向日本海军将领展示了潜艇在未来战争中的重要性，并使他们看到了建造大型远洋潜艇的迫切需求。一战将尽时，日本得到了英国L级潜艇的方案，在1919至1921年间建造了18艘该型潜艇，但因发动机存在的种种问题，这批潜艇的表现无法令人满意，日本转而开始寻找新的设计方案。

德国投降后，日本接收了7艘U艇，设计方案的问题迎刃而解。与欧美工程师一样，日本工程师也吸收了这些德国潜艇的关键特征，研发属于己国的下一代潜艇，即1919年的伊-21级（后更名伊-121级）潜艇和1920年的伊-52级（后更名伊-152级）潜艇。除潜艇之外，日本还招揽了德国工程师、设计师、技术员和海军军官。据说，在1920年时，一度有超过800名德国人为日本的潜艇项目工作。他们大多受雇于神户的川崎造船厂。从1919到1929年，德国人的数量稳步下降，来自德国的影响也逐渐减少，直至“典型的日本式”潜艇出现。不过，这10年间，日本之所以能在潜艇项目上实现蛙跳式迅猛发展，并顺利下水一支新型潜艇舰队，德国人的参与可谓至关重要。[28]

伊-21级潜艇在1926至1927年间下水，是专门的布雷潜艇，长279英尺6英寸（85.2米），排水量1383吨。1922年，首艘伊-52级潜艇下水。此艇长330英尺（100.6米），排水量1390吨，被视为一支巡洋型潜艇舰队的发轫之作。1922年的《华盛顿海军条约》，以及顶级海军强国对日本施加的限制，使该级别余下的潜艇项目被迫取消。1930年，日本又受到了进一步限制，这些限制激怒了日本帝国海军。日本帝国海军此前已决定打造一支拥有67艘潜艇的强大部队，用于侦察，并构筑日本的第一道防线。在日本看来，与美国一战已在所难免。同时，日本也认识到了美国的海上霸权地位，因而制定了如下计划：先以一批远洋潜艇对穿越太平洋的美国舰队发起袭击，削弱其实力，然后再在公海与美国水面舰队一决雌雄。在《华盛顿海军条约》的军备限制下，此项计划受到了威胁。条约将日本潜艇的数量削减了16艘。日本起初接受了《华盛顿海军条约》，但最终决意不予遵守。1934年，日本退出了该条约，并拒绝参加随后的军备限制会议。

此后数年中，日本帝国海军将造船计划的重点放在了舰队建设上，为与美国之间不可避免的战争做准备。数款舰队潜艇，即伊型潜艇，也得到了开发，包括可搭载水上飞机的潜艇，以及“巡潜型”巡洋潜艇。到 20 世纪 30 年代末，已有 3 种专门用途的潜艇设计方案出炉——搭载远程无线电设备的巡潜甲型（A1 type）潜艇，负责协调指挥潜水战队；巡潜乙型（B1 type）侦察潜艇；巡潜丙型（C1 type）攻击潜艇。这些潜艇均于 1939 至 1941 年间下水，与此同时，日本正逐渐从侵华局部战争走向一场世界大战。

这一时期，日本海军战略的独特一面，在于袖珍潜艇（“甲标的”潜艇）研发项目的密集运作。从 1931 年底至 1932 年末，日本帝国海军岸本鹿子治大佐提出的一项计划得到了施行。此项计划的前提是：从水面“母舰”释放出的小号潜艇，能在“蜂群攻击”中起到决定性作用，与自航母发起的机群突袭不无相似之处。该计划的理念在于建造小型快速潜艇，这类潜艇的航程相对较短，仅 35 海里，装备 2 枚鱼雷。潜艇可以回收，经重新装填后再次投入战斗。从 1932 年 10 月至 1933 年 8 月，有 2 艘试验艇在吴市[29]投入建造，并测试到了 1934 年 8 月。

试验潜艇形同粗短的鱼雷，水下航速可达 24.85 节。不过，它们的活动水域过浅，潜望镜也需加长，因而加装了指挥塔。这一改动使其航速降至 22 节。为了将来能大量投放此类潜艇，日本动工建造了 3 艘专用母舰，分别是“千岁”号、“千代田”号和“瑞穗”号（每艘母舰最多可搭载 12 艘袖珍潜艇），以此作为 1934 年海军补强计划的一部分。“甲标的”潜艇原型艇接受了额外测试，测试持续到了 1938 年，故后续发展有所迟滞。1939 年初，采用新式设计的“甲标的甲型”潜艇在造船厂中成形。这种新式袖珍潜艇的长度为 78 英尺 6 英寸（23.9 米），几乎是其原型艇的 2 倍，排水量为 46 吨。该型潜艇分 3 段制造，由螺栓固定在一起，动力全部来自蓄电池组，而蓄电池组与 1 台 600 马力（447 千瓦）的电动机相连。在同轴反转螺旋桨的驱动下，其最大水下航速可达 19 节。艇首配备 2 枚鱼雷，装在 2 具鱼雷发射管（上下叠排）内，是艇上唯一的武器。1940 年 11 月，这种袖珍潜艇得到了正式采纳，随后，全部 36 艘“甲标的”潜艇的建造计划继续进行，它们将能装载于 3 艘母舰上。就这样，面对即将到来的战争，日本不仅掌握了一种小巧但却致命的海军武器，还拥有了一支独特的潜艇部队。

德国 U 艇计划的复兴

日本并非唯一为战争整军备武的国家。此前，德国人已在荷兰秘密地保留了他们的潜艇研发项目。到 20 世纪 30 年代初，通过为芬兰和土耳其建造潜艇，德国人正不断改进他们的新设计。与此同时，德国政府也已开始为重新启动的造船计划囤积物资，并制订了一个重建计划，旨在到 1938 年时重振德国海军。届时，德国海军不仅将拥有一支水面舰队，还将配备 16 艘潜艇。这些新潜艇的设计方案分别被称为 IA 型、IIA 型和Ⅲ型，已准备开建。同时，从 1933 至 1934 年，后续的 IV 型、V 型和 VI 型潜艇也成了争论的焦点。

1933 年，阿道夫·希特勒与纳粹党上台。1935 年，希特勒撕毁《凡尔赛条约》。这些变化为德国的重整军备计划注入了一针强心剂。1935 年 6 月签署的《英德海军协定》，标志着英国默许了纳粹德国重振海军的要求。重建后的德国海军将包含一支潜艇部队，总吨位近乎英国皇家海军潜艇总吨位的一半。自一战结束以来，德国首度开始建造 U 艇。第一批 U 艇很快在基尔的造船厂中成形。1935 年，IIA 型的

德国设计、荷兰建造的“水貂”号潜艇。该潜艇是二战德国U艇的原型。（图源：詹姆斯·德尔加多）

“U-1”至“U-6”号潜艇、IIB 型中的“U-7”至“U-12”号潜艇相继下水。此后直到 1940 年，德国又迅速下水了一大批潜艇。不过，德国对早期潜艇型号的关注，开始转向一种新型设计，即一种介于 500 至 650 吨之间的中型潜艇。该型潜艇定名 VII 型，在 1934 年底获得批准。1935 年，首批 VII 型潜艇动工建造。最终，德国将建造 704 艘各式 VII 型潜艇。

德国海军元帅卡尔·邓尼茨是 U 艇部队的首脑。他于 1943 年就任德国海军总司令，并于 1945 年接任德国国家元首。（图源：akg 图像）

IIA型和IIB型潜艇长134至140英尺（40.8至42.7米），重250至275吨，配备3具鱼雷发射管。不同于IIA型和IIB型潜艇，从日耳曼尼亚船厂和德希马克[30]船厂下水的VIIA型潜艇长211英尺（64.3米），吃水14英尺5英寸（4.4米），宽19英尺（5.8米），排水量616吨。VIIA型潜艇配备了1对额定功率1160马力（865千瓦）的柴电发动机，水面航速可达16节，水下航速可达8节，不算特别快。武器装备包括：5具533毫米鱼雷发射管（前4后1）和11枚鱼雷，1门88毫米甲板炮，以及1门20毫米单联装防空炮。该型潜艇并未全副武装，但颇可靠，艇上通常配备44名官兵。在随后的二战中，它们将为东山再起的U艇舰队立下汗马功劳。但在1939年时，计划待建的潜艇仍然为数不多，德国海军的自身实力也有所欠缺，因为纳粹德国更重视陆军和空军。

随着小小的U艇舰队开始壮大，其指挥权被交予一名曾任U艇艇长的一战老兵，即卡尔·邓尼茨。作为德国海军的潜艇部队司令（Führer der Unterseeboote），领有上校准将[31]军衔的邓尼茨手中所掌握的，仅仅是个在纳粹德国海军[32]中常常被忽视的小兵种。不过，这位见远识卓的军官推行了一项雄心勃勃的训练计划，并主张采用“狼群”战术——在这种新战术下，潜艇将会成群出动，在海下对敌方舰船发起猛袭。邓尼茨还对潜艇部队进行了夜间水面攻击训练，使之做好准备，利用一切可能的优势对付潜在的敌人，也就是英国及其盟友。20世纪30年代，德国一直在重整军备，并持续推行侵略性外交政策，对此，英国及其盟友似乎视若无睹，直至1939年9月战争爆发。

届时，德国海军的U艇数量将会达到57艘。纳粹德国计划从陆上和空中发起迅速果断的作战行动，在这一庞大的战争计划中，邓尼茨的潜艇舰队仅被视为小角色。不过，邓尼茨已筹划增建数以百计的潜艇，

首艘IA型U艇“U-25”号。（图源：戈登·威廉森[Gordon Williamson]）

并制定了一种战略，使潜艇战再次毫不留情地降临到英国人头上——如有需要，这一回的潜艇绞杀战将会令英国陷入绝境，被迫投降。在接下来的二战中，除大量出海作战的德国U艇外，还会涌现出其他许多国家的“海下勇士”。第二次世界大战不仅是潜艇的首次全球性测试，还将让潜艇取得世界性胜利。

注释

[1] 原注：引自 *New York Times*, November 17, 1921。

[2] 译注：即什切青（波兰语：Szczecin，德语：Stettin[斯德丁]），波兰西北部城市，也是波兰在波罗的海的重要海港，历史上曾被德国统治。

[3] 原注：引自 Lipscomb, *The British Submarine*, p.107。

[4] 原注：同上，p.108。

[5] 译注：M 级潜艇因形似羊腿而得名“羊肉潜艇”（Mutton boat）。

[6] 原注：引自 Brown, “X.1 Cruiser Submarine,” p.233。

[7] 原注：引自 Lipscomb, *The British Submarine*, p.113。

[8] 原注：引自 Weir, *Building American Submarines*, p.20。

[9] 原注：同上，p.23。

[10] 译注：“船蛸”号（USS Argonaut）潜艇得名于一种雌雄异形的八脚软体动物——船蛸，俗称“纸鹦鹉螺”，以喷水方式在水中行进。不过，这艘潜艇的名字也可能呼应了西蒙·莱克建造于 1897 年的“阿尔戈英雄”号（Argonaut）潜艇（见第六章注[29]）。由于这一时期的美国潜艇一般以海洋生物命名，故采用前一种译法。

[11] 原注：引自 Polmar, *The American Submarine*, p.41。

[12] 译注：舰队潜艇（fleet boat 或 fleet submarine）指具备足够的航速、航程和续航力，能够作为海军作战舰队一分子开展行动的潜艇，例如英国的 K 级潜艇和美国的猫鲨级潜艇。

[13] 译注：猫鲨级（Gato class）潜艇，又译作小鲨（鱼）级潜艇或加托级潜艇。

[14] 译注：巴劳鱵（音同“珍”）级（Balao class）潜艇，又译作鱵鱼级潜艇或白鱼级潜艇，由猫鲨级潜艇改进而来。

[15] 原注：同注 [11]，p.47。

[16] 译注：3 英寸 /50 倍径（3 in/50 cal），指火炮的口径为 3 英寸（76 毫米），炮管长度为口径的 50 倍，即 150 英寸（3.8 米）。倍径主要指炮管长度与口径之比，倍径

越大射程越大。

[17] 译注：.30 口径机枪，指口径为 0.30 英寸（7.62 毫米）的机枪。.50 口径即指口径为 0.50 英寸（12.7 毫米）。

[18] 译注：参孙（Samson）是《圣经·旧约》中的一位犹太士师，拥有天生神力，曾徒手击杀雄狮，并只身与以色列的外敌非利士人争战周旋。

[19] 译注：约伯（Job）是《圣经·旧约》中的人物，以虔诚和忍耐著称。

[20] 原注：引自 Searle and Curtis, *Undersea Valor in the Early Years of U.S. Submarine Salvage*, p.118。

[21] 译注："波尔丁"号驱逐舰（USS Paulding，舷号 DD-22），又译"保尔丁"号，得名于美国海军少将海勒姆·波尔丁（Hiram Paulding，1797—1878，又译海林·保尔丁）。

[22] 译注：查尔斯·莫姆森设计的这种救生舱，后来由艾伦·罗克韦尔·麦卡恩（Allan Rockwell McCann）少校负责改进和发展，故以"麦卡恩"命名。

[23] 译注："叙尔库夫"号（Surcouf）潜艇，又译作"絮库夫"号，"速科夫"号或"苏尔古夫"号。在日本的伊 -400 级潜艇出现之前，它是世界上最大的潜艇。

[24] 译注：指法国私掠船船长、奴隶贩子罗贝尔·叙尔库夫（Robert Surcouf，1773—1827）。法国海军先后有 5 艘潜艇以叙尔库夫命名。

[25] 译注：另一说为 1926 年 11 月。

[26] 译注：塔兰托（Taranto）为意大利东南部港口城市，是两次世界大战中意大利最重要的海军基地之一。

[27] 译注：此处存疑，原文为"Netherlands"，或应为"Holland"（霍兰）。

[28] 原注：引自 Boyd and Yoshida, *The Japanese Submarine Force and World War II*, p.15。

[29] 译注：吴市（Kure），日本广岛县西南部港口和造船城市，临濑户内海。二战期间，吴市是日本帝国海军的据点。

[30] 译注：德希马克音译自"Deschimag"，全称为"德意志船舶与机械制造公司"

（Deutsche Schiff- und Maschinenbau Aktiengesellschaft，1926—1945），由 8 家德国造船厂联合而成。

[31]　译注：在二战德国海军中，上校准将（Kapitän zur See und Kommodore）与准将（Kommodore）不同——前者为军衔，级别相当于党卫军区队领袖（Oberführer）；后者并非军衔，可理解为以将官身份行事的上校（Kapitän zur See）。卡尔·邓尼茨获得上校准将衔仅 8 个月后便晋升为少将（Konteradmiral）。

[32]　译注：纳粹德国海军的德语是“Kriegsmarine”，直译为“战争海军”，指 1935 至 1946 年期间的德国海军。

1941 年，在水面航行的潜艇。与潜航状态相比，潜艇在水面航行时巡航距离更远，但也更易被盯上。（图源：美国国家地理学会 [National Geographic Society]，科比斯图片社）

第十章

World War II:
THE SUCCESS OF THE SUBMARINE

第二次世界大战
潜艇的成功

从1939年9月二战爆发，到1945年9月二战落幕，所有二战战场上都掀起了无限制潜艇战。无论是大西洋海战期间的德军攻势，日本潜艇对美国太平洋海岸的袭击，英、意、德在地中海展开的激烈潜艇战，还是美国潜艇对日本海运发起的猛烈袭击，都是这场在陆、海、空全面开打的国际性战争的一部分，真实地展现了潜艇在全球性战事中的重大战略意义。在一战与二战的战间期，不少海军强国均开展试验，研发各类潜艇，扩充潜艇舰队，为多数国家眼中必将到来的战争做准备。德国和日本尤为典型，但英国、美国以及其他即将在战场相遇的国家亦是如此。

1939年9月1日，德国入侵波兰，揭开了二战的序幕。法、英两国随即于9月3日对德宣战。虽然英国部队已进驻法国境内，但在1940年5月以前，双方均未在陆地上开展任何重大行动。在海洋中，英国和德国再次摆开架势，准备重演上一场战争中的种种交锋——从英国实施海上封锁，到德国U艇发起无限制潜艇战，再到英国采取防卫措施予以反制，包括利用声呐和护航船队展开反潜巡逻。在随后的大西洋海战中，虽然不乏“海军上将施佩伯爵”号（Admiral Graf Spee）巡洋舰和“俾斯麦”号战列舰那般波澜壮阔的水面行动，但战事的焦点还是逐渐转向了一场激烈的潜艇战。

1939年8月，德国U艇的数量为57艘，其中21艘部署于北海，18艘部署于大西洋，执行希特勒的直接命令，重点攻击英国商船，把攻击军舰、运兵船、战列舰和航母（尤其是后两者）的任务留给德国空军。[1]时值二战之初，希特勒仍然相信空中突击优于U艇突袭。9月1

日，U 艇司令卡尔·邓尼茨致信上级：

> ……要让英国屈膝于我们的海军力量之下，唯一的可能便在于攻击英国在大西洋的海上交通……（而且）这项任务主要将落到 U 艇部队身上……（我）相信，U 艇将永远是我们对英作战、对英施加政治压力的中坚力量。[2]

据邓尼茨估计，若要推动 U 型潜艇战取得最终成功，他需要在大西洋上同时部署 90 艘潜艇，总计需要 300 艘不同类型的潜艇。这样一支部队在当时并不可得，邓尼茨对结果也不乐观，他的上级埃里希·雷德尔（Erich Raeder）元帅亦然。后者写道，尽管已有一批训练有素的

德国 U 艇王牌君特·普里恩。他是二战期间最早阵亡的 U 艇王牌之一。（图源：戈登·威廉森）

艇员和潜艇，“但潜艇部队仍过于弱小，无力对战局起到任何决定性作用”。[3] 为了补强实力，雷德尔下令将造船计划的当务之急从水面战舰转向潜艇。因此，到 1945 年时，已有近 1000 艘新潜艇下水，几乎扭转了二战的局势。总体而言，共有约 1171 艘 U 艇投入使用，其中 325 艘表现出色，在二战期间击沉了约 3000 艘船舶，累计吨位超过 1400 万吨。[4]

1939 年 9 月至 1940 年，在德国海军的着力推动下，潜艇战受到的限制有所松动。1939 年 10 月 14 日，U 艇部队取得了一次具有重大象征意义的胜利。在君特·普里恩（Günther Prien）上尉的指挥下，“U-47”号潜艇斩获了一战前辈所未能取得的功绩——潜入戒备森严的英国皇家海军锚地斯卡帕湾（Scapa Flow），击沉“皇家橡树”号（HMS Royal Oak）战列舰，造成 833 人丧生。普里恩及其艇员的成功一击，在德国获得了高度宣传。2 天后，希特勒批准 U 艇在不予警告的情况下袭击英、法商船，但对其他国家的船只则仍事先发出警告。与此同时，英国借鉴了一战中的经验，立即启用护航制，保证来自加拿大和美国的物资源源不断地流入英国。1939 年 9 月 6 日，由 36 艘商船和 3 艘护航舰组成的第一支护航船队从美国起航。很快，更多的护航船队启程。距上一场大西洋交锋结束仅 21 年，为了争夺大西洋的控制权，一场新的海战又将拉开帷幕。这场海战将会是二战中最为旷日持久的战役，整整持续了 6 年时间。到此役结束时，包括数百艘沉没的潜艇在内，双方共损失了逾 3600 艘舰船，阵亡海员达 5.8 万人以上。

大西洋海战

二战爆发时，U 艇部队实力有限，不足以实施邓尼茨想要的进攻型战略。邓尼茨的上级虽然准允 U 艇和水面突袭船搜寻攻击英国船只，但也担忧“卢西塔尼亚”号事件会再次上演。尽管U艇部队已得到命令，不得袭击客轮，但上述担忧还是很快化为了现实。1939年9月3日，英国客轮“雅典娜”号（Athenia）遇袭沉没，成了二战中第一艘被U艇击沉的英国船只。事发时，“雅典娜”号正载着1103名乘客，从苏格兰格拉斯哥航往加拿大蒙特利尔。在弗里茨–尤利乌斯·伦普（Fritz-Julius Lemp）中尉的指挥下，“U-30”号潜艇在爱尔兰沿海用鱼雷击沉了“雅典娜”号，造成98名乘客和19名船员丧生。虽然德国官方否认此事是U艇所为，力图掩盖伦普犯下的错误（伦普声称，他以为对方是艘武装商船），但英国、加拿大和美国的公众舆论却一片愤慨，因为这些国家均有侨民登上了这艘不幸的客轮。

二战伊始，“雅典娜”号客轮被德国潜艇击沉。（图源：Topfoto图片）

“雅典娜”号的沉没，只是众多击沉事件的开端。从1939年9月3日到12月31日，U艇共击沉了147艘船只。在1940年1至5月间，又有126艘船只葬身水下。相比之下，同样在这8个月内，德国人仅损失了23艘U艇。1940年初夏，在陆上战况愈演愈烈之际，海中交锋也进一步升级。1940年6月10日，挪威陷落。挪威卑尔根（Bergen）和特隆赫姆（Trondheim）的岩石海岸，为德国海军提供了新的基地。1940年5月，德国入侵法国；6月，法国投降。德国人因此获得了波尔多、布雷斯特、拉帕利斯（La Pallice）、洛里昂（Lorient）和圣纳泽尔（St-Nazaire）等法国沿岸的海军基地。由于能够更加便利地进入英吉利海峡和大西洋，U艇部队此时已可派遣更多潜艇出海，且周转时间更短。为了进一步发挥这一优势，使潜艇行动的效果最大化，邓尼茨将手下的潜艇部队一分为三——三分之一留在港内，进行舾装、战备和维修；三分之一往返于战场和基地间；三分之一部署在海中，开展作战巡逻。正如邓尼茨后来所评论的那样：

> 比斯开[5]诸港的占领，为U艇省去了漫长的往返航程。而在此前，往返航程几乎占据了U艇的整个行动半径。如今的海路，可以说就在“家门口”。U艇指挥部采取积极步骤，确保大西洋中的U艇能够在作战资源告罄时，尽早于1940年7月返回比斯开诸港进行整修。避开漫长返程的优势立竿见影：在实际行动区域中，U艇的可用数量翻了一番。[6]

为了保护港内的潜艇，德国人在新占领的U艇基地中修筑了大型混凝土隐蔽坞，保护潜艇免遭始于1941年的盟军空袭摧毁。这些经过加固的混凝土掩体固若金汤，内有潜艇湿船坞[7]及干船坞、厂房、发电站、办公室、库房和泵站，全都掩藏在厚实的混凝土屋顶之下。混凝

纳粹德国海军征兵海报。注意其中醒目的潜艇图案——U 艇受到尊重的程度可见一斑。

土屋顶在拱形钢支架和钢筋上浇筑而成，能够抵挡炸弹的直接轰击。

1940 年夏，随着 13 至 20 艘新 U 艇入役，U 艇部队对于艇员的需求和新基地一样紧迫。在各方的共同努力下，U 艇人员的征募工作顺利展开。征募宣传着重强调了 U 艇成员的精英地位，并且只招募志愿者，而志愿者不计其数。战后，前 U 艇艇长彼得 · 克雷默（Peter Cremer）谈道："U 艇部队的光环得到了大力宣传，其阴暗面却只字未提，因而对年轻人产生了强烈的吸引力。"[8] 艇员的服役环境既严苛又充满约束，诚如克雷默所言："一名艇员必须将自己的全部生活与 U 艇相适应，在狭小逼仄的环境中进食、就寝、值班，与钢铁艇体保持最紧密的接触、最亲近的关系。军中几乎没有一个职种能同潜艇艇员一样，必须如此依赖他人，如此容忍他人的习惯，如此服从于团队。同志情谊与同心勠力，正是 U 艇服役生活的特点……"[9]

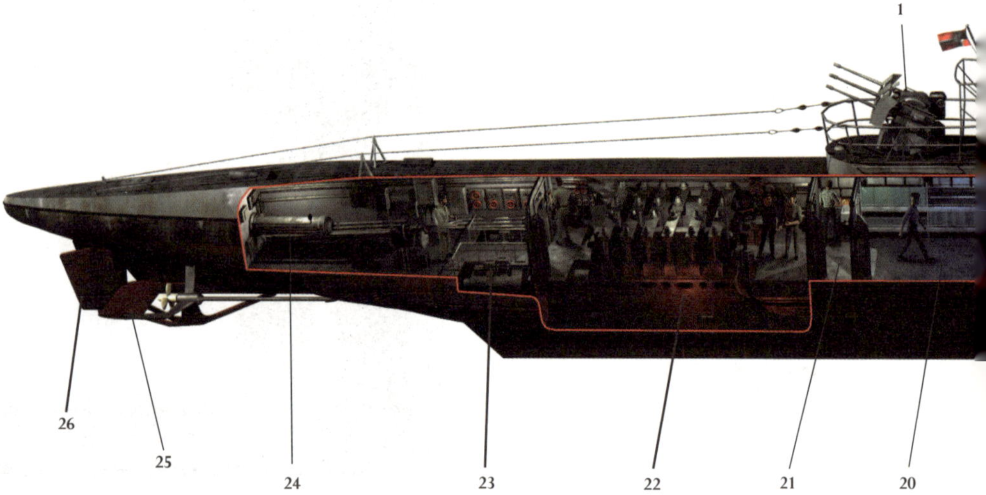

VIIC 型 U 艇的内部布局。（图源：伊恩·帕尔默艺术作品 © 鱼鹰出版社）

各部分名称：

1. 20 毫米四联装高射炮
2. 20 毫米双联装高射炮
3. 导航潜望镜
4. 攻击潜望镜
5. 定向环形天线
6. 救生圈
7. 艇长住舱
8. 军官住舱
9. 高级军士住舱
10. 储有充气式救生筏的水密箱
11. 绞盘

用 U 艇实施封锁，达成绞杀英国的关键目标，依然是重中之重。邓尼茨元帅后来指出，在二战之初——

> 从粮食的供应，到原材料的进口，再到各类军事力量的发展，在各个方面，英国无不依赖于海运。因此，德国海军的唯

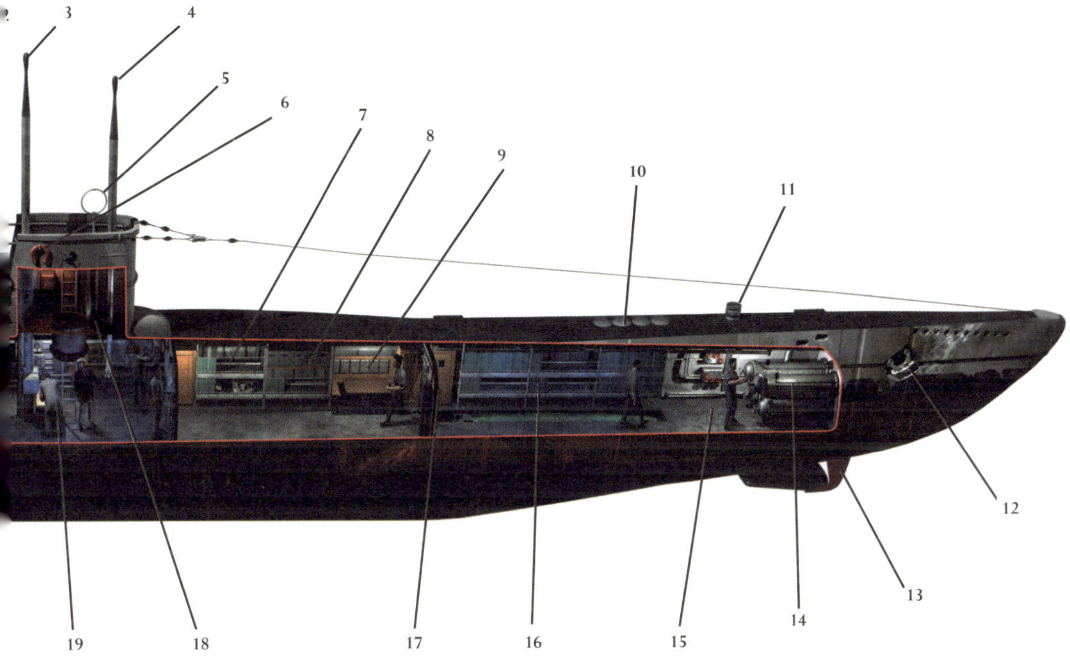

12. 锚
13. 艇首水平舵
14. 艇首鱼雷发射管
15. 前鱼雷舱
16. 水兵住舱
17. 厕所
18. 艇长攻击位
19. 控制舱
20. 军士住舱
21. 过道
22. 柴油机
23. 电动机
24. 艇尾鱼雷发射管
25. 艇尾水平舵
26. 垂直舵

一任务，就是阻碍或切断这些海上交通。很显然，若想通过打造一支舰队来对抗英国舰队，并以此拿下海上交通线，这一目标便永无实现之日。唯一的办法是对海上交通发起迅速攻击。为了实现这一目的，只有U艇能够纳入考量。原因在于，面对英国在水面上的制海权，唯有这种武器能够渗透进英国主要的海上交通区域。因此，当与英国的战争在1939年9月化为现实时，德国海军必须改换军备。先前的计划，是建造一支同质化的舰队，但该计划此时已发生转变。只有那些行将就绪的舰艇才得以完工。根据命令，U艇的建造计划得到了大幅扩充。此前，U艇的月产量仅为2至4艘，而按照1939年9月下达的新建造计划，U艇的月产量将分阶段地达到20至25艘。[10]

建造中的U艇隐蔽坞，位于波尔多的潜艇基地。从图中不难想象该隐蔽坞的庞大规模。虽然这种规模的建筑无不面临着遭遇盟军空袭的风险，但所有隐蔽坞均顺利完工，没有受到严重破坏。（图源：U艇档案馆 [U-Boot Archiv]）

通过击沉大量商船，让英国船厂来不及补造更替，U 艇能够切断英国这个岛国赖以作战的关键命脉。欧洲陷落后，英国不得不独自对抗纳粹，上述威胁便显得尤为严重。来自中立国和英国海外殖民地的护航船队，为英国带来了急需的粮食、工业用品和战争物资。为了阻挠这些船队，德国部署的潜艇及人员数量越来越多。其中，潜艇以 VII 型和新下水的 IX 型远洋潜艇为主，在指定的象限或猎区内搜寻敌船。未受护航的船只，以及护航船队中速度较慢的船只，成了更易得手的猎物。当一支较大的护航船队被发现时，邓尼茨对手下潜艇官兵的“狼群战术”（Rudeltaktik）训练便收到了成效：一艘潜艇会发出信号并尾随护航船

在盟军登陆诺曼底海岸的“霸王行动”期间，“霍姆斯”号（HMS Holmes）护航驱逐舰向疑似 U 艇投掷深水炸弹。（图源：帝国战争博物馆 [Imperial War Museum]，编号 A 23959）

在罗赛斯（Rosyth）的大雪中，英国皇家海军陆战队员将深水炸弹吊上投掷器。（图源：帝国战争博物馆，编号 A 7136）

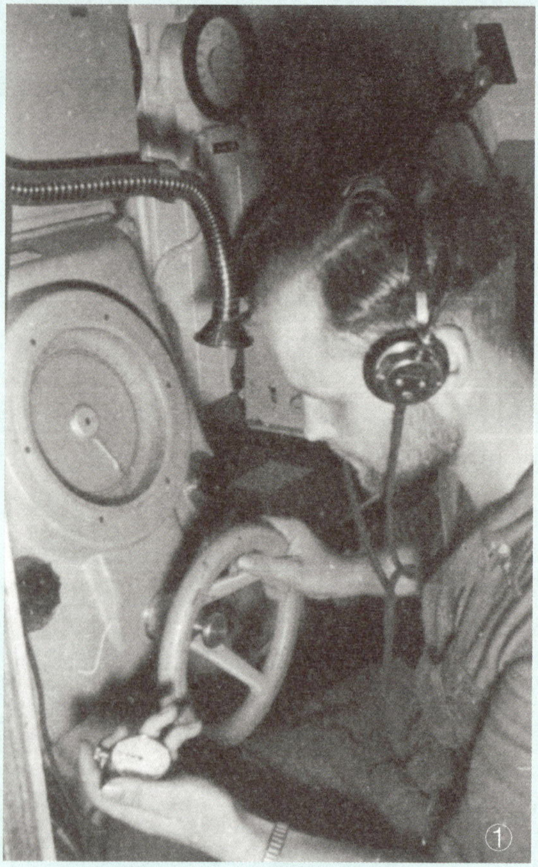

①

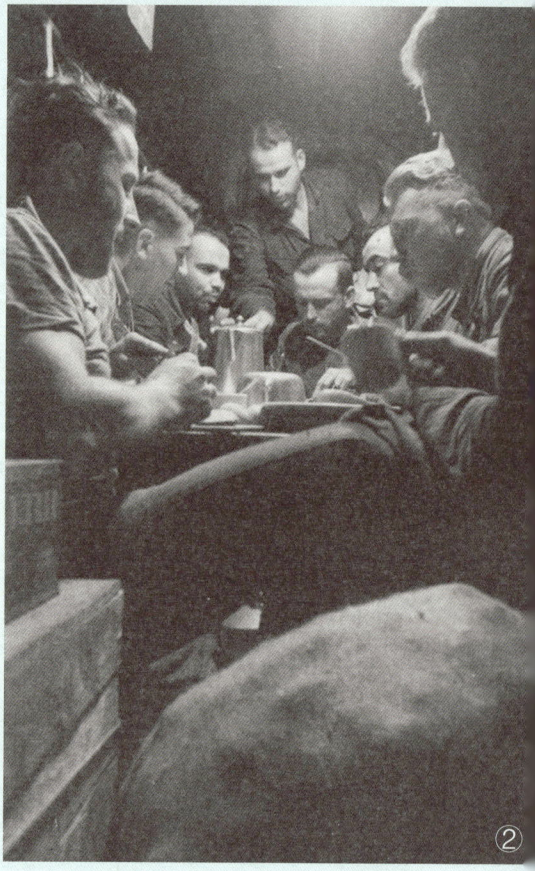

②

U艇生活

对于没在潜艇上服过役，或未曾登上过潜艇的人而言，潜艇内的拥挤狭窄之况殊难想象，而艇员有时却得在这种环境中忍耐数月之久。这些图片深入展现了一艘 VII 型 U 艇上的生活。令人难以置信的是，图中供军士们用餐的舱室，还充当着

队，一旦有足够多潜艇闻讯而至，该“狼群”便会出击，时间通常在夜里。邓尼茨表示：“狼群战术的发展伴随着一个清晰的认知，那就是定位问题将会成为 U 型潜艇战中的主要难题。由于舰船都云集于护航船队中，海洋的空旷区域会大大增加。”邓尼茨还指出，先搜寻一支护航船队，然后派去“尽可能多的 U 艇”的做法，正是遵循着一条“数千

8 个人的寝室，铺位旁甚至还可存放鱼雷。除此之外，艇组成员还得面对连续作战的压力，包括：在瞭望哨值勤；绘制一条穿越数百英里公海的航行路线（图③）；或练习掐秒表，测定一颗深水炸弹从入水到引爆的时间（图①）。（图源：© 皇家海军潜艇博物馆 [Royal Navy Submarine Museum]）

年来的军事指挥铁律：在对的时间，对的地点，尽可能地集中优势兵力”。[11] 这一切收到了回报。1940 年下半年，也就是德国人所谓的“美好时光”[12] 中，有逾 280 艘舰船殁于 U 艇袭击。

尽管英国护航舰队开始将雷达投入使用，通过雷达发现并击沉夜袭时疾驶于水面的 U 艇，但 U 艇的成功还是延续到了 1941 年初。1941

年 5 月，英国人从受损严重、被迫上浮的“U-110”号潜艇上缴获了一台恩尼格玛密码机。缴获密码机的消息受到了严格保密。将密码机与缴获的文件两相结合，英国人便可破译发送给 U 艇及其支援舰船的加密信息。英国采取的另一项策略，是安装高频测向（HF/DF）设备（被称作“Huff-Duff”）——这种设备同样有助于定位 U 艇的无线电信号，使英国人有能力击沉更多潜艇。不过，邓尼茨的“海狼”们仍在继续进击，将袭击范围向西延伸，并于 1941 年初秋进入了地中海。U 艇在地中海的早期战果包括：1941 年 11 月 13 日，“U-433”号潜艇击沉“皇家方舟”号（HMS Ark Royal）航空母舰；同年 11 月 25 日，“U-331”号潜艇击沉“巴勒姆”号（HMS Barham）战列舰，造成惨重的人员损失。到当年年底，U 艇共击沉了 445 艘敌方舰船，但也为此付出了损失 38 艘的代价。不过，U 艇产量的提升绰绰有余地弥补了这些损失。1941 年，有 202 艘新潜艇加入 U 艇部队，使 U 艇的年终总数达到了 247 艘。翌年伊始，又有 12 艘新艇入役。

简言之，纵有许多技术进步出现，但 U 艇与受驱逐舰和轻型护卫舰屏护的商船护航队之间的交锋，本质上是一场鱼雷与深水炸弹的对决。无论是鱼雷，还是深水炸弹，都会造成或漫长、或骤然的死亡。

对于深水炸弹的打击威力，美国潜艇老兵爱德华·比奇（Edward L. Beach）在战后生动地形容道：

> 先是“咔哒”一声，代表第一阵冲击波来袭。然后便是“砰”的一声爆炸……“咔哒”与“砰”之间的时长，可以大致估算深水炸弹的距离……爆炸声就像一个巨人抡着柄千磅大锤，一次次地向潜艇侧面砸来。每一阵冲击波都会将艇内的我们震得东倒西歪……每一颗炸弹都在抽打着整具艇体，大钢架弯曲了，管线、通风管道和其他内部设备发生了强烈的共振，

直到我们觉得它们快要被震落为止……[13]

尽管潜艇本身就是为了抵抗压力而建造的，但深水炸弹产生的爆炸超压，还是会造成艇体进水，管道爆裂，有时还会致使艇体破裂，令其葬身水下。猎潜舰艇以深水炸弹为主要武器，通过上述方式打击U艇。虽然二战之初的深水炸弹型号仍与一战相同，但1943年以后，美国采用了“泪滴”形的Mk 9型深水炸弹。Mk 9型深水炸弹配备压载重量，下沉更快，可探至水下600英尺（二战早期的深水炸弹仅可探至水下300英尺[91米]，在实战中作用有限）。该型炸弹的装药量为200磅（91千克），不及早先的Mk 6型深水炸弹。但更快的下沉速度，以及深入U艇藏身处的能力，使之能以较小的爆炸威力取得更好的效果。

日军偷袭珍珠港后，美国对日宣战。希特勒随即对美宣战，U艇也于1941年底远赴美国海岸。在此之前，尽管德国潜艇垂涎于在繁忙的加拿大哈利法克斯（Halifax）港外伏击护航船队，但它们均得到严令，不准靠近北美东岸，以免与美国开启战端。日本偷袭珍珠港的举动虽出乎德国意料，但希特勒很快也对美国宣战，解除了U艇在美国沿海的行动限制。1941年12月25日，由5艘U艇组成的小分队展开了“击鼓行动”，于1942年1月中旬抵达美国沿海。它们将发起一场毫不留情的猎杀行动。此外，还有更多U艇正在穿越大洋，加入其中。到1942年5月，为数30艘的一群德国U艇已击沉了约360艘美国船只，击沉地点从墨西哥湾沿岸一路向北分布，延伸至加拿大东部的大西洋海岸。在新下水的加油潜艇（绰号“奶牛”）的补给下，美国沿海的德国U艇享受了第二段“美好时光”，直至同年秋天。邓尼茨后来评论道：

美国缺乏防御经验，反观U艇指挥官则驾轻就熟。潜艇是有可能在近岸处及水面上行动的。这里交通繁忙，所以战果颇丰。因此，U 艇指挥部将每一艘能在美国海域行动的潜艇都派到了该区域，把握有利形势，以期扩大战果。但根据预期，数月之后，U 艇的战果就会开始走下坡路。然而，这种情况并未发生。尽管这类行动需要经历漫长的往返航程，而且往返期间与战果无缘，但直到 1942 年 9 月底，这些行动都是值得的。[14]

第二段“美好时光”期间，在英国的援助与训练下，美国的反潜战术得以改进（直到 1942 年 5 月，美国才开始在沿海组建护航船队，此时距美国卷入战争已有 6 个月之久）。由于美国工业实力强劲，船舶损失造成的影响，被不断出厂的大批新船所淡化。大西洋海战是一场必须拿下的战役。海军军官、历史学家塞缪尔 · 埃利奥特 · 莫里森[15]引用一本战时训练手册的内容，有力地证实了这一观点：

1942 年，U 艇在我国大西洋沿岸的大肆屠杀，堪比一场国家灾难，就像破坏分子掌握了我国最大的五六家军工厂一样……假如 1 艘潜艇可击沉 2 艘 6000 吨船舶和 1 艘 3000 吨油轮，那么以下便是我们在典型情况下将会遭受的损失：42 辆坦克、8 门 6 英寸（152 毫米）榴弹炮、88 门 25 磅炮[16]、40 门 2 磅炮、24 辆装甲车、50 辆布伦机枪运载车、5210 吨弹药、600 支步枪、428 吨坦克用品、2000 吨补给品以及 1000 箱汽油……若要通过空袭摧毁同样数量的装备，敌人就必须顺利完成 3000 架次的轰炸。[17]

在意大利潜艇的配合下，U 型潜艇战延伸到了加勒比海域，并取得了初期战果——直至有关当局于当年夏末开始使用护航船队，引入更好的反潜措施。到 1942 年底，德国人已击沉了逾 1090 艘船舶，自身则损失了 88 艘潜艇。与此同时，又有 238 艘潜艇入役，使 U 艇部队的潜艇数量在 1 年内从 259 艘增加到了 397 艘。

然而，到了次年，也就是 1943 年，U 艇面临的战争态势已发生改变。虽然 U 艇击沉了逾 450 艘船只，但盟军的反制措施已幡然改进，包括：通过截获恩尼格玛加密电文改变护航船队的航行路线；高频测向设备的使用；B-24“解放者”轰炸机的空中巡逻；以及源源不断的护航船队和护卫军舰——这意味着有更多船只正在驶向英国和苏联，后者此时已加入了对抗轴心国的行列，成为同盟国的一员。越来越多的德国潜艇开始被盟军击沉。谈及这段历史，U 艇艇长彼得·克雷默说：“猎手反成了猎物。”战争结束后，邓尼茨元帅谈道：

> U 艇的损失数量此前仅占出海总数的 13%，此时却急剧攀升到了 30%—50%。单是在 1943 年 5 月，就有 43 艘 U 艇沉没。这些损失不仅来自护航船队的攻击，还发生于海上各

1945 年 5 月 19 日，“U-234”号潜艇向美国投降。（图源：戈登·威廉森）

> 处。在大西洋上，没有一处是安全的；无论昼夜，U 艇都有可能被飞机定位。所有 U 艇的进出通道都位于比斯开湾，但这里也受到了最严密的监视，损失奇高。[18]

1943 年，德国生产了 290 艘新潜艇，盟军则击沉了 245 艘。这意味着，从 1943 年初到年底，U 艇部队的潜艇数量仅略有上升，从 397 艘增加到了 442 艘。德国征服荷兰后，获得了荷兰改进的潜艇水下通气管，并将其应用于 U 艇。该装置不仅可使 U 艇免遭空中打击，还使它们得以避开水上雷达的探测。声自导鱼雷[19]的研制，更是得到了邓尼茨的称赞，因为“U 艇终于拥有了一种武器，对抗投掷深水炸弹的护航舰只”。这项技术进展进一步提升了水下战的破坏力。[20]德国的种种发明创新包括：使潜艇不易被声呐发现的声阻尼覆盖层；声自导鱼雷；改进型潜艇，如 IX 型、XXI 型、XXIII 型潜艇，瓦尔特式（Walter）潜艇，以及“海豹”（Seehund）袖珍潜艇等。不过，这些发明创新均未能影响盟军实力的日益增长。强大的盟军先后出兵收复了北非和意

英国 T 级潜艇的发展历程。从上到下分别为“特里同”号（HMS Triton）、“旅行者”号（HMS Traveller）和“忒勒玛科斯”号（HMS Telemachus）。（图源：托尼·布赖恩艺术作品 © 鱼鹰出版社）

大利，最终于 1944 年在法国登陆。

1944 年 6 月的 D 日登陆[21]，不仅攻破了希特勒的“欧洲堡垒”(Festung Europa)，还意味着盟军取得了大西洋海战的实际胜利。U 艇仍在继续制造损失：1944 年，U 艇击沉了 131 艘船只。不过，U 艇的战损已开始超出德国的产能。到年底时，U 艇部队的潜艇数量已从 447 艘缩减为了 408 艘。D 日登陆成功后，盟军占领了法国和挪威的 U 艇基地。新型 U 艇的发展，以及继续战斗的坚定承诺，使 U 艇部队得以活跃到了 1945 年。到当年 3 月，U 艇已击沉了 62 艘船只，但即便如此，彼得·克雷默还是指出：“这是一场时间与成功的赛跑。我们的补给越来越少，燃油和其他燃料也出现短缺……形势令人绝望。”[22]1945 年 5 月，德国投降，二战欧洲战事至此结束。此时，向盟军投降的残存 U 艇仅有 156 艘。从 1945 年 1 至 5 月，U 艇的损失数量超过了 400 艘，为了避免潜艇被俘，U 艇艇员自沉了 219 艘新近完工的潜艇。1945 年，U 型潜艇战共击沉了 71 艘同盟国船只，但这不过是淡弱的回光返照，与 U 艇在 1939 至 1945 年间取得的惊人战果相去甚远——对于后者，温斯顿·丘吉尔曾不禁评

藏身挪威峡湾之中的“提尔皮茨”号战列舰。（图源：帝国战争博物馆，编号 HU 35755）

论道：“战争期间，唯一让我真正感到惧怕的，就是U艇的威胁。”[23]U艇部队的成员们付出了沉重的代价。二战期间，共有805艘U艇沉没，28748人随之丧生。[24]德国潜艇艇员的态度，与多国潜艇部队的实际情况相符。战后，U艇艇长彼得·克雷默表示，他和战友们“将自己视为受命前去与巨人‘歌利亚’作战的‘大卫’”，出发以前，他们会“来点放肆的黑色幽默”，但随后则会说道，“啊好吧，又有更多吨位要击沉了”。[25]

欧洲潜艇战

与德国一样，二战伊始，英国的潜艇数量也不多——仅有58艘，不敷战用。因此，英国启动了紧急建造计划，将战时潜艇的总数扩大到了270艘左右。战功卓著的一战潜艇老兵马克斯·霍顿，也于1940年1月回归现役，执掌英国潜艇部队。一些德占国家的潜艇也逃脱了纳粹的掌控，加入英国潜艇部队，例如来自波兰、荷兰、挪威、希腊、南斯拉夫和法国的潜艇，著名的“叙尔库夫”号便在此列。虽然有部分法国潜艇投奔英国，但其余法国潜艇仍旧留在国内，转由维希政府[26]控制。在这种情况下，它们在与英国交战期间自沉。二战时期的英国潜艇中，仍有部分潜艇属于老旧的战前级别，包括：9艘H级潜艇，18艘O级、P级和R级潜艇，以及3艘L级潜艇。不过，战时英国潜艇的主要力量，是经久耐用的S级、T级、U级和V级潜艇。后续潜艇在设计上有所改进，采用了焊接结构，潜深、续航和航程都有提升，并在艇尾加装了1具鱼雷发射管，使T级潜艇能向后发射3枚鱼雷。战时的建造计划扩充了潜艇部队的规模。到战争结束时，英国已建造或订购了50艘S级潜艇，另外，从1941至1945年，英国还建造了31艘T级潜艇、46艘U级潜艇和21艘V级潜艇。

由于战时损失，英国潜艇舰队的发展之势有所消减。参战的 206 艘英国潜艇，共计沉没 74 艘，3142 人随之丧生。这些潜艇有 3 个主战场，分别是北海、地中海和太平洋。在北海，尤其是挪威沿岸，英国潜艇的最初目标是设法干扰德国对挪威的入侵，随后的目标则是阻断德国与挪威诸港间往来的铁矿石和商品航运。除了负责袭击船舶和布设沿岸水雷的潜艇外，其他潜艇负责巡逻英国北部海域的航路，阻止敌方船只和潜艇溜出。

第 21 护航大队（21st Escort Group）成员在“康恩”号（HMS Conn）驱逐舰上摆好拍照姿势，展示他们的骷髅海盗战旗——旗上图案表示他们已击沉了 5 艘 U 艇。

二战潜艇不全是大型潜艇。二战期间，德国与意大利均研制了袖珍潜艇和小型潜水攻击艇，其中较著名的有：德国的“海豹”潜艇，长38英尺9英寸（11.8米），重14.9吨，乘员2人；意大利的“慢速鱼雷”（Siluro a Lenta Corsa）（更有名的是它的绰号——“猪”[Maiale]），长23英尺（7米），乘员2人，是一种依靠蓄电池驱动的人操鱼雷，驶近后固定于敌舰上，待乘员离去便会引爆。继德国和意大利采用袖珍潜艇后，英国也研制了袖珍潜艇，其中包括：“韦尔曼”（Welman）单人潜艇；“战车”（Chariot）双乘员人操鱼雷；X艇[27]，乘员2人，长51英尺（15.5米），重27吨，装备有2个可卸式炸药仓。1942年10月，“战车”人操鱼雷对德国战列舰“提尔皮茨”号（Tirpitz）发动了袭击，但未能成功。不过1943年9月，2艘X艇设法进入了一个难以逾越的挪威峡湾，重创了停泊其中的“提尔皮茨”号。

袖珍潜艇

从严格意义上说，任何150吨以下、艇员屈指可数、不设居住舱室的潜艇，都可被划为“袖珍潜艇”。显而易见的是，这种分类方法会将一些19世纪的潜艇原型囊括在内。不过，“袖珍潜艇”一词更常用于指代二战期间研发的小潜艇，这类小潜艇的用途在于：穿过港口防御，对自以为安全的敌方锚泊舰船发起突然袭击。

日本帝国海军（IJN）在袖珍潜艇的设计上居于领先地位，共下水了50多种型号的“甲标的甲型”潜艇。这些潜艇一般长78英尺（23.8米），（水下）排水量47吨，乘员2人。1941年12月7日，5艘甲标的甲型袖珍潜艇参与了突袭珍珠港的行动，不过未能成功。1942年，日本帝国海军的袖珍潜艇还设法潜入了悉尼港，成功击沉了由渡轮改装的“库塔布尔”号（HMAS Kuttabul[28]）补给船，造成 21 名水手丧生。但在此次突袭中，3 艘“甲标的”潜艇尽数沉没。

二战时期，被称为 X 艇的英国袖珍潜艇，取得了更大的战果。在二战期间一次颇为著名的大胆行动中，22 岁的戈弗雷·普莱斯（Godfrey Place）上尉驾驶“X-7”号潜艇辗转数小时，穿越数英里水雷区，最终在德国战列舰“提尔皮茨”号近旁成功引爆了 2 个重达 2 吨的炸药仓。“提尔皮茨”号受损严重，直到 1944 年才得以再次出海。不过，这一行动的成功，同样付出了高昂的代价。另 2 艘参与突袭的 X 艇均被击沉，全员尽殁。“X-7”号潜艇亦被击沉，普莱斯是唯一的生还者。X 艇的长度仅为 52 英尺（15.8 米）（水下排水量 30 吨），但却搭载了 4 名艇员。在无比狭小的环境中，艇员需要具备超人的忍耐与刚毅。

英国潜艇的第二个战场是地中海。1940 至 1943 年间，地中海战事处于白热化阶段；这一时期，意大利加入战争，其海军部队控制着地中海中部。地中海的潜艇战，乃是困难环境下的一场恶战。这里有大量浅水区，水质清澈，波澜不兴，不少潜艇都暴露并沉没于此。战争期间，超过半数的英国潜艇损失——总计 45 艘，都发生在地中海战场。为了阻止德、意船只向北非的德国非洲军提供补给，英国潜艇打了场殊为艰难的仗。而那些以马耳他岛为基地的舰艇，以及该岛的守卫部队，也不得不面对一系列猛烈进攻[29]。1941 年 9 月，英国人击沉了 38% 的非洲轴心国部队补给物资，并于次月击沉了 63% 吨位的船只。当时，每一艘前往地中海与轴心国交锋的潜艇，其价值据说都“堪比同等重量的黄金”。[30] 总而言之，英国潜艇官兵的毅力与勇气，使轴心国损失了逾 100 万吨船舶——包括人员、物资、燃料和弹药，为盟军在北非的最终胜利立下功勋。英国向 5 名潜艇人员颁发了维多利亚十字勋章，表彰他们在地中海战场做出的突出贡献。其中一位受勋者是马尔科姆·戴维·旺克林（Malcolm David Wanklyn）少校，他不仅获得了维多利亚十字勋章，还获得了杰出服役金十字勋章（DSO）(带两杠[31])。在担任“支持者”号（HMS Upholder）潜艇艇长期间，旺克林取得了极为突出的战果。他在 24 次作战巡逻中击沉了总计 12 万吨的舰船，成为二战期间最成功的英国潜艇指挥官。1942 年 4 月，“支持者”号在第 25 次作战巡逻中沉没，全体人员无一生还。

基斯卡岛（Kiska）上的日本“甲标的甲型”袖珍潜艇残骸。（图源：美国国家公园管理局 [US National Park Service]，水下资源中心 [Submerged Resources Center]）

到战争结束时，英国潜艇部队已交出了一份出色的答卷，共摧毁了152.4万吨敌方舰船——总计有493艘商船和169艘战舰被英国潜艇的鱼雷和炮火击沉，另有38艘商船被英国潜艇布设的水雷炸沉。此外，在潜艇战史上，英国潜艇还创造了一个惊人的“第一次”——1945年2月9日，在绰号“吉米”的詹姆斯·朗德斯（James Launders）上尉的指挥下，V级潜艇“冒险者”号（HMS Venturer）在挪威沿海击沉了“U-864”号潜艇。朗德斯一路追踪“U-864”号，标绘路径，一次性散射了4枚鱼雷，成功击沉了这艘U艇。这是史上首次有潜艇在水下成功击杀另一艘潜艇。

二战之初，苏联与德国签订了互不侵犯条约，将其领土野心投向了波罗的海诸国和芬兰。1939年时，苏联实际上是全球最大的潜艇强国，拥有168艘在役潜艇，其中55艘部署于波罗的海。1941年，希特勒入侵苏联，使后者投向同盟国一方。这一年，苏联潜艇的总数已增至215艘，其中69艘部署于波罗的海。虽然苏联拥有世界上最庞大的潜艇舰队，但多数潜艇均老旧过时、装备不良。在德国与芬兰发起的波罗的海反潜战中，苏联在潜艇数量上的领先地位很快消磨殆尽。德国和芬兰布下了水雷阵，将苏联潜艇封锁在列宁格勒附近水域。不过，苏联潜艇指挥官们或联合出击，或单独行动，对德国和芬兰的水雷封锁发起了越来越多的挑战。随着战争的进行，苏联潜艇已能够进一步深入波罗的海。虽然在战争期间，苏联潜艇战果有限，仅击沉了约160艘舰船，总吨位402437吨，但它们却制造了最为惨重的人员死亡事件。战争期间，苏联潜艇最重要的一次行动，发生于波兰沿岸的波罗的海，时间为1945年1月30日夜。

在亚历山大·马里涅斯科（Alexander Marinesko）少校的指挥下，苏联的S级潜艇“S-13”号攻击并击沉了德国远洋班轮“威廉·古斯特洛夫”号（Wilhelm Gustloff），后者当时正从格但斯克[32]驶向德国。据估计，“威廉·古斯特洛夫”号上载有1万人，其中包括一些伤兵，此外还有党卫军成员、U艇人员、女性海员和数以千计的难民——由于德军节节溃退，苏军步步进逼，他们被迫乘船逃离。马里涅斯科一次性散射了4枚鱼雷，命中3枚。“威廉·古斯特洛夫”号的乘员伤亡惨重，仅有904人幸存。2月10日，马里涅斯科如法炮制，击沉了“冯·施托伊本将军”号（General von Steuben）远洋班轮——其上载有4000多

詹姆斯·莫根尼斯（James Magennis，1919—1986）和伊恩·弗雷泽（Ian Fraser，1920—2008）。二人均为维多利亚十字勋章获得者，从青少年时就开始出海。弗雷泽原先受雇于英国商船队（Merchant Navy），战争爆发后，他加入了英国皇家海军，成了莫根尼斯的战友。在突袭新加坡港的行动中，两人均为“XE-3”号潜艇的艇组成员。（图源：帝国战争博物馆，编号A 26940A）

人，同样包括许多平民，最终仅有300人生还。

1945年4月16日，死亡人数再度攀升。当夜，在弗拉基米尔·康斯坦丁诺维奇·科诺瓦洛夫（Vladimir Konstantinovich Konovalov）少校的指挥下，“L-3”号布雷潜艇击沉了“戈雅”号（Goya）运输船，船上估计有6100至7000人，包括军人和难民。仅183人获救，其中9人于不久后死去。“威廉·古斯特洛夫”号、“冯·施托伊本将军”号和“戈雅”号的沉没，残酷地展现了潜艇的致命杀伤潜力。3起事件共造成约2万人丧生，迄今为止，就死亡人数而言，“威廉·古斯特洛夫”号沉没事件仍是世界上最大的一起海难。

在苏联潜艇的第二前线——黑海中，德国U艇再次参战，与实力不济的苏联水面舰艇及潜艇交手。参战德国U艇均为较小的IIB型，由驳船和卡车穿越欧洲运送而来，以罗马尼亚的康斯坦察[33]为基地开展行动。从1942年10月至1944年8月，德国潜艇执行了56次作战任务，击沉了45426吨船舶，自身的损失数字则为3艘。随后，罗马尼亚对德宣战，使德国潜艇失去了一个基地，此外，土耳其的强行中立，也使德国潜艇无处可去。1944年9月初，余下的3艘潜艇被艇组成员放弃，自沉于土耳其沿海。

其他海军强国同样参加了大西洋的潜艇战事，其中既包括那些国土沦亡后加入同盟一方的国家，也包括纳粹德国的轴心国盟友意大利。1940至1943年，意大利以海、空军部队支配着地中海中部。战争之初，意大利的在役潜艇数量约为115艘，是世界第二大的潜艇舰队。不过，意大利潜艇的数量却并不代表质量，到战争结束时，意大利损失了约82艘潜艇。尽管部分意大利潜艇表现不错，意大利袖珍潜艇艇员和人操鱼雷乘员的勇气也毋庸置疑，但设计缺陷、机械故障以及士气低落，却时时困扰着意大利潜艇部队。德国人对意大利潜艇战友的贡献持贬低态度，因为虽有约30艘意军潜艇加入了大西洋海战，但它们的击沉吨位仅为 50 万吨左右，与 U 艇部队的战果相去甚远。

太平洋潜艇战

浩瀚的太平洋是二战最大的潜艇战场。在一场喋血纷争中，美、日两国展开了殊死对决。美国的大英帝国盟友（包含英国、澳大利亚、新西兰和加拿大），以及来自荷兰等被占国的“自由”部队，也卷入其中。整场战争期间，依托位于锡兰（今斯里兰卡）亭可马里（Trincomalee）和澳大利亚弗里曼特尔（Fremantle）的基地，英国、澳大利亚及“自由荷兰”的潜艇在马六甲海峡和印度尼西亚附近海域展开了小规模行动，阻断日本海运。到 1940 年 7 月，该区域的英国潜艇已全面撤离，仅有 3 艘 T 级潜艇留了下来，断断续续发起突袭。1943 年，战局发生扭转，英国得以派出 5 艘增援潜艇。同时，在进一步染指太平洋前，德国也派出 U 艇远赴印度洋，为日本在此发起的突击行动提供支援。

1943 年 9 月至 1945 年 8 月间，英国潜艇表现出色，击沉了不少日本战舰。到 1944 年底，它们已击沉了 1 艘轻巡洋舰、3 艘潜艇、6 艘小型海军舰艇以及总吨位 4 万吨的商船——外加 100 多艘戎克船[34]、舢板等较小的船只。直到 1945 年 3 月，英国潜艇都扼守着马六甲海峡，堵死了通往日本的航路，并用“战车”人操鱼雷对普吉港发起了一次成功袭击，击沉船只 1 艘。美国收复菲律宾后，英国潜艇顺势向太平洋挺进，并于 1945 年 6 月 8 日漂亮地击沉了“足柄”号（Ashigara）巡洋舰。1945 年 7 月 31 日，英国又对新加坡港发起了一次成功的 X 艇突袭——在伊恩·弗雷泽上尉的指挥下，由詹姆斯·莫根尼斯担任蛙人的“XE-3”号潜艇顺利潜入浅浅的新加坡港，在“高雄”号（Takao）巡洋舰上安放了 6 枚水下爆破弹[35]，然后在炸沉“高雄”号的同时撤离。此次行动难度极高，“XE-3”号潜艇及其成员差点遇难。凭借这一来之

日本巡潜乙型潜艇。（图源：托尼·布赖恩艺术作品 © 鱼鹰出版社）

各部分名称：

1. 空气存储器
2. 无线电桅杆
3. 无线电天线
4. 长波无线电天线
5. 用于装载补给品的折叠式起重机
6. 5.5英寸（140毫米）甲板炮
7. 甲板炮测距仪
8. 96式25毫米双联防空炮
9. 信号桅杆
10. 2号潜望镜
11. 1号潜望镜
12. 无线电定向环形天线

13. 驾驶桥楼（仅在水上使用）
14. 指挥塔
15. 指挥室
16. 处于收纳状态的E14Y1潜艇用水上侦察机
17. 机库
18. 折叠式飞机起重机
19. 蓄电池舱
20. 外部壳体
21. 耐压壳体
22. 鱼雷舱（也作为艇员住舱和用餐区）
23. 飞机弹射器
24. 前水平舵
25. 鱼雷发射管
26. 主机舱
27. 涡轮风扇
28. 装有主电机的电机舱
29. 配备气动气泵的辅发电机舱
30. 艇员舱段
31. 螺旋桨
32. 后水平舵
33. 垂直舵
34. 水平舵和螺旋桨的防护装置

不易的非凡壮举，弗雷泽和莫根尼斯获得了维多利亚十字勋章。他们的英勇事迹再次表明，英国潜艇在太平洋战场上做出了微小但却不可磨灭的贡献。为此，英国付出了损失 3 艘潜艇的代价。不过，太平洋区域的水下交锋，主要还是在美、日两国间展开。

在一战后的战间期中，也就是 1941 年 12 月太平洋战争爆发前，日本的潜艇发展和建造计划紧锣密鼓地向前推进。虽然在开战之初，日本的潜艇数量并不多，仅有 63 艘远洋潜艇，但日本帝国海军最终将拥有世上最为多样化的潜艇舰队。1941 年，日本可用于远洋行动的潜艇包括：48 艘战前的伊型潜艇（含中、远程潜艇），15 艘吕型潜艇，以及新研制的袖珍潜艇。除此之外，还有 29 艘潜艇在建，

携带“回天”鱼雷的日本伊型潜艇。“回天”鱼雷由普通鱼雷改造而来，可搭载单名驾驶员，是一种特攻（自杀式）武器。与名气更大的神风特攻队一样，“回天”鱼雷也属于孤注一掷之策。1944 年 11 月 20 日，“回天”鱼雷取得了纪念性战果，在乌利西环礁击沉了美军舰队油轮“密西西内瓦”号。（图源：托尼·布赖恩艺术作品 © 鱼鹰出版社）

38 艘潜艇待建，建造计划已经获批。最终，到战争结束时，日本共向潜艇舰队补充了 126 艘大型潜艇。这些潜艇中包括载货潜艇和载机潜艇，长度和排水量分别在 400 英尺（121.9 米）和 5000 吨以上，是当时最大的已建潜艇。

战争期间，日本还扩充了袖珍潜艇的建造计划，增建“甲标的甲型”袖珍潜艇，随后又增建了经过改进的“甲标的乙型”“甲标的丙型”“甲标的丁型”袖珍潜艇，数艘试验原型艇，以及最终的“回天”型人操鱼雷。这种改装鱼雷实为单人自杀式武器，从更大的“母潜艇”上发射而出，由驾驶者控制速度和纵倾，以便准确击中目标并爆炸。日本的战时潜艇位居世界先进水平，在航速上远超名气更大的德国试验原型艇。例如，日本在 1938 年下水的战前试验潜艇“第 71 号舰”，是当时世界上最快的水下载具，潜航速度可达 21 节，而“甲标的”各型潜艇的短时速度也可达到 18 至 19 节。[36] 日本建造了 65 艘航程超过 2 万海里的潜艇，其中包括 39 艘柴电潜艇，功率均在 1 万马力（7457 千瓦）以上，并装备了一种性能优异的鱼雷——95 式鱼雷。95 式鱼雷是种氧燃料水下武器，射程更远，射速更快，其冲击力超过了其他任何国家列装的鱼雷。日本的潜艇战略颇为简单：以远程潜艇跨越太平洋，“深入敌方水域，监视敌方军港”。据第 1 潜水战队的潜艇艇长折田善次回忆：

> 一旦敌方舰队启程攻击日本本土，我们便会发动袭击，然后以 23 节的水面速度迅速驶离，再设下埋伏，重复这一战术，直至鱼雷用罄。如果经过我们的打击，敌舰队仍在向日本前进，我们的联合舰队便会出击迎敌，第 2 潜水战队和第 3 潜水战队则在大部队前方遥遥屏护。这两支潜水战队将会重复第 1 潜水战队的战术。从理论上说，待到敌方舰队近在眼前，欲与

我方主力展开海军大将们设想中的“决定性海战”时，其实力当已大不如前，我方可一举将其击溃。日本将会赢得太平洋的控制权！[37]

在太平洋战争之初，日本向夏威夷派出了 30 艘一线潜艇，参与对珍珠港的偷袭行动。其中，10 艘潜艇经过改造，在艇背上装载了当时尚属绝密的袖珍潜艇。这些袖珍潜艇于夜间出动，奉命秘密潜入珍珠港，在空袭开始时加入战斗，发射鱼雷，大肆制造破坏和混乱，然后返回“母潜艇”。其他负责警戒的伊型潜艇则会对夏威夷群岛实施包围，截击任何试图逃跑，或试图对日本航母特遣舰队发起反击的美国舰船。

然而在夏威夷沿海，这支潜艇部队的表现黯淡无光，令人失望。在驶向珍珠港入口期间，其中 1 艘袖珍潜艇还被美军发现，在主攻发起前便遭击沉，差点使整个行动失去了奇袭的效果。不过，在日军空袭开始前，反应迟缓的美国官员并未对击沉日本潜艇的消息有所回应。数艘袖珍潜艇潜入了珍珠港内，其中之一可能向 1 艘业已受损的战舰发射了鱼雷，使之最终沉没，不过，另有 1 艘袖珍潜艇被撞沉。此外，还有 1 艘袖珍潜艇没能潜入珍珠港，带着因蓄电池冒烟而不省人事的艇员在瓦胡岛外兜圈子，最后被冲到岸上。艇长酒卷和男活了下来，成了美军的第一名日本战俘。体型较大的潜艇同样表现不佳。它们虽然击沉了一些商船，但未能击中任何美军战舰。此外，从“企业”号航母[38]上出动的飞机突袭并击沉了 1 艘伊型潜艇——这是太平洋战争头几个月中，美国反潜行动击沉的 7 艘日本潜艇中的第一艘。日本潜艇在夏威夷沿海仅取得了一例重大战果：1942 年 1 月 10 日，“伊 -6”号潜艇发射的 2 枚鱼雷击中了“萨拉托加”号航空母舰，使后者遭受重创。

日本在北美西海岸附近海域展开的潜艇巡逻行动，还将战火引向了美国和加拿大海岸。自 1941 年 12 月起，9 艘日本潜艇在弗拉特里角

（Cape Flattery）、华盛顿[39]、圣地亚哥和加利福尼亚之间巡弋。这些潜艇的战果少得可怜：它们用鱼雷袭击了5艘商船；“伊-25”号潜艇上放出的1架飞机在俄勒冈投下了燃烧弹，引发了一起森林大火；1942年初，它们炮轰了加利福尼亚州圣塔芭芭拉[40]附近的一座炼油厂、俄勒冈州哥伦比亚河河口的美军防御工事、温哥华岛埃斯特万波因特（Estevan Point）的一座加拿大灯塔；此外，“伊-25”号潜艇还在华盛顿州沿岸击沉了苏联潜艇“L-16”号。这些潜艇的象征性打击虽在美国和加拿大西海岸制造了惊慌，但日本潜艇部队在北美海岸执行的任务对战争影响甚微，日本也未能延续这些行动。

别处的日本潜艇行动取得了部分战果，例如：击沉美军“胡蜂”号和“约克城”号航空母舰；袖珍潜艇分别在迭戈苏亚雷斯[41]和悉尼港偷袭了英国和澳大利亚舰船；“萨拉托加”号航母也再度遭到鱼雷袭击，再次受损。这些战果寥寥可数，若再考虑到日本海军战略策划者在战前的期望，建造一支成规模潜艇部队所耗费的巨量资金和训练成本，先进潜艇和鱼雷的发展，以及日本潜艇从太平洋直至印度洋的广阔部署范围，上述战果就更是令人失望透顶。失败的原因固然很多，但首先在于日本海军坚持的战略有其内在缺陷。这种战略以战舰为主要目标，从而使日本潜艇指挥官必须面对速度较快且全副武装的目标，而非速度较慢、易于击沉的商船。1942年下半年，日本潜艇部队的主要目标转为了商船，但结果同样乏善可陈。与德国U艇在大西洋之滨和加勒比海域开展的潜艇战类似，日本潜艇也在美国西海岸发起了一场集中行动，这一行动本可造成真正的大破坏。到太平洋战争结束时，日本潜艇一共击沉了185艘商船，击沉吨位共计约90万吨。与盟友德国和敌手美国相比，日本潜艇的战果少得可怜。[42]

作为代价，日本在战争中损失了129艘潜艇——但无论是袖珍潜艇在瓜达尔卡纳尔岛、阿留申群岛和菲律宾徒劳无益的出击，还是战争后期，“回天”自杀式人操鱼雷计划所葬送的一大批年轻艇员和水兵，均未计算在内。日本对“回天”鱼雷计划抱有很高期待，希望它能改变战争进程，但在付出高昂代价的同时，却仅仅收获了击沉 2 艘舰船的战果。其中一艘是 1944 年 11 月沉没于乌利西环礁（Ulithi Atoll）的“密西西内瓦”号（USS Mississinewa）舰队油轮，另一艘是 1945 年 6 月 24 日沉没于菲律宾沿海的“昂德希尔”号（USS Underhill）驱逐舰。“回天”计划表明了日本潜艇理论的故步自封，体现了日本潜艇在潜艇战中采取的“高度分散”的做法，缺少了德国 U 艇部队或美国太平洋舰队那样的集中度。日本潜艇巡逻并建立了警戒线，但调动频繁。资源被虚掷在了回报有限的袖珍潜艇和“回天”鱼雷上。随着盟军开始发动“跳岛”战役，将各个岛屿的日本驻军分割开来，并加强对相关海域的控制，许多日本潜艇被用于运送补给，而非作战。其余潜艇则充当了远

停泊于吴市的日本帝国海军“伊 -47”号潜艇。该潜艇在太平洋战争结束时投降，图片摄于投降之后。当时“伊 -47”号潜艇后面停泊的还有“伊 -36”号潜艇和特殊型号“伊 -402”号潜艇，但此照片因拍摄角度而未能充分展现。（图源：美国海军历史与遗产司令部）

洋“信使”的角色，前往德国交换方案、原型和部分战略物资。

日本也未能继续实施集中的反潜战计划。这不仅危及了日军对美国潜艇的作战行动，还使日军难以在盟军的反潜战中保护己方潜艇。太平洋战争中，日本损失了129艘潜艇，其中有70艘被水面舰艇击沉，18艘被空袭击沉。[43] 日本海军军令部的福留繁中将在战后写道，日本帝国海军对潜艇期望甚高，又对潜艇官兵进行了严格训练，因而“自认为在潜艇战领域的技术领先于各国海军。但到了实战检验之时，结果却相当糟糕”。[44]

与此截然不同的是，美国潜艇在太平洋战争中的表现要好得多。战争伊始，美国拥有97艘在役潜艇，其中既包括老旧的O级、R级和S级潜艇，也包括20世纪30年代以来的一系列小规模量产舰队潜艇——梭鱼级、独角鲸级、鲈鱼（Perch）级、鲑鱼（Salmon）级、重牙鲷（Sargo）级和平（Tambor）级潜艇，以及“船蛸”号潜艇。战争期间还将出现3个新的潜艇级别，分别为猫鲨级、巴劳鱵级和丁鱥[45] 级潜艇，它们的数量将在1942年后开始缓步攀升，在1944至1945年间达到峰值。这些潜艇既汲取了德国U艇在大西洋的成功作战经

“巴劳鱵”号潜艇艇尾照，1944年10月25日摄于加州梅尔岛。太平洋战争期间，巴劳鱵级潜艇是美国海军最常见的潜艇艇型。（图源：美国海军历史与遗产司令部）

6467-44
(SS28
STERN VIEW.
MARE ISLAND, CAL.
25 OCTOBER 19

美国海军“巴布鱼”号（USS Barb）潜艇的战旗。
（图源：美国海军历史与遗产司令部）

验，又反映了太平洋海域的实际作战需求。满足这种需求的潜艇具有如下特点：体型大，航速快，能够在水面上快速航行；能够用甲板炮轰击岸基和水面目标；能够实施有效的防空；能够携带 24 枚鱼雷、40 颗水雷和 90 天的燃料及食物，开展长时间巡航。日本深水炸弹的最大下沉深度为 295 英尺（90 米），这一事实也反映出，上述潜艇的潜深应可达到 300 英尺（91 米）以上。最终，美国建造并入役了 203 艘猫鲨级、巴劳鱵级以及若干战争后期的丁鱵级潜艇，这些潜艇均可满足上述要求。

巴劳鱵级潜艇是最常见的美国战时潜艇。该级潜艇长 312 英尺（95.1 米），宽 27 英尺（8.2 米），吃水深度 15 英尺（4.6 米），水面排水量 1525 吨，水下排水量 2415 吨。巴劳鱵级潜艇与早先的猫鲨级潜艇颇为相似，被称为“厚皮潜艇”，采用了更加厚实（近 1 英寸 [2.5 厘米]）、由高强度钢焊接而成的耐压壳体，可潜至水下 400 英尺（120 米）。潜艇的双螺旋桨由柴电系统驱动。2 台通用电气电动机的额定功率均为 2740 马力（2043 千瓦），与传动轴直接耦合，由 4 台通用汽车 16 缸柴油机提供动力，每台柴油机的功率均为 1600 马力（1193 千瓦）。因此，巴劳鱵级潜艇的总额定功率为 5400 马力（4027 千瓦），水面航速可达 20.25 节，水下航速可达 8.75 节。巴劳鱵级潜艇的武器为 10 具鱼雷发射管和 14 枚用于重新装填的鱼雷，此外还装备了 1 门 5 英寸（127 毫米）/51 倍径甲板炮和 2 门 40 毫米防空炮。

在珍珠港遇袭当天，也就是 1941 年 12 月 7 日，在火奴鲁鲁[46]外 800 英里，日本潜艇“伊 -26”号击沉了自洛杉矶返航的“辛西娅·奥尔森”号（Cynthia Olsen）商船。这艘非武装商船的沉没，全体船员的罹难，以及随偷袭珍珠港而来的正式宣战，将美国推向了一个特殊位置——作为一个曾经强烈谴责 U 型潜艇战的国家，美国决定“对日本实施无限制空战及潜艇战”[47]，踏入太平洋战争。在随后的消耗战中，数量渐增的美国舰队潜艇扫清了海面上的日本商船航运，并给予日本战舰以沉重打击。战争期间，美国潜艇部队的战果并未得到高度宣扬，对此，退伍潜艇军人爱德华·比奇解释道，虽然美国实施无限制作战已不属非法，“因为轴心方交战国破例在先，而且敌方商船也不加区别地进行了武装”，但美国海军还是决定低调行事，保护潜艇官兵的身份。[48]

1941 年 12 月，在日本的快速进击下，美国的重要基地接连失陷，形势愈发严峻。当月，日本攻占了菲律宾以及位于香港、新加坡和巴达维亚[49]的盟军基地。美国海军的制式 Mk 14 型鱼雷也遇到了原因不明的问题，令人惊讶的是，该型鱼雷居然从未进行过测试。美国潜艇指挥官发现，这种鱼雷常常出现爆炸过快，或压根不爆炸的情况。这既令人沮丧，又十分致命。美国海军没有得到海军军械局的协助——后者坚称问题不在于武器，而在于艇员。因此，潜艇官兵们决定自行处理问题，对这种有缺陷的武器进行了严谨的现场测试，证明它的确需要接受改造。直到 1943 年 9 月，性能可靠的美国鱼雷才出现在了太平洋战场上，此时距太平洋战争爆发已整整过去了 21 个月。不过，问题依旧存在。有的鱼雷发射后会打转，多达 8 艘美国潜艇因此被自己的鱼雷击沉，其中就包括艰苦奋战的潜艇战老手——“刺尾鲷”号[50]。

当美国鱼雷改造完毕，投入战场时，一批悍勇好斗的美国潜艇艇长也初露锋芒。他们把潜艇战的战火烧向了日本海域。“刺鲅”号（USS Wahoo）潜艇艇长、绰号“大嘴”（Mush）[51]的达德利·莫顿（Dudley Morton），便是其中之一。莫顿的战术包括：摧毁一整支日本护航船队；迎头击沉进攻中的日本驱逐舰。当鱼雷告罄时，莫顿不惧浮上水面，仅凭甲板炮轰击护航船队。1943 年 9 月，“刺鲅”号遇袭沉没，达德利·莫顿一并遇难。在莫顿的带领下，其他数位潜艇王牌也成长了起来，例如曾任“刺鲅”号潜艇副艇长、后任“刺尾鲷”号潜艇艇长的理查德·“迪克”·奥凯恩。太平洋战争中，奥凯恩是美国的头号潜艇王牌，共击沉了 24 艘舰船，总吨位 93824 吨。排行第二的是斯莱德·卡特（Slade Cutter），他是“海马”号（USS Seahorse）潜艇的艇长，共击沉了 19 艘舰船，总吨位 7.2 万吨。莫顿则排在第三位，共击沉了 19 艘舰船，总吨位 5.5 万吨。此三人，加上“巴布鱼”号艇长尤金·弗拉基（Eugene Fluckey）、“松鲷”号（USS Flasher）艇长鲁本·惠特克（Reuben Whitaker）以及其他数名潜艇王牌，合计击沉了数量最多的舰船，共获得了 3 枚荣誉勋章、29 枚海军十字勋章和 4 次总统集体嘉奖。

不过，美国潜艇官兵的最大作用，在于他们几乎扫清了活动海域的日本商船航运。美国潜艇一共击沉了 1113 艘商船，总吨位 4779902 吨，并造成 2.7 万名日本商船船员丧生。美国潜艇还击沉了 201 艘战舰，总吨位 540192 吨，其中包括有史以来潜艇击沉的最大一艘战舰——排水量 6.2 万吨的“信浓”号航空母舰；1944 年 11 月 29 日，“信浓”号航空母舰被“射水鱼”号（USS Archerfish）潜艇（艇长为约瑟夫·恩赖特 [Joseph Enright]）的鱼雷击沉。美国潜艇发起的消耗战，切断了日本的重要补给线，使日本的占领地和防御坚固的岛屿基地孤悬远海，并最终切断了通向日本本土的补给命脉，使日本人面临着石油、工业品、原

1943 年，“刺鲅”号潜艇指挥塔中的“大嘴”达德利·莫顿和理查德·奥凯恩。（图源：美国海军历史与遗产司令部）

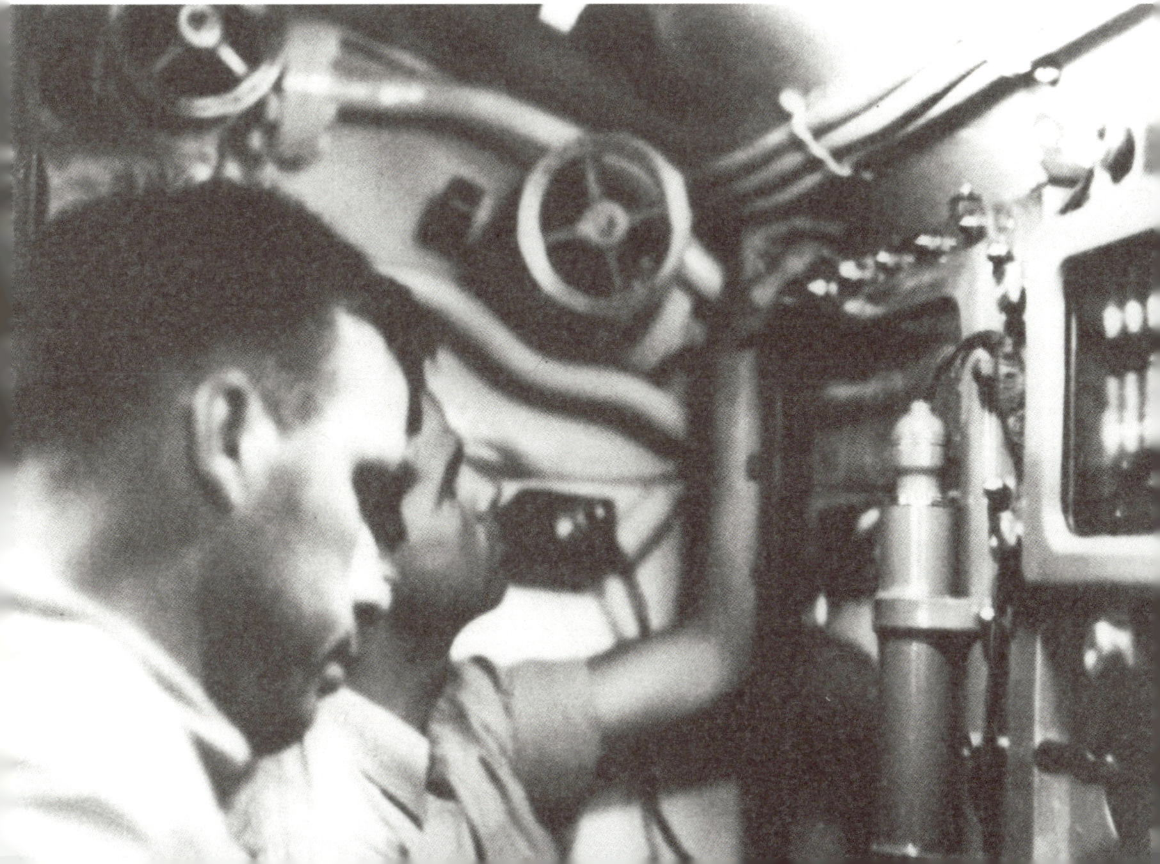

材料和粮食匮乏的境地。美国潜艇仅付出了相对较小的损失，便取得了如此大的战果。二战期间，日本损失了73%的潜艇部队，德国的损失则为66.7%，意大利为58.6%，英国为35.5%，而美国仅为16.6%。[52]

另一项重要数据是，与美国海军其余部队的规模相比，美国潜艇部队只占相对较小的比例——包括后方人员在内，美国潜艇部队的官兵总数约为5万人，约占美国海军人员比例的1.6%。在德国最终失败的潜艇战上，美国取得了成功。这一功业，以及德国U艇部队不可思议的成就，加上英、意、苏、法等国潜艇部队的勇气与战果，证明了潜艇在第二次世界大战中的最终成功。同时，大量生命的凋零——其中既有潜艇人员，也包括许多水手和乘客——证明了潜艇所具备的致命杀伤效率，这种效率远甚于一战中的潜艇。二战带来的经验教训不可胜数，其中之一，便是有必要将潜艇作为战争武器继续研发下去。二战后期的发明创新，将会在战后数十年中得到测试与打磨，应用于潜艇部队，其中便包括核动力技术。核动力技术最终将实现儒勒·凡尔纳的梦想，使潜艇成为地球上的终极海军武器。

注释

[1] 原注：引自 Showell, *Fuehrer Conferences on Naval Affairs 1939–1945*, p.32。

[2] 原注：同上，p.36。

[3] 原注：同上，p.38。

[4] 原注：引自 Williamson, *Wolf Pack*, p.195。

[5] 译注：即比斯开湾（Bay of Biscay）。比斯开湾位于北大西洋东部，介于法国西海岸和西班牙北海岸之间。波尔多、布雷斯特、拉帕利斯、洛里昂和圣纳泽尔均位于比斯开湾沿岸。

[6]　原注：引自 Dönitz, *Conduct of the War at Sea*, p.9。

[7]　译注：湿船坞（wet dock）是船坞的一种，由坞门或船闸将水截留于坞内，使坞内船舶保持漂浮，坞内水位保持稳定。

[8]　原注：引自 Cremer, *U-boat Commander*, p. 21。

[9]　原注：同上，p.23。

[10]　原注：引自 Dönitz, *The Conduct of the War at Sea*, p.3。

[11]　原注：同上，p.11。

[12]　译注：美好时光（Happy Time），又译“欢乐时光”，指德国海军 U 艇取得辉煌战果的时期。“美好时光”共有 2 段，此处为 1940 年 7 月至 10 月（一说为 1940 年 7 月至 1941 年 4 月）的第一段“美好时光”。

[13]　原注：引自 Beach, *Submarine!*, p.15。

[14]　原注：引自 Dönitz, *Conduct of the War at Sea*, p.17。

[15]　译注：塞缪尔·埃利奥特·莫里森（Samuel Eliot Morison，1887—1976），美国历史学家，以其海事史和美国史相关著作的权威性和可读性闻名，最高军衔为美国海军后备役少将。他曾两度获得普利策奖和班克罗夫特奖，作品包括《哥伦布传》等。

[16]　译注：顾名思义，25 磅炮发射的炮弹重约 25 磅（11.3 千克）。类似地，2 磅炮发射的炮弹重约 2 磅（0.9 千克）。25 磅炮的口径约为 88 毫米。

[17]　原注：引自 Morison, *The Battle of the Atlantic*, pp.127–128。

[18]　原注：引自 Dönitz, *Conduct of the War at Sea*, p.23。

[19]　译注：声自导鱼雷（acoustic torpedo），又译音响鱼雷或音响自导鱼雷。这种鱼雷可以搜寻特定的声音（如发动机声），从而将自己导向目标。

[20]　原注：同注 [18]，p.20。

[21]　译注：D 日登陆（D-Day landing），此处指 1944 年 6 月 6 日的诺曼底登陆战役，代号“霸王行动”。在军事术语中，D 日表示一次作战或行动发起之日。

[22]　原注：引自 Cremer, *U-boat Commander*, p.214。

[23]　原注：引自 Williamson, *Wolf Pack*, p.145。

[24] 原注：引自 http://www.uboat.net/fates/losses/。

[25] 原注：引自 Cremer, *U-boat Commander*, p.214。

[26] 译注：维希政府为二战期间的法国贝当政府，是纳粹德国控制下的傀儡政府，实际首都为法国中部的维希（Vichy）。

[27] 译注：X 艇（X-craft），即 X 级潜艇（X-class submarine）。

[28] 译注："HMAS" 为 "Her/His Majesty's Australian Ship" 的缩写，意为 "女王（或国王）陛下之澳洲舰船"，是澳大利亚皇家海军的舰船前缀。"库塔布尔"（Kuttabul）据说来源于澳洲原住民语，大意为 "奇妙的，令人愉快的"。

[29] 译注：马耳他岛位于地中海中央，是二战中的战略要地，被丘吉尔称为 "不沉的航空母舰"。从 1940 到 1942 年，为了争夺该岛的控制权，保障己方对北非的补给，德、意海空力量对此地的英军（含英联邦部队）发起了多次进攻。

[30] 原注：语出当时的英国海军上将安德鲁·坎宁安（Andrew Cunningham）爵士。引自 Kemp, *The T-Class Submarine*, p.91。

[31] 译注："杠"（bar）指扣在勋章绶带上的金属杠，用于表示受勋人立功的战役或行动。绶带上的金属杠数量，表示受勋人再度获该勋章的次数。例如，"杰出服役勋章（两杠）"（DSO and Two Bars）表示受勋人三度获得杰出服役勋章。

[32] 译注：格但斯克（Gdansk），德语称但泽（Danzig），波罗的海沿岸城市，今为波兰的主要海港。

[33] 译注：康斯坦察（Constanza）位于黑海西岸，是黑海最大的港口。

[34] 译注：戎克船（Junk）是一种平底横帆的中式帆船。

[35] 译注：水下爆破弹（limpet mine），英语原意为 "帽贝水雷"（因其类似于紧紧附着在海边岩石上的帽贝），是一种通过磁铁安放于目标上的水雷。

[36] 原注：引自 Carpenter and Polmar, *Submarines of the Imperial Japanese Navy*, p.100。

[37] 原注：引自 Orita and Harrington, *I-Boat Captain*, p.18。

[38] 译注："企业" 号航空母舰（USS Enterprise，舷号 CV-6），又译 "进取" 号或

“勇往”号。

[39]　译注：此处指北接加拿大、西临太平洋的华盛顿州，位于美国西北部。美国首都华盛顿（全称华盛顿哥伦比亚特区）则位于美国东北部、中大西洋地区。

[40]　译注：圣塔芭芭拉（Santa Barbara），又译圣巴巴拉或圣塔巴巴拉。

[41]　译注：迭戈苏亚雷斯（Diego Suarez），又译迭戈苏瓦雷斯，今名安齐拉纳纳（Antsiranana），为马达加斯加北部港市，东临印度洋。

[42]　原注：引自 Stille, *Imperial Japanese Navy Submarines*, 1941–45, p.44。

[43]　原注：同上，p.45。

[44]　原注：引自 Boyd and Yoshida, *The Japanese Submarine Force and World War II*, p.189。

[45]　译注：鳜，音同“桂”。

[46]　译注：火奴鲁鲁（Honolulu），又称檀香山，位于北太平洋夏威夷群岛瓦胡岛东南部。

[47]　原注：引自 Holwitt, “Execute Against Japan,” p.1。

[48]　原注：引自 Beach, *Submarine!*, p.19。

[49]　译注：巴达维亚（Batavia）是今印尼首都雅加达的旧称。

[50]　译注：“刺尾鲷”号潜艇（USS Tang，舷号 SS-306），又译“刺尾鱼”号。在短暂的服役生涯中，“刺尾鲷”号一共击沉了 33 艘舰船，最终戏剧性地被自己的最后一枚鱼雷击沉于台湾海峡。

[51]　译注：该绰号来源于美国连环漫画 Moon Mullins 中的一个角色“Mushmouth”。与“Mushmouth”一样，莫顿也有着一个大方下巴和一张阔嘴。

[52]　原注：引自 George, *History of Warships*, pp.167–68。

1957年下水的“K-3”号潜艇，也就是“列宁共青团”号（Leninsky Komsomal）潜艇。1962年6月，这艘潜艇成了第一艘抵达北极的苏联潜艇。1967年，“K-3”号潜艇发生了一场火灾，造成39人丧生。该潜艇于1988年退役，如今被改造为了博物馆。（图源：俄新社 [RIA Nowosti]，akg 图像）

第十一章

POSTWAR INNOVATIONS: THE RISE OF ATOMIC POWER

战后新星

核动力的崛起

1945年秋，盟军在胜利之余，也面临着诸多议题。第一项议题在于新近研制的原子弹及其对未来战争的预示，特别是如果假以时日，原子能是否会被用于驱动潜艇，并被用于从潜艇中发射原子武器。第二项议题在于美国、英国和苏联间日益加剧的紧张态势（这将很快演变为一场不宣而发的“冷战”），以及潜艇将在其中扮演的角色。除此之外的另一项议题在于潜艇的下一步发展。

美国、英国和苏联所拥有的潜艇舰队，方才帮助三国赢下了世界大战。其他国家同样拥有潜艇部队，只是规模较小。不过，虽然这些潜艇在不久前的水下战中如鱼得水，但对于未来的种种冲突而言，它们均不理想。战时的经验已经表明，下一代潜艇必须具备如下特点：更快，更安静，暴露于水面的时间更短，并能较此前的所有潜艇潜得更深。人们还需要把以火箭和导弹为代表的新型武器纳入考量，思考如何将其应用于潜艇。此外，海洋战略的新边疆——北极，也已在二战期间敞开了大门。在未来冲突中，潜艇很可能需要在北极冰面下四处航行、作战。

部分战胜国，尤其是美国，还需考虑对部队进行必要的裁撤，因为它们不再需要数以百计的潜艇，战时的预备役军人、志愿兵和入伍者也回归了平民生活。此外，盟军俘获了大量德国U艇和日本潜艇，包括数百艘未完工的袖珍潜艇和“回天”鱼雷。如何处置这些潜艇，如何有效评估它们的技术，同时快速推动前轴心国的非军事化进程，也成了亟待解决的问题。美国希望评估的技术之一，是经过U艇部队改进的水下通气管；此外还包括：先进的德国水听器，U艇外壳上的反声呐专用橡胶覆层，以及潜艇驱动方式的另一选择——瓦尔特发动机。

瓦尔特发动机是一种不依赖空气推进装置（AIP），得名于发明者赫尔穆特·瓦尔特（Hellmuth Walter，1900—1980）。虽然佩耶纳、蒙图里奥尔等早期发明家均曾涉足过种种不依赖空气推进装置，但瓦尔特在船用发动机方面的早期成果表明，富氧燃料可使潜艇无须依赖外部空气源或内部空气舱。瓦尔特最终选定的氧气源是过氧化氢，一旦加入合适的催化剂或氧化剂（高锰酸盐），过氧化氢便会立刻迸释出氧气和高温高压蒸汽。1925 年，瓦尔特为自己的研究申请了专利；1940 年，他将该成果用于研制一艘试验潜艇。这艘潜艇名为“V-80”号，重 76 吨，乘员 4 人，水下航速可达 28 节。

瓦尔特的推进装置自此开始与体型更大的 XVII 型 U 艇相结合。到战争结束时，该型潜艇共完工 3 艘，分别为“U-1405”号、“U-1406”号和“U-1407”号，另有 2 艘当时仍在建造之中。XVII 型 U 艇的壳体外型更符合水动力学，可减少阻力，提升航速。测试中，该型潜艇的潜航速度达到了 22—23 节。同属先进之列的还有 XXI 型 U 艇。该型潜艇具备流线型水动力学壳体，蓄电池容量是 VII 型潜艇的 3 倍，可在水下连续潜航两三天而无须充电。充电时，XXI 型 U 艇仍没于水下，将通气管伸出水面，并运行柴油机约 5 小时。这些“电艇”（elektroboote）代表着德国的另一项创新设计，但由于战争结束，纳粹未能大量部署此类潜艇——仅有 2 艘加入了作战巡逻。不过，这些性能先进的 U 艇仍将发挥作用，对二战战胜国未来的潜艇设计产生决定性影响。

被缴获的潜艇

战争结束时，德国潜艇艇员自沉了许多 U 艇，但也有大量 U 艇向盟军投降，其中一部分当时尚未完工，仍在造船厂中。盟军共接收了约154艘U艇，其中数艘得到了仔细研究，余下的则被集中起来，在1945年末至1946年初的“舷窗行动”（Operation Deadlight）中被沉于水下。在北爱尔兰的利萨哈利（Lisahally）沿岸，共有121艘U艇被英国人沉于水下。最后一艘沉没的是“U-3514”号潜艇，它于1946年2月12日在瑞安湾（Loch Ryan）被炮火和试验性反潜武器轰沉。其他潜艇后来也沉于水下，如“U-1105”号——该潜艇是艘经过改良的VIIC型潜艇，艇体上覆有橡胶层，用于阻碍盟军声呐的探测。“U-1105”号潜艇由美国接收，并在切萨皮克湾（Chesapeake Bay）接受了测试。1949年9月，美国海军在马里兰州皮内角（Piney Point）沿岸用深水炸弹将其炸沉。美国还对俘获的各式日本潜艇进行了研究，其中包括4艘伊型潜艇（如巨大的载机潜艇“伊-400”号和“伊-401”号），它们均于1946年春夏被沉于夏威夷沿海。少数袖珍潜艇和“回天”鱼雷同样得到了研究，其中一部分以战利品的身份保存了下来，但其他数百艘小号日本潜艇，如“海龙”级袖珍潜艇和“回天”鱼雷，则要么被炸药炸毁，要么被报废拆解。

盟军检视研究的U艇中，包括8艘向英国皇家海军投降的U艇。这8艘U艇接受了英国人的测试，尤其是XXVII型U艇“U-1407”号。英国海军将“U-1407”号编入现役，更名为“陨星”号（HMS Meteorite），并对其瓦尔特推进装置进行了测试。这艘潜艇一直在舰队中服役到了1949年。通过这些试验，英国人建造了2艘试验潜艇，分别为1954年下水的“探索者”号（HMS Explorer）潜艇和1955年下水的“断钢圣剑”号潜艇[1]。美国接收了2艘投降的U艇——XXI型U艇“U-2513”号和“U-3008”号，将它们编入现役，配以美国艇员，并于1946—1948年间展开测试，探寻其高航速背后的秘密。这项工作受到了高度关注。1947年12月，美国总统哈里·杜鲁门在佛罗里达州基韦斯特（Key West）参观了“U-2513”号潜艇，成为第二位登上潜艇的美国总统（第一位是西奥多·罗斯福）。

测试结束后，两艘潜艇均被沉于水下——1951 年 9 月，“U-2513”号潜艇在佛罗里达州基韦斯特沿岸被火箭击沉；1954 年，“U-3008”号潜艇在波多黎各的罗斯福路海军基地（Roosevelt Roads）外沉入水底，后又于 1956 年打捞出水，作为废品售出。经过对德国 U 艇的测试，美国最终启动了“水下推进功率增强计划”（Greater Underwater Propulsion Project），简称“GUPPY”。不过，当 GUPPY 计划与英国的类似计划尚处于筹划阶段时，美国将注意力集中在了原子弹和潜艇的问题上。

十字路口行动

1946 年 7 月，美国在太平洋中部进行了世界上首批核武器试验。位于旧金山以西 4500 英里的比基尼环礁，被选为了“十字路口行动”的试验地点。距广岛核爆后不到 1 年的“十字路口行动”，乃是一次具有军事性质的大规模行动，目的在于评估原子弹对战舰的影响。短短数月内，美国就集结了 242 艘舰艇（其中 95 艘作为原子弹的靶标舰艇）、220 吨测试设备、数千只试验动物以及 4.3 万名军事人员和科学家，耗资数亿美元，在比基尼环礁的潟湖[2]对原子弹进行测试。靶船中包括 8 艘历经战火洗礼的猫鲨级和巴劳鱵级潜艇，分别为“天竺鲷”号（USS Apogon）、“鳐鱼”号（USS Skate）、“引水鱼”号（USS Pilotfish）、“四斑蝴蝶鱼”号（USS Parche）、“鲣鱼”号（USS Skipjack）、“吞拿鱼”号（USS Tuna）、“灰鲭鲨”号（USS Dentuda）和“绒杜父鱼”号（USS Searaven）。正如一份官方测试报道所言，这些潜艇之所以会被选中，是因为“在原子弹爆炸所产生的巨大压力下，这些潜艇能成为有用的‘工具’，因为它们的壳体经过专门设计，可以承受高压”。[3]

1946 年 7 月 1 日，美国在比基尼环礁实施了代号“Able”的核爆，测试新型原子弹对舰船和潜艇的打击威力。（图源：美国国会图书馆）

1946 年 7 月 1 日，在代号“Able”的首次核试验中，1 枚“名义当量”与 Mk III 型原子弹[4]相同的内爆式钚弹[5]在水上引爆，产生了 1.91 万吨当量的冲击波，炸沉了 5 艘靶舰，并重创了其他试验舰艇，其中包括“鳐鱼”号潜艇。“鳐鱼”号的上部结构被撕扯开来，指挥塔发生弯曲。不过，海军方面将此艇判定为“幸存”，其艇组成员也启动柴油发动机，在核试验总指挥面前巡游而过，直到辐射监测仪显示艇上的放射性水平已达高危程度。在 7 月 25 日的第二次试验中，1 枚 2.03 万吨当量的原子弹在潟湖水下 90 英尺（27 米）的悬置处引爆。实践证明，此次试验在击沉潜艇方面更为有效。核爆产生的峰值压力波持续了 2 毫秒。记录显示，水下 90 英尺处的峰值超压无比巨大。距核爆中心 835 英尺（255 米）处的峰值超压为 7000 磅力每平方英寸（48263 千帕）。其他距离上的峰值超压读数如下：928 英尺（283 米）处，5900 磅力每平方英寸（40679 千帕）；996 英尺（304 米）处，5200 磅力每平方英寸（35852 千帕）；1084 英尺（330 米）处，4400 磅力每平方英寸（30337 千帕）；1278 英尺（390 米）处，3200 磅力每平方英寸（22063 千帕）；1554 英尺（474 米）处，2300 磅力每平方英寸（15858 千帕）；2060 英尺（628 米）处，1400 磅力每平方英寸（9653 千帕）；3040 英尺（927 米）处，800 磅力每平方英寸（5516 千帕）；3700 英尺（1128 米）处，560 磅力每平方英寸（3861 千帕）；5000 英尺（1524 米）处，330 磅力每平方英寸（2275 千帕）。“引水鱼”号潜艇受到了某种程度的挤压，舱盖爆开，彻底进水沉没。“天竺鲷”号潜艇部分进水，同样受到了挤压——超压空气泡撞过各舱段，撕开了每一面水密舱壁，最终从艇首鱼雷装载口旁的一个破洞逸出；这个破洞是在贯穿钢制艇体的空气冲击下形成的。两艘潜艇均未能“幸存”，但同样沉入潟湖底部的“鲣鱼”号、“绒杜父鱼”号和“灰鲭鲨”号，则被打捞出水。不过，出于对残留辐射的担忧，美国海军最终将大多数幸存的靶舰沉于水下，其中

包括了几乎所有潜艇，唯有“灰鲭鲨”号和“四斑蝴蝶鱼”号潜艇除外。

有人说，只有潜艇才能在核战争中幸存下来，一名科学家也曾于1945年12月预言：“如果未来还有海军存在的话，那么它将由潜艇组成。这些潜艇将能在洋面下1000英尺深处航行。”[6]美国海军舰船局的首席造船工程师约翰·尼德迈耶（John C. Niedermayer）指出，凭借二战后期的种种发明创新，潜艇的“传统弱点”已被克服，“在原子能和电子‘魔法’所塑造的新型军事理念中，潜艇这一水下作战武器占有突出地位”。[7]此外，核武器也需要采用新式设计，以便装载于潜艇之中。由于各国普遍缺乏适当的防御措施来应对核武部署，

“Able”核试验后的“鲻鱼”号潜艇，艇上站着的是艇组成员。由于辐射强烈，“鲻鱼”号潜艇于1948年自沉。（图源：美国海军学会 [US Naval Institute]）

因此，与其他军种一样，美国海军也欣然接受了核威慑手段，开始装备核武器，并进一步在海上扩大使用核武器。无论是研制原子弹的曼哈顿计划，还是随后的比基尼环礁核试验，都有美国海军军官参与其中，例如威廉·帕森斯（William T. Parsons）少将、弗雷德里克·阿什沃思（Frederick Ashworth）中校和奥拉西奥·里韦拉（Horacio Rivera）中校。自1946年起，在可投射海军核武器的研制上，这些军官起到了带头作用。在新墨西哥州洛斯阿拉莫斯（Los Alamos）和加利福尼亚州利弗莫尔（Livermore）的政府实验室中，他们与科学家一同工作，最终研制出了各型海军核武器，其中包括部署在潜艇上的核武器。恰在此时，核动力潜艇的研制工作也在向前推进，涉足其中的既有美国，也有其他强国。研制核动力潜艇的第一步，在于效仿德国U艇的水动力学设计，采用流线型艇体。

航速提升

20世纪四五十年代期间，英国皇家海军建造了2种英国版的XXVII型U艇，此外还启动了一项计划，对战时的S级和T级大型潜艇进行流线型改造。久经战火的S级和T级潜艇，将逐渐被2个新级别的柴电动力潜艇取代，即1955年的鼠海豚级潜艇，以及1959年的奥伯龙级潜艇。从1956至1959年，英国共下水了8艘鼠海豚级潜艇。紧随其后的是奥伯龙级潜艇，共下水了27艘，分别服役于英国、澳大利亚、加拿大、巴西和智利海军。鼠海豚级潜艇仿自XXI型U艇，长290英尺（88.4米），排水量2080吨，由2台海军部标准级16缸柴油发电机组（配备水下通气管）和2台5000马力（3729千瓦）电动机驱动，水面航速12节，水下航速17节。由于壳体采用了全焊接工艺和强化钢，鼠海豚级潜艇能潜得更深，巡逻续航力达9000海里。此外，艇内还配备了带有二氧化碳和氢气涤气器的氧气补充系统，使潜艇能在水下潜航数日——借助水下通气管，潜航时间还可延长至 6 周之久。首批奥伯龙级潜艇在 1959 至 1964 年间下水，基本上是鼠海豚级潜艇的改进型，具有潜深更大的强化钢制壳体和性能更优的探测设备，并在流线型上部结构中使用了玻璃纤维——这在英国潜艇中尚属首次。1964 年后，英国又建造了额外的奥伯龙级潜艇，其中一些售予外国，另有一些进入英国皇家海军服役，直至 1988 年。

美国也遵循英国的经验，着力建造水面和水下航速更快的潜艇——要提速，就必须对艇体外型和推进系统做出改变。二战时期的巴劳鱵级潜艇和二战后期的丁鱵级潜艇均有着良好的服役记录，但对美国海军而言，这些潜艇的水下航速过慢，水下航程不足，不适合执行二战以后的海军任务。二战后，美国海军的任务越来越有可能是与苏联间的冲突，这种冲突要么会出现于冷战中，要么会出现于从冷战向“热战”升级的转折点。苏联已入手了一些先进的德国 U 艇，并正在对 XXI 型潜艇和瓦尔特发动机进行评估。二战之前，苏联囤积了大量潜艇，这意味着二战之后，苏联也必然会推行相应计划，建造大量先进潜艇。对美国而言，这无疑是种威胁，但美国尚未做好应对准备。如果大批苏联潜艇得以在北极冰盖下穿越极地而来，或者苏联大量下水航速更快、隐蔽性更高的潜艇，并依托潜艇基地将它们派往北大西洋或北太平洋，那么这种威胁便显得尤为严重。

为了应对这一挑战，美国正式开始实施“水下推进功率增强计划”（下称“GUPPY”），该计划旨在对潜艇舰队进行改造。同时，海军设计师们确定了下一代美国潜艇的外形。首批 GUPPY 潜艇是 2 艘巴劳鱵级潜艇——“岩鳕”号（USS Odax）和“波莫东鱼”号[8]。1947 年，两艘潜艇完成改造，拆除了甲板炮和木甲板等一切增加壳体流阻的部分，用流线型围壳（又称“帆罩”[sail]，英国人称之为“船鳍”[fin]）包裹

刺尾鲷级柴电潜艇

首批鳐鱼级快速攻击核潜艇

从柴电动力向核动力过渡的美国海军潜艇。
（图源：托尼·布赖恩艺术作品 © 鱼鹰出版社）

采用舰队型设计的柴电潜艇

鹦鹉螺级核潜艇

指挥塔和舰桥，使艇首线条平滑，并将艇首舵折叠起来，同时提升蓄电池容量，增加水下续航时间。此外，这 2 艘潜艇的辅柴油机、辅发电机和甲板炮的弹药库亦被移除，部分舱段也经过重新改造，腾出了必要的空间。

虽然首批 GUPPY 潜艇仍有一些毛病，但它们的流阻已减少了 50%。此后的 GUPPY II 型潜艇也采用了种种改进，其中包括：伸缩式水下通气管，容量更大的新型蓄电池，调控艇内温度的额外空调，以及新型声呐。在 20 世纪 60 年代的 GUPPY Ⅲ型潜艇项目中，老式潜艇被一切为二，中间加入一段 15 英尺（4.6 米）长的壳体，然后装上现代电子和火控系统，将潜艇长度增至 327 英尺（99.7 米），水面排水量增至 1731 吨。GUPPY Ⅲ型潜艇还采用了更大的玻璃纤维围壳和 3 个导流罩，用于安装 PUFFS[9]（BQG-4）被动式测距声呐。GUPPY 计划一共改造了 55 艘潜艇，其中 4 艘进入意大利海军和荷兰海军服役。此外，另有 19 艘潜艇接受了轻度改造，即“舰队通气管改造”，其余潜艇则被改进和改装为了一系列不同类型的潜艇——货运潜艇（SSA）、导弹潜艇（SGA）、猎潜潜艇（SSK）、运输潜艇（SSP）、雷达哨戒潜艇（SSR）、靶标潜艇[10]（SST）以及各式各样的辅助潜艇（AGSS）。美国海军以这种方式保留了许多战时潜艇，这些潜艇一直服役到了 20 世纪 60 年代和 70 年代早期。1975 年 7 月 1 日，最后一艘战时建造的潜艇退役，即经过 GUPPY II 型项目改造的“蒂鲁鱼”号潜艇[11]。[12]

当部分美国 GUPPY 潜艇进入他国海军服役时，也有一些国家选择自行设计快速潜艇，例如法国。二战结束时，法国海军接收了 3 艘德国 U 艇，包括 1 艘 XXI 型和 1 艘 XXIII 型潜艇。1951 年，原名“U-2518”号的 XXI 型潜艇更名为“罗兰·莫里约”号（Roland Morillot），进入法国海军服役，直至 1967 年。通过对“罗兰·莫里约”号的操作与学习，法国人设计出了独角鲸级潜艇，并在 1957 至 1960 年间下水了 6 艘该级快速柴电潜艇。独角鲸级潜艇一直服役到了 20 世纪 80 年代，在此期间，该级潜艇完成了一系列值得注目的任务，旨在展现它们的水下续航力，并表明它们有能力在北纬 72° 的北极冰盖下航行。

苏联也在研制速度更快的潜艇，并吸收了俘获 U 艇的设计特点。苏联在战后接收了 6 艘 XXI 型 U 艇，将它们与 4 艘 VII 型 U 艇一同重新命名，编入苏联海军服役。XXI 型 U 艇再次成为借鉴对象。通过效仿该型柴电潜艇的设计思路，苏联研制出了“611 工程”（北约代号：祖鲁级）潜艇。基于 XXI 型 U 艇而生的祖鲁级潜艇长 295 英尺（89.9 米），重 1875 吨，是一种流线型快速潜艇。该级潜艇的蓄电池电量更大，水下航速可达 16 节，水面航速可达 18 节。1952 至 1957 年，苏联入役了 26 艘祖鲁级潜艇，并于 1956 年对其中 6 艘进行了改进，使之能够发射单枚 R-11（北约代号：飞毛腿）导弹，成为世上第一批弹道导弹潜艇。下一级别的苏联柴电潜艇，是 1958 年的“629 工程”（北约代号：高尔夫级）潜艇。该级潜艇艇型更大，重 2794 吨，具备内置导弹发射井。不过当时，苏联正在追逐另一个潜艇发展趋势——核动力潜艇。

核潜艇

为了替换原先的舰队潜艇，美国海军已设计出了一种新型潜艇，即刺尾鲷级潜艇。不过，由于预算吃紧，新型潜艇产量有限，而苏联当时正全力打造一支现代快速柴电潜艇舰队。正如英国此前的试验所示，美国对瓦尔特推进装置的试验再次表明：过氧化氢推进装置不甚理想，任何其他形式的柴电推进装置亦然。核动力潜艇的概念与构想肇始于 1939 年，得到了许多海军前瞻者的坚定追求，并引起了不少潜艇拥趸的极大兴趣，其中便包括查尔斯·洛克伍德（Charles Lockwood）中将。二战中，资历深厚的洛克伍德是太平洋潜艇部队的指挥官。他曾参

569

与了一次关于核潜艇的会议。对于此次会议，他后来回忆道：

> 就算活到100岁，我也绝不会忘记1946年3月28日的那次会议。这次会议在舰船局的一个大会议室里召开，会议室的墙上排满了黑板，黑板上又依次布满了图表、蓝图、数字和方程……用于在他（即菲利普·埃布尔森[Philip Abelson]，一位杰出的物理学家；他的工作为海军核反应堆的诞生铺平了道路）宣读文件时阐明诸多要点。这份文件是关于核动力潜艇的头一份文件，听上去就像出自儒勒·凡尔纳的《海底两万里》。[13]

柴电潜艇“长鳍金枪鱼”号为下一代核潜艇测试壳体设计方案。（图源：詹姆斯·德尔加多）

到 1947 年末，核潜艇的构想已得到了美国海军作战部长切斯特·尼米兹上将的支持。在写给美国国防部长的秘密备忘录中，尼米兹主张：

> 若要对敌执行进攻性潜艇任务，最可靠的方式是使用一种真正意义上的潜艇。这种潜艇可在水下活动极长时间，并能高速潜航……重要的是，海军应采取措施，促进核动力潜艇的开发、设计和建造。[14]

经过各个阶段的批准，美国海军于 1948 年开始实施核潜艇计划。到 1949 年时，这些计划已催生出了两种设计：一种用于测试高速潜艇的理想壳体外形，另一种用于测试海军反应堆。二者均已做好试验准备。

在潜艇老兵查尔斯·莫姆森中将的主持下，美国海军舰船局设计了壳体外形测试艇。该测试艇回归了一些基本理念，这些理念曾在 20 世纪初得到了约翰·霍兰的推动——例如上部结构至简的光顺艇体，单螺旋桨，用于下潜的艇尾舵，以及装在螺旋桨后方的艇舵——即美国海军"霍兰"号潜艇的最终设计。这种基本艇型已在试验潜艇"长鳍金枪鱼"号 [15] 上得到了采纳与升级。1950 至 1953 年间，"长鳍金枪鱼"号在位于新罕布什尔州朴次茅斯的海军造船厂动工建造，并采用了一种名为"HY-80"的新式低碳钢。"长鳍金枪鱼"号于 1953 年 12 月入役，随后不断接受测试和相应改进，直至 1961 年。该潜艇最终于 1972 年退役。"长鳍金枪鱼"号的设计与测试，为鲣鱼级攻击核潜艇的出现铺平了道路。后者的潜航速度可达 25 节以上，艇体采用强化钢材，因而潜深更大。海军设计师一直在潜心研制最大潜深可达 1000 英尺（300 米）的潜艇。

美国的第一艘核动力潜艇名为"鹦鹉螺"号（USS Nautilus），其设计来源于多年的研究和提案。研制该潜艇的第一步，是开发出潜艇的原型反应堆，这项工作由海曼·里科弗（Hyman G. Rickover）上校领导的团队展开。海曼·里科弗是位工程军官，精力充沛（如果不是过于严苛和严厉的话），时显古怪。他无视规程和“惯常的行事方式”，对研究计划不断施加强有力的控制，并下令：不仅要在测试推进装置（尚未开发）之前完成潜艇壳体的研发，还要同时研发 2 个原型反应堆。他还坚持要求：“Mk 1 型（和 Mk 2 型）反应堆必须既是工程原型，又是艇用原型，大小应完全适应于潜艇的壳体。”里科弗的做法牺牲了工程灵活性，但却能加快研发进度。[16]

干船坞中的“鹦鹉螺”号。“鹦鹉螺”号是美国的第一艘核动力潜艇。（图源：美国海军）

在完成了穿越太平洋进入大西洋的北极冰下之旅后，“鹦鹉螺”号核潜艇胜利归来，驶入纽约港。（图源：美国海军）

反应堆在美国原子能委员会所属场所完成了建造和测试，地点为爱达荷州阿科（Arco）外的荒漠。1953 年 6 月 25 日，Mk 1 型反应堆达到了全功率水平。里科弗并不满足于有限的测试，他坚持要求反应堆应按一次跨大西洋航行的时长来运行。1952 年 6 月 12 日，通用动力电船公司在康涅狄格州格罗顿（Groton）的造船厂开始铺设潜艇龙骨，并由时任美国总统哈里·杜鲁门主持了龙骨铺设仪式。1954 年 1 月 21 日，这艘潜艇在下水之际被美国第一夫人玛米·艾森豪威尔命名为“鹦鹉螺”号，既妥帖又明了。“鹦鹉螺”号核潜艇长 323 英尺 9 英寸（98.7 米），宽 27 英尺 9 英寸（8.5 米），排水量 3533 吨。它潜深可观，无论是在水面还是水下，都能以 23 节的航速无限航行——得益于核反应堆的投用，该潜艇在续航力上的唯一限制，便在于它所携带的人员补给品数量。由于采用了密封的压水反应堆（PWR），这艘潜艇比战时的潜艇更宽敞，铺位安排更佳，并配备了空调（考虑到反应堆蒸汽设备带来的高温，空调实属必需）、可口可乐机、冰激凌机和投币式自动点唱机（投 1 枚 5 美分镍币）。1955 年 1 月 17 日，“鹦鹉螺”号潜艇首次出海。其艇长发送了一则具有历史意义的电文——“以核动力前进中”（Underway on nuclear power）。一个新的时代——一个属于第一批真正意义上的潜艇的时代——已经来临。这些潜艇能够下潜至并驻留于深渊，能够环地球航行，能够深入到世界顶点的北极坚冰下。儒勒·凡尔纳的梦想终于化为现实。在 25 年的服役生涯中，“鹦鹉螺”号接连打破潜艇续航力和航速的纪录，并于 1958 年 8 月 3 日成为第一艘穿过北极浮冰群、抵达北极点的潜艇。艇长威廉·安德森（William Anderson）上校在北极点发出了具有历史意义的信号——“鹦鹉螺号北 90”（Nautilus 90 North）。安德森后来写道：“我静静站了一会儿，对‘鹦鹉螺’号取得的成就敬畏不已。它开辟了一条新的西北航道，大大缩短了核潜艇从大西洋至太平洋的航行时间……‘鹦鹉螺’号开启了一个新纪元，它完全征服了广袤荒凉的北极。”[17]

“鹦鹉螺”号一度是世界上唯一的一艘核动力潜艇。里科弗上将[18]指出：“‘鹦鹉螺’号并未标志着技术道路的终结。它标志着起点。它应与‘小鹰’号航母上起飞的第一架飞机相比。它标志着航海技术革命的发端。”[19] 另一项冷战时期的潜艇任务，同样证明潜艇的时代已经来临。1959 年入役的“特里同”[20]号潜艇（USS Triton，舷号 SSN-586），是美国唯一的双反应堆潜艇。作为一艘雷达哨戒潜艇，“特里同”号负责在水面舰队前方执行电子监视和雷达筛查任务。这艘核潜艇长 447 英尺（136.2 米），排水量 5963 吨，不仅是当时美国史上最大的潜艇，速度也很快。在试航中，“特里同”号的航速超过了 30 节。不过，“特里

美国潜艇“小狗鱼”号（USS Pickerel）。
（图源：美国海军历史与遗产司令部）

同”号的拔群之处并非速度——在潜艇老兵小爱德华·“内德”·比奇的指挥下，“特里同”号在试验巡航中创造了历史，开启了一次水下环球航行。

虽然这项代号“喷砂行动”（Operation Sandblast）的任务起初被列为绝对机密，但美国海军打算在行动结束后对这一壮举进行公开宣传。

“特里同”号于 1960 年 2 月 15 日启程，此行对外声称为一次跨大西洋航行。在接下来的 60 天零 21 小时中，“特里同”号沿着 16 世纪航海家斐迪南·麦哲伦的航行路线，一路潜航 36102 海里。爱德华·比奇及其艇员不仅完成了世上首次全水下环球航行，还收集了海洋数据，创造了历史。对于这一事实，身为海军历史学家和作家的比奇艇长有着充分认识，并将之写进了他对此次航行的献辞中：

海洋或许终将掌握拯救人类及其文明的钥匙。为愿世人对此有更深理解，美国海军组织了一次水下潜航，重温麦哲伦环球之旅的历史性航路。此行的荣誉归于“特里同”号，但更是一份国家成就。军费和力量造就了这艘潜艇，聪明和才智设计了这艘潜艇，千千万万全国各地人民用自己的劳动和专长建成了这艘安全坚固、自给自持的潜艇，而成就这一切的，是美国。“特里同”号——美国海军的一员，自豪而尊敬地将此次航行献给美国人民。[21]

“特里同”号的环球之旅，意在向美国的冷战之敌苏联传达信息，炫示美国的潜艇实力。这一事实得到了多家报纸头条的突出强调，例如，1960 年 5 月 15 日，康涅狄格州《哈特福德新闻报》上的一则标题如此写道：“‘特里同’号 83 天的史诗之旅将令赤色分子不寒而栗。”虽然苏联在领空内击落了 1 架 U-2 侦察机，并俘虏了飞行员，使美国所欲传达的信息蒙上了一层阴影，但

GUPPY III 型潜艇“蓝鹦鹉鱼”号（USS Clamagore）。（图源：詹姆斯·德尔加多）

20 世纪 70 年代左右的一艘英国勇士级潜艇。勇士级潜艇是英国的第一代全核动力舰队潜艇。（图源：波佩尔图片 [Popperfoto]，盖蒂图片社）

“特里同”号环球航行的圆满完成，为艇长比奇上校赢得了 1 枚功绩勋章，勋章由德怀特 · 艾森豪威尔总统亲自颁发。引人注目的是，授勋之前，一架直升机特地飞临“特里同”号，将比奇迅速载往白宫参加授勋仪式，然后再将他送回潜艇。除艇长比奇获颁勋章外，“特里同”号潜艇及其艇组成员还获得了 1 次总统集体嘉奖。

“鹦鹉螺”号、“特里同”号以及其后的“海狼”号（USS Seawolf）、“鳐鱼”号和“鲣鱼”号潜艇[22]的示范作用，向各盟国证明了核潜艇理念的可行性——尤其是英国。英国此前曾研究过反应堆的设计，但已于 1952 年搁置了相关计划。此时，英国入手了 1 个美国反应堆（鲣鱼级核潜艇的同款反应堆），将其应用于该国的首艘核潜艇“无畏”号（HMS Dreadnought）上。1960 年 10 月 21 日，在英国女王伊丽莎白二世的主持下，“无畏”号核潜艇在巴罗因弗内斯的维克斯－阿姆斯特朗（Vickers Armstrong）公司造船厂下水。“勇士”号（HMS Valiant）核潜艇继之下水。“勇士”号核潜艇是第一艘纯英制核潜艇，包括反应堆。与“鹦鹉螺”号一样，“无畏”号核潜艇也有着出色的履历。比如，它曾于 1971 年 3 月 3 日在北极浮出水面。“无畏”号的动工时间与“鹦鹉螺”号大致相同，此后取而代之的是 2 艘勇士级核潜艇，再往后是携带“北极星”导弹的决心级核潜艇。除这些英国核潜艇外，到 1980 年时，全球“核潜艇俱乐部”成员还包括：另外 14 艘英国核潜艇，5 艘法国核潜艇，115 艘美国核潜艇，以及 170 艘苏联核潜艇。

随着约瑟夫 · 斯大林于 1953 年逝世，苏联新任领袖尼基塔 · 赫鲁晓夫开启了一项核潜艇计划，该计划的最终成果为“627 工程”（北约代号：十一月级）潜艇。从 1957 至 1962 年，苏联共下水了 14 艘各型该级潜艇，并取得了一系列成就，其中包括：远程航行任务；悄无声息地追踪美国水面战舰；此外，“K-3”号（“列宁共青团”号）潜艇还于 1962 年 7 月抵达了北极。随着后续其他级别潜艇的陆续下水，苏联

“特里同”号潜艇完成水下环球航行后，德怀特·艾森豪威尔总统向爱德华·比奇上校颁发功绩勋章。（图源：盖蒂图片社）

最终打造了一支类型多样、实力强大的潜艇舰队，由艇型更大、威力更强的潜艇组成，如维克托级、塞拉级、阿库拉级和阿尔法级猎潜核潜艇，回声级、查理级和奥斯卡级导弹核潜艇，以及旅馆级、扬基级、德尔塔级和台风级弹道导弹核潜艇。其中，北约代号“台风级”的“941工程”阿库拉级核潜艇（勿与北约代号“阿库拉级”的潜艇混淆）[23]，不仅是体型最大的苏联潜艇，其体型放之全球也首屈一指。该级潜艇的水面排水量达24110吨，长574英尺（175米），宽75英尺6英寸（23

米）。[24] 台风级潜艇采用了多个耐压壳体，由一层巨大的外部壳体包裹起来。台风级潜艇共有 6 艘，设计用途为：携 163 名艇组成员执行为期 180 天的任务，如有需要，时间可延长；由于经过专门设计，该级潜艇也可赴北极区域执行任务。除鱼雷和巡航导弹外，台风级潜艇还可装载 20 枚导弹，每枚导弹携带 10 个分导式多弹头，装载于围壳前方的导弹发射筒内。[25] 这些潜艇及其武器虽然是技术上的胜利，但在成本上却不失为一场灾难。一名苏联潜艇设计师指出："如此考虑不周的决策，却得到了特定业界的游说，最终削弱了苏联的经济，从旁促使苏联输掉了冷战。"[26] 包括台风级潜艇在内，苏联潜艇计划的经济成本可谓天文数字。冷战期间，美国建造了 191 艘潜艇，苏联则竣工了 661 艘。[27]

冷战结束后，台风级潜艇未能全部保留下来。尽管如此，在 21 世纪头 10 年结束时，俄罗斯海军的舰队中仍有 2 艘该级"巨无霸"在役。除体型巨大的台风级潜艇外，苏联还于 20 世纪 80 年代建造了 2 艘小型试验潜艇，用于执行沿海入侵和特种作战任务。它们分别是"865 工程"水虎鱼级（北约代号：罗索斯级）[28] 潜艇 MS-520 和 MS-521，水面排水量 218 吨，长 93 英尺（28.3 米），标志着苏联潜艇谱系的另一极。

注释

[1]　译注："断钢圣剑"号（HMS Excalibur）潜艇，又译"神剑"号。艇名源自传说中古不列颠英雄亚瑟王从"湖夫人"处得到的一把魔法剑"Excalibur"，即断钢圣剑，又译作王者之剑、湖中剑等。

[2]　译注：潟（xì）湖指被珊瑚、沙嘴或沙坝分割而与外海相分离的局部海水水域。

[3]　原注：引自 Shurcliff, *Operation Crossroads: The Official Pictorial Record*, p.106。

[4] 译注：Mk III 型原子弹，即二战中美国在日本长崎投掷的“胖子”原子弹。

[5] 译注：钚弹指用钚-239 装料的原子弹。

[6] 原注：引自 Davis, *Postwar Defense Policy and the U.S. Navy*, p.130。

[7] 原注：同上，p.131。

[8] 译注：“波莫冬鱼”号（USS Pomodon）潜艇得名于笛鲷科“Pomodon”属鱼类。由于无法找到该鱼类的准确译名，故将“Pomodon”结合读音译为“波莫冬鱼”。

[9] 译注：PUFFS 全称“Passive Underwater Fire Control Feasibility System”，意为“被动式水下火控可行性系统”。

[10] 译注：靶标潜艇又称教练潜艇或作训潜艇。

[11] 译注：“蒂鲁鱼”号（USS Tiru）潜艇得名于一种叫作“Tiru”（音译“蒂鲁”）的合齿鱼科（或蜥鱼科）凶猛食肉鱼。

[12] 原注：引自 Alden, *The Fleet Submarine in the U.S. Navy*, p.185。

[13] 原注：引自 Polmar and Allan, *Rickover*, p.122。

[14] 原注：同上，p.139。

[15] 译注：此处的“长鳍金枪鱼”号（USS Albacore）指 1953 年下水的一艘试验潜艇，舷号为 AGSS-569。二战期间另有一艘同名猫鲨级潜艇，即舷号为 SS-218 的“长鳍金枪鱼”号潜艇（1942 年下水），又译作“青花鱼”号或“大青花鱼”号。长鳍金枪鱼是全世界温带海域中的一种小型金枪鱼，体重约为 18 至 36 公斤，胸鳍较长。

[16] 原注：同注 [13]，p.149。

[17] 原注：引自 Bond, *Crash Dive: True Stories of Submarine Combat*, p.259。

[18] 译注：海曼·里科弗的最终军衔为海军上将。

[19] 原注：引自 Dukert, *Nuclear Ships of the World*, p.13。

[20] 译注：特里同（Triton）是希腊神话中的海之信使，为波塞冬和安菲特里忒之子。

[21] 原注：引自 Beach, *Around the World Submerged*, p.79。

[22] 译注：此处的“鳐鱼”号和“鲣鱼”号均为核动力潜艇，与前文中的同名常

规动力潜艇不同。

[23]　译注：苏联阿库拉（Akula，俄语中意为“鲨鱼”）级攻击核潜艇的北约代号为“台风级”；苏联狗鱼 -B（Shchuka-B）级弹道导弹核潜艇的北约代号为“阿库拉级”。北约代号（NATO reporting name）又译为北约命名，是冷战时期北约组织给苏联和中国军事装备所起的编号与命名。

[24]　原注：引自 Polmar and Moore, *Cold War Submarines: The Design and Construction of U.S. and Soviet Submarines*, p.194。

[25]　原注：引自 Polmar and Noot, *Submarines of the Russian and Soviet Navies*, pp.200–201。

[26]　原注：引自 Polmar and Moore, *Cold War Submarines: The Design and Construction of U.S. and Soviet Submarines*, p.196。

[27]　原注：同上，p.xii。

[28]　译注：水虎鱼（Piranha）级潜艇又译作食人鱼级或比拉鱼级。“罗索斯”（Losos）在俄语中意为鲑鱼。

1960年7月20日，“北极星”A-1导弹在“乔治·华盛顿”号潜艇上完成了首次试射。（图源：Topfoto图片）

第十二章

THE ULTIMATE DETERRENT:
THE ROLE OF THE SUBMARINE IN THE MODERN ERA

终极威慑
潜艇的现代角色

从二战后的20世纪40年代末期，到50年代初期，随着海基导弹（很快将能携带核弹头）的发展，潜艇作为终极海军武器的角色日臻完善。1947年2月12日，美国从“单鳍鳕”号（USS Cusk）潜艇上试射了1枚俘获的德国V-1火箭（重新定名为“潜鸟”导弹），由此开始了一系列试验，最终设计出了“天狮星”潜射导弹[1]。首枚“天狮星”导弹自“金枪鱼”号（USS Tunny）潜艇的甲板上发射升空。该潜艇是一艘二战猫鲨级潜艇，于1953年3月重新入役，用作“天狮星”导弹的测试平台。“金枪鱼”号潜艇与另一艘战时潜艇“巴贝罗鱼”号[2]，共同拉开了美国潜艇部队核威慑巡逻的序幕——1958年中，开展核威慑巡逻的是2艘专门建造的导弹潜艇，分别为“灰背鱼”号（USS Grayback）和“大口黑鲈”号（USS Growler）。同年晚些时候，“灰背鱼”号潜艇成功地对“天狮星II”型导弹进行了首次试射。1960年，另有1艘潜艇加入了这2艘柴电潜艇的队伍，即“大比目鱼”号（USS Halibut）。“大比目鱼”号潜艇是“天狮星”计划中的第一艘，也是唯一一艘核潜艇。随着“天狮星”计划在1964至1965年间落幕，携带潜地导弹的潜艇任务也最终结束。

核威慑的理念，包括美国做出的一项决策，即让潜艇成为终极威慑。具体做法是：以能够长期潜航的核动力潜艇开展不间断巡逻，同时装备可从深海发射的核导弹。若潜艇在水面上发射“天狮星”导弹，便有暴露遇袭之虞，但若选择在水下发射导弹，便不易遭到攻击。在“天狮星”巡航导弹计划之后，美国很快又研制了一种新型导弹，并建造了携带这种导弹的新型潜艇，即战略弹道导弹潜艇（SSBN）。这种新型导弹即“北极星”A-1 导弹，是一种两级固体燃料弹道导弹，由洛克希德公司在 1956 至 1960 年间研制而成。“北极星”A-1 导弹的射程为 1000 海里，长 28 英尺（8.5 米），携带 1 枚 60 万吨当量的核弹头。

1960 年 7 月 20 日，“乔治·华盛顿”号（USS George Washington）潜艇试射了一枚“北极星”导弹——这是弹道核导弹首次以潜艇为平台进行试射。试射成功的消息通过一条加密信息报给了美国总统德怀特·艾森豪威尔：“北极星——从深海到目标。完美。”1960 年 11 月 15 日，“乔治·华盛顿”号从南卡罗来纳州查尔斯顿起航，开启它的首次核威慑巡航，再次书写了潜艇的历史。正如伊格内修斯·加兰廷（I. J. Galantin）上将所言，这个时刻标志着“海基弹道导弹威慑成为现实”。[3] 从一定程度上讲，潜艇之间的冷战正是由核威慑巡航的本质所定义的：“一旦进入深海，巡航潜艇便会继续潜入北大西洋的某片海域，从这里飞射而出的导弹将会划出一道道弧线，命中远在俄罗斯腹地的目标。当它在一片得克萨斯州大小的海域[4]中悄无声息地随机游荡时，包括该潜艇的行动指挥官——大西洋司令部总司令在内，没有任何陆上人员能够随时确知潜艇的具体方位。”[5]

“乔治·华盛顿”号潜艇的巡航行动持续了 67 日零 10 小时，期间全程潜航。这艘冷战潜艇已不仅仅属于终极威慑，而是一艘真正意义上的潜艇，在深海行动，一如加兰廷上将所言。行动期间仅下潜一次，上浮一次。冷战期间，继“乔治·华盛顿”号的首次导弹巡航后，美苏双方共开展了数以千计的战略威慑巡逻，以及屏障性巡逻和监视性巡逻。从 1957 至 1961 年，美国共建造了 5 艘乔治·华盛顿级潜艇。该级潜艇长 381 英尺（116.1 米），携带 16 枚“北极星”导弹。导弹均装载于 130 英尺（39.6 米）长的导弹舱段中，导弹舱段被艇组成员称作“舍伍德森林”[6]。乔治·华盛顿级潜艇一直在美国海军中服役至 20 世纪 80

在 1958 年 3 月 26 日的测试中，一枚“天狮星 I”型导弹自夏威夷珍珠港沿海射出，向目标飞去。（图源：Topfoto 图片）

年代，最后一艘该级潜艇于 1986 年退役。

乔治·华盛顿级潜艇后是伊桑·艾伦级潜艇。从本质上说，乔治·华盛顿级潜艇乃由鲣鱼级攻击潜艇加入导弹舱段改造而来，因此，伊桑·艾伦级潜艇才是美国的首批弹道导弹潜艇，艇体上下均按弹道导弹潜艇的标准进行设计和建造。包括伊桑·艾伦级潜艇在内，美国共建造了 41 艘类似的潜艇，如拉斐特级[7]、詹姆斯·麦迪逊级和本杰明·富兰克林级潜艇。这 41 艘潜艇从 20 世纪 60 年代服役到了 21 世纪初，均携带“北极星”A-2 导弹，后来又装备了“海神”导弹[8]和“三叉戟”导弹，被合称为“自由 41”（41 for Freedom）。1976 至 1996 年，通用电力电船公司建造了 18 艘潜艇，即俄亥俄级潜艇。俄亥俄级服役后，“自由 41”逐渐淡出现役。俄亥俄级潜艇是美国迄今为止最大的潜艇，长 560 英尺（170.7 米），宽 42 英尺（12.8 米），水面排水量 16499 吨。该级潜艇专为快速航行、快速补给和百日巡逻而建，不会在港口停留很久。根据设计，每艘俄亥俄级潜艇可携带 24 枚“三叉戟”导弹，是美国现有的终极潜艇核威慑力量。其中，14 艘该级潜艇装备了升级后的“三叉戟 II”型导弹，每枚导弹最多可携带

1959 年 6 月 9 日，“乔治·华盛顿”号弹道导弹潜艇的下水仪式在通用电力电船公司举行。根据原计划，“乔治·华盛顿”号本要建为“蝎子”号潜艇，但建造期间，艇体中加入了一段长 130 英尺（39.6 米）长的导弹舱，因此最终成为一艘舰队弹道导弹潜艇。1959 年 12 月 31 日，“乔治·华盛顿”号潜艇入役，成为美国海军的第一艘核动力舰队弹道导弹潜艇。（图源：美国海军）

2010 年 1 月，俄亥俄级潜艇“西弗吉尼亚”号（USS West Virginia）动身离开基地。（图源：美国海军）

8 个分导式多弹头；另有 4 艘经过改造，用于装载垂直发射的“战斧”巡航导弹（可携带常规弹头或核弹头）。据称，俄亥俄级潜艇总共能携带美国半数的核弹头。

与攻击型核潜艇一样，为了反制美国，苏联也建造了自己的弹道导弹潜艇——先是 1962 年的柴电潜艇，然后是 1968 年的扬基级核动力潜艇。其他强国同样加入了潜艇“核俱乐部”——法国于 1971 年加入，中国于 1974 年加入。1967 年，英国的首批核导弹下海，搭载这批导弹的是“决心”号（HMS Resolution）潜艇。此后不久，3 艘姐妹潜艇“反击”号（HMS Repulse）、“声望”号（HMS Renown）和“复仇”号（HMS Revenge）潜艇也相继下水，它们均装备了美国提供的“北极星”导弹。

冷战至今

冷战（1947—1991）之中，潜艇扮演着重要的角色。随着核武器及其发射平台的发展，弹道导弹潜艇开始相继出现于美、苏以及其他强国的舰队中，上述角色便显得尤为关键。这种潜艇抵近上浮后，既可发射导弹，使一国的文职领导层来不及获得充分预警，疏散撤离，又可实施先发制人的攻击。因此，潜艇战势必还包括了以快速攻击潜艇猎杀弹道导弹潜艇，阻止其过于接近己方目标。冷战期间，潜艇的任务包括：尾随水面舰队，潜入敌方港口，开展间谍和情报收集活动。新技术的发展，也使潜艇能够截获通讯，探听敌方潜艇，从而更有效地予以探测和追踪，并催生了潜深更大、航速更快、威力更强的潜艇。以上种种元素定义了波涛之下的冷战。1947 年初，美国潜艇多次潜入时为苏联领海的黑海。1952 年，朝鲜战争期间，美国的二战柴油潜艇潜入了海参崴沿海。此外，美国潜艇还曾对苏联在新地岛（Novaya Zemlya）沿岸开展的原子弹试验进行监视，部署潜水员搭线窃听苏联的海底电缆，暗中跟踪、拍摄苏联潜艇，绘制苏联北极沿岸的地图。继之而来的，是一场猫捉老鼠般的冷战“游戏”。在这场致命“游戏”中，种种不同的任务将部分潜艇推向了自身极限以外，导致了悲剧事故的发生。苏联损失了4艘潜艇，分别为“K-129”号、“K-8”号、“K-219”号和“共青团员”号（Komsomolets）；美国损失了2艘潜艇，分别为“长尾鲨”号（USS Thresher）和“蝎子”号（USS Scorpion）。1968年5月15日，“蝎子”号潜艇的遇难，至今仍被美国政府定性为“原因未明”，但人们普遍认为，这起事故是“二战以来美国潜艇首次遭到有预谋的击沉”，是苏联采取的报复行动。报复的原因在于，苏联认为一艘美国潜艇于1968年3月8日在太平洋撞沉了己国的高尔夫II级潜艇“K-129”号。[9]虽然没有任何已经证实的战斗发生，但冷战仍然造成了性命的损失。冷战期间，还发生了其他潜艇导致的人员遇难事件，以及潜艇失事事故，其中较有名的包括3艘英国潜艇“威猛”号（Truculent）、“殴斗”号（Affray）、“西顿”号（Sidon）以及以色列潜艇“达喀尔”号（Dakar）的失事事故。“威猛”号于1950年在泰晤士河河口被一艘瑞典油轮撞沉；“西顿”号于1955年因艇上的一枚测试鱼雷爆炸而沉没。“殴斗”号和“达喀尔”号均全员遇难，且在一段时间内都未被寻获。“殴斗”号在1951年的一次模拟作战任务中失事沉没，在2个月内都不知所踪；“达喀尔”号则于1968年失事沉没，失踪时间逾30年，如今看来，该潜艇的失事原因是艇体破裂。即使在冷战之后，俄罗斯海军也在一次悲剧性的训练事故中损失了“库尔斯克”号核潜艇，艇组成员全部遇难。“库尔斯克”号的悲剧发生于2000年8月12日。当时，这艘潜艇正在巴伦支海（Barents Sea）参加海军演习。在准备发射鱼雷期间，艇首发生了一次爆炸，随后又发生了一次更大的爆炸。人们认为，第一次爆炸乃由一枚发生故障的过氧化氢鱼雷引发，后续的第二次爆炸则来自其他

2003年1月16日，在“巨影”(Giant Shadow)试验期间，“佛罗里达”号潜艇在巴哈马沿海水域发射了一枚“战斧”巡航导弹。“巨影”试验由美国海军海上系统司令部和海军潜艇部队着手开展，目的在于测试美国海军未来导弹潜艇的性能。有4艘俄亥俄级弹道导弹潜艇被改造为了巡航导弹潜艇，“佛罗里达”号便是其中之一。(图源：美国海军)

鱼雷。第二次爆炸彻底摧毁了潜艇艇首，令潜艇葬身水下。“库尔斯克”号最终沉没于水下 354 英尺（108 米）。由于俄罗斯当局拒绝接受国际援助，对 118 名艇员中的生还者实施营救，这艘沉艇成了一场旷日持久的戏剧性事件的中心。后来的调查证实，“库尔斯克”号沉没后，潜艇后部舱段仍有 23 人幸存，但他们最后均不幸遇难。

“库尔斯克”号打捞出水后，人们在后部的第 9 舱段中找到了原第 7 舱段指挥官德米特里·科列斯尼科夫（Dmitri Kolesnikov）上尉的尸体，并发现了他的笔记。笔记写于事故发生后，也就是科列斯尼科夫和其他幸存者面对死亡时。科列斯尼科夫的遗言有力、辛酸、充满勇气：

> 这里很黑，不便写字，但我会凭感觉来写。看来似乎没机会了，概率只有一到两成。让我们希望至少有人能读到这段话吧。下面是来自其他舱段的人员名单，他们现在第 9 舱段，会尝试离开潜艇。向每个人致意，不必绝望。[10]

科列斯尼科夫的绝笔中，还包括留给妻子的遗言：“奥莉奇卡，我爱你。别太难过。向 GV（科列斯尼科夫的岳母）致意，向我妈妈致意。”[11]

在冷战中和冷战后，潜艇还对其他舰船造成了损失，其中一例发生于 1971 年的印巴战争[12]。1971 年 11 月 22 日，在艇长艾哈迈德·塔斯尼姆（Ahmed Tasnim）的指挥下，由法国设计的巴基斯坦潜艇“汉果”号（Hangor）击沉了印度护卫舰“廓尔喀弯刀”号（Khukri），创下了二战后的首例潜艇击杀战果。同样在这场战争期间，巴基斯坦海军的一艘前丁鲹级潜艇“加奇”号[13]遇难沉没，但具体情况仍存有争议。马岛战争期间，在艇长克里斯·里福德－布朗（Chris Wreford-Brown）中

马岛战争中，英国的“征服者”号核潜艇击沉了阿根廷军舰“贝尔格拉诺将军”号。“征服者”号是唯一一艘以鱼雷击沉敌方战舰的核动力潜艇。（图源：波佩尔图片，盖蒂图片社）

校的指挥下，英国核潜艇“征服者”号（HMS Conqueror）于1982年5月2日击沉了阿根廷巡洋舰“贝尔格拉诺将军”号（General Belgrano）。这是核潜艇的第一次战时攻击行动，也是迄今为止的唯一一次。最近的一次疑似潜艇攻击事件，发生于2010年3月26日。当时，韩国的“天安”号（Cheonan）轻型护卫舰爆炸沉没，致使46名舰上官兵死亡。“天安”号打捞出水后，韩国官员宣布，此舰乃是被一艘朝鲜潜艇击沉，同时展示了一枚在沉舰处发现的自导鱼雷残骸，并公布了一份来自外国专家组的调查报告。朝鲜则愤怒地否认与此事存有任何关联，时至今日，这一事件仍存在争议。

到1991年冷战结束时，潜艇已在世界各大洋深处潜行，静静等待加密命令，投射足以抹去地球表面所有生命的核火力。关于冷战时期的核潜艇、核潜艇官兵以及他们承担的种种任务，已有许多街谈巷议，但更多情况和细节仍秘而不宣，笼罩在神秘中。只有当相关绝密档案公开后，这一时期的潜艇发展与潜艇行动才会得到最终评判。作家克雷格·里德（W. Craig Reed）曾是冷战时期的一名潜艇军人，在他看来，由于领导有方、训练高效、技术领先，美国潜艇在这一时期占据了上风——尽管美国潜艇“比苏联潜艇少得多，仅以区区123艘之数对抗近3倍于己的苏联潜艇”。[14]到冷战结束时，苏联的技术水平已赶了上来。正如里德所言，倘若冷战持续下去，最终的结局或许会迥然不同。

21世纪头十余年中，其他强国已拥有了核潜艇，也有国家保留了大批柴电潜艇，其中不乏一些核强国。面对日益紧张的地区与国际局势，一场潜艇军备竞赛在全球悄然延续。与此同时，另一项冷战时期的发展成果——科研潜水器，也已向海洋深处挺进，开拓人类在地球上的最后边陲。

1960年1月，“的里雅斯特”号深潜器下潜至35795英尺（10910米）深的马里亚纳海沟底部，创造了历史。（图源：美国海军历史与遗产司令部）

深海潜水器

无论是猎奇使然，科学使然，抑或利益使然，探索海洋深渊、搜寻其间事物的想法，与潜艇、潜水钟的概念一样古老。19 世纪 60 年代晚期，诸如克勒尔的“水下探险者”号和霍尔斯特德的“智慧象”号等机动潜水钟式潜艇淘汰出局。此后，虽然一些发明家的确提出并研发了用于在深海开展探索和商业工作的原型潜水器，但军事需求及军事预算，才是潜艇发展之路的主导力量。

不过，以西蒙·莱克为代表的一些发明家，还是在潜水器上有所进展，尽管他们从未取得过最终的成功。1934 年，莱克建造了一个潜水舱，通过一根长管与水面相通。该潜水舱在下水时被命名为“拉克索”号（Lakso），它将下潜至纽约东河河底，打捞沉船宝藏。据说，这些宝藏来自美国独立战争时期沉没于此的英国战舰“轻骑兵”号（HMS Hussar）。在这场终将徒劳无功的冒险行动开始之际，莱克还建造了一艘带轮子的小潜艇，取名“探险者”号（Explorer），用于采集海中的自然资源。这艘 22 英尺（6.7 米）长的小潜艇引起了一些人的兴趣，探险家威廉·毕比[15]便是其中之一——1934 年 8 月 15 日，威廉·毕比曾乘坐小型铁制深海潜水球潜入水下 3028 英尺（923 米），与他同行的是该深潜球的发明者奥蒂斯·巴顿（Otis Barton）。此次下潜引起了世界性关注，证明了海洋深处充满着勃勃生机与奇生异物。不过，莱克资金耗尽，打捞宝藏的行动也一无所获，1937 年之后，“探险者”号再未下水。讽刺的是，正是凭借各国海军的支持，非军事类深潜器才能够继续发展。

二战后，拜一对瑞士父子的天才所赐，深海探索活动得以复苏。这对父子是奥古斯特·皮卡尔（Auguste Piccard，1884—1962）和雅

“和平 1”号深海潜水器下水。“和平 1”号和“和平 2”号深潜器均由芬兰制造，交付苏联使用。（图源：詹姆斯·德尔加多）

17 吨重的美国海军深海潜水器“阿尔文”号。该深潜器由伍兹霍尔海洋研究所（Woods Hole Oceanographic Institution）运作，为美国的深海研究工作立下了汗马功劳。“阿尔文”号于 1964 年入役，迄今已在各种任务中完成了 4000 多次下潜。“阿尔文”号的工作潜深为 15000 英尺（4500 米）。1987 年，它成了首艘造访“泰坦尼克”号残骸的潜水器。（图源：伍兹霍尔海洋研究所）

克·皮卡尔（Jacques Piccard，1922—2008）。奥古斯特·皮卡尔热衷于乘气球升空，20世纪30年代时，他已乘坐铝制球形加压吊舱，在气球的浮吊下升上了7万多英尺（2万多米）的高空。遇见威廉·毕比后，皮卡尔开始把兴趣投向深海。1937年，皮卡尔以自己的气球和吊舱为基础，设计了一艘深潜器。战争的爆发阻碍了他的计划，但到1948年秋季，他的深潜器已建造完工。该深潜器长23英尺（7米），由球形耐压乘员舱和椭圆形薄金属浮体组成。浮体内贮满汽油后，不会被水压压垮，且比水更轻，可为球形舱提供足够的浮力。这艘配备压载物的新型潜水器，被皮卡尔称为“深潜船”（bathyscaphe）[16]，也就是深潜潜艇，设计潜深在13000英尺（3960米）以上。该深潜器在下水时被命名为“FSNR-2”号，此名源于皮卡尔的比利时赞助单位——（比利时）国家科研基金会（Fonds National de la Recherche Scientifique，简称FNRS）。在头几次下潜中，“FSNR-2”号潜到了水下4500英尺（1370米），但上浮期间，它在汹涌大浪中受损。皮卡尔失去了比利时赞助者的支持，他的深潜器也被迫长期搁置。1950年，法国海军同意对其进行重建，但重建过程需受法国海军掌控。法国海军用“FNRS-2”号和自有的“FNRS-3”号深潜器开展了一系列深潜试验，刷新了深海潜水的世界纪录。

在重建“FNRS-2”号的新型浮体期间，皮卡尔受到了法国海军工程师的冷落，因而开始自行设计一艘新型深潜器。该深潜器于1953年完工，得名“的里雅斯特”号（Trieste）。奥古斯特·皮卡尔与其子雅克·皮卡尔一道工作，用“的里雅斯特”号开展了多次深潜和探险活动，直到1958年将其售予美国海军。随后，在美国海军的“自游生物计划”（Project Nekton）中，作为计划的一部分，“的里雅斯特”号一路下潜至马里亚纳海沟底部，数度刷新潜深纪录，书写了潜艇历史。1960年1月23日，雅克·皮卡尔与美国海军上尉唐·沃尔

“的里雅斯特”号上的奥古斯特·皮卡尔和雅克·皮卡尔，摄于1956年。（图源：Topfoto 图片）

什（Don Walsh）以每秒 3 英尺（0.9 米）的速度下潜，花费 4 小时 48 分钟潜至水下 35814 英尺（10916 米）的马里亚纳海沟最深处。尽管外部舷窗发生破裂，但他们还是停留了 20 分钟，然后缓缓升回水面，收获世界赞誉。在此后很长一段时期内，都无人能再次探底马里亚纳海沟。

继“的里雅斯特”号的深潜任务之后，皮卡尔又设计了一艘体型更大的深潜器，即“PX-15”号中层海域潜水器。“PX-15”号长 50 英尺（15.2 米），直径 10 英尺（3 米），具备贮满煤油的外部浮舱、可抛放的压载铁球以及外部蓄电池套件，使它可在 1000—3000 英尺（300—910 米）深的中层海域洋流中漂游；同时，潜水器中的 6 名乘员可开展观察和试验活动。1969 年 6 至 7 月间，“本·富兰克林”号潜水器（美国格鲁门公司从皮卡尔手中买下了“PX-15”号潜水器，将其建造完工，并命名为“本·富兰克林”号）创造了历史。它在墨西哥湾流中开展了一次为期 30 天的漂流任务，探索了从佛罗里达之滨到新斯科舍[17]沿海的海底河流。

同时期的另一艘著名潜水器，是美国的“阿尔文”号（Alvin）。“阿尔文”号潜水器比皮卡尔的深潜器更小巧、更易操纵，由通用磨坊公司电子集团建造，1964 年 6 月入役美国海军。“阿尔文”号执行了一些有名的任务，例如，它曾于 1966 年在西班牙帕洛马雷斯（Palomares）海域 3000 英尺（910 米）深处搜寻一枚遗失的氢弹——此次军事任务，可与“的里雅斯特”号寻找沉没的美国潜艇“长尾鲨”号和“蝎子”号相提并论。此外，“阿尔文”号还在深海部署了潜艇监听装置。这些潜艇监听装置隶属于美国的全球水下声音监听系统（SOSUS），后者的部署周期逾 40 年，耗资达 160 亿美元，旨在探测与监听苏联潜艇的动向。1986 年，“阿尔文”号还创造了历史，发现了此前不知所终、“深不可及”的“泰坦尼克”号远洋客轮残骸。自此次行动开始，人们发起了一系列搜寻深海沉船的行动，包括搜寻一、二战中遭到潜艇击沉的舰船，例如英国的“卢西塔尼亚”号客轮和美国的“约克城”号航空母舰。1969 年，美国海军还建造了一艘核动力研究探索潜艇“NR-1”号。此艇长 150 英尺（45.7 米），重 400 吨，曾参加过许多机密或公开任务，近年方才退役。

继上述开拓式的深海潜水器后，法国也建造了深潜器，保持了其在潜艇领域值得骄傲的传统先锋地位。同样研制了深潜器的国家，还包括美国、加拿大和芬兰。其中，芬兰的劳马 – 雷波拉（Rauma-Repola）公司向苏联交付了 2 艘深潜器，分别为“和平 1”号（Mir 1）和“和平 2”号（Mir 2）。它们与美国的“阿尔文”号、日本的“深海 6500”号、法国的“鹦鹉螺”号等一道，成了 21 世纪中少数潜深超过 13000 英尺（3960 米）的潜水器。其中，“鹦鹉螺”号、“和平 1”号和“和平 2”号均曾探索过沉船，比如“泰坦尼克”号。“和平 1”号与“和平 2”号还曾下潜至北极海底。

冷战后继续在海下开展探索发现活动的，还包括其他一些工作潜深不那么“可畏”的潜水器，例如加拿大建造的“双鱼座”（Pisces）系列潜水器。“双鱼座”系列潜水器由位于不列颠哥伦比亚省温哥华的“国际水动力学”（International Hydrodynamics）公司生产，该公司今已不复存在。在夏威夷水下研究实验室（Hawaii Undersea Research Laboratory）的运作下，“双鱼座”系列潜水器已完成了一系列重要的下潜活动，比如发现了 2 艘沉没的潜艇：一艘是日本在偷袭珍珠港之初损失的袖珍潜艇，这艘潜艇同时也是美国在太平洋战争中的“首击”与“首杀”；另一艘是“伊 -401”号超级潜艇，美国海军在战后对其进行了评估，而后沉于珍珠港。

如今的新型潜水器还可搭载游客潜入深海——从“和平 1”号、“和平 2”号的探险活动，到“亚特兰蒂斯”系列潜艇（建造于加拿大温哥华）如今在全球开展的一系列潜水之旅不等。此外，新生代的铠装式单人深潜套装也纷纷问世，如加拿大发明家菲尔·纽坦（Phil Nuytten，1942—）开发的“深海工作者”（Deep Worker）潜水器，另一位前瞻者格雷厄姆·霍克斯（Graham Hawkes，1947— ）开发的“深海飞行”（Deep Flight）单人潜水器，以及能如喷气式飞机般翱翔于水下的“超级飞行员”（Super Aviator）潜艇。凡此种种，均构成了21世纪潜艇和潜水器不断演进的图景的一部分。过去数百乃至数千年来，潜艇探索先驱和发明家梦想着勇闯深海，一探其中究竟，并渴望将人类知识的疆域扩展至整个地球。潜艇和潜水器在21世纪的发展，不仅将继续实现他们的奇妙梦想与希冀，还将不断加以超越。

注释

[1] 译注：“天狮星”潜射导弹得名于狮子座最亮的恒星——狮子座α星（Regulus，意为“王子”或“小国王”），即轩辕十四。

[2] 译注：“巴贝罗鱼”号潜艇（USS Barbero，舷号SS-317）得名于“Barbero”（通常指刺尾鲷科鱼类），为与同属巴劳鱵级的“刺尾鲷”号潜艇（USS Tang，舷号SS-306）区分开来，艇名作音译处理。

[3] 原注：引自Galantin, *Submarine Admiral*, p.240。

[4] 译注：得克萨斯州为全美第二大州，面积696241平方公里。

[5] 原注：同注[3]。

[6] 译注：舍伍德森林（Sherwood Forest）是英国民间传说英雄罗宾汉的活跃之地。

[7] 译注：拉斐特（Lafayette）级弹道导弹核潜艇，又译作拉法叶级等。该级潜艇得名于法国将军、政治家拉法耶特侯爵（又译拉斐德或拉法叶侯爵）吉尔贝尔·杜·莫提耶，他曾参加过美国独立战争，支援美国独立事业，后参加法国革命。

[8] 译注："海神"导弹（Poseidon missile）是美国海军第二代潜射弹道导弹，得名于希腊神话中的海神波塞冬。

[9] 原注：引自 Reed, *Red November*, p.212。

[10] 原注：引自 Moore, *A Time to Die:The Untold Story of the Kursk Tragedy*, p.237。

[11] 原注：同上。

[12] 译注：印巴战争（Indo-Pakistani War）共有 3 次，分别爆发于 1947 年、1965 年和 1971 年。此处指 1971 年的第三次印巴战争。

[13] 译注："加奇"号（Ghazi）潜艇，又译"勇士"号，曾为美国海军丁鱥级潜艇"魔鬼"号（USS Diablo）。

[14] 原注：引自 Reed, *Red November*, p.343。

[15] 译注：威廉·毕比（William Beebe，1877—1962），美国博物学家、探险家、作家。

[16] 译注："bathyscaphe"源于古希腊语，由意为"深"的"bathys"（古希腊语：βαθύς）和意为"船"的"skaphos"（古希腊语：σκάφος）组合而成。

[17] 译注：新斯科舍（Nova Scotia），加拿大东南部省份。

美国商船水手纪念雕塑（American Merchant Mariner's Memorial）——为纪念二战中命丧德国U艇之手的商船水手而设。这座青铜雕塑位于曼哈顿的炮台公园（Battery Park），由玛丽索尔·埃斯科瓦尔（Marisol Escobar）捐献于1991年。（图源：于尔根·赖布勒 [Jürgen Raible]，akg图像）

第十三章

MEMORIALIZING THE SUBMARINE

为了逝去的纪念

数千年来，潜艇启迪了追梦人，鼓舞了梦想，激起了深远的文化反响。从古典时代，到文艺复兴时期，再到17世纪早期，波涛之下那陌生而奇异的世界，引发了无数艺术家和作家的遐想。在戏剧《暴风雨》中，莎翁为爱丽儿[1]写下了一段诗句：

> 水下五英寻躺着汝父，
> 他的骨骼已化作珊瑚，
> 他的双眼已化作珍珠。
> 他的一切均未曾消逝，
> 只是经受了一场海变，
> 化为丰足而瑰异之物。

威廉·伯恩和科内利斯·德雷贝尔的潜艇发明，在英国的上流社会圈中传播开来，引起热议。这无疑启迪了纽卡斯尔公爵夫人玛格丽特·卡文迪什（Margaret Cavendish，1623—1673）的灵感，促使她将潜艇写入了1666年的《记一个新世界——闪亮世界》（*The Description of a New World, Called The Blazing-World*）一书。人们通常认为，该作品是世上最早的科幻小说之一。“闪亮世界”是个虚构的乌托邦之地，位于世界顶端，其间栖居着会说话的动物。“闪亮世界”的统治者，是一名从人类世界冒险进入此地的青年女子。在“闪亮世界”居民（熊人、鸟人、鱼人等）及其技术的帮助下，该女子后来挥师击败了她的

“祖国”英国的敌人。要从“闪亮世界”进入人类世界，需搭乘能够穿过一条水下通道的船只，因此，该女子：

> ……告诉他们，在她的世界里，有些发明天才设计出了能在水下游弋的船只，并问道，他们是否也能做到类似的事？巨人们答道，他们从未听说过这种发明，不过，他们会试着用艺术来完成可行的工作，并不惜劳力和勤勉来加以实现。

他们造出的船虽不叫潜艇，但有着如下描述：

《海底两万里》的作者儒勒·凡尔纳。（图源：Topfoto 图片）

……由鱼人用金链拖入水下，因此不需风帆，也无须其他任何航行术，只需将水体隔绝在船外，给予或制造足量的空气，供船内的陆栖动物呼吸；得益于巨人的精巧工艺，他们在船内没有任何不便之处。穿过冰海后，一艘艘金船出现在水面上，并继续航行，直至驶近联合王国，也就是女皇的祖国。

抵达目的地后，他们立刻向敌人开战，所用武器是能在空气中或水面下燃烧的“火石”：

鱼人用钻石箱来装载火石……待抵达敌舰下方或舷侧附近时，便立刻取出火石，将其浸湿[2]，纵火焚烧敌舰。整支敌方舰队顿时陷入火海。火势蔓延至火药库后，便直接将敌舰炸毁。因此，敌人的各支海军很快灰飞烟灭。[3]

不过，在介绍潜艇概念方面最为著名的一部作品，当属儒勒·凡尔纳的《海底两万里》。

该书出版于1869年，被译成多种语言。当19世纪的发明家以种种发明和事迹占据报纸头条之际，书中的主人公尼摩船长和他的“鹦鹉螺”号潜艇，也开始在世界扬名。潜艇的成就带来了无止境的骄傲，潜艇发明者也受到了无止境的颂扬。例如，伊萨克·佩拉尔于1888年进行的潜艇试验，在音乐和戏剧领域双双引发反响——在音乐领域，出现了一部名为《佩拉尔潜艇》（*El Submarino Peral*）的古巴萨苏埃拉歌剧[4]；在戏剧领域，1888年，移居阿根廷的西班牙剧作家胡斯托·洛佩斯·德·戈马拉（Justo S. Lopez de Gomara，1859—1923），将《佩拉尔潜艇》一剧搬上了圣马丁大剧院（Teatro San Martin）的舞台。[5]

20世纪的开始以及潜艇的快速建造，在公众中引起了更为广泛的关注，其中既有成年读者，也有少年儿童。1909 至 1920 年，美国作家维克托·德拉姆（Victor G. Durham）出版了 8 卷《潜艇男孩》（*The Submarine Boys*）系列小说，向少年儿童展现了一个充满潜艇和冒险的世界。类似的作品还有维克托·阿普尔顿（Victor Appleton）的《汤姆·斯威夫特和他的潜艇》（*Tom Swift and His Submarine Boat*，1910），书中的主角是个少年，和他的父亲乘坐一艘电动潜艇寻找宝藏，这艘潜艇原是为了赢得政府举办的竞赛而建造的。在这一时期，19 世纪的精神仍未远去。那是个充满胆量与冒险的世纪，创造与勇气似乎能征服一切，潜艇正是其间缩影。

然而，随着 U 型潜艇战的到来，这一切发生了改变。致命的 U 型潜艇战，为潜艇打上了更具军事和凶险意味的烙印。

在艾尔弗雷德·乔伊斯·基尔默（Alfred Joyce Kilmer，1886—1918）的《白船红血》（*The White Ships and the Red*）一诗中，潜艇作为可憎杀手的形象得到了强烈表现。与此相比，基尔默留下的《咏树》等诗篇，则更为多愁善感。“卢西塔尼亚”号沉没后，基尔默在《白船红血》中描绘了它是如何沉没，如何拖着血迹，如何被其他许多沉船问候的。当被其他陈年古船的幽灵问及缘何沉没至此时，“卢西塔尼亚”号的幽灵答道：

未曾撞上冰山，
未曾遭遇敌人光明正大的一击，
也未曾因触及暗礁，
而踏上这条必行的末路。
我那玷污海水的伤口，
我那如同火焰的鲜血，
见证了一桩可憎的恶行，
一桩无名恶行。

我并非前去征战，
我的乘客友好良善，
孩子们在甲板玩耍，
女人们在歌唱——然后——
然后——日轮猩红，
苍穹掩面。
上帝创造的世界，
沦为可耻之境！

我的屈辱急需复仇，
送我至此的那一击，
来自地狱。
我垂死的哀鸣，
传抵耶和华耳中。
七洋之水浩荡，
不应洗去如此污迹；
在承负王冠的额上，
我是该隐[6]的印记。[7]

对于潜艇的这种认知，通常来自“蒙受屈辱”的一方，而在两次世界大战中，关于潜艇的宣传都着眼于英雄气概，拥挤（而幽闭）的环境，以及英勇牺牲的潜艇人员，无论他们是英国人，美国人，意大利人，日本人，还是德国人。除了战时流行的影片、新闻片和纪录片外，潜艇官兵的战时及战后回忆录同样吸引了大量读者，为人们对潜艇和潜艇战的认知带来了前所未及的影响。畅销作品包括：退伍潜艇军人爱德华·埃尔斯伯格（1891—1983）的一战小说《豚艇》（*Pigboats*）[8]，该小说于 1933 年通过电影《热血雄心》（*Hell Below*）走上银幕；二战美国潜艇军人爱德华·比奇（1918—2002）的《太平洋潜艇战》（*Run Silent, Run Deep*），该书于 1958 年以同名电影的形式搬上银幕，由克拉克·盖博和伯特·兰卡斯特主演，引起了极大轰动。同样受到热捧的，还有许多其他影片，例如 1955 年的英国电影《威震大西洋》（*Above*

2010 年 5 月 27 日，一年一度的二战潜艇老兵追悼仪式在诺福克海军基地举行，就读于诺福克潜艇培训学校（SLF）的声呐中士科里·米勒（Cory Miller）站在一旁，担任摇铃人。追悼仪式悼念的是美国在二战中损失的 52 艘潜艇及其艇员，在 1968 年 4 月 10 日损失的“长尾鲨”号潜艇，以及在 1968 年 5 月 22 日损失的“蝎子”号潜艇。（图源：美国海军）

Us the Waves）和 1957 年的美国电影《海底喋血战》（*The Enemy Below*）。其中，《威震大西洋》讲述了 X 艇袭击“提尔皮茨”号战列舰的事迹。1981 年，沃尔夫冈·彼得森（Wolfgang Peterson）执导的电影《从海底出击》（*Das Boot*）上映。这部里程碑式的影片改编自洛塔尔－金特·布赫海姆（Lothar-Günther Buchheim，1918—2007）的原著小说。《从海底出击》虽然受到了一些 U 艇老兵（包括布赫海姆本人）的批评，但却创造了电影历史，在曾与 U 艇交战的国家中引起了观众的共鸣，并烘托了一个观点：所有潜艇人员都是在艰苦环境下坚持作战、九死一生的水手。

二战后的数十年中，以探索发现为用途的潜艇纷纷问世，因此，潜艇作为一种战争武器的普遍形象，也开始发生转变。电视节目中也不乏虚构的潜艇，如《航向深海》（*Voyage to the Bottom of the Sea*）中的“海景”号（USS Seaview）潜艇，以及 20 世纪 60 年代风靡一时的木偶剧《霹雳艇》（*Stingray*）中的未来派潜

在一艘沉入水下、艇体进水的潜艇中，官兵们正在祈祷获得救援——这一幕紧张的场景，出自 1920 年的默片《海面以下》（*Below the Surface*）。（图源：赫尔顿档案 [Hulton Archives]，盖蒂图片社）

艇。后者既可探索和直面险情，又可在必要时投入战斗。皮卡尔父子的深潜之旅，雅克·库斯托（Jacques Cousteau）以小型潜水装备“水肺”开展的水下探险，以及其他深海冒险活动，都促进了潜艇在流行文化中的形象重塑，个中代表便是20世纪60年代披头士乐队的名曲《黄色潜艇》。

冷战紧张态势的加剧，以及装备核武器的“终极”潜艇的出现，在过去40年间催生了新一波的潜艇小说、影片等各类文化反响。音乐作品也在其中，如托马斯·多尔比（Thomas Dolby，1958— ）的《我们的一艘潜艇》（*One of Our Submarines*），此曲以挽歌式的曲调歌唱了一艘失踪的潜艇。原子时代[9]的潜艇象征是“蝎子”号——在内维尔·舒特（Nevil Shute，1899—1960）的末日小说《海滨》[10]，以及此后由格利高里·派克和艾娃·加德纳主演的同名影片（1959年上映）中，“蝎子”号是唯一一艘幸存的核潜艇。其他著名的冷战潜艇小说和影片，则传达了更为严肃的信息，如汤姆·克兰西的《猎杀“红十月”号》（1984）一书，此书于1990年搬上银幕；又如1966年的喜剧片《俄国人来了》（*The Russians Are Coming*），此片讲述了一艘搁浅于美国海岸的苏联潜艇的故事。《K-19：寡妇制造者》（2002）是部里程碑式的后冷战时代影片，由哈里森·福特和连姆·尼森主演。影片刻画了旅馆级弹道导弹潜艇“K-19”号上的真实事件——1961年，“K-19”号潜艇上发生了一起灾难性的核反应堆泄漏事故，但在艇长尼古拉·弗拉基米罗维奇·扎特耶夫（Nikolai Vladimirovich Zateyev）的指挥下，艇组成员英勇地阻止了此次事故。

潜艇文物和博物馆

英国戈斯波特（Gosport）的皇家海军潜艇博物馆，美国康涅狄格州格罗顿（Groton）的潜艇部队图书馆暨博物馆，以及美国华盛顿州基波特（Keyport）的海军水下博物馆，都是大型潜艇博物馆和纪念馆中的杰出代表。除此以外，在世界各地的其他数十个博物馆中，也设有重要的潜艇展览，包括一些来自各个历史时期的潜艇。这些古董潜艇或漂浮于水上，或陈列于岸上，得到了妥善保存。与相关的流行文化、大量文学作品和潜艇老兵协会一样，这些博物馆的存在，也展示了潜艇的重要性，证明了人类对这种独特载具经久不衰的迷恋。除了在户外漂浮展示的潜艇，以及陈列于岸上展区、已拆除设备的潜艇外，这些博物馆还保存了许多潜艇的零部件，如完整的指挥塔、潜望镜、舱口盖和不计其数的配件，更不用说那些来自潜艇部队的战旗、制服、剪贴簿、照片和艇员纪念物。

早期的潜水钟和潜艇，也在博物馆中得到了重建。光是戴维·布什内尔的“海龟”号潜艇，就有至少3件复制品，其中2件分别收藏于皇家海军潜艇博物馆和康涅狄格河博物馆（位于美国康涅狄格州埃塞克斯）。在法国瑟堡的海洋城市博物馆（La Cité de la Mer）中，罗伯特·富尔顿那早已报废拆解的“鹦鹉螺”号潜艇焕发了新生，以剖面全尺寸模型的面目问世。虽然布吕蒂斯·德·维勒鲁瓦建造于南特的早期潜艇并未留存下来，但其外形在荷兰海军军官的草图中得到了记录。这些草图现存于荷兰国家档案馆和阿姆斯特丹国家博物馆中。利普肯斯制造的精美黄铜模型，如今依然是阿姆斯特丹国家博物馆中的珍品。另外2件全尺寸潜艇复制品，分别是纳西斯·蒙图里奥尔的“伊克迪纽”号和“伊克迪纽II”号，均为外壳模型，建造于西班牙巴塞罗那，并在这座城市得到了重点展示。

已知现存最早的潜艇，是威廉·鲍尔造于1850年的“烈火潜水员”号（或许哪天，年代更早的潜艇会经由考古活动“浮出水面”）。1851年，“烈火潜水员”号在试潜中失事沉没，此后，这艘潜艇一直躺在水底，无人问津。1887年，潜水员在基尔港底部重新发现了这艘潜艇。

“烈火潜水员”号于当年 7 月打捞出水，陈列于基尔的海军学院中，后又于 1906 年迁至柏林的海洋科学博物馆。在海洋科学博物馆中，“烈火潜水员”号成为新生的德国潜艇部队的象征，在二战中尤为如此。二战时期，与许多德国历史人物一样，威廉·鲍尔也被“拭去蒙尘”，成了纳粹自豪的象征。20 世纪 60 年代，“烈火潜水员”号经过重建，在波茨坦的国家人民军博物馆展出多年，直至最终迁入现址——位于德累斯顿的联邦国防军军事历史博物馆。

除“烈火潜水员”号外，仍存于世的早期潜艇或潜水钟为数不多。它们或静静躺在水下，或收藏于博物馆中。位于（美国）巴吞鲁日的路易斯安那州立博物馆，展出着一艘铁制潜艇。该潜艇可能是一艘由南部邦联建造于 1861 年的潜艇，是世界上现存第二老的潜艇。这艘罕见的美国内战潜艇曾在新奥尔良州的公园和广场露天陈列多年，近来刚刚得到修复，确保它能长期保存下去。除了经考古活动发现的“汉利”号，以及下文将会讨论的失事潜艇“水下探险者”号外，这艘潜艇是唯一一艘美国内战时期的潜艇遗物。另外，南卡罗来纳州查尔斯顿的沃伦·拉什保护中心收藏有“先锋”号和“先锋 II”号潜艇的复制品，新奥尔良的庞恰特雷恩湖盆地海事博物馆也收藏有“先锋”号潜艇的复制品（2003 年建造）。

与路易斯安那州立博物馆潜艇一样，美国内战时期的潜艇“智慧象”号，也曾长期露天陈列，最终移入博物馆内展览。它在布鲁克林海军造船厂的草坪上搁置了数十年，期间还差点于 1897 年作为废铁卖出。1968 年，“智慧象”号潜艇迁往华府的海军造船厂，在此处的最后数年中移入室内展出。[11]1999 年 4 月，“智慧象”号又迁往新泽西州西格特（Sea Girt）的新泽西国民警卫队民兵博物馆，在这里得到了重点展出。

1983 年，一个沉没已久的潜水钟自佐治亚州达洛尼加的切斯塔蒂河（Chestatee River）中浮出水面，补上了美国内战时期潜艇的缺失一环。该潜水钟的设计理念，与本杰明·梅耶费尔于内战前申请专利的“空气静力管状潜水钟”有所相同。它有可能是老菲洛洛古斯·劳德（Philologus Loud, Sr）上校在内战后申请的一项专利的实物，用于开采切斯塔蒂河中的沙金，但在 1875 年与运载驳船一同沉没。沉没后，其管状沉箱式入口仍显露在河面上，故部分可见。它最终于 1983 年整体打捞出水。在本地历史学家沃尔特·加林豪斯（Walt Garlinghouse）和安妮·阿默森（Anne Amerson）的努力下，该潜水钟于 2010 年修复完毕，陈列展览于一个市中心公园内。这是唯一一件仍然存世的、与朱利叶斯·克勒尔的“水下探险者”号潜艇有异曲同工之处的潜水钟。

除了“重生”号潜艇的考古发现外，另一艘收藏于博物馆中的早期潜艇，是约翰·霍兰建造于 1878 年的“霍兰 1”号潜艇。该潜艇长 14 英尺 6 英寸（4.4 米），经一系列测试后，被霍兰自沉于帕塞伊克河。帕塞伊克河位于新泽西州帕特森，也就是霍兰的生活和工作之地。1916 年，《纽约时报》报道称，这艘“覆满泥浆、躺在 35 年前的沉没处、再未浮出水面”的霍兰潜艇原型，将有可能被打捞出水。[12] 直到 1927 年 10 月，这艘小潜艇才被打捞上岸，在帕特森的西郊公园（Westside Park）露天展览了数十年，与霍兰的第二艘潜艇“芬尼亚撞角”号（1881 年）相邻。后者先是在纽约州立航海学校中陈列了 10 年，后由一名本地市民买下，于 1928 年迁至西郊公园。[13]1980 年，帕特森市将这两艘潜艇双双迁入帕特森博物馆，在室内展出。另一艘与“芬尼亚撞角”号年代最为接近，且同样幸存于博物馆中的潜艇，是“杰维茨基Ⅲ”号潜艇的艇体。此艇长 20 英尺（6.1 米），是一艘脚踏动力潜艇，展出于俄罗斯圣彼得堡的中央海军博物馆。

经过漫长的试航后，伊萨克·佩拉尔的“佩拉尔”号潜艇（1888 年）被搁置起来，由西班牙海军保存于加的斯[14]。据报道，这艘潜艇于 1909 年退役，被弃置于加的斯。1913 年，该潜艇的壳体被运往西班

1887年，人们将威廉·鲍尔的“烈火潜水员”号从基尔港的沉没之处打捞上岸。图为水手们围簇在这艘潜艇旁。（图源：亨利·格特曼[Henry Guttmann]，盖蒂图片社）

牙海军在地中海沿岸的主要基地——卡塔赫纳。卡塔赫纳是个合适的去处，因为这里既是伊萨克·佩拉尔的出生地，又是西班牙舰队潜艇编队的大本营。“佩拉尔”号一直在卡塔赫纳的海军基地保存到了20世纪70年代，后被西班牙海军迁移至卡塔赫纳城内。1988年，在卡塔赫纳市与西班牙海军的重新安排下，这艘潜艇被改造为了一处纪念遗迹，地点位于一个俯瞰卡塔赫纳港的广场。浅浅的喷泉池中，“佩拉尔”号架在混凝土墩上，面朝大海，艇首顶端嵌有青铜铭牌，上面刻着伊萨克·佩拉尔和1888年全体试航成员的名字。[15]

约翰·霍兰的第一代“现代”潜艇，得到了多国海军的采纳，但除了考古遗迹或文物外，仍存于世的并不多见，英国的首艘霍兰潜艇便是其一。这艘潜艇的残骸被重新发现后，于1980年打捞出水，经过修复，陈列于戈斯波特的皇家海军潜艇博物馆。其他国家亦有早期潜艇存世，如瑞典的第一艘潜艇“鲨鱼”号（HMS Hajen），又名“潜艇1”号（ubåt 1），由瑞典人卡尔·里克松（Carl Richsson）设计，1904年造于斯德哥尔摩海军造船厂，排水量107吨。这艘潜艇作为教练潜艇服役至一战结束，此后拆除了武器装备。如今，它已被拖曳上岸，陈列于卡尔斯克鲁纳[16]的海军博物馆外。建造于1904年、排水量70吨的那伊阿得[17]级潜艇“西鲱”号（Alose），是法国的早期潜艇之一。它于1914年5月从法国海军舰艇注册名录中除名，后于1918年在空中轰炸测试中沉入海底。后来，让-皮埃尔·容舍雷（Jean-Pierre Joncheray）在“西鲱”号当年的沉没处重新发现了它。1975年5月，法国顶尖的深海工业潜水公司——海事技术公司（Comex），将其打捞出水。该潜艇现陈列于马赛的海事技术公司总部博物馆。2008年，法国宣布将“西鲱”号列为历史遗迹。[18]

“U-1”号潜艇是德国的第一艘U艇，建造于1906年，以教练潜艇的身份服役至一战结束。该潜艇在一次碰撞事故中受损，但没有报废拆解，而是由日耳曼尼亚船厂基金会拖至岸上，解除武装，切为数段，以此将其保存下来，避免运往协约国沉入水下或报废拆解。日耳曼船厂基金会将该潜艇转移至慕尼黑，在新落成的德意志博物馆（1923 年开馆）中重新组装起来，陈列于地下一层展区。为使游客获得更好的观感，“修复”后的“U-1”号潜艇移除了外部壳体以及所有电缆、管道和杠杆，并在耐压壳体上切出了数个大观察口。近 1 个世纪后的今天，“U-1”号潜艇依然在德意志博物馆的地下展出，观者络绎不绝。[19]

现存最早的俄罗斯潜艇（不止是以考古遗迹的形式），是曾名“民意党人”号（Narodovolets）的“D-2”号潜艇（1931 年）。该潜艇是苏联建造的首批潜艇之一，曾在二战中服役，战后作为教练潜艇使用，直至 1987 年。经波罗的海造船厂修复后，该潜艇自 1994 年起陈列于圣彼得堡的中央海军博物馆，作为历史纪念物。美国潜艇先驱西蒙 · 莱克的潜艇独具特色，但大多未能保存下来，仅余少数残骸。据人们所知，莱克为俄国建造的潜艇无一存世，但他的收官之作，一艘非军用搜索救捞潜艇“探险者”号（1936 年），则保留了下来，陈列于康涅狄格州米尔福德（Milford）之滨的海岸上。

德国设计、荷兰建造的芬兰 U 艇“水貂”号，是二战德国 U 艇的原型（也是世界上最后一艘已知的 II 型 U 艇），经历了苏芬战争和第二次世界大战。退役后，它被解除武装，搁置多年。在前“水貂”号艇组成员的救助和修复下，这艘潜艇如今陈列于赫尔辛基港芬兰堡（Suomenlinna）所在的小岛上。自从此地作为芬兰军事博物馆的一部分对外开放后，该潜艇便一直留存于此。另一艘波罗的海潜艇，是爱沙尼亚的“林比特”号（Lembit）布雷潜艇，1936 年造于英国。这艘潜艇后来并入了苏联波罗的海舰队，1979 年退役后移交至塔林（Tallinn）的爱沙尼亚海事博物馆，成了一件浮于水上的博物馆展艇。

大量二战时期的潜艇，都以博物馆展艇或纪念物的形式保存了下

USS PAMPANITO (SS 383)

漂浮于旧金山海滨展出的巴劳鱵级潜艇“鲳鲹”号（USS Pampanito）。（图源：詹姆斯·德尔加多）

来，其中大多是1941至1945年的猫鲨级、巴劳鱵级和丁鱵级美制潜艇。另一些潜艇，比如位于旧金山的“鲳鲹”号、克利夫兰的“鳕鱼”号（USS Cod）、巴尔的摩的“丁鱵”号和火奴鲁鲁（檀香山）的“弓鳍鱼”号（USS Bowfin），均漂浮于水上或停放于干泊位中单独展出。其他潜艇——例如位于马萨诸塞州福尔里弗（Fall River）“战舰湾”中的“狮子鱼”号（USS Lionfish），以及位于亚拉巴马州莫比尔的“石首鱼”号（USS Drum）等，则作为博物馆“舰队”的一分子展出。

以博物馆展品身份留存于世的轴心国潜艇寥寥无几，而且多为小型潜艇，由同盟国作为胜利纪念品保存下来。例如，在康涅狄格州格罗顿的潜艇部队图书馆暨博物馆中展出的日本袖珍潜艇和“回天”鱼雷。珍珠港袭击事件后被俘的“甲标的甲型”潜艇“HA-19”号，如今陈列于得克萨斯州弗雷德里克斯堡（Fredericksburg）的太平洋战争国家博物馆中。二战中，曾有2艘“甲标的甲型”潜艇对悉尼港发起突袭，最终被击沉。这2艘袖珍潜艇后来被打捞出水，如今在堪培拉的澳大利亚战争纪念馆中展出。在江田岛的日本海上自卫队学校外，陈列着一艘“甲标的甲型”潜艇，此艇曾参与偷袭珍珠港的行动，在战后被人发现，打捞出水，并加以修复。其他日本袖珍潜艇——如“回天”鱼雷和“海龙”级袖珍潜艇——在美国和日本均有展出。

德国的“海狸”（Biber）、“蝾螈”（Molch）和“海豹”型袖珍潜艇亦有展出，展出地点包括：伦敦的帝国战争博物馆，上洛恩（Overloon）的荷兰国家战争与抵抗博物馆，慕尼黑的德意志博物馆，格罗顿的潜艇部队图书馆暨博物馆，渥太华的加拿大战争博物馆，以及其他位于德国、法国和美国的展出地。二战结束时，南斯拉夫游击队在普拉（Pola）俘获了一艘35吨的意大利CB级袖珍潜艇“CB-20”号，将其编入南斯拉夫海军现役，更名“螯钳”号（Malisan）。这艘潜艇如今陈列于克罗地亚萨格勒布的技术博物馆内。据目前所知，在约12艘

CB 级袖珍潜艇中，仅有“CB-20”号得以留存。虽然英国的大型战时潜艇无一能以漂浮展品或陈列展品的形式保存下来，但一些著名的 X 艇不在此列，其中包括：皇家海军潜艇博物馆的“X-24”号潜艇，以及达克斯福特（位于英国剑桥附近）帝国战争博物馆的“歼灭者”号（HMS Expunger，即“XE-8”号）和战后的“X-51”号潜艇。

正如本书前几章所述，在二战中幸存下来的轴心国大型潜艇，并未在水上漂浮太久。经过盟国的仔细研究后，这些德国 U 艇和日本潜艇均被报废拆解或沉入水下。如今，这些潜艇与战时沉没的轴心国潜艇一道，形成了独特而丰富的海底考古集藏。其中有部分潜艇近来得到了打捞和修复，送入博物馆中展出。在战后被俘的轴心国潜艇中，有 2 艘仍浮于水上，其中之一是 IXC 型 U 艇“U-505”号。1944 年 6 月 4 日，丹尼尔·加勒里（Daniel V. Gallery）上校（后升为少将）指挥了一次大胆的任务，在公海上俘虏了这艘潜艇，缴获了密码本和航海图。这艘 U 艇在美国新罕布什尔州的朴次茅斯海军造船厂拆除了装备，并停放于此。它原本会被沉入水下，但在加勒里弟弟的努力下，该潜艇最终于 1954 年捐给了芝加哥科学与工业博物馆。在美国与德国的共同努力下，“U-505”号潜艇被修复一新，保存于室内。近年来，为了改善这艘潜艇的保存条件，人们将它移到了博物馆的扩建展馆中，它也成了这里的明星展品。

唯一一艘仍然漂于水上的 XXI 型潜艇，是后来更名为“威廉·鲍尔”号的“U-2540”号潜艇。该潜艇于 1945 年 5 月战争结束时自沉于水下，沉没之处虽属波罗的海，但近乎淡水水域。1957 年，此艇被打捞出水，修复完毕后进入德国联邦海军服役。“威廉·鲍尔”号以研究测试艇的身份服役了数十年，于 1982 年退役，售予不来梅港的德国海事博物馆。1984 年 4 月，这艘按战时配置修复完毕的 U 艇向公众开放。作为现代柴电潜艇的前身，它是技术成就的代表，因而得以保全。

1982 年 12 月，重新打捞出水的英国潜艇“潜艇 1”号。图片摄于英国德文波特某干船坞。（图源：基斯顿公司 [Keystone]，赫尔顿档案，盖蒂图片社）

此外，还有2艘战时苏联潜艇以展品的形式保存了下来。一艘是喀秋莎级潜艇“K-21”号（1939年下水），目前作为纪念物和博物馆展艇在摩尔曼斯克湾北莫尔斯克（Severomorsk）的奋勇广场（Ploshchad Muzhestva）展出。另一艘是斯大林主义者级潜艇“S-56”号（1936年），此艇于1941年转移至太平洋，目前保存于海参崴的海军码头。1艘来自中立国海军的潜艇同样保存了下来，即1942年下水的瑞典“滨海”潜艇“U-3”号。这艘潜艇在20世纪五六十年代接受了改造，如今陈列于马尔默海事博物馆。

博物馆的展艇中，还包括各种战后潜艇。英国的冥河级潜艇“联盟”号（HMS Alliance）便在其列。冥河级潜艇于二战后期开建，如今仅有1945年动工、1947年下水的“联盟”号存世。服役期间，“联盟”

雅克·皮卡尔设计的中层海域潜水器“本·富兰克林”号（原名“PX-15”号）。不久前，这艘潜水器摆脱了报废的命运，经重新装配修复一新，目前展出于加拿大的温哥华海事博物馆外。1969年，该潜水器携其乘员在北美东岸沿海的墨西哥湾流中漂流了30天，完成了一次史诗性任务。（图源：詹姆斯·德尔加多）

Down Under
Volunteers

号潜艇接受了现代化改造，提升水下推进速度。1981 年，经过修复的“联盟”号被拖至岸上，在戈斯波特的皇家海军潜艇博物馆中展出。2 艘二战后期的美国潜艇，如今依然在水上漂浮，分别为“蓝鹦鹉鱼”号和“鲛鲨”号[20]，二者均在战后接受了现代化改装。“蓝鹦鹉鱼”号是目前仅存的一艘 GUPPY Ⅲ型潜艇，展出地点位于南卡罗来纳州查尔斯顿的爱国者角（Patriot’s Point）；“鲛鲨”号为哨戒雷达艇，目前展出于宾夕法尼亚州匹兹堡的卡内基科学中心。另有一些前美军舰队潜艇被出售或移交给了其他国家，这些潜艇也得到了妥善保存，例如建造于 1944 年的土耳其海军“乌鲁奇阿里雷斯”号[21]潜艇（前美国海军“棘背鳐”号潜艇 [USS Thornback]），该潜艇目前陈列于土耳其伊斯坦布尔的拉赫米·科奇博物馆。

美国海军试验潜艇“长鳍金枪鱼”号保存于新罕布什尔州朴次茅斯，陈列地点正是其建造之处；世界第一艘核动力潜艇“鹦鹉螺”号，则位于康涅狄格州格罗顿的美国海军基地外，是潜艇部队图书馆暨博物馆的镇馆之宝。在华盛顿州基波特的海军水下博物馆中，美国海军还展示了经过重建和改造的皮卡尔潜水器“的里雅斯特 II”号，以及 1 艘深潜救生艇（DSRV）。另 2 艘由皮卡尔建造于 20 世纪 60 年代的研究潜艇，即“奥古斯特·皮卡尔”号和“本·富兰克林”号，同样保存了下来。“奥古斯特·皮卡尔”号保存于建造地瑞士；“本·富兰克林”号近来得到了重新装配和修复，在加拿大的温哥华海事博物馆外展出。战后的美国海军 T2 级柴电教练潜艇“马林鱼”号（USS Marlin，1953 年）在陆上展出，地点位于内布拉斯加州奥马哈。装备“天狮星”导弹的灰背鱼级柴电潜艇“大口黑鲈”号（1958 年），在纽约市“勇猛”号海空天博物馆[22]作漂浮展示。 鱼级柴电潜艇“蓝背鲑”号（USS Blueback，1959 年）于 1990 年退役，目前在俄勒冈州波特兰的俄勒冈科学与工业博物馆漂浮展出。

英国的奥伯龙级潜艇也得到了保存，例如位于查塔姆历史造船厂的“豹猫”号潜艇（HMS Ocelot，1964 年），位于伯肯黑德历史战舰展区的“缟玛瑙”号潜艇（HMS Onyx，1966 年），以及位于弗里曼特尔（Fremantle）的西澳海事博物馆。其他许多冷战潜艇，也以博物馆展艇的身份保存了下来，例如：苏联的威士忌级潜艇“U-359”号（1956 年）和“U-194”号（1957 年），前者位于丹麦科灵（Kolding），后者位于瑞典斯德哥尔摩；法国的“阿尔戈英雄”号（Argonaute）潜艇，位于巴黎；独角鲸级潜艇“剑鱼”号（Espadon，1958 年），位于圣纳泽尔；苏联的狐步级潜艇“U-457”号（1967 年），在伦敦泰晤士河上展出；丹麦的龙级潜艇“骏马”号（Springaren，1962 年），位于奥尔堡；荷兰的抹香鲸级潜艇“鲔鱼”号（Tonijn），位于登海尔德（Den Helder）；德国的 205 型潜艇“U-9”号（1967 年），位于施派尔（Speyer）；由法国设计的西班牙海军独角鲸级潜艇“海豚”号（Delfin，1973 年），位于阿利坎特（Alicante）。朱丽叶级和狐步级等冷战时期的苏联潜艇，在退役后辗转于美国、英国、荷兰、澳大利亚和加拿大等多国，其中一些或许找到了永久的归宿。围绕着其他潜艇展开的保护计划，依然是联系退伍军人、潜艇历史学家和潜艇发烧友的坚实纽带。对于陈年沉艇的探索与发现，也起到了相同作用。这些沉艇的所在，正是世界上最大的博物馆——海底。

潜艇考古学

考古学是一门通过人类活动的物质遗存开展的科学研究，这些物质遗存包括：人类制造的物品，居住的场所，埋葬死者的地点，以及战斗遗址等。20 世纪中，考古学已从一项研究古老过去的学问，演进为一门审视方方面面的历史和人类经验的学科，其中包括“现代”主题与遗址。过去 50 年间，水肺的问世，以及考古学家对水肺的运用，催生了航海、海事和水下考古的新领域。因此，人们对潜艇考古的兴趣日趋浓厚，愈发希望对旧日的潜艇展开详细研究，探寻人类为之付出的创造、风险和牺牲。

阅读过去的事物，与直面过去的事物迥然不同。后者能加深你对事物的理解——多年以来，探寻早期潜艇残骸的古文物研究者和遗迹搜寻者都明白这一基本事实，这也是他们致力于寻觅和打捞沉艇的动因之一。不过，对于时下涉足潜艇考古学的考古学家而言，他们所要寻找的东西不止于此。作为其中的一员，我深知考古学家的真正目的——寻找失落的细节，于细微处发掘这些沉艇背后的人和事。对于这一点，或许可用一例来加以说明。在此例中，人们在一艘早期潜艇上发现了一项技术进步，而这项发现此前并未见载于史籍：在对“汉利”号潜艇的水下探索中，人们发现了潜艇壳体所采用的埋头铆接法和流线型构造，以及艇内带有橡胶垫圈的铰接铁盖，铁盖阻挡了光线和水，但其上装有 10 个玻璃舷窗。

不过，“汉利”号考古项目不仅仅揭示了这艘潜艇非同寻常的制造细节，还使这艘早期潜艇从传说踏入现实，并真正还原了艇组成员的本来面目。项目人员取出了艇内的遗骸，再现了艇员的相貌，并开展了详细研究，进一步探寻他们的身份背景——以及在“汉利”号创造历史之时，这些人缘何置身于这艘充满风险的小潜艇。如此一来，考古学便成了审视人类行为的工具。对于这一点，我的朋友兼同事、西澳海事博物馆的迈克尔·麦卡锡（Michael McCarthy）博士有着如下绝佳阐述：“问题在于，潜艇人员是否属于一个‘特别群体’，以及这种特别性是否会反映在物质遗存中。”麦卡锡又进一步提出了另一个问题：

> ……有无数实例可以说明，潜艇人员有能力适应不宜居

> 住、狭小逼仄的环境，并能在其中高效工作。这就向未来的考古学家和人类学家提出了一个问题：潜艇人员是否总体上是一个精英群体，以及这一点是否在相关物质遗存中有所体现？[23]

无论是对于麦卡锡，还是对于身为考古学家的我而言，这两个问题的答案都是肯定的。

对于沉艇残骸的研究，同样能够向史籍中补充或还原一些久已失落、为人忽视或淡忘的事物。在我的团队开始记录克勒尔的“水下探险者”号之前，这艘潜艇仅在一篇 1902 年的文章中提到过，其本身则在很大程度上被多数史学家所遗忘，但理查德·威尔斯（Richard Wills）和马克·拉根（Mark Ragan）除外。理查德·威尔斯在信中向我提供了这艘潜艇的信息，马克·拉根则是研究美国内战潜艇的首席历史学家。我们的考古工作在 2000 至 2008 年间展开，重建了“水下探险者”号那拆除一空、腐蚀严重的破损艇体。我们付出的努力，足以让我们再造一艘潜艇。在路易斯安那州立博物馆潜艇的修复项目中，理查德·威尔斯也做了大致相同的工作，并为那艘曾被误认的潜艇正名，使它的重要性得到认可。曾经蒙受不白污名、实则具有重要意义的“智慧鲸”号潜艇，也有着类似经历。

迄今为止，考古学家发现的年代最早的潜艇，非“汉利”号莫属。自“汉利”号于 1864 年在战斗中神秘失踪以来，这艘南军潜艇就成了一种另类的流行符号，不断吸引着人们的关注。人们希望，或许有一天，这艘潜艇能被发现，与死去的艇员一起重见天日。19 世纪 70 年代期间曾有消息称，“汉利”号就躺在它所击沉的战舰附近，但未经核实。时光流逝，“汉利”号潜艇最终为泥沙所覆。直到 20 世纪末，该潜艇才被重新发现。当时，考古学家拉尔夫·威尔班克斯（Ralph Wilbanks）和韦斯·霍尔（Wes Hall），与畅销小说家、沉船搜索爱好者克莱夫·卡斯勒共同协作，发掘了“胡萨托尼克”号（“汉利”号的受害者）残骸旁的一处磁异常点，成为100多年来首度接触到该潜艇的人。2000年8月，在新世纪的曙光中，“汉利”号潜艇自海底浮出水面，开启了前往沃伦·拉什保护中心的新旅程。沃伦·拉什保护中心位于南卡罗来纳州查尔斯顿，在这里，考古工作者和保管人员清理了满是淤泥的艇体内部，继续对这艘潜艇的残骸及艇员遗骸展开研究。与此同时，他们还付出了艰苦的劳动，使这艘潜艇得到了妥善的保存和展览。迄今为止的研究结果表明，这艘潜艇具备了一定的技术精密性和工程水平。而在此前，一些历史学家持有相左的观点。他们认为该潜艇不过是由锅炉改造而来，名过其实。

到2001年秋，参与“汉利”号项目的考古工作者已清理了潜艇内部80%的淤泥，保存完好的人体遗骸和一些遗物因而显露了出来，其中包括一个小型黄铜制“警用”牛眼提灯[24]。在对“胡萨托尼克”号的袭击得手后，“汉利”号的艇员可能用此灯向岸上发去了最后的信号。另一项发现是“汉利”号艇长乔治·迪克森中尉的怀表。袭击结束后，他的怀表仍然走了一段时间，表明“汉利”号的艇组成员并未当场死亡。不过，或许是体力不支和氧气不足的缘故，他们陷入了昏迷。潜艇沉入水底后，他们渐渐窒息而死。艇组成员遗骸的位置，或许也证实了这一点，因为每个人的骸骨都处于各自的战位上。在所有重见天日之物中，最令人心酸的，或许是每具遗骸的随身物品，包括艇长迪克森身上的一枚金币。迪克森曾揣着这枚金币参加了早先的夏洛战役，此役中，他的腹股沟挨了一枪，而口袋里的这枚金币吸收了大部分的冲击力，若非如此，他可能早已死于非命。迪克森殒命多年后，他的未婚妻讲述了这枚金币的故事，但在一些历史学家看来，这可能只是无稽之谈。迪克森的遗骸在他的战位，也就是“汉利”号的艇首旁被发现。在发掘这具遗骸的过程中，考古学家玛利亚·雅各布森（Maria Jacobsen）在遗骸的口袋里发现了传说中的那枚金币。这枚金币已经弯曲（分析还表明，这枚金币带有子弹留下的微小铅痕），迪克森在上面刻了一串字：

夏洛
1862年4月6日
我的护身符
G. E. D.[25]

对于潜艇残骸的详细分析，能够揭示出与潜艇建造有关的诸多信息，以及同一时期的技术和工业生产能力。针对 1864 年的“水下探险者”号潜艇开展的考古行动便是一例。当我们于 2000 年开始工作时，对这艘潜艇知之甚少。我们所掌握的材料，仅限于 1 张觅自档案馆的残缺小图纸，为数不多的报纸文章，外加 1 本宣传册，这本宣传册为我们提供了“水下探险者”号的设计、建造和操作信息。到 2008 年时，我们已开展了一系列项目，对腐蚀严重的“水下探险者”号艇体进行了详尽无遗的研究，从中获得了大量新信息。这些信息足以供我们起草 1 份 300 页的报告和 9 张图纸，既描述了这艘潜艇如今的细节，又还原了它在 1865 年时的情况。

“水下探险者”号是艘独一无二、功能完备的深潜调压式潜艇，拥有由一系列压缩空气舱和海水压载舱组成的复杂互联体系，并具备精密的手摇式推进系统。它的唯一“瑕疵”在于，操作者对长时受压和迅速减压带来的负面影响缺乏认识。麦卡锡此前提出了一个问题，即物质遗存能否反映潜艇建造者和操作者的某些特质。作为回答，在朱利叶斯·克勒尔及其艇员离世 100 余年后，通过检视他们的潜艇，我们对这些人有了充分的了解；我们还充分认识到，勇气（乃至少许愚勇）常常能推动人类实现技术飞跃，尽管代价往往不菲。

浸于处理水箱中的“汉利”号潜艇。（图源：汉利之友 [Friends of the Hunley]）

人类的创造才能和牺牲精神，在另一艘早期潜艇“重生”号上也得以彰显。加勒特建造的这艘潜艇中装有蒸汽设备，但艇内空间狭小。1995 年，为了清除困住渔民渔网的水下障碍物，沉船潜水员基思·赫尔利（Keith Hurley）潜入水下，但却因此发现了“重生”号潜艇的最后归宿。如今，这艘潜艇的残骸依然躺在海床上，成为一处受保护的考古遗址。不过，或是由于拖网的拖拽，或是由于未经授权的游客擅自移除了一些物品，这艘潜艇已经残损，处境堪忧。这艘潜艇复杂的机械装置和技术细节，依然留于艇体之内。此外，“重生”号沉没当夜的具体情形，也在艇内存有证据。1997 年，由考古潜水中心（Archaeological Diving Unit）和航海考古学会（Nautical Archaeology Society）开展的一次探险之旅，为这艘潜艇的方位和相关遗物所在区域绘制了一份完整的地图。“重生”号还有更多故事要讲，若能筹集足够资金，它将会得到优先打捞，受到更多的考古研究，并得到妥善保存。

其他仍旧躺在海床上的早期潜艇，还包括霍兰的几艘早期潜艇，如位于英国南岸比奇角（Beachy Head）海域的“霍兰 5”号潜艇。英国的第一艘潜艇——“霍兰 1”号，则在 1913 年 10 月拖往报废处途中，沉没于英吉利海峡中的埃迪斯通灯塔（Eddystone lighthouse）附近海域。1981 年 4 月，皇家海军潜艇博物馆及其馆长——潜艇历史学家理查德·康普顿－霍尔组织了一次搜索活动。正是在此次搜索中，“霍兰 1”号得以被重新发现。这艘潜艇于 1982 年 8 月打捞出水，并被清理干净，接受了防锈处理。在博物馆展出多年后，该潜艇又接受了新的保护性处理，防止它继续锈蚀下去。在此之后，它再次成为戈斯波特皇家海军潜艇博物馆的重量级展品。

包括上述 2 艘霍兰潜艇在内，光是在英吉利海峡中，就有约 158 艘潜艇沉没——就全世界而言，更是有千百艘潜艇沉于水下。沉船调查专家英尼斯·麦卡特尼（Innes McCartney）既是名潜艇历史学家，也是英国杰出的潜艇残骸学者。在他的努力下，许多早期英国潜艇得到了编目和记录，包括 A 级和 B 级潜艇，也包括“M1”号（HMS M1）潜艇。1925 年 11 月 12 日，“M1”号潜艇因撞击事故沉没。1999 年，麦卡特尼在深水处发现了这艘潜艇，并发现了一些年代更晚的潜艇，如战后的 S 级潜艇“西顿”号，此艇于 1957 年自沉于水下[26]。麦卡特尼表示，通过在水下探索这艘完好无损的潜艇，他“获得了绝佳的机会来研究这一传奇级别的潜艇设计”。[27]

没有一艘一战潜艇仍完好无损地浮于水上，或保存于博物馆中。不过，它们的残骸遍布世界，其中许多集中于英国周边和英吉利海峡中，其他的则躺在波罗的海中，比如最近刚探明位置的“E-18”号潜艇。作为一小批 E 级潜艇中的一员，“E-18”号潜艇被派往波罗的海，破坏瑞典至德国的铁矿石贸易。1916 年 5 月 25 日，“E-18”号潜艇离开了雷

考古学家玛利亚·雅各布森手中的金币。金币的主人是乔治·迪克森。（图源：汉利之友）

瓦尔（塔林的旧称），并就此失踪。在卡尔·道格拉斯（Carl Douglas）的率领下，一支来自瑞典搜寻公司 MMT 的团队于 2009 年找到了“E-18”号的残骸，地点位于爱沙尼亚沿海的深水中。这艘潜艇保存良好，舱盖开启，表明当它因撞上德国水雷而沉没时，正在水面航行。另一艘著名的一战潜艇，是澳大利亚的“AE-2”号。加利波利战役期间，这

在“水下探险者”号中工作的考古团队，
摄于巴拿马。（图源：詹姆斯·德尔加多）

艘潜艇在马尔马拉海沉没。1998 年 6 月，土耳其沉船潜水员、历史学家塞尔丘克·科拉伊（Selçuk Kolay）重新发现了这艘潜艇。自此以后，该潜艇的残骸就不断得到了调查和拍摄。在澳大利亚和土耳其，围绕着这艘潜艇的打捞问题，人们展开了讨论，时至今日，这场讨论仍在继续。科拉伊先生的水下探险活动，还重新定位了 2 艘自沉于黑海的德国二战U艇。

在对一战著名失踪潜艇的搜索活动中，围绕“U-21”号潜艇展开的搜索可谓成功。作为第二艘在战斗中击沉敌舰的潜艇，“U-21”号在一战中幸存了下来。一战结束时，这艘潜艇前往英国投降，但途中被其艇长和艇员自沉于北海。1984年，作家克莱夫·卡斯勒创立的国家水下与海洋组织[28]确定了“U-21”号残骸的位置。20年后，加拿大沉船调查专家麦克·弗莱彻（Mike Fletcher）和沃伦·弗莱彻（Warren Fletcher）首度下潜探索了这艘沉艇。在国家地理频道的系列电视节目《海洋猎人》（*The Sea Hunters*）中，麦克·弗莱彻和沃伦·弗莱彻与我一样，都是卡斯勒团队的成员。

澳大利亚人对潜艇考古也颇有兴趣，他们目前正在开展一个关于6艘英国J级潜艇的项目。这6艘潜艇于1916年下水，并被派往澳大利亚。一战结束后，这些潜艇于1922至1930年间在维多利亚州沿海自沉于水下。在另一个项目中，澳大利亚人定位并研究了“K-9”号潜艇搁浅于沙滩上的残骸。“K-9”号建造于1922年，本是艘荷兰潜艇。1942年，爪哇落入日军之手后，这艘潜艇进入澳大利亚海军服役。在日本袖珍潜艇随后对悉尼港发动的一次突袭中，该潜艇受到损伤，并于1945年在拖曳离港途中失事沉没。此外，深水之下的日本布雷潜艇“伊-124”号也得到了考察。“伊-124”号潜艇在战斗中沉没，沉没地点位于达尔文[29]沿海。澳大利亚考古学家已对“伊-124”号潜艇进行了评估，以此作为对种种调查、打捞和展览提案的回应。迄今为止，这些提案均未如愿。1942年，有3艘日本“甲标的甲型”袖珍潜艇参与了对悉尼港的袭击行动。近来，随着其中1艘潜艇残骸的发现，困扰澳大利亚的一个二战谜团也就此揭开。在这3艘袖珍潜艇中，有2艘被其艇员自沉于悉尼港内，其残骸于战争期间打捞出水；余下的1艘则溜出了港口，沉没于深水之中。

二战中，日军潜艇部队近乎覆灭。二战后，残余的日军潜艇又被沉于水下，使考古学家和沉船潜水员对日本潜艇产生了浓厚的兴趣。在阿留申群岛的基斯卡岛上，留存着1艘战时损失的吕型潜艇和1艘“甲标的甲型”袖珍潜艇的残骸。20世纪80年代晚期，美国国家公园管理局对这些残骸进行了研究。同时，沉船潜水员也定期造访“伊-169”号潜艇。“伊-169”号潜艇于1944年在太平洋中的特鲁克潟湖（Truk Lagoon）处潜入水下，躲避美军的空袭，但因进气阀故障沉没。另一艘残骸保存完好的日本潜艇是“伊-52”号，人们在大西洋底部17190英尺（5240米）深处发现了这艘潜艇。1944年6月，在前往德占法国执行任务途中，“伊-52”号潜艇被美国飞机拦截并击沉。1998年，俄罗斯的“和平1”号和“和平2”号潜水器对该潜艇的残骸进行了调查。此次调查隶属于美国的一项打捞探险行动，目的在于寻找“伊-52”潜艇上装载的黄金货物。“伊-52”号的艇体大部分完好无损，行动人员虽未起获黄金，但打捞员保罗·蒂德韦尔（Paul Tidwell）取回了一只来自某位死去艇员的旧鞋，以及其他一些物品，将它们交予日本吴市的遇难潜艇纪念馆，与遇难艇员的遗属相会。

在所有沉没的潜艇中，最能引起人们的搜寻兴趣的，莫过于沉没时间较晚的潜艇，包括二战和冷战时期的沉艇——人情的纽带是强大的，对于那些同艇艇员和艇员家属仍然在世的沉艇而言尤为如此。同时，人们还想弄清某艘潜艇及其艇员的实际遭遇，探明该潜艇（及遇难艇员）的具体位置。据英尼斯·麦卡特尼估计，在英吉利海峡中，有60%的潜艇残骸都属于德国U艇。虽然军事分析家和历史学家对于潜艇损失的相关历史已有研究，但麦卡特尼指出：“所有这些信息来源，即使是出自费尽心血的最新研究，也不可靠。事实的确如此，因为如果没有实物证据，对于许多沉没U艇的分析便仅仅是建立在最优估计和推测上。”[30]“U-1191”号潜艇便是一例。这艘潜艇的身份经过了麦卡特尼及其同事的鉴定，但它并不在人们原先认为的沉没之处，而是位于另一个地点。与此类似的还有个有趣的例子，这个例子与“U-869”号潜艇的著名故事有关。1995年，沉船潜水员约翰·查特顿（John Chatterton）在科德角半岛海域发现了这艘潜艇。不少潜水员都曾对该潜艇进行过研究，但查特顿及其潜水伙伴里奇·科勒（Richie Kohler）的工作尤为突出。二人多次冒着危险潜入深水，对潜艇残骸展开了坚持不懈的研究，并于6年之后得到了回报，确定了该潜艇的身份。这一研究成果让“U-869”号艇组成员的遗属为之释怀。此前，他们一直想知道这艘潜艇的具体下落，但历史记载误将这艘潜艇的下落定在

“U-701”号潜艇的残骸静静地躺在水下115英尺（35米）深处。1945年7月7日，该潜艇在水面航行时被美国轰炸机投下的2枚炸弹击中，仅7人幸存。如今，“U-701”号潜艇的残骸仍然完整无缺，是一处未受破坏的沉艇遗址。（图源：斯蒂芬·塞勒斯[Stephen Sellers]，美国国家海洋和大气管理局）

了摩洛哥沿海。[31]

无独有偶，在《海洋猎人》系列节目中，里奇·科勒也以潜水员的身份加入了我们，在他的配合下，节目组搜寻并发现了另一艘U艇——VIID型布雷潜艇“U-215”号。我们在北大西洋的罗伯茨滩（Roberts Bank）上发现了这艘潜艇，它也成了加拿大海域内发现的第一艘战殁的U艇。拍摄完成后，我们原封未动地将它留在了原处，并将这项发现与世界共享。一名“U-215”号艇员的遗属联系上了我，向我和节目组道谢，因为我们找到了他叔叔的埋骨处，让他和家人宽慰不已。在美国海军重新确定“长尾鲨”号和“蝎子”号这两艘遇难核潜艇的位置后，这样的释怀之情也可见于美国的艇员遗属。美国海军还分析了这两艘潜艇的遇难原因——尽管在“蝎子”号的案例中，它的沉没原因仍有争议，有的作家坚称它遭到了苏联方面的袭击。近些年中，“和平1”号和“和平2”号潜水器潜入了5577英尺（1700米）深处，探索苏联潜艇“共青团员”号的残骸。1989年4月，“共青团员”号沉没于挪威海，造成42人遇难。“和平1”号和“和平2”号潜水器找到了残骸的位置，确定了失事原因，并在随后数年中多次下潜，开展辐射监测，并对潜艇艇首进行了细致的封装，密封了其中的2枚核鱼雷。

最近，在美国政府实施的3个项目中，潜艇考古工作又迈出了新的一步。第一个项目由美国国家公园管理局承担。该部门与南卡罗来纳州共同协作，在“汉利”号潜艇成功击沉“胡萨托尼克”号战舰的遗址处开展工作，不仅研究了“汉利”号和“胡萨托尼克”号的残骸，还将整个遗址作为一片水下战场进行研究——在潜艇考古学史上，这还是头一回。随后，在美国矿产管理局（MMS）开展的一个墨西哥湾深水调查项目中，这种方法也得到了沿用。二战期间，有20艘德国U艇在墨西哥湾活动，对航运造成了严重破坏。矿产管理局的调查项目确定了“U-166”号潜艇的位置，该潜艇是唯一一艘在墨西哥湾沉没的德国潜艇，沉没之处深达5000英尺（1500米）。同时，调查项目还确定了数艘U艇受害船只的位置，并将多处遗址作为同一片水下战场进行评估。在此之后，美国国家海洋和大气管理局（NOAA）也以同样的方法开展了一个项目，对南卡罗来纳州沿岸“大西洋墓地”沉没的3艘U艇进行了研究，并研究了它们的一些受害者。这也是迄今为止最大的一个水下战场考古研究项目。与其他项目，以及英尼斯·麦卡特尼、塞尔丘克·科拉伊、约翰·查特顿、里奇·科勒、麦克·弗莱彻和沃伦·弗莱彻等人所做的工作一样，美国国家海洋和大气管理局开展的这一研究项目再次提醒我们，海洋底部是世界上最大的博物馆。具有讽刺意味，但或许名副其实的是，人类在潜艇上所取得的纪录之最，也恰恰位于海底。

注释

[1] 译注：爱丽儿（Ariel）是莎士比亚戏剧《暴风雨》（*The Tempest*）中的一个重要角色。

[2] 译注：根据这本小说中设定，“火石”（Fire-stone）在浸湿后会变得无比灼热，并迸发出火焰，直到干燥后才会停止燃烧。

[3] 原注：引自Cavendish, *A Description of a New World, Called the Blazing World*。在线数字版请见http://digital.library.upenn.edu/women/newcastle/blazing/blazing.html。

[4] 译注：萨苏埃拉（zarzuela）是一种兼具音乐与对白的西班牙传统歌剧。

[5] 原注：引自Carpentier, *Music in Cuba*, p.207 and Cortés and Barrea-Marlys, *Encyclopedia of Latin American Theater*, p.32。

[6] 译注：该隐（Cain）是基督教经典《圣经》中的人物，是亚当与夏娃的长子。他杀害了自己的弟弟亚伯（Abel），后受上帝惩罚，身上带有上帝所立的记号。

[7] 原注：引自Kilmer, “The White Ships and the Red,” (1917)。参见http://www.

everypoet.com/archive/poetry/Joyce_Kilmer/Joyce_Kilmer_main_street_the_ white_ships_and_the_red.htm。

[8] 译注：豚艇（pigboat）是潜艇的俚称。之所以有此俚称，或是由于潜艇补给时，艇首靠向补给船，状如小猪（豚）吮乳，或是由于早期潜艇的行动方式状如海豚。

[9] 译注：原子时代（Atomic Age）指人类历史上第一枚原子弹爆炸（1945 年 7 月 16 日）后的历史时期。

[10] 译注：《海滨》（*On the Beach*），又译《在海滩上》或《世界就是这么结束的》，故事背景是核大战后的澳大利亚。书名“On the Beach”既来自英国皇家海军的一条术语，意为“退出现役”，又引用了托马斯·艾略特的作品《空心人》中的诗句。

[11] 原注：引自 *New York Times*, October 9, 1897。

[12] 原注：同上，August 13, 1916。

[13] 原注：同上，August 14, 1927 以及 October 30, 1927。

[14] 译注：加的斯（Cadiz），西班牙西南部港市，自 18 世纪以来便是西班牙海军的主要母港。

[15] 原注：关于佩拉尔及其潜艇，有本必读的西班牙文传记，即 González 所著的 *Isaac Peral* 一书。

[16] 译注：卡尔斯克鲁纳（Karlskrona），瑞典东南部沿海城市，是瑞典唯一的海军基地所在地。

[17] 译注：希腊神话中，那伊阿得（Naiade）是掌管溪流、泉水、井水等淡水水体的女精灵。

[18] 原注：引自“Alose Classified as a Historical Monument,” *Comex Magazine*, No. 2, May 2008, p.14。

[19] 原注：“U-1”号潜艇改造为展品的故事，收辑于 1903 年左右的德意志博物馆目录中：Artefakte in der Gründungszeit des Deutschen Museums (Abhandlungen und Berichte, n.s., Vol. 19), Deutsches Museum, Munich (2003)。

[20] 译注：“鲛鲨”号（USS Requin）潜艇，又译“食人鲨”号。

[21]　译注："乌鲁奇阿里雷斯"号（TCG Uluçalireis）潜艇得名于乌鲁奇·阿里·雷斯，他原为意大利人，后来成了奥斯曼帝国海军总司令（卡普丹帕夏）。"雷斯"为奥斯曼土耳其帝国军阶，类似于海军上校，附于人名后。

[22]　译注："勇猛"号海空天博物馆（Intrepid Sea, Air and Space Museum），又译"无畏"号海、空暨太空博物馆，是由退役航母"勇猛"号（USS Intrepid，又译"无畏"号）改造而来的漂浮式博物馆。

[23]　原注：引自 McCarthy, "The Submarine as a Class of Archaeological Site"。参见 http://www.abc.se/~pa/publ/submarin.htm。

[24]　译注：牛眼提灯（bull's-eye lantern），又译牛眼灯或巡夜灯，是 19 世纪警方巡逻时所持的灯。

[25]　译注：乔治·迪克森（George E. Dixon）的姓名首字母缩写。

[26]　译注："西顿"号潜艇共沉了 2 次。第一次沉没于 1955 年，原因是鱼雷爆炸；第二次则是特意沉入水下充当声呐探测目标，时间为 1957 年。

[27]　原注：引自 McCartney, *Lost Patrols: Submarine Wrecks of the English Channel*, p.81。

[28]　译注：国家水下与海洋组织（National Underwater Marine Agency，简称 NUMA）是一个美国私人非营利性组织。该组织原本只是作家克莱夫·卡斯勒笔下虚构的美国政府组织，后来由他本人实际成立了这个组织。该组织曾成功打捞过许多历史上知名的沉船。

[29]　译注：达尔文（Darwin）为澳大利亚北领地首府，二战期间曾为盟军重要的军事基地，遭受过日机轰炸。

[30]　原注：同注 [27]，p.10。

[31]　原注：查特顿、科勒以及"U-869"号潜艇的传奇故事，记载于 Robert Kurson 所著 *Shadow Divers* 一书。

参考文献

书籍

Abbot, Henry J., *The Beginning of Submarine Warfare under Captain Lieutenant David Bushnell*, Privately Printed,Willet's Point, New York (1881)

Alden, John D., *The Fleet Submarine in the U.S. Navy:A Design and Construction History*, Naval Institute Press, Annapolis, Maryland (1979)

Allaway, Jim, *Hero of the Upholder:The Story Of Lieutenant Commander M.D.Wanklyn VC, DSO,* Airlife, Shrewsbury (1991)

Amsler, Kurt, Ghisotti, Andrea, Rinaldi, Roberto and Trainito, *Egidio, Épaves en Méditerranée: Guide du Plongeur*, Librairie Gründ, Paris (1995)

Anonymous, *A Brief Account of Submarine Machines, and Specially of Ryerson's Patent for Improvements in Submarine Explorers,Also Certificates of the Practicability and Use of the Machine*, Edward O. Jenkins, New York (1860)

Anonymous, *The New-York Submarine Engineering Company,* George F. Nesbitt, New York (1862)

Barber, Lieut. F. M., *Lecture on Submarine Boats and their Application to Torpedo Operations*, US Torpedo Station, Newport, Rhode Island (1875)

Barnes, Lt Cdr J. S., *Submarine Warfare, Offensive and Defensive, Including a Discussion of the Offensive Torpedo System, Its Effects upon Iron-Clad Ship Systems, and Influence upon Future Naval Wars*, D.Van Nostrand, New York (1869)

Barnes, Robert Hatfield, *United States Submarines*, H. F. Morse Associates Inc, New Haven, Connecticut (1944)

Beach, Capt. Edward, *Salt and Steel: Reflections of a Submariner*, Naval Institute Press, Annapolis, Maryland (1999)

Beer, Frank, *Day's Diving Disaster on Plymouth Sound*, PDS Publishers, Plymouth (1983)

Bethge, Hans-Georg, *Der Brandtaucher. Ein Tauchboot – von der Idee zur Wirklichkeit,* Beilefeld, Delius, Klasing & Co, Berlin (1968)

Bishop, Farnham, *The Story of the Submarine*, Century & Co, New York (1929)

Blair, Clay, *Silent Victory:The U.S. Submarine War Against Japan*, J. B. Lippincott, Philadelphia (1975)

Bonami, Jean-Paul, *Docteur Payerne, 1806–1886, pionnier de l'aventure sous-marine*, Romillat, Paris (2000)

Bond, Larry, *Crash Dive:True Stories of Submarine Combat*, Forge, New York (2010)

Borelli, Io Alphonsi, Neapolitani Matheseos Professoris Opus Posthumum, *De Motu Animalium,* Petrum Gosse, Romae (1680)

Bourne, William, *Inuentions or Deuices.Very Necessary for all Generalles and Captains, or Leaders of men, as well as by Sea as by Land*, printed for Thomas Woodcock, London (1590)

Bowers, Paul, *The Garrett Enigma and the Early Submarine Pioneers*, Airlife, Shrewsbury (1999)

Boyd, Carl and Yoshida,Akihiko, *The Japanese Submarine Force and World War II*, US Naval Institute Press, Annapolis, Maryland (1995)

Boyle, Robert, *New Experiments Physico-mechanical, Touching the Spring of the Air, and its Effects, (Made for the most part, in a New Pneumatical Engine)*, H. Hall for Tho.: Robinson, London (1662)

Brassey,T. E. (ed.), *The Naval Annual, 1904*, J. Griffin & Co., Portsmouth (1904)

Broad, William J., *The Universe Below: Discovering the Secrets of the Deep Sea*, Simon and Schuster, New York (1997)

Burgoyne, Alan H., *Submarine Navigation: Past and Present*, E. P. Dutton & Company, New York (1903)

Burlingame, Burl, *Advance Force Pearl Harbor*, Pacific Monograph, Kailua, Hawaii (1992)

Cable, Frank T., *The Birth and Development of the American Submarine*, Harper & Brothers, New York (1924)

Carpenter, Dorr and Polmar, Norman, *Submarines of the Imperial Japanese Navy*, Naval Institute Press, Annapolis, Maryland (1986)

Carpentier, Alejo, *Music in Cuba,* trans West-Durán,Alan, (ed.) and with an introduction by Brennan,Timothy, University of Minnesota Press, Minneapolis (2001)

Cavendish, Margaret, Duchess of Newcastle, *The Description of a New World, Called the Blazing World*, printed by A. Maxwell, London (1668)

Christley, Jim, *US Submarines 1941–45*, Osprey Publishing, Oxford (2006)

Christley, Jim, *US Nuclear Submarines:The Fast Attack*, Osprey Publishing, Oxford (2007)

Compton-Hall, Richard, *Submarine Boats:The Beginnings of Underwater Warfare*, Conway Maritime Press, London (1983)

Compton-Hall, Richard, *The Submarine Pioneers*, Sutton Publishing, Stroud (1999)

Corbett, Sir Julian (ed.), *Official History of the War: Naval Operations*,Vol. II, Longmans, Green & Co. (1921)

Corbin, Thomas W., *The Romance of Submarine Engineering*, J. B. Lippincott, Philadelphia (1913)

Cortés, Eladio and Barrea-Marlys, Mirta, *Encyclopedia of Latin American Theater*, Greenwood Press,Westport, Connecticut (2003)

Cremer, Peter, *U-Boat Commander: A Periscope View of the Battle of the Atlantic*, Naval Institute Press,Annapolis, Maryland (1984)

Davis, Sir Robert H., *Deep Diving and Submarine Operations: A Manual for Deep Sea Divers and Compressed Air Workers*, 5th edition,The Saint Catherine Press Ltd, London (1951)

Davis, Vincent, *Postwar Defense Policy and the U.S. Navy, 1943–1946*, University of North Carolina Press, Chapel Hill (1966)

Delgado, James P., *Lost Warships: An Archaeological Tour of War at Sea*, British Museum Press, London (2001)

Delgado, James P., *Nuclear Dawn: From the Manhattan Project to Bikini Atoll*, Osprey Publishing, Oxford (2009)

Dickinson, H.W., *Robert Fulton, Engineer and Artist: His Life and Works*, John Lane, The Bodley Head, London (1913)

Domville-Fife, Charles W., *Submarines, Mines and Torpedoes in the War*, Hodder and Stoughton, London, New York, and Toronto (1914)

Dönitz, Admiral Karl, *The Conduct of the War at Sea*, Office of Naval Intelligence, 1946 (Washington, DC)

Dukert, Joseph M., *Nuclear Ships of the World*, Coward, McCann and Geogheagan, Inc, New York (1973)

Dunmore, Spencer, *Lost Subs*,The Madison Press Ltd,Toronto (2002)

Fayle, C. Ernest, *Seaborne Trade,Volume III: The Period of Unrestricted Submarine Warfare (History of the Great War, Based on Official Documents)*, John Murray, London (1924)

Field, Cyril, *The Story of the Submarine from the Earliest Ages to the Present Day, J. B. Lippincott, Philadelphia (1908)*

Fluckey, Eugene B., *Thunder Below!: The USS Barb Revolutionizes Submarine Warfare in World War II*, University of Illinois Press, Urbana (1992)

Fontenoy, Paul E., *Submarines: An Illustrated History of their Impact*, ABC-Clio, Santa Barbara, California (2007)

Friedman, Norman, *U.S. Submarines through 1945: An Illustrated Design History*, US Naval Institute Press, Annapolis, Maryland (1995)

Friedman, Norman, and Christley, *James L., U.S. Submarines Since 1945: An Illustrated Design History*, US Naval Institute Press,Annapolis, Maryland (1994)

Fulton, Robert, *Torpedo War, and Submarine Explosions*, printed byWilliam Elliot, New York (1810)

Fyfe, Herbert C., *Submarine Warfare Past and Present*, 2nd edition, Grant Richards, London (1907)

Gaget, M., *La Navigation Sous-Marine*, C. Beranger, Paris (1901)

Galantin, I. J., *Submarine Admiral: From Battlewagons to Ballistic Missiles*, University of Illinois Press, Urbana (1995)

Gallery, Daniel V., *U-505*, Warner Books, New York (1978)

Gannon, Michael, *Operation Drumbeat: The Dramatic True Story of German's First U-Boat Attacks Along the American Coast in World War II*, Harper & Row, New York (1990)

Gannon, Robert, *Hellions of the Deep: The Development of American Torpedoes in WW2,* Penn State Press, University Park, Pennsylvania (1996)

Garrett, Richard, *Submarines*, Little, Brown and Co, Boston (1977)

George, James L., *History of Warships: From Ancient Times to the Twenty-First Century*, US Naval Institute Press, Annapolis, Maryland (1998)

Gillcrist, Dan, *Power Shift: The Transition to Nuclear Power in the U.S. Submarine Force as Told by Those Who Did It*, iUniverse, Lincoln, Nebraska (2006)

Gimpel, Herbert J., *The United States Nuclear Navy*, Franklin Watts Inc, New York (1965)

González, Agustin Ramon Rodríguez, *Isaac Peral: Historia de una Frustración*, Compobell, Murcia (1993)

Gray, Edwyn, *The Devil's Device: Robert Whitehead and the History of the Torpedo*, US Naval Institute Press, Annapolis, Maryland (1991)

Gruse-Harris, Patricia A., *The Great Lakes' First Submarine: L. D. Phillips'* "Fool Killer," Michigan City Historical Society Inc, Michigan City, Indiana (1982)

Harris, Brayton, *The Navy Times Book of Submarines: A Political, Social, and Military History*, Berkeley Books, New York (1997)

Hay, Marley Fotheringham, *Secrets of the Submarine*, Dodd, Mead and Company, New York (1917)

Hewlett, Richard G. and Duncan, Francis, *Nuclear Navy, 1946–1962*, University of Chicago Press, Chicago (1974)

Hezlet, Sir Arthur R., *The Submarine and Sea Power*, Peter Davis, London (1967)

Hickam, Homer H., Jr, *Torpedo Junction: U-BoatWar Off America's East Coast, 1942*, US Naval

Institute Press, Annapolis, Maryland (1989)

Hicks, Brian and Kropf, Schuyler, *Raising the Hunley: The Remarkable History and Recovery of the Lost Confederate Submarine*, Ballantine Books, New York (2002)

Holdcamper, Forrest R., *The List of American-Flag Merchant Vessels that Received Certificates of Enrolment or Registry at the Port of New York, 1789–1867*, Special Lists Number 22, National Archives and Records Administration,Washington, DC (1968)

Holwitt, Joel Ira, *"Execute Against Japan:"The U.S. Decision to Conduct Unrestricted Submarine Warfare*,Texas A & M University Press, College Station (2009)

Horne, Charles F. (ed.), *Source Records of the Great War*, Vol. II, National Alumni, New York (1923)

Hovgaard, G.W., *Submarine Boats*, E. & F. N. Spon, London (1887)

Hutcheon, Wallace S., *Robert Fulton*, US Naval Institute Press, Annapolis, Maryland (1981)

Hutchinson, Robert, *Jane's Submarines:War Beneath the Waves from 1776 to the Present Day*, HarperCollins, London (2003)

Ireland, Bernard, *War at Sea, 1914–45*, Cassell, London (2002)

Kaharl, Victoria A., *Water Baby: The Story of Alvin*, Oxford University Press, New York and Oxford (1990)

Keatts, Henry C. and Farr, George C., *Dive into History: U-Boats*, Pisces Books, Houston, Texas (1994)

Kemp, Paul, *The T-Class Submarine: The Classic British Design*, US Naval Institute Press, Annapolis, Maryland (1990)

Kemp, Paul, *Underwater Warriors*, Naval Institute Press, Annapolis, Maryland (1996)

Kemp, Paul, *Midget Submarines of the Second World War*, Chatham Publishing, London (1999)

Köhl, Chris and Rössler, Eberhard, *Anatomy of the Ship: The Type XXI Y-Boat*, Conway Maritime Press, London (1991)

Kolay, Selcuk, *Türkiye'nin Karadeniz Kiyisindaki Ikinci Dünya Sava i Alman Denizaltilari* (WWII U-Boats Off The Turkish Black Sea Coast),Türkiye Sualti Arkeolojisi Vakfi (Turkish Institute of Nautical Archaeology), Istanbul (2008)

Konstam, Angus, *Confederate Submarines and Torpedo Vessels, 1861–65*, Osprey Publishing, Oxford (2004)

Lake, Simon, *The Submarine in War and Peace: Its Developments and Its Possibilities*, J. B. Lippincott, Philadelphia and London (1918)

Lightfoot, Bill, *Beneath the Surface: Submarines Built in Seattle and Vancouver 1909–1918*,

Cordillera Books,Vancouver, B. C. (2005)

Limburg, Peter R. and Sweeney, James B., *Vessels for Underwater Exploration: A Pictorial History*, Crown Publishers, New York (1973)

Lipscomb, Commander F.W., *The British Submarine*, A. and C. Black, London (1954)

Lockwood, Charles A., *Sink 'Em All: Submarine Warfare in the Pacific*, Dutton, New York (1951)

McCartney, Innes, *Lost Patrols: Submarine Wrecks of the English Channel*, Periscope Publishing, Ltd, Penzance, Cornwall (2003)

McCartney, Innes, *British Submarines 1939–45*, Osprey Publishing, Oxford (2006)

McCartney, Innes, *British Submarines of World War I*, Osprey Publishing, Oxford (2008)

McLaren, Alfred S., *Unknown Waters: A First-hand Account of the Historic Under-ice Survey of the Siberian Continental Shelf by USS Queenfish (SSN-651)*, University of Alabama Press, Tusacaloosa (2008)

McCue, Gary W., *John Philip Holland (1841–1914) and His Submarines*, The Holland Committee, East Lyme, Connecticut (2000)

MacCurdy, Edward, *The Notebooks of Leonardo da Vinci*, The Reprint Society, London (1954)

Manstan, Roy and Frese, Frederic J., *Turtle: David Bushnell's Revolutionary Vessel*, Westholme, Yardley, Pennsylvania (2010)

Miller, David, *U-Boats: History, Development and Equipment, 1914–1945*, Conway Maritime Press, London (2000)

De Montgéry, Jacques-Phillipe Mérigon, *Notice sur la navigation et sous-marines*, no publisher given, Paris (1824)

De Montgéry, Jacques-Phillipe Mérigon, *Notice sur la vie et les travaux de Robert Fulton*, Bachelier, Paris (1825)

Moore, Robert, *A Time to Die: The Untold Story of the Kursk Tragedy*, Three Rivers Press, New York (2003)

Moore, Stephen L., *Presumed Lost: The Incredible Ordeal of America's Submarine POWs During the Pacific War*, US Naval Institute Press, Annapolis, Maryland (2009)

Morris, Richard K., *John P. Holland, 1841–1914: Inventor of the Modern Submarine*, US Naval Institute Press, Annapolis, Maryland (1966)

Murphy, L. E. (ed.), *H. L. Hunley Site Assessment*, National Park Service, Submerged Resources Center, Santa Fe, New Mexico (1998)

Murphy, William, *Father of the Submarine: The Life of the Reverend George Garrett Pasha*, William

Kimblex, London (1987)

Office of Naval Intelligence, *Information from Abroad, General Information Series, No.VII, Naval Reserves,Training and Matériel, June 1888*, Navy Department, Bureau of Navigation, Office of Naval Intelligence,Washington, DC (1888)

O'Kane, Richard H., *Clear the Bridge!: The War Patrols of the USS Tang*, Rand McNally, Chicago (1977)

O'Kane, Richard H., *Wahoo: The Patrols of America's Most Famous World War II Submarine*, Presidio Press, Novato, California (1987)

Orita, Zenji and Harrington, Joseph D., *I-Boat Captain*, Major Books, Canoga Park, California (1976)

The Pacific Pearl Company, *Incorporated Under the Laws of the State of New York*, E. S. Dodge & Co, New York (1865)

Papin, Denis, *Recueil de diverses, Pieces touchant quelques nouvelles machines et autres subjets Philosophiques dont on voit la liste dans les pages suivantes*, Marchand, Cassell (1695)

Parrish, Thomas, *The Submarine: A History*, Viking Penguin, New York (2004)

Parsons, William Barclay, *Robert Fulton and the Submarine*, Columbia University Press, New York (1922)

Paton,W. R. (trans), *The Greek Anthology,Vol. III, Book 9: The Declamatory Epigrams (The Loeb Classical Library)*, Harvard University Press, Cambridge, Massachusetts (1917, revised edition 1999)

Perry, Milton F., *Infernal Machines:The Story of Confederate Submarine and Mine Warfare*, LSU Press, Baton Rouge (1985)

Pesce, G. L., *Le Navigation Sous-Marine, Librairie de Sciences Générales*, Paris (1897)

Piccard, Jacques, *The Sun Beneath the Sea: A Thirty-day Drift of 1500 Miles in the Depths of the Gulf Stream*, Charles Scribner's Sons, New York (1971)

Polmar, Norman, *The American Submarine*, The Nautical & Aviation Publishing Company of America, Annapolis, Maryland (1981)

Polmar, Norman and Allan,Thomas B., *Rickover*, Simon and Schuster, New York (1982)

Polmar, Norman and Noot, Jurrien S., *Submarines of the Russian and Soviet Navies, 1718–1990*, US Naval Institute Press, Annapolis, Maryland (1991)

Polmar, Norman and Moore, K. J., *Cold War Submarines:The Design and Construction of U.S. and Soviet Submarines, 1945–2001*, Brassey's, Washington, DC (2004)

Poluhowich, John J., *Argonaut:The Submarine Legacy of Simon Lake*,Texas A & M University Press,

College Station (1999)

Ragan, Mark K., *Submarine Warfare in the Civil War*, Da Capo Press, New York (2002)

Ragan, Mark K., *The Hunley,* Sandlapper Publishing Company, Orangeburg, South Carolina (2005)

Reed, W. Craig, *Red November: Inside the Secret U.S.-Soviet Submarine War*, HarperCollins, New York (2010)

Reigart, J. Franklin, *The Life of Robert Fulton*, C. G. Henderson & Co, Philadelphia (1856)

Ripley, George and Dana, Charles Anderson (eds.), *The New American Cyclopaedia, A Popular Dictionary of General Knowledge*, D. Appleton & Company, New York (1858)

Rockwell, Theodore, *The Rickover Effect: How One Man Made a Difference*, iUniverse, Lincoln, Nebraska (2002)

Roland, Alex, *Underwater Warfare in the Age of Sail*, Indiana University Press, Bloomington (1976)

Ropp, Theodore, *The Development of a Modern Navy: French Naval Policy, 1871–1904*, US Naval Institute Press, Annapolis, Maryland (1987)

Rössler, Eberhard, *The U-Boat: The Evolution and Technical History of German Submarines*, US Naval Institute Press, Annapolis, Maryland (1989)

Sciboz, Bertrand, *Épaves des Côtes de France*, Éditions Ouest-France, Rennes (2000)

Searle,Willard F., Jr and Curtis,Thomas Gray, Jr, *Undersea Valor In the Early Years of U.S. Submarine Salvage*, self-published, location unknown (2009)

Showell, J. P. Mallman, *Fuehrer Conferences on Naval Affairs 1939–1945*, Greenhill, London (1990).

Shurcliff, William A., *Operation Crossroads:The Official Pictorial Record*, Wm. H.Wise & Co Inc, New York (1946)

Shurcliff, William A., *Bombs at Bikini:The Official Report of Operation Crossroads*, Wm. H.Wise & Co Inc, New York (1947)

Sleeman, Charles, *Torpedoes and Torpedo Warfare: Containing A Complete Account of the Progress of Submarine Warfare*, Griffin & Co, Portsmouth (1889)

Sontag, Sherry, Drew, Christopher, and Drew, Annette Lawrence, *Blind Man's Bluff: The Untold Story of American Submarine Espionage*, Public Affairs, New York (1998)

Stewart, Matthew, *Monturiol's Dream: The Extraordinary Story of the Submarine Inventor Who Wanted to Save the World*, Pantheon Books, New York (2003)

Stille, Mark, *Imperial Japanese Navy Submarines, 1941–45*, Osprey Publishing, Oxford (2007)

Stillwell, Paul (ed.), *Submarine Stories: Recollections from the Diesel Boats*, US Naval Institute

Press, Annapolis, Maryland 2007

Sueter, Cdr Murray, *The Evolution of the Submarine Boat, Mine and Torpedo*, Griffin, Portsmouth (1907)

Tarrant, V. E., *The U-Boat Offensive, 1914–1945*, US Naval Institute Press, Annapolis, Maryland (1989)

Thies, Hans Arthur, *Der Eiserne Sechund:Wilhelm Bauer, der Erfinder des U-boots*, Knorr & Hirth, Munich (1941)

Tierie, Gerrit, *Cornelis Drebbel, 1572–1633*, H. J. Paris,Amsterdam (1932)

Wagner, Frederick, *Submarine Fighter of the American Revolution:The Story of David Bushnell*, Dodd & Mead, New York (1963)

Warren, C. E. T. and Benson, James, *Above Us The Waves:The Story of Midget Submarines and Human Torpedoes*, George G. Harrap & Co, Ltd, London (1953)

Weir, Gary E., *Building American Submarines, 1914–1940. Contributions to Naval History, No. 3*, Naval Historical Center,Washington, DC (1991)

Weir, Gary E. and Boyne,Walter J., *Rising Tide: The Untold Story of the Russian Submarines That Fought the Cold War*, Basic Books, New York (2003)

Werner, Herbert A., *Iron Coffins: A Personal Account of the German U-Boat Battles of World War II*, Cassell Military, London (1999)

Westwood, David, *The Anatomy of the Ship: The Type VII U-Boat*, Conway Maritime Press, London (1984)

Williamson, Gordon, *U-boats of the Kaiser's Navy*, Osprey Publishing, Oxford (2002)

Williamson, Gordon, *Kriegsmarine U-boats 1939–45 (1)*, Osprey Publishing, Oxford (2002)

Williamson, Gordon, *Kriegsmarine U-boats 1939–45 (2)*, Osprey Publishing, Oxford (2002)

Williamson, Gordon, *U-Boat Bases and Bunkers 1941–45*, Osprey Publishing, Oxford (2003)

Williamson, Gordon, *Wolf Pack: The Story of the U-Boat in World War II*, Osprey Publishing, Oxford (2005)

Wilson, Woodrow, *War Message*, 65th Congress, 1st Session Senate, Doc. No. 5, Serial No. 7264, United States Government Printing Office,Washington, DC (1917).

文章

Bacharach,Arthur J.,"The History of the Diving Bell," *Historical Diving Times*, Issue 12 (Spring 1998), p.18

Baird, G.W.,"Submarine Torpedo Boats," *Journal of the American Society of Naval Engineers*, Vol.

14, No. 2 (1902), pp.845–55

Bonnette, Ray,"Technology and Practice in a Historical Context: Building the Civil War Submarine Pioneer," *Journal of Industrial Technology*,Vol. 21, No. 1 (January 2005 through March 2005), retrieved April 28, 2010 from: http://atmae.org/jit/Articles/bonnette010605.pdf

Brown, David K., "X.1 Cruiser Submarine," in Roberts, John (ed.), *Warship*, Vol. VI, Conway Maritime Press, London (1982), pp.232–33

Delgado, James P., "Archaeological Reconnaissance of the 1865 American-built *Sub Marine Explorer* at Isla San Telmo,Archipielago de las Perlas, Panama," *International Journal of Nautical Archaeology*,Vol. XXXV, No. 2 (May 2006), pp.230–52

DeVine, Doug, "Mapping the CSS Hunley," *Professional Surveyor Magazine*,Vol. 22, No. 3 (2002), pp.6–16

Dickens, Charles, "Wholesale Diving," *Household Words*, No. 133 (October 9, 1852), pp.77–81

Dickens, Charles, "Mechanics by Instinct," *Household Words*, No. 141 (December 4, 1852), pp.278–81

Frost, Frank J., "Scyllias: Diving in Antiquity," *Greece & Rome*, Second Series,Vol. 15, No. 2 (October 1968), pp.180–85

Furber, Holden, "Fulton and Napoleon in 1800: New Light on the Submarine Nautilus," *The American Historical Review*,Vol. 39, No. 3 (April 1934), pp.489–94

Halpern, Paul G. (ed.), "Dudley Pound in the Grand Fleet, 1914–1915," Duffy, Michael (ed.), *The Naval Miscellany*, Volume VI [Navy Records Society Vol. 146], Ashgate Publishing, Farnham, Surrey (2003)

Holland, John P., "The Submarine Boat and its Future," *The North American Review*, Vol. 171, No. DXXIX (December 1900), pp.894–903

Itani, Jiro, Lengerer, Hans, and Rehm-Takahara,Tomoko, "Japanese Midget Submarines: Khyteki Types A to C," in Robert Gardiner (ed.), *Warship 1993*, Conway Maritime Press, London (1993) pp.113–29

Johnston, Henry P., "Sergeant Lee's Experience with Bushnell's Submarine Torpedo in 1776," *The National Magazine: A Monthly Journal of American History*, Vol. 17, No. 6 (April 1893), pp. 541–44

Jones, Mark C.,"Give Credit Where Credit is Due: The Dutch Role in the Development and Deployment of the Submarine Schnorkel," *The Journal of Military History*, Vol. 69, No. 4 (October 2005), pp.987–1012

Kimball, William W.,"Submarine Torpedo Boats," *Harper's New Monthly Magazine,* Vol. CI, No. DCIV (September 1900), pp.557–69

"Montgéry, Jacques-Philippe Mérigon De," *Complete Dictionary of Scientific Biography (2008)*, retrieved April 10, 2010 from: http://www.encyclopedia.com/doc/1G2-2830903033.html

Oeland, Glenn, "A Revolutionary Craft," *National Geographic*,Vol. 203, No. 10 (November 2003)

Ragan, Mark K. "A Union Whale Surfaces in New Jersey," *America's Civil War*,Vol. 21, No. 2 (May 2008), pp.34–38

Sears, Henry B., "On Appliances for Facilitating Submarine Engineering and Exploration," *Journal of the Society of Arts*, Vol.V, No. 224 (March 6, 1857), pp.243–49

Sutcliffe, Alice Clary, "Robert Fulton in France," *The Century Illustrated Monthly Magazine*, Vol. 76 (October 1908), pp.931–45

"The Nordenfelt Submarine Boat," *English Mechanic and World of Science*,Vol. 45, No. 1,158 (June 3, 1887), p.312.

Vesilind, Priit J., "The Last Dive," *National Geographic,*Vol. 196, No. 4 (October 1999), pp.114–35

Webb, Herbert Laws, "The Peral Submarine Torpedo Boat," *The Electrical World*, Vol. XIV, No. 16 (October 19, 1889), pp.261–62

文稿

Hitchcock, Peter W., "Intelligent Whale: A Historical and Archaeological Analysis of an American Civil War Submersible," thesis,Texas A & M University (2002)

Stoudinger-Alofsen-Fulton Drawings, Manuscript Group 1508, New Jersey Historical Society, Newark, New Jersey

Wills, Richard K., "The Louisiana State Museum Vessel: A Historical and Archaeological Analysis of an American Civil War-Era Submersible Boat," thesis, Texas A & M University (2000)

互联网资源

AE-2 Submarine Wreck Project Website: http://www.ae2.org.au/home_page.html

Alligator (de Villeroi submarine):

http://sanctuaries.noaa.gov/alligator/

http://www.navyandmarine.org/alligator/index.htm

Alvin: http://www.whoi.edu/page.do?pid=8422

L'Argonaute: http://www.cite-sciences.fr/fr/cite-des-sciences/contenu/c/1248106392917/ l-argonaute/

Australian War Memorial, Canberra: Japanese Midget submarines from the Sydney attack: http://www.awm.gov.au/encyclopedia/midgetsub/

B-39 Foxtrot Soviet submarine at the San Diego Maritime Museum: http://www.sdmaritime.org/b-39-submarine/

Battle of the Atlantic archaeological expedition: http://sanctuaries.noaa.gov/missions/battleoftheatlantic/

Ben Franklin submersible: http://seawifs.gsfc.nasa.gov/FRANKLIN/HTML/ben_franklin.html

Ben Franklin submersible:Vancouver Maritime Museum:
http://www.vancouvermaritimemuseum.com/modules/vmmuseum/treasures/ ?artifactid=92
http://www.vancouvermaritimemuseum.com/page167.htm

Building the replica of Bushnell's *Turtle:* http://www.handshouse.org/turtle.html

La Cité de la Mer: submarine Redoutable: http://www.citedelamer.com/default.asp

Deutsches Marinmuseum,Wilhelmshaven: http://www.marinemuseum.de/

Dutch submarines:The submarines of the Royal Netherlands Navy: http://www.dutchsubmarines.com/

Espadon, Narval class submarine: http://www.netmarine.net/bat/smarins/espadon/index.htm

Estonian Maritime Museum: submarine Lembit: http://www.meremuuseum.ee/?op=body&id=45

Fenian Ram: http://www.williammaloney.com/Aviation/FenianRam/index.html

Friends of the H. L. Hunley: http://www.hunley.org/

Hajen submarine at the Marinmuseum, Karlskrona, Sweden: http://www.marinmuseum.se/en/Visit/Museum-ships/Submarine-Hajen/

Historic Naval Ships Association: submarine war patrol reports: http://www.hnsa.org/doc/subreports.htm

HMAS *Onslow*, Oberon class submarine at the Australian National Maritime Museum: http://www.anmm.gov.au/site/page.cfm?u=1370

HMAS *Ovens*, Oberon class submarine at the Western Australian Maritime Museum http://www.museum.wa.gov.au/maritime/submarine.asp

HMS *Ocelot*, Oberon class submarine at Chatham Historic Dockyard: http://www.thedockyard.co.uk/Three_Historic_Warships/HMS_Ocelot/ hms_ocelot.html

Intelligent Whale: http://www.williammaloney.com/Aviation/IntelligentWhaleMilitiaMuseumOfNJ/IntelligentWhaleSubmarine/index.htm

Intelligent Whale: National Guard Militia Museum of New Jersey: http://www.nj.gov/military/museum/index.html

Kaigun: submarines of the Imperial Japanese Navy: http://www.combinedfleet.com/ss.htm

Louisiana State Museum Civil War-era submarine: http://lsm.crt.state.la.us/submarine/submarine.htm

Malmö Sjöfartsmuseum, Malmö, Sweden: submarine U3: http://www.malmo.se/Medborgare/Kultur–noje/Museer–utstallningar/Malmo-Museer/Sprak/In-English/Submarine-U3.html

Margaret Cavendish's Blazing World online: http://digital.library.upenn.edu/women/newcastle/blazing/blazing.html

Michael McCarthy, "The Submarine as a Class of Archaeological Site": http://www.abc.se/~pa/publ/submarin.htm

Museo Naval de Cartagena: Peral submarine: http://www.telecable.es/personales/submarinos/cartago/museo/cartagena03.htm

Museo Virtual de Isaac Peral: http://www.cartagenaantigua.es/Submarino/Museo_Peral/Museo_Peral.html

Museum of Science and Industry: U-505: http://www.msichicago.org/whats-here/exhibits/u-505/

Naval Undersea Museum, Keyport,Washington: http://www.navalunderseamuseum.org/

Peacetime submarine accidents: http://www.lostsubs.com/

Resurgam Wreck Site: http://www.3hconsulting.com/SitesResurgam.htm

Royal Navy Submarine Museum: http://www.rnsubmus.co.uk/

Royal Navy Submarine Service, Operations, and Support: http://www.royalnavy.mod.uk/operations-and-support/submarine-service/

Russian (USSR) submarines: http://www.armscontrol.ru/atmtc/arms_systems/Navy/Submarine/Submarines_table_base.htm

Shinkai 6500: http://www.jamstec.go.jp/jamstec/6k.html

Ships of the US Navy, 1940–45: SS – Submarines: http://www.ibiblio.org/hyperwar/USN/ships/ships-ss.html

Simon Lake: http://www.simonlake.com/

Simon Lake's *Explorer* submarine: http://www.hmdb.org/marker.asp?marker=27896

Sub Marine Explorer: http://inadiscover.com/projects/all/central_america_caribbean/ sub_marine_explorer/introduction/

Submarine Force Museum: Home of historic ship Nautilus: http://www.ussnautilus.org/

Submarines in the Cold War: http://americanhistory.si.edu/subs/

Submarine history: An illustrated survey of key events in the history of submarines: http://www.submarine-history.com/

Submarine movies, A to Z: http://submarinemovies.com/

The Fleet type submarine online: http://www.maritime.org/fleetsub/index.htm

U-Boat wars 1939–45 and 1914–18 and Allied warships of World War II: http://www.uboat.net/

U-1 at the Deutsches Museum, Munich: http://www.deutsches-museum.de/en/collections/transport/maritime-exhibition/u1/

Uluçalireis submarine at the Rahmi M. Koç Museum, Istanbul: http://www.rmk-museum.org.tr/english/exhibit/marine.html#11

United States submarine veterans of World War II: http://wwii.submarinesailor.com/Index.html

US Navy submarines: http://www.navy.mil/navydata/ships/subs/subs.asp

USS *Albacore*: http://ussalbacore.org/

USS *Batfish*: http://www.ussbatfish.com/

USS *Becuna*: http://www.phillyseaport.org/ships_becuna.shtml

USS *Blueback*: http://www.omsi.edu/submarine/

USS Bowfin Submarine Museum and Park: http://www.bowfin.org/

USS *Cavalla*: http://www.cavalla.org/

USS *Clamagore*: http://www.patriotspoint.org/exhibits/fleet/clamagore.html

USS *Cobia*: http://www.wisconsinmaritime.org/

USS *Cod*: http://www.usscod.org/

USS *Croaker*: http://www.ussvibuffalo.org/uss_croaker.html

USS *Dolphin*: http://www.sdmaritime.org/uss-dolphin-submarine/

USS *Drum*: http://www.drum228.org/

USS *Growler*: http://www.wa3key.com/growler.html

USS *Ling*: http://www.njnm.com/subtour/index.html

USS *Lionfish*: http://www.battleshipcove.org/ss298-history.htm

USS *Marlin*: http://www.cavalla.org/marlin1.html

USS *Pampanito*: http://www.maritime.org/pamphome.htm

USS *Requin*: http://www.carnegiesciencecenter.org/default.aspx?pageId=38

USS *Silversides*: http://glnmmorg000.web151.discountasp.net/apps/dnn/mydnn/

USS *Torsk*: http://www.usstorsk.org/

Verne, Jules Gabriel, *Twenty Thousand Leagues Under the Sea*. Original edition 1870, online edition Forgotten Books (2008): http://www.forgottenbooks.org

Vesikko: http://www.vesikko.fi/

Wilhelm Bauer: U-2540: http://www.zeitraum.com/_submarine/tour.htm

英汉词汇对照表

人名	
Abraham Kuffler	亚伯拉罕・库夫勒
Admiral Sir Sidney Smith	海军上将西德尼・史密斯爵士
Ahmed Tasnim	艾哈迈德・塔斯尼姆
Alex Roland	亚历克斯・罗兰
Alexander Marinesko	亚历山大・马里涅斯科
Alfred Joyce Kilmer	艾尔弗雷德・乔伊斯・基尔默
Alfred Thayer Mahan	阿尔弗雷德・塞耶・马汉
Andrew Campbell	安德鲁・坎贝尔
Andrew Cunningham	安德鲁・坎宁安
Anne Amerson	安妮・阿默森
Antoine-Prosper Payerne	安托万－普罗斯珀・佩耶纳博士
Anton Lipkens	安东・利普肯斯
Apollonides	阿波罗尼德斯
Ariel	爱丽儿
Ariel Patterson	阿里尔・帕特森
Arrian	阿里安
Arthur Constantin Krebs	阿蒂尔・康斯坦丁・克雷布
Ashurnasirpal II	阿舒尔纳西尔帕二世
August Getz	奥古斯特・盖茨
Auguste Piccard	奥古斯特・皮卡尔
Augustus Rice	奥古斯塔斯・赖斯
Ava Gardner	艾娃・加德纳
Baxter Watson	巴克斯特・沃森
Benjamin Gale	本杰明・盖尔
Benjamin Maillefert	本杰明・梅耶费尔
Bowers	鲍尔斯
Brutus de Villeroi	布吕蒂斯・德・维勒鲁瓦
Burt Lancaster	伯特・兰卡斯特
C. Seymour Allen	西摩・艾伦
Cain	该隐
Captain Johnston	约翰斯顿上校
CAPTN BOURGOIS	布尔古瓦上校
Carl Douglas	卡尔・道格拉斯
Carl Richsson	卡尔・里克松
Cervo	塞尔沃
Cesare Laurenti	切萨雷・劳伦蒂
Charles Brun	夏尔・布兰
Charles Cooke, Jr	小查尔斯・库克
Charles Hasker	查尔斯・哈斯克
Charles Joseph Bonaparte	查尔斯・约瑟夫・波拿巴
Charles Lockwood	查尔斯・洛克伍德
Charles Momsen	查尔斯・莫姆森
Chester Nimitz	切斯特・尼米兹
Chris Wreford-Brown	克里斯・里福德－布朗
Christiaan Huygens	克里斯蒂安・惠更斯
Clark Gable	克拉克・盖博
Claude Goubet	克洛德・古贝
Clive Cussler	克莱夫・卡斯勒
Coessin	科埃桑
Conrad Wise Chapman	康拉德・怀斯・查普曼
Constanyn Huygens	康斯坦丁・惠更斯

Cornelis Drebbel	科内利斯·德雷贝尔
Cornelius Bushnell	科尼利厄斯·布什内尔
Daniel V. Gallery	丹尼尔·加勒里
David Bushnell	戴维·布什内尔
David Pollack	戴维·波拉克
Denis Decrés	德尼·德克雷
Denis Papin	德尼·帕潘
Dio Cassius	狄奥·卡西乌斯
Dmitri Kolesnikov	德米特里·科列斯尼科夫
Don Walsh	唐·沃尔什
Dudley Morton	达德利·莫顿
Dudley Pound	达德利·庞德
Dwight D. Eisenhower	德怀特·艾森豪威尔
E. J. Hill	埃比尼泽·希尔
Edgar C. Singer	埃德加·辛格
Edgar W. Foreman	埃德加·福尔曼
Edmund Halley	埃德蒙·哈雷
Edmund Zalinski	埃德蒙·扎林斯基
Edward A. Inglefield	爱德华·英格尔菲尔德
Edward Ellsberg	爱德华·埃尔斯伯格
Edward L. Beach	爱德华·比奇
Erich Raeder	埃里希·雷德尔
Ezra Lee	埃兹拉·李
F. J. Higgenson	F. J. 希根森
F. M. Barber	F. M. 巴伯
Federico Blume Othon	费德里科·布卢默·奥顿
Ferdinand Magellan	斐迪南·麦哲伦
Forfait	福尔费
Francis Goodhart	弗朗西斯·古德哈特
Frank Cable	弗兰克·凯布尔
Franz Ferdinand	弗朗茨·斐迪南
Fred Spears	弗雷德·斯皮尔斯
Frederick Michaels	弗雷德里克·迈克尔斯
Friedrich Krupp	弗雷德里希·克虏伯
Fritz-Julius Lemp	弗里茨－尤利乌斯·伦普

Gary McCue	加里·麦丘
George Botts	乔治·博茨
George C. Baker	乔治·贝克
George Dewey	乔治·杜威
George E. Dixon	乔治·迪克森
George Garrett	乔治·加勒特
George W. Baird	乔治·贝尔德
Gideon Welles	吉迪恩·韦尔斯
Giovanni Luppis	乔瓦尼·卢皮什
Giovanni-Batista Borelli	乔瓦尼－巴蒂斯塔·博雷利
Godfrey Place	戈弗雷·普莱斯
Gordon Williamson	戈登·威廉森
Graham Hawkes	格雷厄姆·霍克斯
Grand Duke Constantine	康斯坦丁大公
Gregory Peck	格利高里·派克
Günther Prien	君特·普里恩
Gustave Zédé	古斯塔夫·齐德
H. J. May	H. J. 梅
Harrison Ford	哈里森·福特
Harry H. Caldwell	哈里·考德威尔
Hellmuth Walter	赫尔穆特·瓦尔特
Henry B. Sears	亨利·西尔斯
Henry Dingee	亨利·丁吉
Henry Guttmann	亨利·格特曼
Henry Hoff	亨利·霍夫
Horace L. Hunley	霍勒斯·汉利
Hyman G. Rickover	海曼·里科弗
I. J. Galantin	伊格内修斯·加兰廷
Ian Fraser	伊恩·弗雷泽
Ian Palmer	伊恩·帕尔默
Ide Kenji	井出谦治
Innes McCartney	英尼斯·麦卡特尼
Isaac Peral	伊萨克·佩拉尔
Isaac Rice	艾萨克·赖斯

Ivan Federovich Aleksandrovskiy	伊万·费德洛维奇·亚历山德罗夫斯基
J. J. Wichers	J. J. 维歇斯
J. K. Crosby	J. K. 克罗斯比
Jacques Cousteau	雅克·库斯托
Jacques Piccard	雅克·皮卡尔
Jacques-Phillipe Mérigon de Montgéry	雅克－菲利普·梅里贡·德·蒙热里
James Ash	詹姆斯·阿什
James Franklin Waddington	詹姆斯·富兰克林·沃丁顿
James H. McDonald	詹姆斯·麦克唐纳
James Launders	詹姆斯·朗德斯
James Magennis	詹姆斯·莫根尼斯
James Nasmyth	詹姆斯·内史密斯
James P. Delgado	詹姆斯·德尔加多
James R. McClintock	詹姆斯·麦克林托克
Jean-Baptiste Petit	让－巴普蒂斯特·珀蒂
Jesse Gay	杰西·盖伊
Jim Christley	吉姆·克里斯特利
Joel Barlow	乔尔·巴洛
Johannes Spiess	约翰内斯·施皮斯
John A. Payne	约翰·佩恩
John C. Niedermayer	约翰·尼德迈耶
John Chatterton	约翰·查特顿
John D. Long	约翰·朗
John Day	约翰·戴
John Ericsson	约翰·埃里克松
John Mihalowski	约翰·米哈洛夫斯基
John P. Holland	约翰·霍兰
John Poluhowich	约翰·波卢霍维奇
John Rodger	约翰·罗杰
John Scott Russell	约翰·斯科特·拉塞尔
John Smeaton	约翰·斯密顿
John Tanner	约翰·坦纳
John W. McKay	约翰·麦凯
Josef Stalin	约瑟夫·斯大林

Joseph Enright	约瑟夫·恩赖特
Josiah Hamilton Langdon Tuck	乔赛亚·汉密尔顿·兰登·塔克
Julius Kroehl	朱利叶斯·克勒尔
Jürgen Raible	于尔根·赖布勒
Justo S. Lopez de Gomara	胡斯托·洛佩斯·德·戈马拉
Kaiser Wilhelm II	德皇威廉二世
Karl Dönitz	卡尔·邓尼茨
Kazuo Sakamaki	酒卷和男
Keith Hurley	基思·赫尔利
Kishimoto Kaneji	岸本鹿子治
Lambert Alexandre	兰伯特·亚历山大
Landgrave Charles of Hesse-Cassel	黑森－卡塞尔伯爵查尔斯
Lawrence Spear	劳伦斯·斯皮尔
Lew Nuchols	卢·努乔斯
Liam Neeson	连姆·尼森
Lodner D. Phillips	洛德纳·菲利普斯
Lothar von Arnauld de la Periere	洛塔尔·冯·阿尔诺·德·拉·佩里埃
Lothar-Günther Buchheim	洛塔尔－金特·布赫海姆
Louis Phillippe	路易·菲利普
M. F. Hay	马利·海
Malcolm David Wanklyn	马尔科姆·戴维·旺克林
Mamie Eisenhower	玛米·艾森豪威尔
Margaret Cavendish	玛格丽特·卡文迪什
Maria Jacobsen	玛利亚·雅各布森
Marisol Escobar	玛丽索尔·埃斯科瓦尔
Mark Ragan	马克·拉根
Mary Wilson	玛丽·威尔逊
Matthew Stewart	马修·斯图尔特
Max Horton	马克斯·霍顿
Maxime Laubeuf	马克西姆·洛伯夫
Michael McCarthy	迈克尔·麦卡锡
Mike Fletcher	麦克·弗莱彻

Mr Christopher Blake	克里斯托弗·布莱克先生
Narcís Monturiol i Estarriol	纳西索·蒙图里奥尔·埃斯塔里奥
Narciso Monturiol	纳西斯·蒙图里奥尔
Nathaniel Symons	纳撒尼尔·西蒙斯
Nikita Khrushchev	尼基塔·赫鲁晓夫
Nikolai Vladimirovich Zateyev	尼古拉·弗拉基米罗维奇·扎特耶夫
Noel Laurence	诺埃尔·劳伦斯
Norman Friedman	诺曼·弗里德曼
Norman Holbrook	诺曼·霍尔布鲁克
Ogari K zabur（Kozaburo Oguri）	小栗孝三郎
Olichka	奥莉奇卡
Oliver S. Halstead	奥利弗·霍尔斯特德
Olke Uhlenbeck	奥尔克·乌伦贝克
Orson L. Crandall	奥森·克兰德尔
Otis Barton	奥蒂斯·巴顿
Otto Weddigen	奥托·韦迪根
P. Koster	保罗·科斯特
Paul Tidwell	保罗·蒂德韦尔
Pericle Ferretti	佩里克莱·费雷蒂
Peter Cremer	彼得·克雷默
Peter Hitchcock	彼得·希契科克
Peter Husted	彼得·赫斯特德
Phil Nuytten	菲尔·纽坦
Philip Abelson	菲利普·埃布尔森
Philologus Loud, Sr	老菲洛洛古斯·劳德
Phineas Pratt	菲尼亚斯·普拉特
Raimondo Lorenzo d'Équevilley	雷蒙多·洛伦索·德克维利
Ralph Wilbanks	拉尔夫·威尔班克斯
Reginald Bacon	雷金纳德·培根
Reinhard Scheer	莱茵哈特·舍尔
Reuben Whitaker	鲁本·惠特克
Richard Compton-Hall	理查德·康普顿–霍尔
Richard K. Wills	理查德·威尔斯
Richard O'Kane	理查德·奥凯恩
Robert Boyle	罗伯特·波义耳
Robert Fulton	罗伯特·富尔顿
Robert Whitehead	罗伯特·怀特黑德
Robert William Boyle	罗伯特·威廉·波义耳
Rudolf Schneider	鲁道夫·施奈德
Sakuma Tsutomo	佐久间勉
Samuel Eakins	塞缪尔·埃金斯
Samuel Eliot Morison	塞缪尔·埃利奥特·莫里森
Samuel F. du Pont	塞缪尔·杜邦
Scovel S. Merriam	斯科维尔·梅里亚姆
Scyllias	司苦里亚斯
Selçuk Kolay	塞尔丘克·科拉伊
Shigeru Fukudome	福留繁
Siméon Bourgois	西梅翁·布尔古瓦
Simon Lake	西蒙·莱克
Slade Cutter	斯莱德·卡特
Stanislas Charles Henri Dupuy de Lôme	斯坦尼斯拉斯·夏尔·亨利·迪皮伊·德·洛梅
Stefan Drzewiecki	斯特凡·杰维茨基
Stefan Karloviy Dzhevetskiy	斯特凡·卡尔洛维·杰韦茨基
Stephen Sellers	斯蒂芬·塞勒斯
Taguchi	田口
Theobald von Bethmann-Hollweg	特奥巴尔德·冯·贝特曼–霍尔韦格
Theodore Ropp	西奥多·罗普
Thomas Dolby	托马斯·多尔比
Thomas Oliver Selfridge	托马斯·奥利弗·塞尔弗里奇
Thomas W. Sweeny	托马斯·斯威尼
Thorsten Nordenfelt	托尔斯滕·努登费尔特
Tom Clancy	汤姆·克兰西
Tom Eadie	汤姆·伊迪
Tony Bryan	托尼·布赖恩
Van Buren Ryerson	范布伦·赖尔森
Victor Appleton	维克托·阿普尔顿

Victor G. Durham	维克托·德拉姆
Vladimir Konstantinovich Konovalov	弗拉基米尔·康斯坦丁诺维奇·科诺瓦洛夫
Von Zee Otto Hersing	冯·策·奥托·赫尔辛
W. Craig Reed	克雷格·里德
W. W. W. Wood	W. W. W. 伍德
Wallace Hutcheon	华莱士·哈琴
Walt Garlinghouse	沃尔特·加林豪斯
Walter Schwieger	瓦尔特·施维格
Warren Fletcher	沃伦·弗莱彻
Wes Hall	韦斯·霍尔
Wilhelm Bauer	威廉·鲍尔
William A. Alexander	威廉·亚历山大
William Anderson	威廉·安德森
William Badders	威廉·巴德斯
William Beebe	威廉·毕比
William Bourne	威廉·伯恩
William Cheeney	威廉·奇尼
William Deneau	威廉·迪诺
William H. Graham	威廉·格雷厄姆
William T. Parsons	威廉·帕森斯
William W. Kimball	威廉·金博尔
Wolfgang Peterson	沃尔夫冈·彼得森
Woodrow Wilson	伍德罗·威尔逊
Woodruff Barnes	伍德拉夫·巴恩斯
Xerxes	薛西斯
Zenji Orita	折田善次
地名	
Aalborg	奥尔堡
Alabama	亚拉巴马州
Alicante	阿利坎特
Appomattox River	阿波马托克斯河
Arco	阿科
Bantry Bay	班特里湾
Barents Sea	巴伦支海
Barrow-in-Furness	巴罗因弗内斯
Batavia	巴达维亚
Baton rouge	巴吞鲁日
Battery Park	炮台公园
Battleship Cove	战舰湾
Beachy Head	比奇角
Bergen	卑尔根
Bikini Atoll	比基尼环礁
Birkenhead	伯肯黑德
Bloomingdale	布卢明代尔
Bosphorus	博斯普鲁斯海峡
Bremerhaven	不来梅港
Brest	布雷斯特
Bridgeport	布里奇波特
British columbia	不列颠哥伦比亚
British Isles	不列颠群岛
Broad Fourteens	宽十四区
Bruges	布鲁日
Cadiz	加的斯
Cannakale（Çanakkale）	恰纳卡莱
Cape Cod	科德角半岛
Cape Flattery	弗拉特里角
Cape Hatteras	哈特勒斯角
Cartagena	卡塔赫纳
Cattaro/Kotor	卡塔罗 / 科托尔
Cavite	甲米地
Charleston Harbor	查尔斯顿港
Cherbourg	瑟堡
Chesapeake Bay	切萨皮克湾
Chestatee River	切斯塔蒂河
Columbia River	哥伦比亚河
Constanza	康斯坦察
Dahlonega	达洛尼加
Darwin	达尔文

Deal	迪尔
Delaware Bay	特拉华湾
Delaware Capes	特拉华湾诸岬
Delaware River	特拉华河
Den Helder	登海尔德
Des Moines	得梅因
Devon	德文郡
Devonport	德文波特
Drake’s Island	德雷克岛
Drewry’s Bluff	德鲁里岸崖
Duxbury	达克斯伯里
Duxford	达克斯福特
East River	东河
Eddystone lighthouse	埃迪斯通灯塔
Elizabethport	伊丽莎白港
Esbjerg	埃斯比约
Essex	埃塞克斯
Estevan Point	埃斯特万波因特
Etajima	江田岛
Fall River	福尔里弗
Fastnet	灯塔岛
Firth of Forth	福斯湾
Fiume	阜姆
Fort Morgan	摩根堡
Fredericksburg	弗雷德里克斯堡
Fremantle	弗里曼特尔
Galveston	加尔维斯顿
Gdansk	格但斯克
Gosport	戈斯波特
Groton	格罗顿
Gulf of Riga	里加湾
Halifax	哈利法克斯
Hampton Roads	汉普顿锚地
Hatteras	哈特勒斯

Hiroshima Bay	广岛湾
Hoofden	霍夫登
Horns Reef	霍恩斯暗礁
Hôtel des Invalides	荣军院
Hudson River	哈得孙河
Humboldt Bay	洪堡湾
Iowa	艾奥瓦州
Irish Sea	爱尔兰海
Isle of Wight	怀特岛
Isles of Shoals	浅滩群岛
Isthmus of Panama	巴拿马地峡
James River	詹姆斯河
Java	爪哇
Jutland	日德兰半岛
Karlskrona	卡尔斯克鲁纳
Key West	基韦斯特
Keyport	基波特
Kiel	基尔
Kiska	基斯卡（岛）
Kobe	神户
Kolding	科灵
Kronstadt	喀琅施塔得
Kure	吴市
La Hougue	拉乌格
La Pallice	拉帕利斯
La Rochelle	拉罗谢尔
Lake Gatchina	加特契纳湖
Lake Ponchartrain	庞恰特雷恩湖
Landskrona	兰斯克鲁纳
Le Havre	勒阿弗尔
Lewes, Delaware	特拉华州刘易斯
Lisahally	利萨哈利
Little Peconic Bay	小佩科尼克湾
Livermore	利弗莫尔

Loch Ryan	瑞安湾
Long Island	（纽约）长岛
Long Island Sound	长岛海峡
Long Point peninsula	朗波因特半岛
Lorient	洛里昂
Los Alamos	洛斯阿拉莫斯
Madison Square Garden	麦迪逊广场花园
Magnolia Cemetery	木兰墓园
Manitowoc	马尼托沃克
Marburg	马尔堡
Mare Island	梅尔岛
Marianas Trench	马里亚纳海沟
Mersey	默西河
Michigan City	密歇根城
Milford	米尔福德
Mobile	莫比尔
Morris Canal Basin	莫里斯运河内港
Mount Pleasant	芒特普莱森特
Murmansk Bay	摩尔曼斯克湾
Muskegon	马斯基根
Narragansett Bay	纳拉甘西特湾
New Basin	新港地
New Hampshire	新罕布什尔州
New Haven	纽黑文
Newport News	纽波特纽斯
Nimrud	尼姆鲁德
Noble street pier	诺布尔街码头
Noirmoutiers	努瓦尔穆捷岛
Norfolk	诺福克
North Sea	北海
Norwegian Sea	挪威海
Nova scotia	新斯科舍
Novaya Zemlya	新地岛
Oahu	瓦胡岛
Odessa	敖德萨
Old Head of Kinsale	旧金塞尔角
Omaha	奥马哈
Ostend	奥斯坦德
Ottawa	渥太华
Palais d'Orsay	奥赛宫
Panama City	巴拿马城
Passaic River	帕塞伊克河
Paterson	帕特森
Patriot's Point	爱国者角
Pearl Islands	珍珠群岛
Petersburg	彼得斯堡
Phuket	普吉（岛）
Piney Point	皮内角
Ploshchad Muzhestva	奋勇广场
Plymouth Sound	普利茅斯海湾
Pola/Pula	普拉
Portland	波特兰（岛）
Portsmouth	（英国汉普郡）朴次茅斯，（美国新罕布什尔州）朴次茅斯，（美国弗吉尼亚州）朴次茅斯
Potomac	波托马克
Pula/Pola	普拉
Queenstown	昆斯敦
Quincy	昆西
Red Wharf Bay	红码头湾
Reval	雷瓦尔（塔林的旧称）
Rhode Island	罗得岛
Rhyl	里尔
River Dart	达特河
Roberts Bank	罗伯茨滩
Rochefort	罗什福尔
Roosevelt Roads	罗斯福路海军基地
Rosyth	罗赛斯
Saint Helena	圣赫勒拿岛

San Diego	圣地亚哥
Sand Island	桑德岛
Sandy Hook	桑迪胡克
Saybrook	塞布鲁克
Scapa Flow	斯卡帕湾
Sea Girt	西格特
Sea of Marmara	马尔马拉海
Severomorsk	北莫尔斯克
Sherwood Forest	舍伍德森林
Shiloh	夏洛
Shrewsbury River	什鲁斯伯里河
Snug Harbor	斯纳格港
Solent	索伦特海峡
Southampton	南安普敦
Speyer	施派尔
Spithead	斯皮特黑德
St Abb's Head	圣阿布斯角
St-Nazaire	圣纳泽尔
Suffolk	萨福克
Tallinn	塔林
Taranto	塔兰托
Thames Estuary	泰晤士河河口
The Dardanelles	达达尼尔海峡
Tilbury	蒂尔伯里
Toulon	土伦
Trincomalee	亭可马里
Truk Lagoon	特鲁克潟湖
Ulithi Atoll	乌利西环礁
Vallejo	瓦列霍
Vancouver Island	温哥华岛
Vichy	维希
Vladivostok	海参崴
Vlissingen	弗利辛恩
Westbrook	韦斯特布鲁克

Westside Park	西郊公园
Whitestone Point	怀特斯通岬
Yokosuka	横须贺
Zagreb	萨格勒布
Zeebrugge	泽布吕赫
Zeeland	泽兰省
其他	
"Loon" missile	"潜鸟"导弹
21st Escort Group	第 21 护航大队
A1 type	巡潜甲型
Abdülhamid	"阿卜杜勒－哈米德"号（潜艇）
Abdülmecid	"阿卜杜勒－迈吉德"号（潜艇）
Aboukir	"阿布吉尔"号（巡洋舰）
Above Us the Waves	《威震大西洋》
Acheron class	冥河级
Admiral Ganteume	"冈托姆上将"号（渡轮）
Admiral Graf Spee	"海军上将施佩伯爵"号（巡洋舰）
Admiral of the Fleet	英国皇家海军元帅
Admiralty	英国海军部
Affray	"殴斗"号（潜艇）
Afrika Korps	（德国）非洲军
AG Vulkan	伏尔铿造船厂
AG Weser	威悉造船厂
Aigrette	"白鹭"号（潜艇）
akg-images	akg 图像
A-ko-hyo-teki	甲标的甲型（潜艇）
Akula	阿库拉级
Albany Iron Works	奥尔巴尼钢铁厂
Alfa	阿尔法级
Alose	"西鲱"号（潜艇）
Alvin	"阿尔文"号（潜水器）
American Merchant Mariner's Memorial	美国商船水手纪念雕塑

American Office for War Information	美国战争信息局
American Submarine Company	美国潜艇公司
Anglo-German Naval Agreement	《英德海军协定》
Arabic	“阿拉伯”号（远洋班轮）
Archaeological Diving Unit	考古潜水中心
Archive Charmet	沙尔梅档案
Argonaut	（美国）“阿尔戈英雄”号（潜艇）
Argonaut Jr	“小阿尔戈英雄”号(潜艇)
Argonaute	（法国）“阿尔戈英雄”号（潜艇）
Ashigara	“足柄”号（巡洋舰）
Asiatic Torpedo Fleet	亚洲鱼雷舰队
Athenia	“雅典娜”号（远洋班轮）
Atlantic	“大西洋”号（汽船）
Atlantis	亚特兰蒂斯（潜艇）
Atomic Energy Commission	（美国）原子能委员会
Australian War Memorial	澳大利亚战争纪念馆
B1 type	巡潜乙型
Baker Boat	贝克潜艇
Balao class	巴劳鱵级潜艇
Baltic Shipyard	波罗的海造船厂
Barbel class	鱼级
Barrow Shipbuilding Company	巴罗造船公司
Bathyscaphe	深海潜水器，深潜器
Bathysphere	深海潜水球
Battle Fleet	作战舰队
Battle of Manila Bay	马尼拉湾海战
Battle of Shiloh	夏洛战役
Battle of the Atlantic	大西洋海战
Battle of Tsushima	对马海战
Belledonne	“贝勒多讷”号（潜艇）
Below the Surface	《海面以下》
Ben Franklin	“本·富兰克林”号（潜水器）
Besson MB.411 observation floatplane	贝松 MB.411 水上观测机
Bethlehem Steel Company	伯利恒钢铁公司
Bettmann	贝特曼档案馆
Biber	“海狸”袖珍潜艇
Bismarck	“俾斯麦”号（战列舰）
Board of Invention and Research	（英国）发明与研究委员会
Brandtaucher	“烈火潜水员”号（潜艇）
Bremen	“不来梅”号（载货潜艇）
Britannia Engine Works and Foundry	不列颠发动机厂及铸造厂
British Naval Attaché	英国海军武官
Brooklyn navy yard	布鲁克林海军造船厂
Bull’s-eye lantern	牛眼提灯
Bureau of Ordnance	（美国海军）军械局
Bureau of Ships	（美国海军）舰船局
C1 type	巡潜丙型
Cachalot	“抹香鲸”号（水面补给船）
Canadian Pacific Railway	加拿大太平洋铁路公司
Canadian Vickers	加拿大维克斯公司
Canadian War Museum	加拿大战争博物馆
Carnegie Science Center	卡内基科学中心
Central Navy Museum	中央海军博物馆
Chariot	战车（人操鱼雷）
Charlie	查理级
Cheonan	“天安”号（轻型护卫舰）
Chicago Museum of Science and Industry	芝加哥科学与工业博物馆
Chief Boatswain’s Mate	帆缆军士长
Chief Machinist’s Mate	机械军士长
Chief Metalsmith	金工军士长
Chief Torpedoman	鱼雷军士长
China Squadron	（英国皇家海军）中国分舰队
Chitose	“千岁”号(袖珍潜艇母舰)
Chiyoda	“千代田”号（袖珍潜艇母舰）

City of Rome	“罗马城”号（汽船）
Columbiad gun	哥伦比亚炮
Columbian Iron Works and Dry Dock Company	哥伦比亚钢铁厂及干船坞公司
Combined Fleet	联合舰队
Comex	海事技术公司
Connecticut Colony	康涅狄格殖民地
Connecticut River Museum	康涅狄格河博物馆
Conning tower	望塔，指挥塔
Conseil des Travaux de la Marine	法国海军工程委员会
Convoy	护航船队
Corbis	科比斯图片社
Crescent Shipyard	克雷森特造船厂
Cressy	“克雷西”号（巡洋舰）
Cristobal Colon	“克里斯托弗·哥伦布”号（巡洋舰）
Cunard	丘纳德公司
Cynthia Olsen	“辛西娅·奥尔森”号（商船）
Dakar	“达喀尔”号（潜艇）
Das Boot	《从海底出击》
Davids	“大卫”（式鱼雷）艇
De Motu Animalium	《论动物的运动》
Deep Quest	“深探”号（深潜救生艇）
Deep Submergence Rescue Vehicle（DSRV）	深潜救生艇
Delameter Iron Works	代拉米特钢铁厂
Delfin	“海豚”号（潜艇）
Delta	德尔塔级
Deschimag	德希马克
Detroit Dry Dock Company	底特律干船坞公司
Deutsches Museum	德意志博物馆
Deutsches Schiffahrtsmuseum	德国海事博物馆
Deutschland	“德意志”号（载货潜艇）
Distinguished Service Cross（DSC）	杰出服役十字勋章
Distinguished Service Medal（DSM）	杰出服役勋章
Distinguished Service Order（DSO）	杰出服役金十字勋章
Dorothea	“多萝西娅”号（帆船）
Draken class	龙级
Drzewiecki I	“杰维茨基 I”号（潜艇）
E. P. S.	电力储存公司
E. W. Bliss Company	E. W. 布利斯公司
Echo	回声级
Eckensburg yard	埃肯斯贝格造船厂
Electric Boat Company	电船公司
Electro-Dynamic Company	电子动力公司
English Mechanic and World of Science	《英国机械师与科学世界》
Espadon	“剑鱼”号（潜艇）
Estonian Maritime Museum	爱沙尼亚海事博物馆
Ethan Allen class	伊桑·艾伦级
Explorer	“探险者”号（潜艇）
Falcon	“猎鹰”号（潜艇救生船）
Farfadet class	小妖精级
Fenian Ram	“芬尼亚撞角”号（潜艇）
Festung Europa	欧洲堡垒
Finland’s Sotamuseo	芬兰军事博物馆
Fiord	（尤指挪威海岸边的）峡湾
First Schleswig War	第一次石勒苏益格战争
First Sea Lord	第一海务大臣
First Submarine Division	第 1 潜艇分队
Fonds National de la Recherche Scientifique（FNRS）	（比利时）国家科研基金会
Fore River Ship and Engine Company	福尔河船舶及发动机公司
Forelle	“鳟鱼”号（潜艇）
Fortuna	“福尔图娜”号（汽船）
Foxtrot class	狐步级
Friends of the Hunley	汉利之友
Führer der Unterseeboote	（德国海军）潜艇部队司令
Galena	“加利纳”号（铁甲舰）
Garrett Submarine Navigation and Pneumataphore Company Ltd	加勒特水下航行及通气有限公司

Gato class	猫鲨级潜艇
General Belgrano	“贝尔格拉诺将军”号（巡洋舰）
General Mills' Electronics Group	通用磨坊公司电子集团
General Motors	通用汽车
General Staff	（日本海军）军令部
General von Steuben	“冯·施托伊本将军”号（远洋班轮）
Gentleman's Magazine	《绅士杂志》
Gentleman's Magazine and Historical Chronicle	《绅士杂志：历史风物志》
German Bundesmarine	德国联邦海军
German High Seas fleet	德国公海舰队
Germania Werft	日耳曼尼亚船厂
Germania Werft Foundation	日耳曼尼亚船厂基金会
Getty Images	盖蒂图片社
Giraudon	吉罗东艺术图库
Gondola	贡多拉（船）；（飞艇等的）吊舱，吊篮
Goubet	“古贝”号（潜艇）
Goya	“戈雅”号（运输船）
Graveyard of the Atlantic	大西洋墓地
Greater Underwater Propulsion Project（GUPPY）	水下推进功率增强计划
Grossadmiral	（德意志帝国海军）元帅
Grumman	格鲁门公司
Gymnote	“电鳗”号（潜艇）
Handshouse Studio	汉兹豪斯工作室
Hangor	“汉果”号（潜艇）
Happy Time	“美好时光”
Harper's Weekly	《哈珀周刊》
Hawaii Undersea Research Laboratory	夏威夷水下研究实验室
Hay-Whitehead type	海氏－怀特黑德型（潜艇）
Hell Below	《热血雄心》
Hesperian	“西方之国”号（远洋班轮）
Historic Dockyard	（查塔姆）历史造船厂
HM Submarine No. 1	“潜艇 1”号
HM Submarine No. 2	“潜艇 2”号
HMAS Kuttabul	“库塔布尔”号（补给船）
HMAS Onslow	“昂斯洛”号（潜艇）
HMS Alliance	“联盟”号（潜艇）
HMS Ark Royal	“皇家方舟”号（航空母舰）
HMS Barham	“巴勒姆”号（战列舰）
HMS Birmingham	“伯明翰”号（轻巡洋舰）
HMS Conn	“康恩”号（驱逐舰）
HMS Conqueror	“征服者”号（潜艇）
HMS DeBraak	“德布拉克”号（战舰）
HMS Dreadnought	“无畏”号（潜艇）
HMS Eagle	“鹰”号（战舰）
HMS Excalibur	“断钢圣剑”号（潜艇）
HMS Explorer	“探索者”号（潜艇）
HMS Express	“快速”号（驱逐舰）
HMS Expunger	“歼灭者”号（潜艇）
HMS Formidable	“可畏”号（战列舰）
HMS Hajen	“鲨鱼”号（潜艇）
HMS Hawke	“霍克”号（巡洋舰）
HMS Hazard	“危险”号（水面补给船）
HMS Holmes	“霍姆斯”号（护航驱逐舰）
HMS Hussar	“轻骑兵”号（战舰）
HMS Meteorite	“陨星”号（潜艇）
HMS Oberon	“奥伯龙”号（潜艇）
HMS Ocelot	“豹猫”号（潜艇）
HMS Onyx	“缟玛瑙”号（潜艇）
HMS Pathfinder	“探路者”号（巡洋舰）
HMS Prince Charles	“查尔斯王子”号（Q 船）
HMS Renown	“声望”号（潜艇）
HMS Repulse	“反击”号（潜艇）

HMS Resolution	“决心”号（潜艇）
HMS Revenge	“复仇”号（潜艇）
HMS Royal Oak	“皇家橡树”号（战列舰）
HMS Stag	“斯塔格”号（驱逐舰）
HMS Telemachus	“忒勒玛科斯”号（潜艇）
HMS Thetis	“忒提斯”号（潜艇）
HMS Traveller	“旅行者”号（潜艇）
HMS Triton	“特里同”号（潜艇）
HMS Upholder	“支持者”号（潜艇）
HMS Valiant	“勇士”号（潜艇）
HMS Venturer	“冒险者”号（潜艇）
Hogue	“乌格”号（巡洋舰）
Home Fleet	（英国皇家海军）本土舰队
Hotel	旅馆级
Hulton Archives	赫尔顿档案
Hunley/ H. L. Hunley	“汉利”号（潜艇）
Hunt for Red October	《猎杀“红十月”号》
Ictíneo	“伊克迪纽”号（潜艇）
Ictíneo de la Guerra	“战争伊克迪纽”号(潜艇)
IFREMER	法国海洋开发研究院
IJN	日本帝国海军
Illustrated London News	《伦敦新闻画报》
Imperial German Navy	德意志帝国海军
Imperial War Museum	帝国战争博物馆
Indo-Pakistani War	印巴战争
Ingenieurskantoor voor Scheepsbouw	造船工程师事务所
Intelligent Whale	“智慧鲸”号（潜艇）
International Hydrodynamics	“国际水动力学”公司
Interwar period	（两次世界大战的）战间期
Intibah	“因提巴”号（汽船）
Intrepid Sea, Air and Space Museum	“勇猛”号海空天博物馆
Japanese Maritime Self Defence Force Academy	日本海上自卫队学校
Jeune École	青年学派
John P. Holland Torpedo Boat Company	约翰·霍兰鱼雷艇公司

Juliet class	朱丽叶级
Junsen type	巡潜型
K. M. de Schelde	（荷兰）皇家斯海尔德造船厂
K-19: The Widowmaker	《K-19：寡妇制造者》
Kairyu	海龙级袖珍潜艇
Kaiten	“回天”鱼雷
Katyusha class	喀秋莎级
Kawasaki Shipyard/Yard	川崎造船厂
Kefal	“鲻鱼”号（潜艇）
Keystone	基斯顿公司
Khukri	“廓尔喀弯刀”号（潜艇）
KMS Hela	“海拉”号（轻巡洋舰）
Ko-hyo-teki	甲标的（潜艇）
Komsomolets	“共青团员”号（潜艇）
Kursk	“库尔斯克”号（潜艇）
L'Invisible	“隐形”号（潜艇）
La Cité de la Mer	海洋城市博物馆
Lafayette class	拉斐特级
Lake Pontchartrain Basin Maritime Museum	庞恰特雷恩湖盆地海事博物馆
Lake Submarine Company	莱克潜艇公司
Lake Torpedo Boat Company	莱克鱼雷艇公司
Lakso	“拉克索”号（潜水舱）
Lamm fireless steam generator	拉姆无火式蒸汽发生器
Le Napoléon	“拿破仑”号（战列舰）
Le Petit Journal	《小日报》
Le Plongeur	“潜水员”号（潜艇）
Legion of Merit	功绩勋章
Lembit	“林比特”号（潜艇）
Leninsky Komsomal	“列宁共青团”号（潜艇）
Léon Gambetta	“莱昂·甘必大”号（巡洋舰）
Liberator bomber	(B-24)“解放者”轰炸机
Lockheed	洛克希德公司

Louisiana State Museum	路易斯安那州立博物馆
Louisiana State Museum Vessel	路易斯安那州立博物馆潜艇
Luctor et Emergo.	“奋勇出水”号（潜艇）
Luechtemberg Works	洛伊希滕贝格工厂
Lusitania	“卢西塔尼亚”号（远洋客轮）
Machine shop of Hewes & Phillips	休斯–菲利普斯机械工场
Machine works of Neall, Matthews & More	尼尔–马修斯机械厂
Magenta	“马真塔”号（铁甲舰）
Maiale	“猪”（慢速鱼雷）
Majestic	“威严”号（战列舰）
Malisan	“螯钳”号（潜艇）
Malmö Sjöfartsmuseum	马尔默海事博物馆
Maria	“玛利亚”号（帆船）
Marine Cigar	“海洋雪茄”号（潜艇）
Mariners' Museum	海员博物馆
Marinmuseum	海军博物馆
Mariotte	“马略特”号（潜艇）
Martin MS-1 floatplane	马丁“MS-1”型水上飞机
Mary Evans Picture Library	玛丽·埃文斯图库
Massachusetts College of Art	麻省艺术学院
McCann Rescue Chamber	麦卡恩救生舱
Medal of Honor	荣誉勋章
Menantic	“米南蒂克”号（汽船）
Merchant Navy	英国商船队
Messenger	“信使”号（潜艇）
Messrs Cochran and Company	科克伦先生公司
Messrs. Pease & Murphy's engineering works	皮斯与墨菲先生机器制造厂
Messudieh/ Mesudiye	“幸福”号（战舰）
Militärhistorisches Museum der Bundeswehr	联邦国防军军事历史博物馆
Minerals Management Service	（美国）矿产管理局
Ministre de la Guerre	（法国）战争部长
Mir 1	“和平 1”号（潜水器）

Mir 2	“和平 2”号（潜水器）
Mizuho	“瑞穗”号（袖珍潜艇母舰）
Molch	“蝾螈”袖珍潜艇
Moltke	“毛奇”号（巡洋舰）
Momsen lung	莫姆森肺
Monitor	“莫尼特”号（铁甲舰）
Morgan Iron Works	摩根钢铁厂
Museum für Meereskunde	海洋科学博物馆
Museum Marítim de Barcelona	巴塞罗那海事博物馆
Naiade class	那伊阿得级
NARA	美国国家档案和记录管理局
Narodovolets	“民意党人”号（潜艇）
Narval	“独角鲸”号（潜艇）
National Archives	（美国）国家档案馆
National Geographic Society	（美国）国家地理学会
National Guard Militia Museum of New Jersey	新泽西国民警卫队民兵博物馆
National Museum of the Pacific War	太平洋战争国家博物馆
National Ocean and Atmospheric Administration	（美国）国家海洋和大气管理局
National Underwater Marine Agency（NUMA）	国家水下与海洋组织
Nationale Volksarmee Museum	国家人民军博物馆
Nautical Archaeology Society	航海考古学会
Nautile	“鹦鹉螺”号（潜水器）
Nautilus	“鹦鹉螺”号（潜艇）
Nautilus bell	鹦鹉螺潜水钟
Nautilus Submarine Boat Company	鹦鹉螺潜艇公司
Naval Station Norfolk	诺福克海军基地
Naval Undersea Museum	海军水下博物馆
Nederlands Nationaal Oorlogs- en Verzetsmuseum	荷兰国家战争与抵抗博物馆
Nereus	涅柔斯
Nevisky Shipyard	涅维斯基造船厂

New Ironsides	“新铁甲”号（铁甲舰）
New York State Marine School	纽约州立航海学校
News Shipbuilding & Drydock Company	纽波特纽斯造船及干船坞公司
New York Herald	《纽约先驱报》
New York Sun	《纽约太阳报》
Nordenfelt Guns and Ammunition Company Ltd	努登费尔特枪炮与弹药有限公司
Nordenfelt No. 4	“努登费尔特 4”号(潜艇)
North Atlantic Squadron	北大西洋分舰队
Nuevo Vulcano shipyard	新武尔卡诺造船厂
Old Saybrook High School	老塞布鲁克高中
On the Beach	《海滨》
Onderzeese Boot I	“潜艇 1”号（O-1）
Operation Crossroads	十字路口行动
Operation Deadlight	舷窗行动
Operation Overlord	霸王行动
Operation Paukenschlag	击鼓行动
Operation Sandblast	喷砂行动
Oregon Museum of Science and Industry	俄勒冈科学与工业博物馆
Oscar	奥斯卡级
Osetr	“鲟鱼”号（潜艇）
Otto Gas Engine Works	奥托燃气发动机厂
Ottoman Navy	奥斯曼帝国海军
Pacific Pearl Company	太平洋珍珠公司
Panama	“巴拿马”号（客轮）
Panama Mercantile Chronicle	《巴拿马商业纪事报》
Park and Lyons' machine shop	帕克－莱昂斯机械工场
Paterson Museum	帕特森博物馆
Peacemaker	“调停者”号（潜艇）
Perch class	鲈鱼级
Peter Newark Historical Pictures	彼得・纽瓦克历史图片
Petroleum engine	汽油发动机，燃油发动机
Pigboats	《豚艇》
Pioneer	“先锋”号（潜艇）
Piranha	水虎鱼级
Pisces	双鱼座（潜水器）
Plunger	“潜水者”号（潜艇）
Plunger class	潜水者级
Polaris	北极星（导弹）
Popperfoto	波佩尔图片
Porpoise	“鼠海豚”号（潜艇）
Portsmouth navy yard	朴次茅斯海军造船厂
Poseidon missile	海神导弹
Potvis class	抹香鲸级
Prinz Adalbert	“阿达尔贝特王爷”号（巡洋舰）
Protector	“保护者”号（潜艇）
Q-ship	Q 船
Rahmi M. Koç Museum	拉赫米・科奇博物馆
Rauma-Repola	劳马－雷波拉公司
Regulus submarine missile	“天狮星”潜射导弹
Resurgam	“重生”号（潜艇）
Rijksmuseum	阿姆斯特丹国家博物馆
RMS（Royal Mail Ship）	皇家邮轮（船名前缀）
Roland Morillot	“罗兰・莫里约”号(潜艇)
Royal George	“皇家乔治”号（战舰）
Royal Navy Submarine Museum	皇家海军潜艇博物馆
Run Silent, Run Deep	《太平洋潜艇战》
RUS Pallada	“帕拉达”号（巡洋舰）
Sail	围壳，帆罩
Salmon class	鲑鱼级
Sargo class	重牙鲷级
Satellite	“卫星”号（汽船）
Schleswig-Holsteinischer Krieg	石勒苏益格－荷尔斯泰因战争
Schweffel und Howald	施韦费尔－霍瓦尔德（公司）
Seal	“海豹”号（潜艇）
Seehund	“海豹”袖珍潜艇

Seeteufel/Sea devil	“鲼鱇”号（潜艇）
Seventh Cruiser Squadron	第 7 巡洋舰中队
Shinano	“信浓”号（航空母舰）
Shinkai 6500	“深海 6500”号（潜水器）
Sidon	“西顿”号（潜艇）
Sierra	塞拉级
Sirene class	塞壬级
Skate class	鳐鱼级
Skipjack class of nuclear attack submarine	鲣鱼级攻击核潜艇
Société des Forges et Chantiers	锻冶及造船公司
Som	“鲶鱼”号（潜艇）
Sonar Technician 2nd Class	声呐中士
Sound Surveillance System (SOSUS)	（美国全球水下）声音监听系统
Southeastern Louisiana University	东南路易斯安那大学
Southwest Approaches	（英国）西南海区
Springaren	“骏马”号（潜艇）
SS	（德国）党卫军
SS Central America	“中美洲”号（单螺旋桨汽船）
Stalinetz class	斯大林主义者级
Stapleton Collection	斯泰普尔顿收藏
Stingray	《霹雳艇》
Stratford Archive	斯特拉特福档案馆
Sub Marine Explorer	“水下探险者”号（潜艇）
Submarine Explorer	“水下探索者”号（潜水钟）
Submarine Exploring Company	海底探索公司
Submarine Force Library & Museum	潜艇部队图书馆暨博物馆
Submarine Learning Facility Norfolk（SLF）	诺福克潜艇培训学校
Submarine Squadron (SubRon) 1	（日本）第 1 潜水战队
Submarine Veterans of World War II Memorial Service	二战潜艇老兵追悼仪式
Submerged Resources Center	水下资源中心
Sumpter	“桑普特”号（汽船）
Suomenlinna	芬兰堡
Takao	“高雄”号（巡洋舰）
Tambor class	平 级
TCG Uluçalireis	“乌鲁奇阿里雷斯”号（潜艇）
Teatro San Martin	圣马丁大剧院
Technical Museum	技术博物馆
Tench class	丁鲅级
The Bridgeman Art Library	布里奇曼艺术库
The Description of a New World, Called The Blazing-World	《记一个新世界——闪亮世界》
The Enemy Below	《海底喋血战》
The Granger Collection	格兰杰收藏
The Illustrated War News	《战争新闻画报》
The Naval Sea Systems Command	（美国）海军海上系统司令部
The Russians Are Coming	《俄国人来了》
The Sea Hunters	《海洋猎人》
The Tempest	《暴风雨》
Tirpitz	“提尔皮茨”号（战列舰）
Tom Swift and his Submarine Boat	《汤姆·斯威夫特和他的潜艇》
Tonijn	“鲔鱼”号（潜艇）
Toro Submarino	“水下公牛”号（潜艇）
Treårskrigen	三年战争
Tredegar Iron Works	特雷迪加钢铁厂
Trieste	“的里雅斯特”号（潜水器）
Trillium Studios	延龄草工作室
Triumph	“胜利”号（战列舰）
Truculent	“威猛”号（潜艇）
Turquoise	“绿松石”号（潜艇）
Turtle	“海龟”号（潜艇）
Typhoon	台风级
Ubåt 1	“潜艇 1”号
U-boat	U 艇，U 型潜艇
U-Boot Archiv	（德文）U 艇档案

U-Bootwaffe	（德国）U 艇部队，潜艇部队
Ullstein Bild	乌尔施泰因图像
Undine	“温蒂尼”号（轻巡洋舰）
Union Iron Works	联合钢铁厂
US National Historic Landmark	美国国家历史地标
US National Park Service	美国国家公园管理局
US Naval Academy	美国海军学院
US Naval History and Heritage Command	美国海军历史与遗产司令部
US Naval Institute	美国海军学会
US Naval Undersea Warfare Center	美国海军水下作战中心
US Patent Office	美国专利局
USS Adder	“蝰蛇”号（潜艇）
USS Albacore	“长鳍金枪鱼”号（潜艇）
USS Alligator	“短吻鳄”号（潜艇）
USS Apogon	“天竺鲷”号（潜艇）
USS Archerfish	“射水鱼”号（潜艇）
USS Argonaut	“船蛸”号（潜艇）
USS Balao	“巴劳鱵”号潜艇
USS Barb	“巴布鱼”号（潜艇）
USS Barracuda	“梭鱼”号（潜艇）
USS Becuna	“大梭鱼”号（潜艇）
USS Blueback	“蓝背鲑”号（潜艇）
USS Bowfin	“弓鳍鱼”号（潜艇）
USS Cachalot	“抹香鲸”号（潜艇）
USS Cavalla	“竹荚鱼”号（潜艇）
USS Clamagore	“蓝鹦鹉鱼”号（潜艇）
USS Cobia	“海鲡”号（潜艇）
USS Cod	“鳕鱼”号（潜艇）
USS Croaker	“黄花鱼”号（潜艇）
USS Cusk	“单鳍鳕”号（潜艇）
USS Cuttlefish	“乌贼”号（潜艇）
USS Dentuda	“灰鲭鲨”号（潜艇）
USS Dolphin	“海豚”号（潜艇）
USS Drum	“石首鱼”号（潜艇）
USS Enterprise	“企业”号（航空母舰）
USS Flasher	“松鲷”号（潜艇）
USS Florida	“佛罗里达”号（潜艇）
USS GeorgeWashington	“乔治·华盛顿”号(潜艇)
USS Grampus	“灰海豚”号（潜艇）
USS Grayback	“灰背鱼”号（潜艇）
USS Growler	“大口黑鲈”号（潜艇）
USS Halibut	“大比目鱼”号（潜艇）
USS Housatonic	“胡萨托尼克”号（战舰）
USS Kearsarge (BB-5)	“奇沙治”号(战列舰)(舷号 BB-5)
USS Lionfish	“狮子鱼”号（潜艇）
USS Maine	“缅因”号（军舰）
USS Marlin	“马林鱼”号（潜艇）
USS Merrimac	“梅里马克”号（铁甲舰）
USS Minnesota	“明尼苏达”号（战舰）
USS Mississinewa	“密西西内瓦”号（油轮）
USS Moccasin	“食鱼蝮”号（潜艇）
USS Narwhal	“独角鲸”号（潜艇）
USS Nautilus	“鹦鹉螺”号（潜艇）
USS Odax	“岩鳕”号（潜艇）
USS Pampanito	“鲳鲹”号（潜艇）
USS Parche	“四斑蝴蝶鱼”号（潜艇）
USS Pickerel	“小狗鱼”号（潜艇）
USS Pike	“狗鱼”号（潜艇）
USS Pilotfish	“引水鱼”号（潜艇）
USS Pomodon	“波莫冬鱼”号（潜艇）
USS Porpoise	“鼠海豚”号（潜艇）
USS Requin	“鲛鲨”号（潜艇）
USS San Diego	“圣迭戈”号巡洋舰
USS Saratoga	“萨拉托加”号(航空母舰)
USS Scorpion	“蝎子”号（潜艇）
USS Seahorse	“海马”号（潜艇）
USS Searaven	“绒杜父鱼”号（潜艇）
USS Seaview	“海景”号（潜艇）

USS Seawolf	“海狼”号（潜艇）
USS Shark	“鲨鱼”号（潜艇）
USS Silversides	“银汉鱼”号（潜艇）
USS Skate	“鳐鱼”号（潜艇）
USS Skipjack	“鲣鱼”号（潜艇）
USS Squalus	“角鲨”号（潜艇）
USS Tang	“刺尾鲷”号（潜艇）
USS Tench	“丁鱵”号（潜艇）
USS Thornback	“棘背鳐”号（潜艇）
USS Thresher	“长尾鲨”号（潜艇）
USS Tiru	“蒂鲁鱼”号（潜艇）
USS Torsk	“北大西洋鳕”号（潜艇）
USS Triton	“特里同”号（潜艇）
USS Tuna	“吞拿鱼”号（潜艇）
USS Tunny	“金枪鱼”号（潜艇）
USS Underhill	“昂德希尔”号驱逐舰
USS Wahoo	“刺鲅”号（潜艇）
USS Wasp	“胡蜂”号（航空母舰）
USS Yorktown	“约克城”号（航空母舰）
Valiant class	勇士级
Vancouver Maritime Museum	温哥华海事博物馆
Vesikko	“水貂”号（潜艇）
Vickers Sons and Maxim Ltd	维克斯父子－马克沁有限公司
Vickers-Armstrong	维克斯－阿姆斯特朗公司
Victor	维克托级
Victoria Cross（VC）	维多利亚十字勋章
Victory Bonds	胜利公债
Voyage to the Bottom of the Sea	《航向深海》
W. Cramp & Sons Shipbuilding Company	威廉·克兰普父子造船公司
Walter submarine	瓦尔特式潜艇
Warren F. Lasch Conservation Center	沃伦·拉什保护中心
Washington Naval Treaty	华盛顿海军条约
Welman	韦尔曼（袖珍潜艇）
Western Australian Maritime Museum	西澳海事博物馆
Westinghouse	西屋（公司）
Whisky class	威士忌级
White Star	白星公司
Whitehead & Company	怀特黑德公司
Whitehead torpedo	白头鱼雷
Wilhelm Gustloff	“威廉·古斯特洛夫”号（远洋班轮）
Wooden-hulled sloop-of-war	木制三桅单层炮甲板战舰
X-craft	X 艇
Yankee	扬基级
Yard of Neafie and Levy	尼菲－利维造船厂
Yard of Perrier Frères	佩里耶兄弟造船厂
Yugoslavian partisan	南斯拉夫游击队
Zalinsky Boat	扎林斯基潜艇